TMS320C2000 DSP 技术手册

——硬件篇

刘 明 付金宝 何 勇 周九飞 李清军 编著

科学出版社

北 京

内 容 简 介

　　本书以 TMS320F2812 为例,介绍 TMS320C2000 系列 DSP 的基本特点、应用场合、结构组成、内部各功能模块以及基本工作原理等内容,同时结合实际使用情况,针对处理器各功能模块的特点,分别给出有效的硬件连接原理图及测试结果、实现方法等,为用户了解相关处理器领域发展概况、快速掌握该处理器各功能模块的特点、设计出满足使用要求的数字控制系统提供参考。

　　本书可供利用 TI 的 TMS320C2000 系列 DSP 进行数字控制系统设计及开发、调试的工程技术人员参考,也可作为高等院校电子及相关专业本科生和研究生的教材。

图书在版编目(CIP)数据

TMS320C2000 DSP 技术手册:硬件篇/刘明等编著. —北京:科学出版社,2012
　ISBN 978-7-03-034812-8

Ⅰ.①T… Ⅱ.①刘… Ⅲ.①数字信号处理-技术手册　Ⅳ.①TN911.72-62

中国版本图书馆 CIP 数据核字(2012)第 124784 号

责任编辑:刘宝莉　裴　育 / 责任校对:刘小梅
责任印制:张　倩 / 封面设计:陈　敬

科 学 出 版 社 出版
北京东黄城根北街 16 号
邮政编码:100717
http://www.sciencep.com
中国科学院印刷厂印刷
科学出版社发行　各地新华书店经销
*
2012 年 6 月第　一　版　开本:B5(720×1000)
2012 年 6 月第一次印刷　印张:32 1/4
字数:631 000
定价:98.00 元
(如有印装质量问题,我社负责调换)

前　言

　　TMS320C2000 系列 DSP 是 TI(Texas Instruments,德州仪器)推出的 32 位定点数字控制处理器,广泛应用于高精度伺服控制、变频电源、UPS 电源、通信、医疗和航空航天等领域,是各类型工业控制方案的优选产品。TI 作为 DSP 研发和生产的领先者,同时也是全球最大的 DSP 供应厂商,其 TMS320C2000 系列 DSP 以强大的控制和信号处理能力及高性价比优势,具有较高的市场占有率。

　　TI 的 TMS320C2000 系列 DSP 是基于 C/C++高效 32 位 C28x 内核、与原 240x 系列 DSP 控制代码兼容的处理器,片上集成了多路 PWM 通道、正交编码电路接口、SCI 串行通信接口、SPI 接口、通用 I/O 接口、外部中断接口、A/D 转换器、增强的 CAN 模块、多通道缓冲接口、Flash 存储器等多类资源,这为用户进行复杂的数字化控制系统设计提供极大的方便,省去了较多的外部接口及存储空间的扩展,既降低了开发成本,又提高了目标系统的可靠性。然而,其串行通信的资源稍显不足,作者在进行伺服系统的设计时,由于需要采集多路编码器和陀螺的数字信号,同时还必须保留一路接收指令的串行通信通道,只好通过选用 TI 的 TL16C75x 系列芯片进行串口扩展。

　　TI 的 TMS320C2000 系列 DSP 中尤以 TMS320F2812 应用最为广泛,因此本书以其为例进行讲述,其他 28x 定点系列处理器与之基本类似。TMS320F2812 最高工作频率可达到 150MHz(30MHz 外部晶振的 5 倍频),其指令周期只有 6.67ns,内部集成了 128K 字(每字 16 位,下同)的 Flash 和 18K 字的 SRAM,同时还提供高达 1M 字寻址空间的外部存储扩展,方便用户进行软件开发和升级。处理器自带的 ADC 模块是一个 12 位、具有流水线结构的模数转换器,内置双采样保持器,可在 16 个通道中选择输入信号。TMS320F2812 包含的两个事件管理器模块 EVA 和 EVB 可满足多轴复合式运动控制应用,当每个功率驱动桥式电路仅需要一个互补的 PWM 对去控制时,EVA 和 EVB 都具有同时控制三个 H 全桥的能力,同时还包括死区发生和逻辑保护功能,这为用户设计复杂的伺服控制系统提供极大的方便。另外值得一提的是,虽然 TMS320F2812 处理器是一个 32 位定点 DSP 器件,但它提供了一系列浮点数学函数库,从而可以在定点处理器上快捷方便的实现浮点运算,解决了由于浮点运算占用较长时间导致无法达到控制目标的问题。

　　作者结合多年将 TMS320F2812 处理器应用到相关工程项目中的开发经验编写本书,书中详细地阐述了该处理器内部各功能模块的硬件结构、工作原理、资源分配、功能特点及其应用等内容,同时给出了很多经过验证有效的设计实例,希望能对读者有所帮助。本书第1章主要介绍 TI 及其 DSP 系列产品的发展历程;第2章概述 TMS320F2812 处理器的功能特点;第3章为 TMS320F2812 处理器的供电电源需求及设计;第4章介绍 TMS320F2812 处理器的中断系统;第5章给出 TMS320F2812 处理器存储空间的特点以及外部扩展接口的扩展应用;第6章详细阐述事件管理器模块的结构、功能及使用;第7~11章分别介绍 SCI 串行通信接口、SPI 串行接口、CAN 总线、McBSP 多通道缓冲串口以及 ADC 模数转换模块的功能及使用,并结合具体的应用给出了实例;第12章简要讲述 TMS320F2812 处理器的 Boot 引导模式;第13章给出作者基于 TMS320F2812 硬件设计时遵循的原则,以供参考。

全书共13章,其中第1、3、6章由刘明编写,第2、7章由李清军编写,第4章由冷雪编写,第5、9章由付金宝编写,第8章由郑丽娜编写,第10章由徐正平编写,第11、13章由周九飞编写,第12章由何勇编写;最后由刘明负责全书的统稿工作。

由于作者水平有限,书中存在不妥之处在所难免,恳请读者批评指正。而对于书中存在的问题和需要共同学习及探讨之处,可通过电子邮件联系,邮箱地址为jxlium@163.com。

目　　录

第1章 概 述

随着电子技术的发展,微型计算机和数字控制处理芯片的运算能力和可靠性得到很大提高,以微处理器为控制核心的全数字化控制系统不断取代传统的模拟器件控制系统。特别是进入 21 世纪以后,DSP 技术得到了飞速发展,采用 DSP 实现数字化处理和控制已经成为未来的发展趋势,TI 和 ADI 等主流 DSP 厂商都推出了多个系列电机控制专用 DSP 芯片。其中,TI 的 TMS320C2000 系列就是专用于电机控制的芯片,目前被 TI 归类为高性能微控制器(MCU),但该系列产品在2008 年之前一直作为 TI 三大系列 DSP(C2000、C5000、C6000)之一推向市场,可见该系列产品具有较强的信号处理能力。事实上,该系列产品集微控制器和高性能 DSP 特点于一身,具有强大的控制和信号处理能力,能够实现复杂的控制算法。本书尊从 TI 的分类,称 TMS320C2000 为微控制器,也有资料称之为 DSP,但实际上界限已经没那么明确了,只要理解为用于控制的处理器就可以了。在学习TMS320C2000MCU 之前,首先了解一下 DSP 领域的领导者——TI。

1.1 TI 的发展历程及文化

德州仪器(Texas Instruments,TI)是全球领先的半导体公司,为现实世界的信号处理提供创新的数字信号处理及模拟器件技术。除半导体业务外,还提供包括教育产品和数字光源处理解决方案(DLP)。TI 总部位于美国德克萨斯州的达拉斯,在全球约有 3 万名雇员,并在亚洲、欧洲和美洲超过 25 个国家设有制造、设计或销售机构,在我国北京、上海、苏州、南通、成都、珠海等 16 个城市设立了分公司或办事处。其中,在成都高新技术开发区设有在中国的第一家生产制造厂,该厂为 8 英寸晶圆厂,名为德州仪器半导体制造(成都)有限公司,简称 TI 成都。目前,TI 成都拥有 1.1 万 m^2 的生产面积,其年产能达到 10 亿美元,另有 1.2 万 m^2 的厂房预留为了未来的生产需求。

1930 年,德州仪器成立,名称为"Geophysical Service",是第一家专门研究地球物理勘探反射地震验测法的独立承包商。

1951 年 12 月,更名为 Texas Instruments Incorporated(德州仪器)。

1954 年,生产首枚商用晶体管。

1958 年,发明首块集成电路(IC)。

1967 年,发明手持式电子计算器。

1971 年,发明单芯片微型计算机。

1973 年,获得单芯片微处理器专利。

1978 年,推出首个单芯片语言合成器,首次实现低成本语言合成技术。

1982 年,推出单芯片商用数字信号处理器(DSP)。

1990 年,推出用于成像设备的数字微镜器件,为数字家庭影院带来曙光。

1992 年,推出 microSPARC 单芯片处理器,集成工程工作站所需的全部系统逻辑。

1995 年,启用 Online DSP LabTM 电子实验室,实现互联网上 TI DSP 应用的监测。

1996 年,宣布推出 0.18μm 工艺的 Timeline 技术,可在单芯片上集成 1.25 亿个晶体管。

1997 年,推出每秒执行 16 亿条指令的 TMS320C6x DSP,以全新架构创造 DSP 性能记录。

2000 年,推出每秒执行近 90 亿个指令的 TMS320C64x DSP 芯片,刷新 DSP 性能记录;推出世界上功耗最低的芯片 TMS320C55x DSP,推进 DSP 的便携式应用。

2003 年,推出业界首款 ADSL 片上调制解调器——AR7。

近年来的工作包括:

• 推出业界速度最快的 720MHz DSP,同时演示 1GHz DSP。

• 向市场提供的 0.13μm 产品超过 1 亿件。

• 采用 0.09μm 工艺开发新型 OMAP 处理器。

TI 拥有超过 80 年的悠久历史,半导体是 TI 最大的业务,TI 的模拟和 DSP 产品在公司半导体收入中占 75%,是 DSP 市场公认的领导者,在 DSP 市场排名第一,在混合信号/模拟产品市场排名第一。

TI 是作者非常敬爱的公司,其三大价值观是:

• 正直(Integrity)。

• 创新(Innovation)。

• 承诺(Commitment)。

TI 的基本信念是:

• 尊重:用期望他人对待自己的方式对待他人。

• 诚实:追求与事实的吻合。

• 学习与创造:不以现状自满,持续追求成长。

• 行为果断:在开创新的商机上处处领先。

• 负责任:达到个人巅峰,创造企业最佳竞争力。

• 必胜的决心:全力以赴追求胜利。

1.2　TI　产　品

TI 产品主要包括半导体、教育产品和数字光源处理解决方案三大部分。其中,半导体又分为处理器、电源管理、放大器、接口器件、模拟开关和多路复用器、逻辑器件、数据转换器件、数字音频、时钟和计时器、温度传感器、射频识别等。本书所关心的是处理器部分,TI 的处理器又分为三类:ARM、DSP、MCU。这里重点介绍 DSP 产品,TI 的 DSP 主要包括以下几个系列。

1) C6000 高性能系列

TMS320C6000™ DSP 具有行业领先的性能(高达 24000MMACS),功耗也比较低,该平台非常适合于影像/视频、通信和宽带基础设施、工业、医疗、测试和测量、高端计算和高性能音频等应用。包含以下几个系列:

(1) TMS320C674x 低功耗浮点 DSP,在典型情况下,总功耗仅为 420mW,1.0V 时待机功耗为 7mW。

(2) TMS320C67x DSP,是基于 TI 超长指令字(VLIW)架构的浮点器件。其工作频率高达 300MHz,处理速度高达 1800MFLOPS,是需要高精度和宽动态范围的应用的最佳选择。

(3) TMS320C647x 多核 DSP,将多个 C64x+™ 内核集成在一个芯片上,可以为密集处理型产品提供高达 4.2GHz 的原始性能。C647x 系列还包含业界功耗最低的多核器件。

(4) TMS320C645x DSP,是世界上最快的单核 DSP 之一。这种单核 DSP 能提供高达 1.2GHz 的 C64x+ 内核性能以及多种高性能外设选项,如 Serial Rapid-IO™、千兆以太网 MAC、PCI 和 HPI。

(5) TMS320C64x 系列 DSP,高性价比,凭借高达 700MHz 的工作频率、5600MMACS 的 C64x+ 性能、以太网和其他集成外设选项以及 16mm×16mm 的紧凑外形,提供了相同成本下的最佳性能。

(6) TMS320C62x DSP,是 C6000 DSP 的第一代产品。

2) Integra DSP+ARM 处理器

Integra 产品平台是基于 DSP+ARM 架构的,具有超高集成度,DSP 适合复杂算法运算,ARM 适合应用控制处理,Integra DSP+ARM 的组合架构堪称理想架构,可实现卓越的性能以及优异的性价比。包含以下 2 个系列:

(1) TMS320C6A816x 处理器,基于 C674x+ARM Cortex™-A8 架构,具有最高性能单核浮点和定点 DSP 处理器(速度高达 1.5GHz),集成有高带宽外设、3D 图形和显示引擎。非常适合用于开发需要密集信号处理、复杂数学函数以及影像处理算法、实现图形用户界面(GUI)、网络连接、系统控制以及多种操作系统下的应用处理等。

（2）OMAP-L1x 处理器，基于 C674x＋ARM9 架构，用于联网的各种外设，并运行 Linux 或 DSP/BIOS™ 实时操作系统。该产品系列还与 TMS320C674x 和 C640x 产品系列中的各种器件引脚兼容。功耗范围从 8mW（待机模式）至 400mW（总功耗）。

3）达芬奇（DaVinci）视频处理器

介绍达芬奇视频处理器之前，先了解一下达芬奇技术。达芬奇（DaVinci™）技术是一种专门针对数字视频应用、基于信号处理的解决方案，能为视频设备制造商提供集成处理器、软件和开发工具，以降低产品成本，缩短产品上市时间。

达芬奇视频处理器最早是在 2005 年推出的，早期该处理器采用了 ARM＋DSP＋CP（Co-Processor 协处理器）的 SOC 架构。目前，新型主流达芬奇视频处理器基本都采用 DSP（C64＋）内核或 DSP＋ARM 架构，包括 TMS320DM646x、TMS320DM644x、TMS320DM643x、TMS320DM647/TMS320DM648、TMS320DM37x、TMS320DM3x 几个系列。

4）C6000 高性能多核 DSP

高性能多核 DSP 只包括 TMS320C66x 一个系列，该系列处理器融合了定点和浮点功能。伯克莱设计技术公司（Berkley Design Technology, Inc. ,BDTI）进行的基准测试中，其定点与浮点性能均获得业内最高评分，定点获得了 16690 分，浮点获得了 10720。该系列产品最多集成 8 个 C66x 内核，主频最高 1.25GHz，可提供 320000MMACS 性能。该平台性能相当强劲，非常适合测试与测量、医疗成像、工业自动化、军事和高端成像等市场的应用。

5）C5000 超低功耗 DSP

该系列产品最大特点是低功耗，主要应用于音频、语音、数字蜂窝电话、PDA、指纹识别、调制解调器等领域。包括以下两个系列：

（1）TMS320C55x™，业界功耗最低的 16 位 DSP，主频最高 300MHz，待机功耗低至 0.15mW/MHz，性能高达 600MIPS。

（2）TMS320C54x™，第一代低功耗 C5000™DSP，16 位定点 DSP，功耗低至 40mW，可提供 300～532MIPS 性能。

1.3　微控制器产品简介

TI 在嵌入式控制方面提供了完善的解决方案，主要有四大系列微控制器产品：超低功耗的 16 位 MSP430 系列 MCU、具有高级通信功能的基于 Stellaris®32 位 ARM Cortex™-M3 的 MCU、用于安全方面应用的基于 ARM®32 位 Cortex™-R4F 的 MCU，以及高性能应用的 C2000™ 32 位实时 MCU。一般来说，同一系列下的不同型号产品都具有相同的内核、相同或兼容的汇编指令系统,区别仅在于片内存储器的大小、外设资源多少等。TI所有的微控制器产品都具有JTAG接口,可实现在线硬件调试及程序下载。

1) MSP430系列MCU

MSP430系列单片机是TI 1996年开始推向市场的一种采用16位RISC(精简指令集)的超低功耗混合信号处理器(mixed signal processor)。之所以称为混合信号处理器,主要是因为其针对实际应用需求,把许多模拟电路、数字电路和微处理器集成在一个芯片上,以提供"单片"解决方案。目前,最高主频可达25MHz,具有1~256KB闪存,外设丰富,包括ADC、DAC、LCD、USB、射频、PWM、运算放大器、SPI、I²C等。该处理器的最大特点就是超低功耗,165μA/MIPS,可以大大延长电池的使用寿命。

该处理器在架构上依然采用冯诺依曼架构,通过存储器地址总线(MAB)和存储器数据总线(MDB)将16位RISC CPU、多种外设和灵活的时钟系统进行完美结合,为当今和未来的混合信号应用提供了解决方案。其架构结构如图1.1所示。

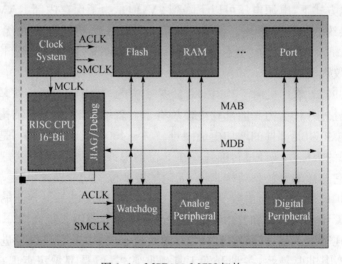

图1.1　MSP430 MCU架构

MSP430 MCU提供非基于LCD(x2xx和F5xx)和基于LCD的(x4xx)产品系列。

(1) MSP430x1xx:基于闪存/ROM的MCU,提供1.8~3.6V的工作电压,具有高达60KB的闪存空间和8MIP的指令执行速度。

(2) MSP430F2xx:超低功耗MCU,性能提升至16MHz。其他增强性能包括:集成的±1%片上极低功耗振荡器、软件可选的内部上拉/下拉电阻并增加了模拟输入的数目。该系统内置可编程闪存,从而使大多数系统省去了外部EEPROM。

（3）MSP430x4xx：超低功耗 MCU，提供 1.8～3.6V 的工作电压，具有高达 120KB 的闪存空间和 8MIPS 的指令执行速度，同时集成了 LCD 控制器。

（4）MSP430x5xx：基于闪存的 MCU，提供 1.2～3.6V 工作电压，具有高达 256KB 的闪存空间和最高 25MIPS 的时钟系统，启动时为 12MIPS，内置 4 个 USCI 模块。包括一个用于优化功耗的电源管理模块、一个内部控制的电压稳压器，以及超出先前器件两倍的存储能力。

MSP430 MCU 与 89C51 单片机比较如下：

首先，89C51 单片机是 8 位单片机，其指令采用的是被称为"CISC"的复杂指令集，共具有 111 条指令。而 MSP430 MCU 是 16 位的单片机，采用了精简指令集（RISC）结构，只有简洁的 27 条指令，大量的指令则是模拟指令，众多的寄存器以及片内数据存储器都可参加多种运算。这些内核指令均为单周期指令，功能强，运行速度快。

其次，89C51 单片机本身的电源电压是 5V，有两种低功耗方式：待机方式和掉电方式。正常情况下消耗的电流为 24mA，在待机状态下，其耗电电流仍为 3mA；即使在掉电方式下，电源电压可以下降到 2V，但是为了保存内部 RAM 中的数据，还需要提供约 50μA 的电流。而 MSP430 MCU 在低功耗方面的优越之处则是 89C51 单片机不可比拟的。正因为如此，MSP430 MCU 更适合应用于使用电池供电的仪器、仪表类产品中。

再次，89C51 单片机由于其内部总线是 8 位的，其内部功能模块基本上都是 8 位的，虽然经过各种努力其内部功能模块有了显著增加，但是受其结构本身的限制很大，尤其模拟功能部件的增加更显困难。MSP430 MCU 基本架构是 16 位的，同时在其内部的数据总线经过转换还存在 8 位的总线，再加上本身就是混合型的结构，因此对它这样的开放型架构来说，无论扩展 8 位的功能模块，还是 16 位的功能模块，即使扩展模/数转换或数/模转换这类的功能模块也是很方便的。这也就是 MSP430 MCU 系列产品和其中功能部件迅速增加的原因。

最后，在开发工具方面，对于 89C51 单片机来说，由于它是最早进入我国的单片机，人们对其非常熟悉，各种开发工具也非常多，但是都无法实现在线编程；而 MSP430 MCU，由于引进了 Flash 型程序存储器和 JTAG 技术，不仅使开发工具变得简便、价格相对低廉，并且可以实现在线编程。

MSP430 器件起始价格为 0.25 美元，典型应用包括实用计量、便携式仪表、智能传感和消费类电子产品。

2）基于 Stellaris®32 位 ARM Cortex™-M3 的 MCU

Stellaris（群星）系列是基于 ARM Cortex™-M3 技术之上的具有高级通信功能的实时 32 位 MCU 产品，高达 100MHz，64～256KB 闪存。Cortex™-M3 是 ARM V7 指令架构系列内核的 MCU 版本，具有快速的中断处理，中断始终不超过

12 个周期,使用末尾连锁(tail-chaining)技术则为 6 个周期。支持 5V 电压,并具有可编程的驱动功能及转换率控制,外设接口丰富,包括 10/100 以太网 MAC/PHY、USB 与 USB OTG、CAN 控制器、ADC、PWM、SPI 等。Stellaris 系列起始价格为 1.00 美元,面向汽车电子、运动控制、过程控制,以及医疗设备等要求低成本的嵌入式微控制器领域。

3) 基于 ARM®32 位 Cortex™-R4F 的 MCU

TMS570LS 系列是目前唯一一款基于 ARM Cortex™-R4F 的 MCU,该系列的特点是将两个同型号 Cortex™-R4 处理器与一个 2MB 片内闪存整合在一起,并通过专利架构技术将这两个内核紧密连接,确保其可靠运行。每个 Cortex™-R4 内核的性能均可达到 300MIPS,片上还集成有 FlexRayTM 网络、12 位 ADC、CAN、EMIF、LIN、SPI 等多种外设,该系列 MCU 适用于汽车安全应用方面。

4) C2000™32 位实时 MCU

TMS320C2000 系列 MCU 是专门针对高性能实时控制应用而设计的,采用改进的哈佛总线架构,该系列芯片除了集成有电机控制专用外设外,还具有较强的数字信号处理能力。在 C2000™32 位实时 MCU 系列里又大体可以分为四个小系列,分别为:Delfino™浮点系列、Piccolo™系列、28x 定点系列和 24x 16 位定点系列,由于 24x 16 位系列是老产品系列,新研产品中不推荐使用,本书着重讲述其余三个小系列,这三个小系列都采用 32 位 C28x 处理器内核,代码兼容性好。

(1) Piccolo™系列。

Piccolo 取义意大利语风笛,旨在以小巧强劲的性能抢占实时控制市场,该系列是定点处理器,面向低成本的工业、数字电源以及消费类电子产品应用的,包括两类产品:

① TMS320F2802x:主频 40～60MHz,最小封装 38 引脚,最多 64KB 片上 Flash 存储器,集成有多种外设,如 150ps 的高分辨率增强型脉宽调制器(ePWM)、4.6MSPS 的 12 位 ADC、高精度片上振荡器、模拟比较器、I^2C、SPI 和 SCI 等。

② TMS320F2803x:主频 60MHz,采用 64 或 80 引脚封装,最多 128KB 片上 Flash 存储器,除拥有 F2802x 器件的所有外设和功能之外,还新增了用于高效控制环路的控制律加速器(CLA)。CLA 是一款 32 位浮点数学加速器,能独立于 C28x 内核进行工作,从而可实现对片上外设的直接存取以及算法的并行执行。新增加的外设有 QEP 模块、CAN 和 LIN 接口模块。

(2) Delfino™浮点系列。

Delfino 取义意大利语海豚。为高端控制应用提供高性能、高浮点精度以及优化的控制外设,以充分满足系统效率、精度以及可靠性等严格的性能要求。可实现伺服驱动、可再生能源、电力线监控以及辅助驾驶等实时控制应用的跨越式开发。

Delfino™系列集成有硬件浮点处理单元,工作频率高达 150MHz,并可提供 300MFLOPS 的卓越性能。与当前的 C2000 定点微处理器相比,同样 150MHz 时钟频率下,Delfino™浮点微处理器的平均性能提升了 50%。该系列基于标准的 C28x™MCU 架构,能够与当前所有的 C28x 微处理器实现 100% 的软件兼容。

Delfino 控制器的主要功能特点包括:

① 300MHz 的 C28x 内核可提供快速中断响应、最小化时延、复杂控制算法执行,以及实时数据分析。

② 32 位浮点单元可简化幅度计算的编程,消除扩展与饱和负载,并提高诸如 Park 转换与比例积分微分(PID)等算法的性能。

③ 516KB 片上单周期存取 RAM 可实现高速程序执行以及数据存取等功能。

④ 高度灵活的 65ps 高分辨率 PWM 模块可实现最佳精确度。

⑤ CAN、I²C、SPI 以及标准串行接口外设可针对系统通信管理提供便捷的连接。

⑥ 外部 ADC 接口使开发人员能够灵活选择 TI 各种系列的高精度模数转换器。

⑦ C2000 产品的代码兼容性有助于开发人员便捷地进行产品线扩展,而且从 40MHz 的 Piccolo™至 300MHz 的 Delfino™,均可实现控制器代码的重复使用。

(3) 28x 定点系列。

28x 定点系列最早于 2003 年上市,是业界第一款 32 位基于 DSP 的控制器,具有片内 Flash 存储器和高达 150MIPS 的性能,具有增强的电机控制外设、高性能的模数转换和多种类型的改进型通信接口,与 TMS320C24x 源代码兼容。28x 的高性能控制优化内核,可以实时处理许多复杂的控制算法,如无传感速度控制、随机 PWM 以及功率因数校正等。该系列产品主要应用于工业自动化、数字电源、汽车控制以及高级传感应用等领域。

28x 系列芯片有三种类型,包括 FLASH 型、ROM 型、RAM 型,三种类型的芯片功能基本相同。

TMS320C2000 三个系列 MCU 的基本对比情况如表 1.1 所示。

表 1.1　C2000 系列产品

C2000 系列	28x 定点系列			Delfino™浮点系列		Piccolo™定点系列	
	F281x	F280x	F2823x	F2833x	C2834x	F2802x	F2803x
上市时间	2003 年	2005 年	2008 年	2008 年	2009 年	2009 年	2010 年
主频/MHz	150	60~100	100~150	100~150	200~300	40~60	60
引脚数	128~179	100	176~179	176~179	176~256	38~56	64~80
Flash/KB	128~256	32~256	128~512	128~512	0	16~64	32~128
RAM/KB	36	12~36	52~68	52~68	196~516	4~12	12~20
参考价格/美元	13~15	3~13	13~14	14~16	9~16	1.85~3	3~4.50

1.4　DSP 基础知识

为了更好理解本书内容,下面给出一些硬件设计中必须理解或掌握的相关基础知识。

1) 改进的哈佛结构

哈佛结构是将程序和数据存储在不同的存储空间中,即程序存储器和数据存储器是两个相互独立的存储器,每个存储器独立编址,独立访问。两个存储器相对应的是设置了 4 条总线:程序的数据总线与地址总线,数据的数据总线与地址总线。这种分离的程序总线和数据总线允许在一个机器周期内同时获得指令字(来自程序存储器)和操作数(来自数据存储器),从而提高了执行速度,使数据的吞吐率提高了 1 倍。又由于程序和数据存储器在两个分开的物理空间中,取指和执行能完全重叠。哈佛结构常用于 DSP、ARM 等嵌入式专用处理器中。

传统的冯·诺曼(Von Neuman)是将指令、数据、地址存储在同一存储器中,统一编址,依靠指令计数器提供的地址来区分是指令、数据还是地址。取指令和取数据都访问同一存储器,不能同时进行,数据吞吐率低。常用于通用计算机的处理器中。

改进的哈佛结构是在基本哈佛结构的基础上作了改进,TI 主要做了如下改进:一是增加多条数据总线,如读指令、写指令总线分开,读数据、写数据总线分开等。这样取指和执行可以进一步重叠,提高了运行速度和灵活性。二是允许数据存放在程序存储器中,并被算术运算指令直接使用,增强了芯片的灵活性。三是指令存储在高速缓冲器 Cache 中,当执行此指令时,不需要再从存储器中读取指令,节约了指令周期的时间。TMS320C2000 系列 MCU 就是采用改进的哈佛结构,但没有高速缓冲 Cache。

2) 流水技术

流水线(pipeline)技术是指在程序执行时多条指令重叠进行操作的一种准并行处理实现技术。流水线是 Intel 首次在 486 芯片中开始使用的。流水线的工作方式就像工业生产上的装配流水线。在 CPU 中由 5～6 个不同功能的电路单元组成一条指令处理流水线,然后将一条指令分成 5～6 步后再由这些电路单元分别执行。很明显,仅有一条指令运行时,是无法提高运算速度的,当大量指令运行时,指令就会塞满这 5～6 个功能单元,实现准并行操作,这样就能实现在一个 CPU 时钟周期完成一条指令,提高 CPU 的运算速度。TMS320C2000 系列 MCU 采用八级流水技术,即取指 1(F1)、取指 2(F2)、译码 1(D1)、译码 2(D2)、读操作数 1(R1)、读操作数 2(R2)、执行(E)和写结果(W)。

3）建立时间和保持时间

建立时间（setup time）是指在触发器的时钟信号上升沿到来以前，数据稳定不变的时间，如果建立时间不够，数据将不能在这个时钟上升沿被正确打入触发器。如图 1.2 所示。

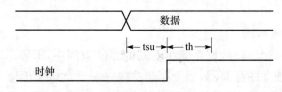

图 1.2　建立时间和保持时间

（tsu:建立时间；th:保持时间）

保持时间（hold time）是指在触发器的时钟信号上升沿到来以后，数据稳定不变的时间，如果保持时间不够，数据同样不能被正确打入触发器。

建立时间和保持时间对于硬件电路设计非常重要，硬件芯片互连，特别是外扩存储器，一定要保证时序满足建立和保持时间的要求，当然在一些情况下，建立时间和保持时间的值可以为零，如用 FPGA 开发的存储器保持时间一般为零。

4）定点处理器和浮点处理器

从通用 CPU 到专用 DSP 处理器，一直存在着定点和浮点之争。定点与浮点的基本差异在于它们对数据的数字表示法不同。定点处理器硬件严格运行整数运算，而浮点处理器既支持整数运算又支持实数运算，并以科学计数法进行了标准化。字长为 16 位的定点处理器，带符号整数值范围为 $-2^{15} \sim 2^{15}-1$，精度范围为 64K；与此相对比，浮点处理器将数据路径分为两部分：一是尾数部分，二是指数部分。在支持业界标准单精确运算的 32 位浮点处理器中，尾数为 24 位，指数为 8 位，其数值动态范围为 $-10^{128} \sim 10^{127}$，精度范围为 16M，这样的动态范围大大高于定点格式可提供的精确度。实施业界标准双精度（64 位，包括 53 位的尾数与 11 位的指数）的器件还可实现更高的精确度。

在 DSP 领域，定点处理器取得了极大的成功，主要有几个方面原因：首先，早期定点处理器成本非常低，使定点处理器得到了广泛的应用；其次，定点处理区先问世，对应定点处理器开发很多算法，在以后的开发中为了保持算法上的优势，会延续选用定点处理器；再次，定点处理器功耗相对较小。这些优势使定点处理器发展迅速，而且目前仍然以定点处理器为主。

随着对 DSP 处理速度与精度、存储器容量、编程的灵活性和方便性要求的不断提高，浮点处理器也得到了越来越广泛的应用。相对定点处理器，浮点处理器的动态范围更大，可以实现更高的精度，很多算法的浮点代码比定点占用更少的周期，浮点运算用硬件来实现，其处理速度大大高于定点处理器。然而，由于电路复杂性和制造工艺上的原因,浮点处理器与定点处理器相比在成本和功耗上通常具有明显的劣势,从而导致浮点处理器一直主要局限于雷达、专业音频、医疗设备等领域的应用。近年来,浮点处理器在提供高性能的同时,在降低功耗和成本上有了长足的进步,主要的提供商都提供了 5～10 美元以内的浮点 DSP,功耗也显著降低,浮点处理器正在开启更广泛应用的大门。

5) 5V 和 3.3V 电路混接

当前,集成电路的供电电压越来越低,如主流 DSP 很多都采用 3.3V 的 I/O 电压、1.8V 甚至 1.2V 的核心电压,但目前在伺服控制领域,还有许多外围电路是 5V 的,因此在 DSP 系统中,经常有 5V 外围电路和 3.3V 的 DSP 混接问题,这里需要主要 TTL 电路和 COMS 电路。

TTL(transistor-transistor logic)集成电路的全名是晶体管-晶体管逻辑集成电路。TTL 大部分都采用 5V 电源,只允许在 +5V 的 ±10% 范围内波动,扇出数为 10 个以下 TTL 门电路。TTL 电路是电流控制器件,主要有 54/74 系列标准 TTL、高速型 TTL(H-TTL)、低功耗型 TTL(L-TTL)、肖特基型 TTL(S-TTL)、低功耗肖特基型 TTL(LS-TTL)五个系列。TTL 电路的速度快,传输延迟时间短(5～10ns),但是功耗大。标准 TTL 电路的输入、输出电平如下。

(1) 输出高电平 U_{oh} 和输出低电平 U_{ol}:

$$U_{oh} \geqslant 2.4V, \quad U_{ol} \leqslant 0.4V$$

(2) 输入高电平和输入低电平:

$$U_{ih} \geqslant 2.0V, \quad U_{il} \leqslant 0.8V$$

COMS(compiementary symmetry,metal oxide semicoductor)集成电路的全名是互补对称金属氧化物半导体。COMS 电路的供电电压范围比较广,在 +3V～+15V 均能正常工作,电压波动允许 ±10%,扇出数为 10～20 个 COMS 门电路。CMOS 电路是电压控制器件,输入电阻极大,对于干扰信号十分敏感,因此不用的输入端不应开路,要上拉或下拉。CMOS 电路的优点是噪声容限较宽,静态功耗很小。COMS 电路的速度慢,传输延迟时间长(25～50ns),但功耗低。COMS 电路本身的功耗与输入信号的脉冲频率有关,频率越高,芯片集越热,这是正常现象。COMS 电路的输入、输出电平如下。

(1) 输出高电平 U_{oh} 和输出低电平 U_{ol}:

$$U_{oh} \approx VCC, \quad U_{ol} \approx GND$$

其中,VCC 为电源电压,GND 为地。

(2) 输入高电平和输入低电平:

$$U_{ih} \geqslant 0.8VCC, \quad U_{il} \leqslant 0.2VCC$$

下面分四种情况来讨论常见的 5V 和 3.3V 器件混接的情况。

（1）5V TTL 器件驱动 3.3V TTL 器件。

因为 TTL 门电路高电平输出电压并不能达到电源电压幅度，所以 5V TTL 器件可以驱动 3.3V TTL 器件输入，但必须控制 5V TTL 器件的输出电压不超过 3.6V，以防止 5V 电源的电流流向 3.3V 电源。

（2）3.3V CMOS 器件驱动 5V TTL 器件。

用 3.3V CMOS 器件驱动 5V TTL 器件应该是没有问题的，因为 3.3V 的 CMOS 器件实际上能输出 3.3V 摆幅的电压，对 5V TTL 器件输入的高电平 2V 门限是容易满足的。

（3）5V CMOS 器件驱动 3.3V TTL 器件。

当用 5V CMOS 器件驱动 3.3V TTL 器件时，必须小心选择。选用的 3.3V TTL 接收器件必须可以承受 5V 的输入电压。

（4）3.3V 器件驱动 5V CMOS 器件。

3.3V 器件的输出是不能可靠地驱动 5V CMOS 器件的。在最坏的情况下，当 VDD＝5.5V 时所要求的 VIH 至少是 3.85V（70％VDD），而 3.3V 的器件是不能达到的。

对于第 4 种情况，可以用上拉电阻、OD 门，或采用专门的逻辑电平转换器。在一些复杂、高速的数字系统中，一般采用专门的逻辑电平转换器。

在 TTL 电路和 CMOS 电路中还需要注意以下几点：

（1）TTL 门电路输入端串联 10kΩ 以上电阻，输入端呈现的是高电平；在输入端串联 910Ω 以下电阻时，输入端呈现低高电平。CMOS 电路不存在这个问题。

（2）COMS 电路存在锁定效应：COMS 电路由于输入太大的电流，内部的电流急剧增大，除非切断电源，否则电流一直在增大，这种效应就是锁定效应。当产生锁定效应时，COMS 的内部电流能达到 40mA 以上，很容易烧毁芯片。防御措施包括：

· 在输入端和输出端加钳位电路，使输入和输出不超过规定电压。

· 芯片的电源输入端加去耦电路，防止 VDD 端出现瞬间的高压。

6）内核和外设的上电顺序

TI DSP 一般对内核和 I/O 外设的上电顺序不做特殊要求，只要一同上电即可。早期 DSP 通常要求内核上电要先于 I/O 上电，或至少同时上电。但对于 TMS320C2000 系列 MCU 要求 I/O 先上电，内核后上电，或一同上电。

下电顺序与上电顺序相反。

对于目前新型 DSP 完全没必要花费过多精力考虑上电、下电顺序问题，只要同时上电、下电即可保证 DSP 正常、长寿命工作。

7）JTAG 技术

JTAG 是 Joint Test Action Group（联合测试行动组）的缩写，联合测试行动组是 IEEE 的一个下属组织,该组织研究 PCB 和 IC 测试标准。JTAG 也是一种国际标准测试协议(IEEE 1149.1)。JTAG 最初主要是用于芯片内部测试,基本原理是在器件内部定义一个 TAP(test access port,测试访问口),通过专用的 JTAG 测试工具对内部节点进行测试。JTAG 测试允许多个器件通过 JTAG 接口串联在一起,形成一个 JTAG 链,即菊花链,能实现对各个器件分别测试。现在,人们熟悉 JTAG,更多是因为 JTAG 接口常用于实现 ISP(in-system programmable,在线编程),对 Flash 等器件进行编程。现在多数的高级器件都支持 JTAG 协议,如 DSP、FPGA 器件等。标准的 JTAG 接口是 4 线:TMS、TCK、TDI、TDO,分别为模式选择、时钟、数据输入和数据输出线。

JTAG 作为一种片上调试接口,使得集成电路固定在 PCB(printed circuit board,印刷电路板)上,只通过边界扫描便可以实现测试程序、下载代码、访问寄存器等。

边界扫描(boundary-scan)技术的基本思想是在靠近芯片的输入/输出引脚上增加一个移位寄存器单元,即边界扫描寄存器(boundary-scan register)。当芯片处于调试状态时,边界扫描寄存器可以将芯片和外围的输入/输出隔离开来。通过边界扫描寄存器单元,可以实现对芯片输入/输出信号的观察和控制。对于芯片的输入引脚,可以通过与之相连的边界扫描寄存器单元把信号(数据)加载到该引脚中去;对于芯片的输出引脚,也可以通过与之相连的边界扫描寄存器"捕获"该引脚上的输出信号。在正常的运行状态下,边界扫描寄存器对芯片来说是透明的,所以正常的运行不会受到任何影响。这样,边界扫描寄存器提供了一种便捷的方式用于观测和控制所需调试的芯片。另外,芯片输入/输出引脚上的边界扫描(移位)寄存器单元可以相互连接起来,在芯片的周围形成一个边界扫描链(boundary-scan chain)。边界扫描链可以串行地输入和输出,通过相应的时钟信号和控制信号,就可以方便地观察和控制处在调试状态下的芯片。

8) 无源晶体与有源晶振

无源晶体(crystal):无源晶体需要用 DSP 片内的振荡器,没有电压的问题,信号电平是可变的,即是根据起振电路来决定的,同样的晶体可以适用于多种电压,可用于多种不同时钟信号电压要求的 DSP,而且价格通常也较低,因此对于一般的应用如果条件许可建议用晶体,尤其适合于产品线丰富批量大的生产者。无源晶体相对于晶振而言,其缺陷是信号质量较差,通常需要精确匹配外围电路(用于信号匹配的电容、电感、电阻等),更换不同频率的晶体时周边配置电路需要做相应的调整。建议采用精度较高的石英晶体,尽可能不要采用精度低的陶瓷警惕。

有源晶振(oscillator):有源晶振不需要 DSP 的内部振荡器,信号质量好,比较稳定,而且连接方式相对简单(主要是做好电源滤波,通常使用一个电容和电感构成的 PI 型滤波网络,输出端用一个小阻值的电阻过滤信号即可),不需要复杂的配置电路。相对于无源晶体,有源晶振的缺陷是其信号电平是固定的,需要选择好合适输出电平,灵活性较差,而且价格高。对于时序要求敏感的应用,作者认为还是有源晶振较好,因为可以选用比较精密的晶振,甚至是高档的温度补偿晶振。有些 DSP 内部没有起振电路,只能使用有源晶振。有源晶振相比于无源晶体通常体积较大,但现在许多有源晶振是表贴的,体积和晶体相当,有的甚至比许多晶体还要小。

以下几点需要注意:

(1) 尽量使用 DSP 片内的 PLL,降低片外时钟频率,提高系统的稳定性。

(2) 时钟信号走线长度尽可能短,线宽尽可能大,与其他印制线间距尽可能大,紧靠器件布局布线,必要时可以走内层,以及用地线包围。

(3) 总体来说,晶振在稳定度等方面好于晶体,尤其是精密测量等领域,绝大多数用的都是高档的晶振,这样就可以把各种补偿技术集成在一起,减少了设计的复杂性。

(4) 系统中要求多个不同频率的时钟信号时,首选可编程时钟芯片。

1.5　典型数字控制系统

直流电机由于具有优良的调速性能,在工业生产中有着广泛的应用,下面以直流有刷伺服控制为例,简要介绍典型数字控制系统的设计及实现。

1) 控制系统组成

控制系统分为开环控制系统和闭环控制系统。开环控制系统是在没有反馈的情况下,利用执行机构直接控制受控对象。闭环控制系统是指对输出进行测量,并将此测量值反馈到输入端与参考输入进行比较的系统。要想实现高精度控制必须采用闭环控制系统,甚至是多环路闭环控制系统,如位置环内嵌速度环、速度环内嵌加速度环等。下面以单速度闭环为例进行介绍。

一个典型控制系统主要由控制器、驱动器(功率放大器)、被控对象及传感器组成,如图 1.3 所示。控制器是伺服控制系统的核心,控制器的核心是 MCU 等处理器,用来实现各种控制算法,包括硬件设计和软件设计。驱动器起功率放大的作用,即用弱信号经功率放大控制电机,驱动器可以使用 IGBT 及二极管自行搭建,也可以购买市场上现有的集成模块。自行搭建价格便宜、灵活,集成模块一般价格较高。被控对象包括电机及电机拖动负载,为了建立控制对象模型需要知道电机参数,一般电机出厂都会提供;另外,还要知道负载的转动惯量及整个系统的机械谐振频率,这个频率是限制最终可实现控制系统带宽的主要因素。传感器是测量负载的输出量作为反馈输入参与运算的,本例是速度控制系统,因此反馈量也是速度值,使用增量式编码器测量。

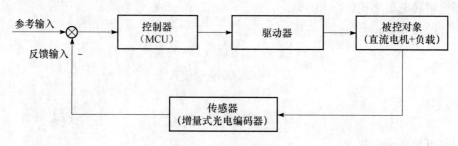

图 1.3　控制系统组成

2) 控制对象建模

对控制对象建立准确的数学模型,对伺服控制系统设计是非常重要的,可以使设计者在实物完成之前对控制系统有比较准确的认识,能够更准确地设计控制参数,降低后期的调试工作,更容易满足精度要求。

在建立模型前,需要知道电机主要参数,可以通过电机铭牌获得或者实测。电机的主要实测参数如下:

峰值堵转电压 U:58V　　　　峰值堵转电流 I:12.6A

电枢电感 L:6.85mH　　　　电枢直流电阻 R:2.2Ω

最大空载转速 n_0:53.5r/min　　峰值堵转力矩 M_P:290.47N・m

负载的转动惯量 J:30kg・m^2

直流电机的等效电路如图 1.4 所示。直流电机的动态结构如图 1.5 所示。

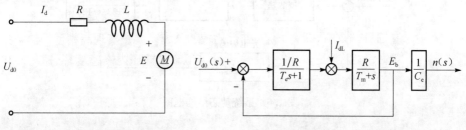

图 1.4　直流电机等效电路　　　　图 1.5　直流电机动态结构框图

在 $I_{dL}=0$ 无扰动的理想情况下,可得电机传递函数为

$$\frac{n(s)}{U_{d0}(s)} = \frac{1/C_e}{T_m T_1 s^2 + T_m s + 1}$$

式中,C_e 为电机的反电动势常数,峰值堵转电压与最大空载转速之比(单位:

V・min/r);$T_m = \dfrac{GD^2 R}{375 C_e C_m} = \dfrac{4gJR}{375 C_e C_m}$ 为系统的机械时间常数,其中飞轮距 $GD^2 =$

$4gJ$;$T_1=L/R$ 为系统的电气时间常数;C_m 为电机的转矩系数,即峰值堵转力矩与峰值堵转电流之比(N・m/A)。

经计算得:

$$C_e = 1.084V \cdot min/r$$
$$C_m = 23.05N \cdot m/A$$
$$T_1 = 0.003s$$
$$T_m = 0.276s$$

因此电机传递函数为

$$\frac{n(s)}{U_{d0}(s)} = \frac{1/C_e}{T_m T_1 s^2 + T_m s + 1} = \frac{1113.5}{s^2 + 333s + 1207}$$

功率驱动器采用 H 全桥 PWM 斩波集成模块,属于小惯性环节,传递函数可以理解为 1。增量编码器也属于小惯性环节,传递函数理解为 1。

3)调节器设计

系统的动态结构框图如图 1.6 所示。从图中可知,除调节器外各环节传递函数都已明确,即各环节特性都是明确的,现在的工作是设计一个调节器,通过该调节器校正整个系统的调速特性,以满足系统的调速精度及动态性能要求。由于只是举例,系统的调速精度和动态性能要求就不提了,实际工程中是通过该指标确定适合的调节器的。这里直接给出一个调节器传递函数,并认为经过仿真已满足指标要求。

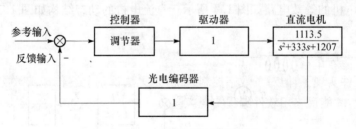

图 1.6　系统动态结构框图

调节器采用 PID 算法,PID 调节器由于其参数调整容易,容易实现,性能也能满足大多数控制系统的要求,在工业控制领域有大量的应用,其传递函数为

$$\frac{E(s)}{U(s)} = k_p + \frac{k_i}{s} + k_d s = 25 + \frac{2.4}{s} + 0.025s$$

PID 调节器由比例、积分和微分三个环节构成,相应的系数为:k_p、k_i、k_d。通过调整这三个系数改变系统性能以到达性能指标要求。各环节的主要作用如下,为后期调节参数提供方向上的指引:

(1) 比例环节 k_p：作用快、无滞后。只要一有偏差，立即就能给出相应的调节作用，它能及时克服扰动，使被调参数稳定在给定值附近。加大比例系数可以提高系统对偏差的分辨率，提高系统的调节精度。缺点是：对具有自平衡性的控制对象有余差（自平衡性是指系统阶跃响应终值为一个有限值），扰动出现后，比例调节的结果使被调量不能回到给定值，只能恢复到给定值附近。对带有滞后的系统，可能产生振荡，动态特性也差。比例系数过大会产生较大的超调，甚至导致系统不稳定；若取得过小，虽然可以减小系统的超调量，稳定裕度增大，但会降低系统的调节精度，使过渡时间延长。

(2) 积分环节 k_i：能够提高系统的抗干扰能力，消除系统的静态误差，适用于有自平衡性的系统。只要有偏差存在，输出调节信号就不断动作，直到把偏差信号消除。但它有滞后现象，使系统的响应速度变慢，超调量变大，并可能产生振荡。加大积分系数有利于减小系统的静差，但过强的积分作用会使超调增大，甚至使系统振荡。

(3) 微分环节 k_d：能够改善系统的动态特性。它是根据偏差的变化速度来调节的，所以输出快。有时尽管偏差很小，只要变化速度很快，则微分调节就有一个较大的输出，其速度比比例调节还要迅速。它能给出响应过程提前制动的减速信号，有助于减小超调，克服振荡，使系统趋于稳定；同时加快系统的响应速度，减小调整时间，从而改善了系统的动态性能。缺点是抗干扰能力差。适当选取微分环节，可以减小系统的超调，增加系统的稳定性，但是过大的微分系数会导致响应过程提前制动，从而延长调节时间，而且对变化的过于敏感使系统的抗干扰性能变差。

4) 调节器传递函数离散化

到目前为止，各个环节的传递函数已经明确了，如果是模拟控制系统就此就可以进行硬件实现了，但对于数字控制系统，是无法识别上述传递函数的，还需要经过离散化，才能最终用软件编程实现。

传递函数离散化的方法有很多，如向后差分法、双线性变换法、脉冲相应不变法、阶跃相应不变法、零极点匹配映射法等。其中，双线性变换法用得比较多，因此以该法为例讲述传递函数的离散化。离散化的过程实质是模拟信号转换为数字信号，即将 s 域的传递函数变换到 z 域中，这里会涉及一个采样频率的问题，工程上采样频率一般要取 10 倍系统带宽以上，根据系统谐振频率的限制及伺服系统设计经验，这里采样频率取 1kHz，即采用时间 $T_s = 0.001\text{s}$。

将 $s = \dfrac{2}{T_s} \dfrac{1 - z^{-1}}{1 + z^{-1}}$ 代入上述传递函数，得

$$\frac{E(z)}{U(z)} = k_p + k_i \frac{T_s}{1 - z^{-1}} + k_d \frac{1 - z^{-1}}{T_s}$$

对上述式子展开,得迭代公式如下:

$$U[k] = U[k-1] + K_p(e[k] - e[k-1])$$
$$+ K_i T_s e[k] + (K_d/T_s)(e[k] - 2e[k-1] + e[k-2])$$

这样,就可以通过软件编程得以数字化实现 PID 的控制算法了。

5) 硬件设计及实现

下面就需要对设计进行硬件实现了,这也是本书讲述的重点。能够实现控制算法的微处理器非常多,本书将讲述使用 TMS320C2000 系列 MCU 实现该硬件设计。硬件电路框图如图 1.7 所示。这是一个最小开发系统,但功能很强大,可以满足大多数的伺服控制系统应用,后续章节中将详细展开讲述 TMS320C2000 系列 MCU 的工作原理及硬件设计。

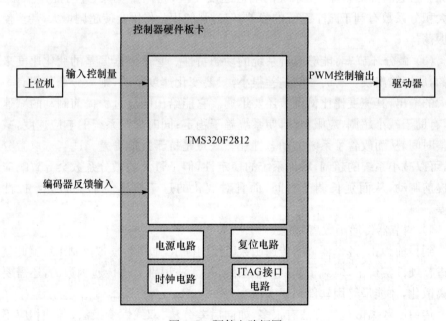

图 1.7　硬件电路框图

6) 设计软件及实现

软件设计不是本书的重点,但这里给出程序控制的流程图,如图 1.8 所示,以指导编程,保证程序的严密性。

在完成软、硬件设计后,还需要进行现场调试。一般是先使用动态信号发生器等工具测出系统的幅频特性曲线,再结合前面设计时的仿真参数,对校正参数进行整定,最终找到满意的设计参数,使系统到达性能指标要求。至此,就完成了整个控制系统的设计及实现。

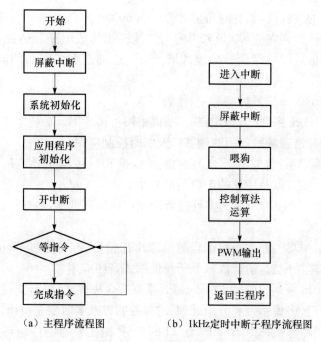

（a）主程序流程图　　　　　　　（b）1kHz定时中断子程序流程图

图 1.8　软件程序流程图

1.6　其余 DSP 厂商简介

在 20 世纪 70 年代末和 80 年代初，DSP 还是个令人费解的名词，只有在大学和军用航空航天部门才能偶尔听到；而今天，DSP 已经成为通信、计算机、网络、工业控制以及家用电器等电子产品中不可或缺的基础器件。DSP 技术的提高已经成为决定电子产品更新换代的决定因素。随着 DSP 市场的蓬勃发展，市场竞争也非常激烈，除了 TI 以外，还有 ADI、飞思卡尔、朗讯、LSI、杰尔和 ZiLOG 等厂商。

1) ADI

亚德诺半导体技术公司（Analog Devices, Inc.，纽约证券交易所代码：ADI），也称为美国模拟器件公司。自 1965 年创建以来，取得了辉煌业绩。回顾 ADI 公司的成功历程：从位于美国马萨诸塞州剑桥市一座公寓大楼地下室的简陋实验室开始起步，经过 40 多年的努力，发展成全世界特许半导体行业中最卓越的供应商之一。

ADI 将创新、业绩和卓越作为企业的文化支柱，并基于此成长为该技术领域最持久高速增长的企业之一。ADI 公司是业界广泛认可的数据转换和信号处理技术全球领先的供应商,拥有遍布世界各地的 60000 客户,涵盖了全部类型的电子设备制造商。作为领先业界 40 多年的高性能模拟集成电路制造商,ADI 的产品广泛用于模拟信号和数字信号处理领域。公司总部设在美国马萨诸塞州诺伍德市,设计和制造基地遍布全球。

ADI 生产的数字信号处理芯片,代表系列如下。

(1) ADSP21xx 系列(16 位定点):工作频率达 160MHz,功耗电流低到 $184\mu A$,适合语音处理和语音频段调制解调器以及实时控制应用。

(2) SHARC 系列(32 位浮点):在浮点 DSP 市场占据主导地位,拥有出色的内核和存储器性能,以及优异的 I/O 吞吐能力。

(3) TigerSHARC 系列:为多处理器应用提供最高性能,最佳性能下浮点运算超过每秒十亿次。

(4) SIGMADSP:是完全可编程的单芯片音频 DSP,可通过 SigmaStudio™ 图形化开发工具轻松配置,适合汽车电子及便携式音频应用。

(5) Blackfin 系列:16/32 位 Blackfin 系列适合集成式应用,支持多格式音频、语音和图像处理、多模基带和分组处理、过程控制以及实时安全应用。

ADI 的 DSP 常被称为 ADSP,与 TI 的 DSP 相比较,具有浮点运算强、SIMD(单指令多数据)编程的优势,比较新的 Blackfin 系列比同一级别 TI 产品功耗低。缺点是不如 TI 的 C 语言编译优化好。TI 已经普及了 C 语言的编程,而 ADI 芯片的性能发挥比较依赖程序员的编程水平。另外,ADSP 的 Linkport 数据传输能力强是一大特色,但是使用起来不够稳定,调试难度大。

2) 飞思卡尔

飞思卡尔(Freescale™Semiconductor,原摩托罗拉半导体部)是全球领先的半导体公司,为汽车、消费、工业、网络和无线市场设计并制造嵌入式半导体产品。2003 年 10 月,摩托罗拉正式宣布剥离其半导体业务,新成立公司并命名为飞思卡尔,这家私营企业总部位于美国德克萨斯州奥斯汀,在全球 30 多个国家和地区拥有设计、研发、制造和销售机构。飞思卡尔在中国多个城市有分支机构,销售分支遍布热点城市。在苏州、上海、天津和北京有设计中心,并在天津有较大规模的工厂,主要从事封装和测试等。如今的飞思卡尔半导体已经成为全球最大的半导体公司之一,2007 年的总销售额达到 57 亿美元。

摩托罗拉公司推出的 DSP 芯片比较晚。1986 年该公司推出了定点 DSP 处理器 MC56001;1990 年,又推出了与 IEEE 浮点格式兼容的的浮点 DSP 芯片 MC96002。目前,产品已经非常丰富,主要分为以下四个系列。

(1) StarCore 高性能数字信号处理器:以 MSC8156 处理器为典型代表,该处理器是基于 SC3850 StarCore DSP 新内核技术,集成有 6 个最高达 1GHz 主频的内核,性能非常强劲,是为大幅提高无线宽带基站设备功能而设计的。该系列产品主要针对基带、航空、国防、医疗和测试与测量市场。

（2）Symphony 数字信号处理器：是音频处理器系列，集成先进的音频外围设备，满足音频电子设备人员的需求。同时，可用以支持 Dolby®、THX® 和 DTS® 等最新一代解码器。

（3）通用 DSP563xx 数字信号处理器：是 24 位通用 DSP，提供可扩展、低成本性能，适用于包括网络和通信与工业控制等广泛应用领域。

（4）数字控制器 MCU：以 DSP56800/E 家族产品为代表，可提供 120MIPS 的处理器性能。在一块芯片中，它把 DSP 的处理能力和 MCU 功能结合在一起，带有灵活的外围设备，为工业控制、移动控制、家电设备、通用变换器、智能传感器、高级照明、防火和保安系统、开关电源、电源管理和医疗监控应用等领域提供了经济高效的解决方案。

3）朗讯

1996 年，贝尔实验室和 AT&T（American Telephone & Telegraph，美国电话电报公司）的设备制造部门脱离 AT&T 成为朗讯科技（Lucent）。朗讯科技一直致力于为全球最大的通信服务提供商设计和提供网络。以贝尔实验室为后盾，朗讯科技充分借助其在移动、光、数据和语音技术以及软件和服务领域的实力发展下一代网络。公司提供的系统、服务和软件旨在帮助客户快速部署和更好地管理其网络，同时面向企业和消费者提供新的创收服务。

朗讯科技总部位于美国新泽西州茉莉山，是全球领先的通信网络设备提供商，在面向服务提供商的互联网基础设施、光网络、无线网络和通信网络支持及服务领域牢牢占据领先地位。作为通信软件创新的动力源泉，贝尔实验室将其 2/3 的力量专注于下一代软件和应用的开发。

贝尔实验室是朗讯麾下全球著名的研发机构，遍布全球 16 个国家，自 1937 年以来已经产生出 11 位诺贝尔奖获得者。贝尔实验室的科学家和研究人员自 1925 年以来已经获得了 28000 多项专利，平均每个工作日超过 4 项。2001 年，贝尔实验室发明了世界上第一个分子级晶体管，从而成为继 1947 年发明标志着通信和技术新时代到来的晶体管之后的又一个科学里程碑。

但是，朗讯科技的运营状况也一直不是很好，2006 年 12 月 1 日，朗讯科技与法国的阿尔卡特合并，以阿尔卡特为存续公司，双方希望合并能带来新的机遇，合并后发布了公司的新标识——阿尔卡特-朗讯（Alcatel-Lucent），是一家提供电信软硬件设备及服务的跨国公司，总部设于法国巴黎。阿尔卡特-朗讯的产品线极广，从传统 PSTN 交换机至行动通信设备、宽带网络设备等，近年来也发展 IPTV、NGN 等设备。

朗讯公司目前已不再从事 DSP 业务，其早期的微电子部负责 DSP 业务，其 DSP 产品主要集中在通信产品上。

4) 杰尔（Agere）、LSI 和芯原

杰尔系统（Agers Systems）是全球领先的集成电路方案供应商，主要针对无线数据、高密度存储及多业务网络的应用提供业界领先的解决方案。杰尔系统前身为原朗讯科技微电子部，1996 年朗讯科技自 AT&T 拆分时即已设立。2000 年 12 月，朗讯科技微电子部正式更名为杰尔系统。2002 年 6 月，杰尔系统宣布完全独立，正式脱离母公司朗讯科技。总部设于美国宾夕法尼亚州阿伦敦市。2007 年 4 月，杰尔与 LSI 合并。

LSI（Large-scale Integration，大规模集成电路），中文称为巨积公司，创立于 1981 年，总部位于加利福尼亚州米尔皮塔斯，其主要业务是设计 ASIC、主机总线适配器、RAID 适配器、存储系统和计算机网络产品。LSI 在全球 50 多个国家和地区设有分公司或办事处，在中国的北京、香港、上海和深圳有分支结构。

LSI 将自己的 DSP 部门命名为 ZSP，ZSP 部门的主要目标市场是多媒体应用、VoIP、无线通信等领域。DSP 业务有三种不同的商业模式：一是提供 ZSP 系列标准产品，包括 DSP 的标准产品和相关的软件工具，主要供应需要标准产品的客户，帮助他们有效地控制产品上市时间；二是提供 DSP 的核心技术，便于客户将这些核心技术整合在自己产品的集成电路（ASIC）中；三是 DSP 核心授权计划，即为半导体设计公司或系统厂商提供 DSP 委托研发服务。

杰尔和 LSI 的 DSP 均采用开放性架构，其他的半导体制造商以授权内核形式获得产品的使用。

2006 年 7 月 5 日，LSI 以价值 1300 万美元的现金和股票将 ZSP 数字处理器部门卖给中国 ASIC 设计代工供应商上海芯原股份有限公司（VeriSilicon）。该公司成立于 2002 年，是一家发展迅速的集成电路设计代工公司，为客户提供定制化解决方案和系统级芯片（SoC）的一站式服务。芯原在全球拥有 4 个设计研发中心，分别位于中国上海、北京，美国圣塔克拉拉、达拉斯。包括华为、大唐、UT 斯达康在内的许多中国厂商使用了 ZSP 内核。

5) ZiLOG

ZiLOG 公司由工业先驱 Federico Faggin 和 Ralph Ungermann 于 1974 年共同创立，总部位于加利福尼亚州圣何塞。该公司生产的 Z80 系列控制器曾得到广泛的应用。1998 年，TPG（the Texas Pacific Group）收购了 ZiLOG 公司，设计、开发、生产、销售 8 位微逻辑半导体，将市场定位于三个方面：通信、家庭娱乐和集成控制。例如，消费电子、家用设备、通用遥控、安全系统、POS 终端、PC 外围设备、工业和自动化等。该公司新推出的产品是 eZ80，它是在 Z80 的基础上嵌入了 Internet 和 DSP（数字音频处理）功能。

第 2 章 TMS320F281x 处理器功能概述

2.1 概 述

28x 定点系列是 C2000 器件中比较重要的一个系列,市场占有率非常高,性价比很不错,该系列包括三个产品。

(1) TMS320F2823x:F2823x 控制器系列是 F2833x Delfino 浮点系列的定点版本,除了不具备 F2833x 的浮点单元以外,其他所有外设和特性都相同,且与 F2833x 系列引脚兼容。

(2) TMS320F280x:F280x 器件可提供 60~100MHz 的性能,采用 C28x 内核,12~36KB 片内 RAM,具有片上 ADC、SPI、McBSP、SCI、CAN、产生 PWM 的 EVA 和 QEP(正交编码器脉冲)等外设。F280x 器件最多有 256KB Flash 存储器。具有 100 个引脚。

(3) TMS320F281x:F281x 器件可提供 150MHz 性能,也是 C28x 内核,与 F280x 器件本质相同,只是存储器、外设等资源更加丰富,引脚也更多。

目前,TMS320F281x 系列应用最为广泛,所以本书将以 TMS320F281x 系列为例讲述,因为 28x 定点系列各器件间具有非常大的相似性,理解了 TMS320F281x 系列结构和原理,也就能够理解和掌握整个 28x 定点系列的结构和原理。

TMS320C281x 的 CPU 是一种低功耗的 32 位定点数字信号处理器,具有精简指令集计算(RISC)功能、微型控制器结构、工具装置(tool sets)等优秀特性,利用改进型哈佛结构,通过 6 条独立的地址数据总线并行执行指令和数据读取。

TMS320F281x 系列有 TMS320F2810、TMS320F2811 和 TMS320F2812 三个片种。TMS320C281x 和 TMS320F281x 类似,只是不具备片上 Flash 存储器,TMS320C281x 也包含 TMS320C2810、TMS320C2811 和 TMS320C2812 三个片种。

TMS320F281x 系列的硬件特征如表 2.1 所示。

表 2.1　硬件特征

特　征	F2810	F2811	F2812
指令周期(150MHz)	6.67ns	6.67ns	6.67ns
SRAM(16bit)	18K	18K	18K
片内 Flash(16bit)	64K	128K	128K
片内 Flash/SRAM 的密钥	有	有	有
Boot ROM	有	有	有
OPT ROM(1K×16bit)	有	有	有
外部存储器接口	无	无	有
事件管理器 A 和 B	EVA、EVB	EVA、EVB	EVA、EVB
• 通用定时器	4	4	4
• 比较寄存器/PWM	16	16	16
• 捕获/正交解码脉冲电路	6/2	6/2	6/2
看门狗定时器	有	有	有
12 位的 ADC	有	有	有
• 通道数	16	16	16
32 位的 CPU 定时器	3	3	3
串行外设 SPI	有	有	有
串行通信接口(SCI)A 和 B	SCI-A、SCI-B	SCI-A、SCI-B	SCI-A、SCI-B
控制器局域网络(CAN)	有	有	有
多通道缓冲串行接口(McBSP)	有	有	有
GPIO	有	有	有
外部中断源	3	3	3
供电电压	核心电压 1.8V(135MHz)、1.9V(150MHz) I/O 电压 3.3V		
封装	128 引脚 PBK	有	有	无
	176 引脚 PGF	无	无	有
	179 球形触点 GHH	无	无	无
	179 球形触点 ZHH(无铅)	无	无	无
温度	A：-40~+85℃	有	有	有
	S：-40~+125℃	有	有	有
	Q：-40~+125℃	有	有	仅 PGF 封装

2.2　封 装 信 息

　　TMS320F281x 芯片标识如图 2.1 所示,根据芯片上的字母能够识别器件的型号、封装、版本等信息。标识信息的解读如图 2.1 和表 2.2 所示。

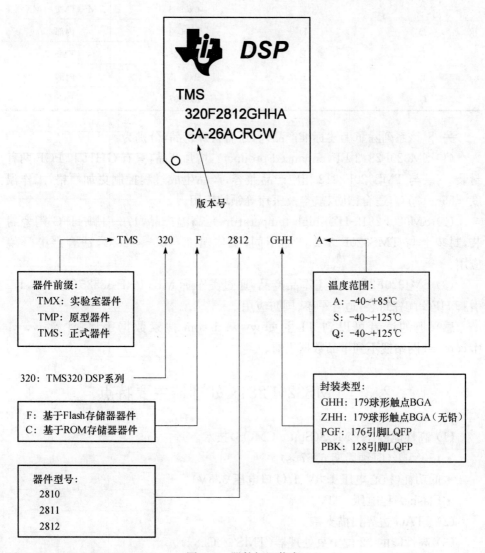

图 2.1　器件标识信息

表 2.2　版本信息

版本号	版本信息	版本 ID(0x0883)	备　注
空白	0	0x0000	TMX
A	A	0x0001	TMX
B	B	0x0002	内部
C	C	0x0003	TMS/TMP/TMX
D	D	0x0003	内部
E	E	0x0005	TMS
F	F	0x0006	内部
G	G	0x0007	TMS

另外,该系列除了上述标准产品外,还有特殊产品,分别为:

(1) SM320F2812-EP(enhanced product):增强产品,只有 GHH 和 PGF 两种封装,封装与 TMS320F2812 相应产品兼容,产品生成过程控制更加严格,工作温度−55～125℃,适合国防、航空及医疗等领域应用。

(2) SM320F2812-HT(high-temperature):高温产品,172 引脚 HFG 陶瓷封装,封装上与 TMS320F2812 产品不同,工作温度−55～220℃,适合严酷环境应用。

(3) SMJ320F2812:真正军品产品,通过美军标 MIL-PRF-38535(QML),172 引脚 HFG 陶瓷封装,适合军事、国防应用。

感兴趣的读者可以到 TI 主页 www.ti.com 搜索数据手册,注意 www.ti.com.cn 网站搜不到军品数据手册。

2.3　TMS320F281x 处理器主要特点

(1) 高性能静态 CMOS(Static CMOS)技术。

• 150MHz(时钟周期 6.67ns)。

• 低功耗(核心电压 1.8V、I/O 口电压 3.3V)。

• Flash 编程电压 3.3V。

(2) JTAG 边界扫描支持。

(3) 高性能的 32 位中央处理器(TMS320C28x)。

• 16 位×16 位和 32 位×32 位乘且累加操作。

• 16 位×16 位的双乘法累加器。

• 哈佛总线结构(Harvard Bus Architecture)。

- 快速的中断响应和处理(9 个时钟周期即可响应中断)。
- 统一的寻址模式。
- 可达 4MB 的程序/数据地址空间。
- 高效的代码编译器(支持 C/C++和汇编语言)。
- 与 TMS320F24x/LF240x 处理器的代码兼容。

(4) 片内存储器。

- 128K×16 位的 Flash 存储器。
- 1K×16 位的 OTP 型只读存储器。
- L0 和 L1:两块 4K×16 位的单周期访问存储器(SARAM)。
- H0:一块 8K×16 位的单周期访问存储器(SARAM)。
- M0 和 M1:两块 1K×16 位的单周期访问存储器(SARAM)。

(5) 引导只读存储器(Boot ROM)4K×16 位。

- 带有软件的 Boot 模式。
- 标准的数学表。

(6) 外部存储器接口(仅 F2812 有)。

- 有多达 1MB 的寻址空间。
- 可编程等待周期数。
- 可编程读/写选通时序(strobe timing)。
- 三个独立的片选输出信号。

(7) 时钟与系统控制。

- 支持动态的改变锁相环的倍频系数。
- 片内振荡器。
- 看门狗定时器模块。

(8) 三个外部中断。

(9) 外部中断扩展(PIE)模块。

- 可支持 96 个外设中断,当前仅使用了 45 个外设中断。

(10) 128 位的密钥(security key/lock)。

- 保护 Flash/OTP 和 L0/L1 SARAM 中的代码。
- 防止 ROM 中的程序被盗。

(11) 3 个 32 位的 CPU 定时器。

(12) 马达控制外设。

- 两个事件管理器(EVA、EVB)。
- 与 C240 兼容的器件。

(13) 串口外设。

- 串行外设接口(SPI)。

- 两个串行通信接口(SCIs),标准的 UART。
- 增强的局域网络接口(eCAN2.0B)。
- 多通道缓冲串行接口(McBSP),兼容 SPI 接口模式。

(14) 12 位的 ADC,16 通道。

- 2×8 通道的复用输入接口。
- 两个采样保持器。
- 单/连续通道转换。
- 单通道的转换时间:200ns。
- 流水最快转换时间:60ns。

(15) 最多有 56 个独立的可编程、多用途通用输入/输出(GPIO)引脚。

(16) 高级的仿真特性。

- 分析和设置断点的功能。
- 实时的硬件调试。

(17) 开发工具。

- ANSI C/C++编译器/汇编程序/连接器。
- 支持 TMS320C24x/240x 的指令。
- 代码编辑集成环境。
- 可嵌入 DSP/BIOS 实时操作系统。
- JTAG 扫描控制器(TI 或第三方的)。
- 硬件评估板。

(18) 低功耗模式和节能模式。

- 支持空闲模式(IDLE)、等待模式(STANDBY)、挂起模式(HALT)。
- 停止外设的时钟。

(19) 封装方式。

- 带外部存储器接口的 179 球形触点 BGA 封装(GHH、ZHH)(2812)。
- 带外部存储器接口的 176 引脚 LQFP 封装(PGF)(2812)。
- 没有外部存储器接口的 128 引脚 PBK(正方扁平)封装(PBK)(2810、2811)。

(20) 温度选择。

- A:−40~+85℃(GHH、ZHH、PGF、PBK)。
- S:−40~+125℃(GHH、ZHH、PGF、PBK)。
- Q:−40~+125℃(PGF、PBK)。

功能结构框图如图 2.2 所示。

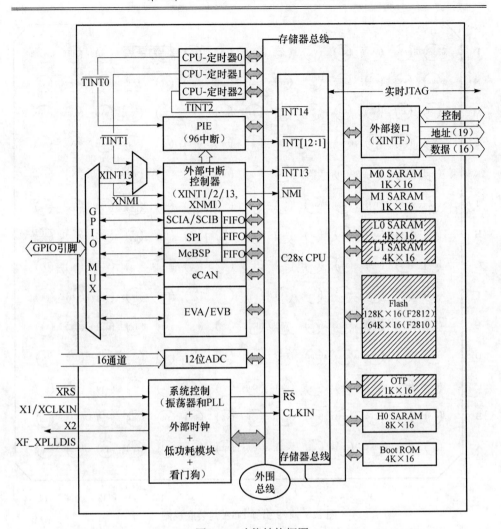

图 2.2　功能结构框图

(▨▨代码保护的模块;器件上提供 96 个中断,45 个可用;XINTF 在 F2810 上不可用)

2.4　引脚分布及引脚功能

TMS320F281x 芯片有三种封装方式,分别为:

(1) 179 引脚 GHH 和 ZHH BGA(ball grid array)封装,适合 F2812,如图 2.3 所示。

(2) 176 引脚 PGF LQFP(low-profile quad)封装,适合 F2812,如图 2.4 所示。

(3) 128 引脚 PBK LQFP 封装,适合 F2810 和 F2811,如图 2.5 所示。

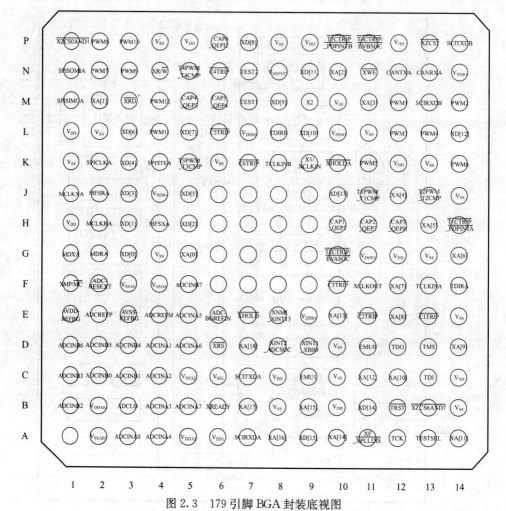

图 2.3　179 引脚 BGA 封装底视图

　　表 2.3 是 TMS320F281x 和 TMS320C281x 芯片的引脚功能及信号情况,该表对硬件设计人员非常重要,必须精读并理解每个引脚的用法。TMS320F281x 所有输入引脚的电平均与 TTL 电平兼容,所有引脚的输出均为 3.3V CMOS 电平,输入不能承受 5V 电压,上拉/下拉电流为 100μA/200μA。所有引脚的输出缓冲器驱动能力(有输出功能的)典型值是 4mA,但 TDO、XCLKOUT、XF、XINTF、EMU0 和 EMU1 的驱动能力是 8mA。TMS320F281x 处理器是基于 COMS 技术的,不同于 TTL 技术,一般 COMS 技术的输入引脚不能悬空,一定要上拉或下拉,明确引脚输入状态,TTL 技术输入悬空,默认为高。TMS320F281x 芯片的输入引脚几乎都有上拉/下拉,但是属于弱拉,在噪声大的环境,最好使用芯片外部的上拉/下拉。表中 I 表示输入;O 表示输出;Z 表示高阻;PU 表示有上拉;PD 表示有下拉。

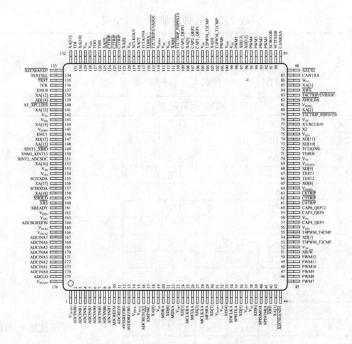

图 2.4　176 引脚 LQFP 封装顶视图

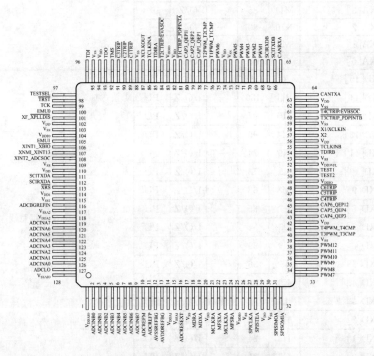

图 2.5　128 引脚 PBK 封装顶视图

表 2.3　引脚功能和信号情况

名　称	引脚号			I/O/Z	PU/PD	说　明
	179 针 GHH	176 针 PGF	128 针 PBK			
XINTF(只限于 F2812)						
XA[18]	D7	158	—	O/Z	—	
XA[17]	B7	156	—	O/Z	—	
XA[16]	A8	152	—	O/Z	—	
XA[15]	B9	148	—	O/Z	—	
XA[14]	A10	144	—	O/Z	—	
XA[13]	E10	141	—	O/Z	—	
XA[12]	C11	138	—	O/Z	—	
XA[11]	A14	132	—	O/Z	—	
XA[10]	C12	130	—	O/Z	—	
XA[9]	D14	125	—	O/Z	—	
XA[8]	E12	125	—	O/Z	—	
XA[7]	F12	121	—	O/Z	—	
XA[6]	G14	111	—	O/Z	—	19 位地址总线
XA[5]	H13	108	—	O/Z	—	
XA[4]	J12	103	—	O/Z	—	
XA[3]	M11	85	—	O/Z	—	
XA[2]	N10	80	—	O/Z	—	
XA[1]	M2	43	—	O/Z	—	
XA[0]	G5	18	—	O/Z	—	
XD[15]	A9	147	—	I/O/Z	PU	
XD[14]	B11	139	—	I/O/Z	PU	
XD[13]	J10	97	—	I/O/Z	PU	
XD[12]	L14	96	—	I/O/Z	PU	
XD[11]	N9	74	—	I/O/Z	PU	
XD[10]	L9	73	—	I/O/Z	PU	
XD[9]	M8	68	—	I/O/Z	PU	
XD[8]	P7	65	—	I/O/Z	PU	16 位数据总线
XD[7]	L5	54	—	I/O/Z	PU	
XD[6]	L3	39	—	I/O/Z	PU	
XD[5]	J5	36	—	I/O/Z	PU	
XD[4]	K3	33	—	I/O/Z	PU	
XD[3]	J3	30	—	I/O/Z	PU	
XD[2]	H5	27	—	I/O/Z	PU	
XD[1]	H3	24	—	I/O/Z	PU	
XD[0]	G3	21	—	I/O/Z	PU	

名　称	引脚号			I/O/Z	PU/PD	说　明
	179针 GHH	176针 PGF	128针 PBK			
XINTF(只限于 F2812)						
XMP/$\overline{\text{MC}}$	F1	17	—	I	PD	可选择微处理器/微计算机模式。可以在两者之间切换;为高电平时外部接口上的区域 7 有效,为低电平时区域 7 无效,可使用片内的 Boot ROM 功能;复位时该信号被锁存在 XINTCNF2 寄存器中,通过软件可以修改这种模式的状态;此信号是异步输入,并与 XTIM-CLK 同步
$\overline{\text{XHOLD}}$	E7	159	—	I	PU	外部总线请求信号。为低电平时请求 XINTF 释放外部总线,只要外部总线空闲,XINTF 就会释放总线,并把所有的总线与选通端为高阻态;此信号是异步输入并与 XTIMCLK 同步
$\overline{\text{XHOLDA}}$	K10	82	—	O/Z	—	外部总线请求的应答信号。当 XINTF 响应 $\overline{\text{XHOLD}}$ 的请求时,自动置 $\overline{\text{XHOLDA}}$ 低电平,所有的 XINTF 总线和选通端呈高阻态。$\overline{\text{XHOLD}}$ 释放,$\overline{\text{XHOLDA}}$ 就释放;只有当 $\overline{\text{XHOLDA}}$ 低时外部器件才能使用外部总线
$\overline{\text{XZCS0AND1}}$	P1	44	—	O/Z	—	XINTF 区域 0 和区域 1 的片选信号,当访问 XINTF 区域 0 或 1 时有效(低)
$\overline{\text{XZCS2}}$	P13	88	—	O/Z	—	XINTF 区域 2 的片选。当访问 XINTF 区域 2 时有效(低)
$\overline{\text{XZCS6AND7}}$	B13	133	—	O/Z	—	XINTF 区域 6 和 7 的片选。当访问区域 6 或 7 时有效(低)
$\overline{\text{XWE}}$	N11	84	—	O/Z	—	写有效。低电平有效;通过由 XTIM-INGx 寄存器可以设置有效时间长度
$\overline{\text{XRD}}$	M3	42	O/Z	—	—	读有效。低电平有效;由 XTIMINGx 寄存器可以设置读时间长度 注意:$\overline{\text{XRD}}$ 和 $\overline{\text{XWE}}$ 是互斥信号
XR/$\overline{\text{W}}$	N4	51	—	O/Z	—	高电平读(默认),低电平写
XREADY	B6	161	—	I	PU	数据准备输入。被置 1 表示外设已为访问做好准备;可被设置为同步或异步输入

名　称	引脚号			I/O/Z	PU/PD	说　明
	179针 GHH	176针 PGF	128针 PBK			
JTAG 和其他信号						
X1/XCLKIN	K9	77	58	I	—	时钟输入。如果使用有源晶振,确保时钟电平不超过 1.9V,如果时钟电平为 3.3V 以上,可以经过 1.8V 供电的反相器,再输入 DSP
X2	M9	76	57	I	—	时钟输出
XCLKOUT	F11	119	87	O	—	主频分频后的输出时钟。用来产生片外外设的同步时钟或产生通用时钟;可以设置为与 SYSCLKOUT 相等、1/2 或 1/4;复位时 XCLKOUT = SYSCLKOUT/4
TESTSEL	A13	134	97	I	PD	测试引脚。为 TI 保留,必须接地
XRS	D6	160	113	I/O	PU	器件复位(输入)及看门狗复位(输出)。器件复位,XRS 使器件终止运行,PC 指向地址 0x3F FFC0;当为高电平时,程序从 PC 所指出的位置开始运行;当看门狗产生复位时,DSP 将该引脚驱动为低电平,在看门狗复位期间,低电平将持续 512 个 XCLKIN 周期;该引脚的输出缓冲器是一个带有内部上拉的开漏缓冲器,推荐该引脚应该由一个开漏设备去驱动
TEST1	M7	67	51	I/O	—	测试引脚。为 TI 保留,必须悬空
TEST2	N7	66	50	I/O	—	测试引脚。为 TI 保留,必须悬空
JTAG 信号						
TRST	B12	135	98	I	PD	有内部上拉的 JTAG 测试复位。当它为高电平时扫描系统控制器件的操作;若信号悬空或为低电平,器件以功能模式操作,测试复位信号被忽略。注意:在 TRST 上不要用上拉电阻,它内部有上拉部件;在强噪声的环境中需要使用附加上拉电阻,此电阻值根据调试器设计的驱动能力而定,一般取 22kΩ 即能提供足够的保护;因为有了这种应用特性,所以使得调试器和应用目标板都有合适且有效的操作
TCK	A12	136	99	I	PU	JTAG 测试时钟,带有内部上拉功能
TMS	D13	126	92	I	PU	JTAG 测试模式选择端,有内部上拉功能

续表

名　称	引脚号			I/O/Z	PU/PD	说　明
	179 针 GHH	176 针 PGF	128 针 PBK			
JTAG 信号						
TDI	C13	131	96	I	PU	带上拉功能的 JTAG 测试数据输入端。在 TCK 的上升沿,TDI 被锁存到选择寄存器、指令寄存器或数据寄存器中
TDO	D12	127	93	O/Z	—	JTAG 扫描输出。测试数据输出;在 TCK 的下降沿将选择寄存器的内容从 TDO 移出
EMU0	D11	137	100	I/O/Z	PU	仿真器引脚 0。当 $\overline{\text{TRST}}$ 为高电平时,此引脚用作中断来输入,该中断来自仿真系统,并通过 JTAG 扫描定义为输入/输出
EMU1	C9	146	105	I/O/Z	PU	仿真器引脚 1。当 $\overline{\text{TRST}}$ 为高电平时,此引脚输出无效,用作中断输入;该中断来自仿真系统,通过 JTAG 扫描定义为输入/输出
ADC 信号						
ADCINA7	B5	167	119	I	—	采样/保持器 A 的 8 通道模拟输入。在器件未上电之前 ADC 引脚不会被驱动
ADCINA6	D5	168	120	I	—	
ADCINA5	E5	169	121	I	—	
ADCINA4	A4	170	122	I	—	
ADCINA3	B4	171	123	I	—	
ADCINA2	C4	172	124	I	—	
ADCINA1	D4	173	125	I	—	
ADCINA0	A3	174	126	I	—	
ADCINB7	F5	9	9	I	—	采样/保持器 B 的 8 通道模拟输入。在器件未上电之前 ADC 引脚不会被驱动
ADCINB6	D1	8	8	I	—	
ADCINB5	D2	7	7	I	—	
ADCINB4	D3	6	6	I	—	
ADCINB3	C1	5	5	I	—	
ADCINB2	B1	4	4	I	—	
ADCINB1	C3	3	3	I	—	
ADCINB0	C2	2	2	I	—	
ADCREFP	E2	11	11	O		ADC 参考电压输出(2V)。需要在该引脚上接一个低 ESR($50\text{m}\Omega\sim1.5\Omega$)的 $10\mu\text{F}$ 陶瓷旁路电容,另一端接至模拟地

续表

名　称	引脚号			I/O/Z	PU/PD	说　明
	179 针 GHH	176 针 PGF	128 针 PBK			
ADC 信号						
ADCREFM	E4	10	10	O	—	ADC 参考电压输出(1V)。需要在该引脚上接一个低 ESR(50mΩ~1.5Ω)的 10μF 陶瓷旁路电容,另一端接至模拟地
ADCRESEXT	F2	16	16	O	—	ADC 外部电流偏置电阻 ADC 时钟 1~18.75MHz,24.9kΩ±5%; ADC 时钟 18.75~25MHz,20kΩ±5%
ADCBGREFN	E6	164	116	—	—	测试引脚。为 TI 保留,必须悬空
AVSSREFBG	E3	12	12	—	—	ADC 模拟地
AVDDREFBG	E1	13	13	—	—	ADC 模拟电源(3.3V)
ADCLO	B3	175	127	—	—	普通低侧模拟输入。接至模拟地
V_{SSA1}	F3	15	15	—	—	ADC 模拟地
V_{SSA2}	C5	165	117	—	—	ADC 模拟地
V_{DDA1}	F4	14	14	—	—	ADC 模拟电源(3.3V)
V_{DDA2}	A5	166	118	—	—	ADC 模拟电源(3.3V)
V_{SS1}	C6	163	115	—	—	ADC 数字地
V_{DD1}	A6	162	114	—	—	ADC 数字电源(1.8V)
V_{DDAIO}	B2	1	1	—	—	I/O 模拟电源(3.3V)
V_{SSAIO}	A2	176	128	—	—	I/O 模拟地
电源信号						
V_{DD}	H1	23	20	—	—	
V_{DD}	L1	37	29	—	—	
V_{DD}	P5	56	42	—	—	
V_{DD}	P9	75	56	—	—	
V_{DD}	P12	—	63	—	—	1.8V 或 1.9V 核心数字电源
V_{DD}	K12	100	74	—	—	
V_{DD}	G12	112	82	—	—	
V_{DD}	C14	112	82	—	—	
V_{DD}	B10	143	102	—	—	
V_{DD}	C8	154	110	—	—	

名　称	引脚号			I/O/Z	PU/PD	说　明
	179 针 GHH	176 针 PGF	128 针 PBK			
电源信号						
V_{SS}	G4	19	17	—	—	
V_{SS}	K1	32	26	—	—	
V_{SS}	L2	38	26	—	—	
V_{SS}	P4	52	39	—	—	
V_{SS}	K6	58	—	—	—	
V_{SS}	P8	70	53	—	—	
V_{SS}	M10	78	59	—	—	
V_{SS}	L11	86	62	—	—	
V_{SS}	K13	99	73	—	—	内核和数字 I/O 地
V_{SS}	J14	105	—	—	—	
V_{SS}	G13	113	—	—	—	
V_{SS}	E14	120	88	—	—	
V_{SS}	B14	129	95	—	—	
V_{SS}	D10	142	—	—	—	
V_{SS}	C10	—	103	—	—	
V_{SS}	B8	153	109	—	—	
V_{DDIO}	J4	31	25	—	—	
V_{DDIO}	L7	64	49	—	—	
V_{DDIO}	L10	81	—	—	—	
V_{DDIO}	N14	—	—	—	—	I/O 数字电源(3.3V)
V_{DDIO}	G11	114	83	—	—	
V_{DDIO}	E9	145	104	—	—	
V_{DD3FVL}	N8	69	52			Flash 核电源(3.3V)。上电后所有时间内都应将该引脚接至 3.3V
GPIO 或 EVA 外设信号						
GPIOA0-PWM1(O)	M12	92	68	I/O/Z	PU	GPIO 或 PWM 输出引脚 1
GPIOA1-PWM2(O)	M14	93	69	I/O/Z	PU	GPIO 或 PWM 输出引脚 2
GPIOA2-PWM3(O)	L12	94	70	I/O/Z	PU	GPIO 或 PWM 输出引脚 3
GPIOA3-PWM4(O)	L13	95	71	I/O/Z	PU	GPIO 或 PWM 输出引脚 4
GPIOA4-PWM5(O)	K11	98	72	I/O/Z	PU	GPIO 或 PWM 输出引脚 5
GPIOA5-PWM6(O)	K14	101	75	I/O/Z	PU	GPIO 或 PWM 输出引脚 6
GPIOA6-T1PWM_T1CMP(I)	J11	102	76	I/O/Z	PU	GPIO 或定时器 1 输出 1
GPIOA7-T2PWM_T2CMP(I)	J13	104	77	I/O/Z	PUI	GPIO 或定时器 2 输出 2

续表

名　称	引脚号			I/O/Z	PU/PD	说　明
	179 针 GHH	176 针 PGF	128 针 PBK			
GPIO 或 EVA 外设信号						
GPIOA8-CAP1_QEP1(I)	H10	106	78	I/O/Z	PUI	GPIO 或捕获输入 1
GPIOA9-CAP2_QEP2(I)	F11	107	79	I/O/Z	PU	GPIO 或捕获输入 2
GPIOA10-CAP3_QEPI1(I)	F12	109	80	I/O/Z	PU	GPIO 或捕获输入 3
GPIOA11-TDIRA(I)	F14	116	85	I/OZ	PU	GPIO 或计数器方向
GPIOA12-TCKINA(I)	F13	117	86	I/O/Z	PU	GPIO 或计数器时钟输入
GPIOA13-C1TRIP(I)	E13	122	89	I/O/Z	PU	GPIO 或比较器 1 输出
GPIOA14-C2TRIP(I)	E11	123	90	I/O/Z	PU	GPIO 或比较器 2 输出
GPIOA15-C3TRIP(I)	F10	124	91	I/O/Z	PU	GPIO 或比较器 3 输出
GPIOB 或 EVB						
GPIOB0-PWM7(O)	N2	45	33	I/O/Z	PU	GPIO 或 PWM 输出引脚 7
GPIOB1-PWM8(O)	P2	46	34	I/O/Z	PU	GPIO 或 PWM 输出引脚 8
GPIOB2-PWM9(O)	N3	47	35	I/O/Z	PU	GPIO 或 PWM 输出引脚 9
GPIOB3-PWM10(O)	P3	48	36	I/O/Z	PU	GPIO 或 PWM 输出引脚 10
GPIOB4-PWM11(O)	L4	49	37	I/O/Z	PU	GPIO 或 PWM 输出引脚 11
GPIOB5-PWM12(O)	M4	50	38	I/O/Z	PU	GPIO 或 PWM 输出引脚 12
GPIOB6-T3PWM_T3CMP(I)	K5	53	40	I/O/Z	PU	GPIO 或定时器 3 输出
GPIOB7-T4PWM_T4CMP(I)	N5	55	41	I/O/Z	PU	GPIO 或定时器 4 输出
GPIOB8-CAP4_QEP3(I)	M5	57	43	I/O/Z	PU	GPIO 或捕获输入 4
GPIOB9-CAP5_QEP4(I)	M6	59	44	I/O/Z	PU	GPIO 或捕获输入 5
GPIOB10-CAP6_QEPI2(I)	P6	60	45	I/O/Z	PU	GPIO 或捕获输入 6
GPIOB11-TDIRB(I)	L8	71	54	I/O/Z	PU	GPIO 或定时器方向
GPIOB12-TCLKINB(I)	K8	72	55	I/O/Z	PU	GPIO 或定时器时钟输入
GPIOB13-C4TRIP(I)	N6	61	46	I/O/Z	PU	GPIO 或比较器 4 输出
GPIOB14-C5TRIP(I)	L6	62	47	I/O/Z	PU	GPIO 或比较器 5 输出
GPIOB15-C6TRIP(I)	K7	63	48	I/O/Z	PU	GPIO 或比较器 6 输出
GPIOD 或 EVA 或 EVB						
GPIOD0-T1CTRIP_PDPINTA(I)	H14	110	81	I/O/Z	PU	定时器 1 比较输出
GPIOD1-T2CTRIP/EVASOC(I)	G10	115	84	I/O/Z	PU	定时器 2 比较输出或 EVA 开启外部 AD 转换输出

续表

名　称	引脚号			I/O/Z	PU/PD	说　明
	179 针 GHH	176 针 PGF	128 针 PBK			
GPIOD 或 EVA 或 EVB						
GPIOD5- T3CTRIP_PDPINTB(I)	P10	79	60	I/O/Z	PU	定时器 3 比较输出
GPIOD6- T4CTRIP/EVBSOC(I)	P11	83	61	I/OZ	PU	定时器 4 比较输出或 EVB 开启外部 AD 转换输出
GPIOE 或中断信号						
GPIOE0-XINT_XBIO(I)	D9	149	106	I/O/Z	—	通用 I/O 或 XINT1 或 XBIO 输入
GPIOE1-XINT2_ ADCSOC(I)	D8	151	108	I/O/Z	—	GPIO 或 XINT2 或开始 AD 转换
GPIOE2-XNMI_ XINT13(I)	E8	150	107	I/O/Z	PU	GPIO 或 XNMI 或 XINT13
GPIOF 或 SPI 或 SCIA 或 CAN 或 McBSP 或 XF						
GPIOF0-SPISIMOA(O)	M1	40	31	I/O/Z	—	GPIO 或 SPI 从动输入,主动输出
GPIOF1-SPISOMIA(I)	N1	41	32	I/O/Z	—	GPIO 或 SPI 从动输出,主动输入
GPIOF2-SPICLKA(I/O)	K2	34	27	I/O/Z	—	GPIO 或 SPI 时钟
GPIOF3-SPISTEA(I/O)	K4	35	28	I/O/Z	—	GPIO 或 SPI 从动传送使能
GPIOF4-SCITXDA(O)	C7	155	111	I/O/Z	PU	GPIO 或 SCI 异步串行口发送数据
GPIOF5-SCIRXDA(I)	A7	157	112	I/O/Z	PU	GPIO 或 SCI 异步串行口接收数据
GPIOF6-CANTXA(O)	N12	87	64	I/O/Z	PU	GPIO 或 eCAN 发送数据
GPIOF7-CANRXA(I)	N13	89	65	I/O/Z	PU	GPIO 或 eCAN 接收数据
GPIOF8-MCLKXA(I/O)	J1	28	23	I/O/Z	PU	GPIO 或发送时钟
GPIOF9-MCLKRA(I/O)	H2	25	21	I/O/Z	PU	GPIO 或接收时钟
GPIOF10-MFSXA(I/O)	H4	26	22	I/O/Z	PU	GPIO 或发送帧同步信号
GPIOF11-MSXRA(I/O)	J2	29	24	I/O/Z	PU	GPIO 或接收帧同步信号
GPIOF12-MDXA(O)	G1	22	19	I/O/Z	—	GPIO 或发送串行数据
GPIOF13-MDRA(1)	G2	20	18	I/O/Z	PU	GPIO 或接收串行数据
GPIOF14-XF_ XPLLDIS(O)	A11	140	101	I/O/Z	PU	此引脚有 3 个功能: (1) XF:测试输出 (2) XPLLDIS:复位期间此引脚被采样以检查锁相环 PLL 是否被使能,若该引脚采样为低,PLL 将不被使能。此时,不能使用 HALT 和 STANDBY 模式 (3) GPIO:通用输入/输出功能
GPIOG 或 SICB						
GPIOG4-SCITXDB(O)	P14	90	66	I/O/Z	—	GPIO 或 SCI 异步串行口发送数据端
GPIOG5-SCIRXDB(I)	M13	91	67	I/O/Z	—	GPIO 或 SCI 异步串行口接收数据端

2.5　C28x　内　核

C28x 内核是一种低功耗 32 位处理器,其代码与 24x/240x 数字信号处理器完全兼容。该内核是目前 C2000 系列 MCU 的灵魂核心,主流 C2000 器件均无一例外的采用该内核,如 28x 定点系列、Piccolo 系列、Delfino 浮点系列等。C28x 系列MCU 同时具有数字信号处理和微控器的特点,采用精简指令集(RISC)使 CPU 能够单周期执行寄存器到寄存器操作;采用改进的哈佛总线结构,使 CPU 能够完成指令的并行处理,在单周期内通过流水线完成指令和数据的同时提取,从而提高处理器的处理能力。

2.5.1　C28x 内核兼容性

在 C2000 系列中,早期的 C20x/C24x/C240x 芯片的 CPU 内核为 C2xLP;C27x 芯片的内核为 C27x;当前产品内核为 C28x。为了方便早期产品程序代码的移植,C28x 内核保持了对 C2xLP 和 C27x 内核的兼容。

C28x 内核具有三种工作模式:C28x 模式、C27x 兼容模式、C2xLP 兼容模式。通过状态寄存器 ST1 的位 OBJMODE 和位 AMODE 组合,可以设置工作模式,如表 2.4 所示。

表 2.4　C28x 工作模式

工作模式　　　　ST1	OBJMODE 位(D9)	AMODE 位(D10)
C28x 模式	1	0
C27x 兼容模式	0	0
C2xLP 兼容模式	1	1

(1) C28x 模式:在该模式中,用户可以使用 C28x 的所有特性、寻址方式和指令系统等,因此一般应使 C28x 芯片工作在该模式,以充分发挥芯片自身的优势。但 C28x 复位之后,OBJMODE 位和 AMODE 位默认为 0,CPU 工作在 C27x 兼容模式,不能充分发挥 C28x 性能。因此,在 C28x 复位后,用户应首先通过"C28OBJ"或"SETC OBJMODE"指令将 OBJMODE 位置 1。

(2) C2xLP 兼容模式:该模式允许用户运行 C2xLP 的源代码,这些源代码经过 C28x 代码编译器重新编译生成。一般来说 C28x 模式下,C 代码效率比C2xLP 模式下高 40%~50%,比汇编代码效率高 20%~30%;C28x 模式比C2xLP 模式寻址效率更高,空间利用率也更好。C28x 和 C2xLP 的主要区别如表 2.5 所示。

表 2.5　C28x 和 C2xLP 区别

特性	C2xLP	C28x
支持程序空间	64K(16 位地址总线)	4M(22 位地址总线)
支持数据空间	64K(16 位地址总线)	4G(32 位地址总线)
总线数	3 条(程序、数据读、数据写总线)	3 条(程序、数据读、数据写总线)
可寻址字长	16 位	16 位/32 位
乘法器	16 位	16 位/32 位
CPU 可屏蔽中断数	6	14

（3）C27x 兼容模式：该模式是 CPU 复位后的默认模式，C28x 的目标代码、周期计数器与 C27x CPU 完全兼容。

2.5.2　C28x 内核组成

C28x 内核主要包括中央处理器单元（CPU）、仿真逻辑单元、外设接口单元三个部分，如图 2.6 所示。

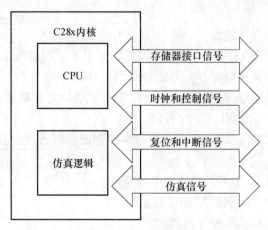

图 2.6　C28x 内核组成

（1）CPU：任务是产生数据和程序空间地址；编译和执行代码；执行算术、逻辑和移位操作；控制数据在寄存器、数据空间和程序空间之间的传输等。

（2）仿真逻辑单元：监视和控制 DSP 芯片内部不同部分的工作和功能，并且测试设备的操作情况。

（3）外设接口单元：产生存储器和外围设备的接口信号、CPU 的时钟和控制信号，显示 CPU 状态、仿真逻辑信号以及正在使用的中断情况。

2.5.3　C28x 的主要特性

C28x 主要特性如下。

（1）受保护流水线：CPU 具有 8 级流水线，可以避免从同一地址进行读写而造成的冲突。

(2) 独立寄存器空间：在 CPU 中包含一些未被映射到数据空间的寄存器，如系统控制寄存器、算术寄存器和数据指针。其中，系统控制寄存器由特殊指令来访问，算术寄存器和数据指针由特殊指令和寄存器寻址模式来访问。

(3) 算术逻辑单元（ALU）：32 位 ALU 可以完成二进制补码的算术运算和布尔逻辑运算。

(4) 地址寄存器算术单元（ARAU）：ARAU 产生数据存储器地址以及与ALU 并行操作的增量与减量指针。

(5) 循环移位寄存器：可以执行数据左移或右移操作，最多左移 16 位和右移16 位。

(6) 乘法器：可以执行 32 位×32 位二进制补码乘法运算，得 64 位乘积。乘法可以在两个有符号数、两个无符号数、一个有符号数和一个无符号数之间进行。

2.5.4　仿真逻辑特性

仿真逻辑包括以下特性。

(1) 调试和测试直接存取存储器：调试器可以不使用指令流水线循环周期，通过控制寄存器接口直接得到存储器或存储器内容。

(2) 数据登录：仿真逻辑允许在 C28x 和调试器间对存储器内容初始化。

(3) 内含完成基准测试程序的计数器。

(4) 多重调试事件，即下面任一调试事件都能够在程序的执行过程中产生一个断点：

- ESTOP0 或 ESTOP1 指令产生的断点。
- 对制定程序空间和数据空间的读取。
- 来自调试器和其他硬件的请求。

当调试事件使 C28x 进入调试停止状态时，该事件称为断点事件。

在实时模式下，当 C28x 处于该状态并有一个断点事件产生时，程序代码的主体进入停止状态，但 CPU 仍能相应时间临界中断（time-critical interrupts）。

2.5.5　C28x 的主要信号

C28x CPU 有 4 种主要信号，分别如下。

(1) 存储器接口信号，在 CPU、存储器和外围设备间进行数据交换；程序存储器的访问和数据存储器的存储和读取。

(2) 时钟和控制信号，为 CPU 和仿真逻辑提供时钟，用以监控 CPU。

(3) 复位和中断信号，产生硬件复位和中断，监视中断的状态。

(4) 仿真信号，用来仿真和调试。

2.5.6　C28x 的结构

　　所有的 C28x 芯片具有同样的结构,即 1 个 CPU、1 个仿真逻辑和用于接口及内外围设备的信号,以及传送这些信号的 3 条地址总线和 3 条数据总线。

　　图 2.7 表示 C28x CPU 的主要组成和数据路径。其中,程序地址数据总线表示通往 CPU 存储器外部接口总线;操作数总线为乘法器、移位器和 ALU 的操作提供操作数;结果总线把运算结果送往寄存器。

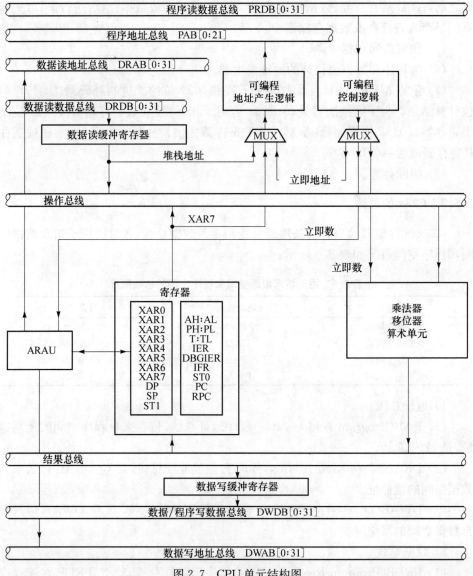

图 2.7　CPU 单元结构图

（1）程序和数据存储逻辑，存储从程序存储器取回的一串指令。

（2）实时和可视性的仿真逻辑。

（3）地址寄存器算术单元（ARAU），为从数据存储器取回的数据分配地址。对于数据读操作，它把地址放在数据地址总线（DRAB）上；对于数据写操作，它把地址装入数据写地址总线（DWAB）；ARAU 也可增加或减少堆栈指针及辅助寄存器的值。

（4）32 位的算术逻辑单元（ALU），执行二进制补码的算术和布尔运算。在运算之前，ALU 从寄存器、数据存储器、程序逻辑单元接收数据；然后进行运算，把运算结果存入寄存器或数据存储器中。

（5）预取队列和指令译码。

（6）为程序和数据而设计的地址发生器。

（7）定点 MPY/ALU。乘法器执行 32 位×32 位的二进制补码乘法，产生 64 位计算结果。为了同乘法器关联，C28x 运用了 32 位被乘数寄存器（XT）、32 位结果寄存器（P）、32 位累加器（ACC）。XT 寄存器提供乘法的一个乘数，乘积被送往 P 寄存器或者 ACC 中。

（8）中断处理。

2.5.7 C28x 的总线

C28x 的存储器接口有 3 条地址总线和 3 条数据总线，各总线用于访问数据空间和程序空间概况如表 2.6 所示。

表 2.6　用于访问数据空间和程序空间的总线概况

存取类型	地址总线	数据总线
从程序空间读	PAB	PRDB
从数据空间读	DRAB	DRDB
向程序空间写	PAB	DWDB
向数据空间写	DWAB	DWDB

1）地址总线

（1）PAB（Program Address Bus）程序地址总线，传送来自程序空间的读写地址，是 22 位总线。

（2）DRAB（Data-Read Address Bus）数据读地址总线，32 位 DRAB 传送来自数据空间的读地址。

（3）DWAB（Data-Write Address Bus）数据写地址总线，32 位 DWAB 传送来自数据空间的写地址。

2）数据总线

（1）PRDB（Program-Read Data Bus）程序读数据总线，32 位 PRDB 在读程序

空间时传送指令或数据。

（2）DRDB（Data-Read Data Bus）数据读数据总线，32 位 DRDB 在读数据空间时传送数据。

（3）DWDB（Data/Program-Write Data Bus）数据/程序写数据总线，32 位 DWDB 在写数据空间时传送数据。

注意：由于读写都使用程序地址总线 PAB，程序空间的读写不能同时发生；读写都使用数据/程序写数据总线 DWDB，程序空间和数据空间的写操作不能同时发生；运用不同总线的传输是可以同时发生的，如 CPU 在完成数据空间读操作的同时，完成在数据空间的写操作，分别使用 DRAB、DRDB 以及 DWDB。

2.5.8　C28x 的寄存器

CPU 主要寄存器及其复位后的初值如表 2.7 所示。

表 2.7　CPU 主要寄存器及其复位后的初值

寄存器	大　小	描　述	复位后的结果
ACC	32 位	累加器	0x00000000
AH	16 位	累加器高 16 位	0x0000
AL	16 位	累加器低 16 位	0x0000
XAR0	32 位	辅助寄存器 0	0x00000000
XAR1	32 位	辅助寄存器 1	0x00000000
XAR2	32 位	辅助寄存器 2	0x00000000
XAR3	32 位	辅助寄存器 3	0x00000000
XAR4	32 位	辅助寄存器 4	0x00000000
XAR5	32 位	辅助寄存器 5	0x00000000
XAR6	32 位	辅助寄存器 6	0x00000000
XAR7	32 位	辅助寄存器 7	0x00000000
AR0	16 位	XAR0 的低 16 位	0x0000
AR1	16 位	XAR1 的低 16 位	0x0000
AR2	16 位	XAR2 的低 16 位	0x0000
AR3	16 位	XAR3 的低 16 位	0x0000
AR4	16 位	XAR4 的低 16 位	0x0000
AR5	16 位	XAR5 的低 16 位	0x0000
AR6	16 位	XAR6 的低 16 位	0x0000
AR7	16 位	XAR7 的低 16 位	0x0000
DP	16 位	数据页指针	0x0000
IFR	16 位	中断标志寄存器	0x0000
IER	16 位	中断允许寄存器	0x0000

续表

寄存器	大　小	描　述	复位后的结果
DBGIER	16 位	中断允许调试寄存器	0x0000
P	32 位	结果寄存器	0x00000000
PH	16 位	P 的高 16 位	0x0000
PL	16 位	P 的低 16 位	0x0000
PC	22 位	程序计数器	0x3FFFC0
RPC	22 位	返回程序寄存器	0x00000000
SP	16 位	堆栈指针	0x0400
ST0	16 位	堆栈寄存器 0	0x0000
ST1	16 位	堆栈寄存器 1	0x080B
XT	32 位	被乘数寄存器	0x00000000
T	16 位	XT 的高 16 位	0x0000
TL	16 位	XT 的低 16 位	0x0000

1. 累加器 ACC

累加器 ACC 是 CPU 主要工作寄存器,除了对存储器和寄存器的直接操作外,所有的 ALU 操作结果都要送入 ACC,即支持单周期输出传送、加法、减法,以及来自存储器的宽度为 32 位的比较运算,也接受 32 位乘法操作的运算结果。

ACC 分为低 16 位(AL)、高 16 位(AH)两个寄存器,AH、AL 也可独立访问,因此 ACC 可进行 16 位或 8 位的访问。

对累加器的操作影响相关状态位,例如:

(1) 溢出模式位(OVM)。

(2) 符号扩展模式位(SXM)。

(3) 溢出计数位(OVC)。

(4) 锁闭溢出标志位(V)。

(5) 零标志位(Z)。

(6) 测试/控制标志位(TC)。

(7) 进位位(C)。

(8) 负标志位(N)。

2. 被乘数寄存器 XT

被乘数寄存器 XT 主要作用:在 32 位乘法操作之前,存放一个 32 位有符号整数。与 ACC 类似,XT 也分为两个独立的 16 位寄存器,高 16 位寄存器 T,低 16 位寄存器 TL。TL 寄存器能够装载一个 16 位有符号数,自动进行符号扩展,然后送入 32 位的 XT 寄存器中；T 寄存器用来存储 16 位乘法操作前的 16 位整数值，也可为一些移位操作设定移位值，这种情况只能使用 T 寄存器的一部分。例如：

ASR AX,T；　　　完成一个基于 T 寄存器最低 4 位的算术右移
ASRL ACC,T；　　完成一个基于 T 寄存器最低 5 位的算术右移

3. 结果寄存器 P

P 寄存器是 32 位寄存器，可分成两个 16 位寄存器：PH（高 16 位）、PL（低 16 位），用来存放乘法运算的结果，也可以直接装入一个 16 位常数，或者从一个 16 位/32 位数据存储器、16 位/32 位可寻址 CPU 寄存器、32 位累加器中读取数据。

存取寄存器 P、PH、PL 时，数据要复制到 ALU 移位器中，根据状态寄存器（ST0）的乘积移位模式（PM）位，执行左移、右移或不移位等操作，如表 2.8 所示。当移位器执行左移位时，低位填 0；执行右移位时，低位丢失，P 寄存器进行符号扩展。使用 PH 或 PL 的值作为操作数的指令忽略乘积移位模式。

表 2.8　结果移位模式

PM 值(二进制)	结果移位模式	PM 值(二进制)	结果移位模式
000	左移 1 位	100	右移 3 位
001	不进行移位	101	右移 4 位
010	右移 1 位	110	右移 5 位
011	右移 2 位	111	右移 6 位

4. 数据页指针

在直接寻址模式中，对数据存储器的寻址要在 64 个字的数据页中进行，由低 4MB 的数据存储器组成 65536 个数据页，用 0～65535 进行标号，如表 2.9 所示。在 DP 直接寻址模式下，16 位的数据页指针（DP）包含了目前的数据页数，通过给 DP 赋值改变数据页号。

表 2.9　数据存储器的数据页

数据页	偏移量	数据存储器
00 0000 0000 0000 00	000000	
⋮	⋮	页 0：00000000h～0000003Fh
00 0000 0000 0000 00	111111	
00 0000 0000 0000 01	000000	
⋮	⋮	页 1：00000040h～0000007Fh
00 0000 0000 0000 01	111111	

续表

数据页	偏移量	数据存储器
00 0000 0000 0000 10	000000	
⋮	⋮	页 2:00000080h~000000BFh
00 0000 0000 0000 10	111111	
⋮	⋮	⋮　　　　　⋮
11 1111 1111 1111 11	000000	
⋮	⋮	页 65535:003FFFC0h~003FFFFFh
11 1111 1111 1111 11	111111	

5. 堆栈指针 SP

堆栈指针 SP 为 16 位,允许在数据存储器中使用软件堆栈,能够对数据空间的低 64K 进行寻址。当使用 SP 时,将 32 位地址的高 16 位置 0,用 SP 可访问的范围:00000000h~0000FFFFh,复位后的 SP 指向地址 00000400h。

堆栈操作规定如下:

(1) 堆栈从低地址向高地址增长。

(2) SP 总是指向堆栈中的下一个空域。

(3) 将 32 位数据存入堆栈时,先存入低 16 位,然后将高 16 位存入下一个高地址中。

(4) 读写 32 位数值时,SP 并不要求排成奇数或偶数地址,但 C28x CPU 期望存储器或外设接口逻辑把读写排成偶数地址。例如,如果 SP 包含一个奇数地址 00000043h,对它进行 32 位写操作时,将向地址 00000042h 和 00000043h 中写入数据。

(5) 超过 SP 的范围则产生溢出。增加 SP 值超过 FFFFh,则从 0000h 开始计数;减少 SP 值低于 0000h,则重新从 FFFFh 计数。

6. 辅助寄存器

CPU 提供 8 个 32 位的辅助寄存器,分别是 XAR0~XAR7,可以作为地址指针指向存储器,也可作为通用寄存器使用。

大部分指令能够访问 XAR0~XAR7 的低 16 位,用作循环控制和 16 位通用寄存器。辅助寄存器低 16 位为 AR0~AR7,当访问 AR0~AR7 时,辅助寄存器的高 16 位(AR0H~AR7H)是否改变,取决于所应用的指令;但 AR0H~AR7H 只能作为辅助寄存器的一部分,不能单独访问。

为了进行累加操作,所有 32 位都是有效的(@XAR),如果进行 16 位操作,只能运用低 16 位(@ARn),高 16 位不能使用。也可以根据指令使 XAR0~XAR7

指向程序存储器的任何值。

7. 程序计数器 PC

当流水线满时,22 位程序指针总是指向当前操作的指令。

8. 返回程序寄存器 RPC

当通过 LCR 指令执行一个调用操作时,返回地址存储在 RPC 寄存器中,RPC 以前的数据存在堆栈中(在两个 16 位的操作中)。当通过 LRETR 指令执行一个返回操作时,返回地址从 RPC 寄存器读出,堆栈中的值被写回 RPC。

9. 中断控制寄存器(IFR、IER、DBGIER)

C28x 有 3 个用于中断的寄存器:中断标志寄存器(IFR)、中断使能寄存器(IER)、调试中断使能寄存器(DBGIER)。IFR 包含的标志位用于可屏蔽中断(可以用软件进行屏蔽),当通过硬件或软件设定了某位时,相应的中断标志位有效。通过对 IER 相应位写 0 或 1,则屏蔽或使能相应的中断。当 DSP 工作在实时仿真模式且 CPU 被挂起时,DBGIER 表明可以使用时间临界中断(被使能的前提下)。关于 C28x 中断或中断寄存器将在第 4 章详细说明。

10. 状态寄存器 ST0

C28x 有两个状态寄存器 ST0 和 ST1,其中包含着不同的标志位和控制位。这些寄存器可以和数据寄存器交换数据,也可以保存机器的状态和子程序恢复状态。状态位根据流水线中位值改变,ST0 的位在流水线的执行阶段中改变,ST1 的位在流水线的解码阶段中改变。

图 2.8 表示状态寄存器 ST0 的各位,以及在流水线执行过程中的更改,详细说明如下。

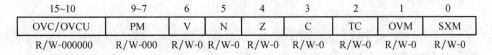

15~10	9~7	6	5	4	3	2	1	0
OVC/OVCU	PM	V	N	Z	C	TC	OVM	SXM
R/W-000000	R/W-000	R/W-0	R/W-0	R/W-0	R/W-0	R/W-0	R/W-0	R/W-0

图 2.8　状态寄存器 ST0 的各位

(R 代表读;W 代表写;-n 代表复位后的值)

(1) D15~D10(OVC/OVCU):溢出计数器。在有符号的操作中,溢出计数器是一个 6 位的有符号计数器 OVC,取值范围为 -32~+31。当溢出模式关闭时(OVM=0),ACC 正常溢出,OVC 保存溢出信息;当溢出模式开启(OVM=1)且 ACC 产生溢出时,OVC 是无效的,CPU 会自动用一个正饱和数或负饱和数填充到 ACC 中(详见本节有关 OVM 的描述)。当 ACC 正向溢出时,OVC 增 1;当 ACC 负向溢出时,OVC 减 1。

在无符号数操作时该位为 OVCU,当执行 ADD 加法操作产生一个进位时,计数器加 1,当执行 SUB 减法操作产生一个借位时,计数器减 1。当 OVC 增加且超过最大值+31 时,计数器变为-32;当 OVC 减小到小于-32 时,计数器变为+31。复位后,OVC 清空。

(2) D9~D7(PM):乘积移位模式位。PM 移位模式详见表 2.8。

(3) D6(V):溢出标志。当操作结果引起保存结果的寄存器产生溢出时,V 置 1 或锁定;如果没有溢出,V 不改变。一旦 V 被锁定,只能由复位或测试 V 的条件分支指令来清除。

V=0 或 1 可概括如下:

0——V 被清 0。

1——检测到有溢出或 V 被置位。

(4) D5(N):负标志位。若操作结果为负则 N 被置位;若操作结果为正则 N 被清 0,复位时 N 清 0。

N=0 或 1 可概括如下:

0——测试数是正或者 N 已经清 0。

1——测试数为负或 N 已经置 1。

(5) D4(Z):零标志位。若操作结果为 0 则 Z 被置位;若操作结果为非 0 则 N 被清 0,复位时 N 清 0。

Z=0 或 1 可概括如下:

0——测试数是非 0 或者 Z 已经清 0。

1——测试数为 0 或 Z 已经置 1。

(6) D3(C):进位位标志。该位表明一个加法或增量产生进位,或者表明一个减法、比较、减量产生借位。该位可单独用 SETC C 和 CLRC C 指令进行置位和清 0,复位时清 0。

C=0 或 1 可概括如下:

0——减法产生借位、加法不产生进位或 C 已经清 0。特殊情况下,带有 16 位移位的 ADD 加法指令不能清 0。

1——加法产生进位、减法不产生借位或 C 已经置位。特殊情况下,带有 16 位移位的 SUB 减法指令不能对 C 进行置位。

(7) D2(TC):测试/控制标志。该位表示 TBIT(测试位)指令或 NORM 指令完成测试的结果。

当执行 TBIT 时,如果测试位为 1,则 TC 置位;如果测试位为 0,则 TC 清 0。

执行 NORM 指令时,TC 作如下变化:若 ACC 是 0 则 TC 置位;否则清 0。

该位可单独用 SETC C 和 CLRC C 指令进行置位和清 0,复位时清 0。

(8) D1(OVM):溢出模式位。当 ACC 接受加减结果时,若结果产生溢出,OVM=0 或 1 决定 CPU 如何处理溢出,处理情况如下:

0——一般在 ACC 中产生结果溢出。

1——如果 ACC 正向溢出,则给 ACC 填充最大正数值 7FFFFFFFh;如果 ACC 负向溢出,则给 ACC 填充最小负数 80000000h。

该位可单独用 SETC OVM 和 CLRC OVM 指令进行置位和清 0,复位时清 0。

(9) D0(SXM):符号扩展模式位。在 32 位累加器中进行 16 位操作时,SXM 会影响 MOV、ADD 及 SUB 指令。SXM 按如下方式决定是否进行有符号扩展:

0——禁止有符号扩展(数值作为无符号数)。

1——可以进行有符号扩展(数值作为有符号数)。

该位可用 SETC SXM 和 CLRC SXM 指令进行置位和清 0,复位时清 0。

11. 状态寄存器 ST1

图 2.9 表示状态寄存器 ST1 的位,这些位可以在流水线的第二译码阶段进行改变。

15~13	12	11	10	9	8
ARP	XF	M0M1MAP	保留	OBJMODE	AMODE
R/W-000	R/W-0	R/W-1	R/W-0	R/W-0	R/W-0

7	6	5	4	3	2	1	0
IDLESTAT	EALLOW	LOOP	SPA	VMAP	PAGE0	DBGM	INTM
R-0	R/W-0	R-0	R/W-0	R/W-1	R/W-0	R/W-1	R/W-1

图 2.9　状态寄存器 ST1 的各位

(R 代表可读,W 代表可写,-n 代表复位后的值;保留位总是 0,不受写的影响)

(1) D15~D13(ARP):辅助寄存器指针。ARP 值对辅助寄存器的选择如表 2.10 所示。

表 2.10　ARP 值对辅助寄存器的选择

ARP	选择的辅助寄存器	ARP	选择的辅助寄存器
000	XAR0(复位时选择)	100	XAR4
001	XAR1	101	XAR5
010	XAR2	110	XAR6
011	XAR3	111	XAR7

(2) D12(XF):状态位。该位反映当前 XF 输出信号的状态,由 SETC XF 指

令置位,由 CLRC XF 指令清 0。该位通过中断保存,当 ST1 寄存器恢复时可以恢复该位,复位时清 0。

(3) D11(M0M1MAP):M0 和 M1 映像模式位。在 C28x 目标模式下,M0M1MAP 一直保持为 1,这是复位时的默认值。C28x 模式的用户不能把此位设为 0。

(4) D10:保留位。

(5) D9(OBJMODE):目标兼容模式位。用来在 C27x 目标模式(OBJMODE=0)和 C28x 目标模式(OBJMODE=1)之间进行选择。当用指定的指令对此位进行置位和复位时,流水线被清空。

(6) D8(AMODE):寻址模式位。该位和 PAGE0 模式位联合选择合适的寻址模式解码,由 LPADDR 或 SETC AMODE 指令进行清 0。当用户对此位置位和复位时,流水线不被清空。该位可以被中断保存,在恢复 ST1 寄存器时恢复,该位在复位时清 0。

(7) D7(IDLESTAT):空闲状态位。执行 IDLE 指令使该只读位置位,下面任一情况均可使其复位:

• 中断发生后。

• CPU 退出 IDLE 状态。

• 一个无效的指令进入指令寄存器(寄存器含有的指令已经被译码)。

• 某一设备产生复位。

当 CPU 服务于某一中断时,IDLESTAT 的当前值被存入堆栈(当 ST1 被存在堆栈中时),然后将 IDLESTAT 清 0。从中断返回时,IDLESTAT 不从堆栈恢复。

(8) D6(EALLOW):仿真读取使能位。复位时,该位允许对仿真和其他寄存器进行读取。EALLOW 可以由指令 AEALLOW 置位,由 EDIS 指令清 0。可以使用 POP ST1 指令或 POP DP:ST1 指令进行设置。当 CPU 服务于某一中断时,EALLOW 的当前值被存入堆栈(当 ST1 保存在堆栈中时),然后 EALLOW 清 0。但是,不能在中断服务子程序 ISR 的开始去读仿真寄存器,如果 ISR 必须读取仿真寄存器,必须包含一个 EALLOW 指令,在 ISR 的结束,可以用 IRET 指令恢复。

(9) D5(LOOP):循环指令状态位。当循环指令 LOOPNZ 或 LOOPZ 在流水线中执行到第二译码阶段时,该位被置位。只有当满足指定的条件时循环指令才结束,然后 LOOP 位清 0。LOOP 位是一个只读位,不受除循环指令外的其他指令影响。

当 CPU 服务于某中断时,LOOP 的目前值保存在堆栈中(当 ST1 保存在堆栈中时),然后 LOOP 被清空;中断结束返回时,LOOP 不从堆栈中恢复。

(10) D4(SPA):队列指针定位位。该位表明 CPU 是否已通过 ASP 指令预先把堆栈指针定位到偶数地址上。

SPA=1 或 0 可概括如下:

0——堆栈指针还未被定位到偶数地址。

1——堆栈指针已被定位到偶数地址。

执行 ASP(定位堆栈指针)指令时,若堆栈指针 SP 指向一个奇数地址,则 SP 加 1 使它指向偶数地址,SPA 被置位;若 SP 已经指向偶数地址,则 SP 不变。执行 NASP(非定位堆栈指针)指令时,若 SPA 是 1,则 SP 减 1 且 SPA 被清 0;若 SPA 是 0,则 SP 不改变。复位时 SPA 被清 0。

(11) D3(VMAP):向量映像位。VMAP 决定 CPU 的中断向量(包括复位向量)被映像到程序存储器的最低地址还是最高地址:

0——CPU 的中断向量映像到程序存储器的底部,地址是:000000h～00003Fh。

1——CPU 的中断向量映像到程序存储器的上部,地址是:3FFFC0h～3FFFFFh。

(12) D2(PAGE0):寻址模式设置位。PAGE0 在两个相互独立的寻址模式间进行选择:

0——PAGE0 堆栈寻址模式。

1——PAGE0 直接寻址模式。

C28x 推荐操作模式是 PAGE0 = 0。该位利用 SETC PAGE0 和 CLRC PAGE0 指令进行置位和复位,复位时 PAGE0 清 0。

(13) D1(DBGM):调试使能屏蔽位。当 DBGM 置位时,仿真器不能实时访问存储器和寄存器,调试者不能更新它的窗口。DBGM 主要使用在时间临近(non-time-critical)ISR 程序代码部分,用在调试时间块的仿真中。DBGM 可以使能和禁止如下调试事件:

0——调试事件使能。

1——调试事件被禁止。

(14) D0(INTM):中断全局屏蔽位。该位全局使能和禁止所有的 CPU 可屏蔽中断,可概括如下:

0——可屏蔽中断被全局使能。为了能被 CPU 确认,必须由中断使能寄存器 IER 产生局部使能的可屏蔽中断。

1——可屏蔽中断被全局禁止。即使可屏蔽中断由 IER 局部使能,也不能被 CPU 确认。

INTM 对非屏蔽中断、硬件复位和硬件中断/NMI 没有影响,另外当 CPU 在实时仿真模式下暂停时,即使 INTM 已经设置为屏蔽,由 IER 和 DBGIER 仍能激活一个可屏蔽中断。当 CPU 处于一个中断时,首先将 INTM 的当前值入栈(当 ST1 保存在堆栈中),然后将 INTM 复位;从中断返回时,再将 INTM 值从堆栈中恢复。

该位用 SETC INTM 和 CLRC INTM 指令置位和清 0。复位时 INTM 被置位。INTM 的值不影响中断寄存器(IER)和调试中断使能寄存器(DBGIER)。

2.5.9 程序流

程序控制逻辑和程序寻址产生逻辑共同工作产生适当的程序流。一般情况下,程序流是连续的,即 CPU 在连续的程序存储器寻址下执行指令,有时需程序转移到一个不连续的地址,然后以新的地址去执行指令,在这种情况下,C28x 支持中断、分支、调用、返回和重复操作。

1. 中断

中断(interrupts)是硬件和软件驱动事件,它使 CPU 暂停当前主程序,并转去执行一个中断服务程序。

2. 分支、调用、返回

通过分支、调用及返回,使程序转移到程序存储器的另一个地址而中断原指令顺序流。分支仅仅把控制转换到新的地址,调用还存储了返回地址。调用子程序或中断服务子程序都带有一个返回指令,返回指令取回堆栈中的返回地址,或经 XAR7/RPC 把此地址放到程序计数器 PC 中。

以下的分支指令是有条件的:B、BANZ、BAR、BF、SB、SBF、XBANZ、XCALL 和 XAETC,在特定或预定义的条件下才可以执行。

3. 单个指令的重复执行

重复执行 RPT 指令可以让单个指令执行($N+1$)次,这里 N 是 RPT 指令中的一个操作数,指令执行 1 次,然后重复 N 次。当执行 RPT 时,重复计数器 (RPTC)被赋予 N 值,然后 RPTC 在每执行一次后减 1,直到减为 0。

4. 指令流水线

流水线的硬件能够防止 CPU 对同一寄存器或数据单元进行读和写操作,以免造成混乱。

在执行一条指令时,C28x CPU 执行下列基本操作:

(1) 从程序存储器中取指令。

(2) 对指令译码。

（3）从存储器或 CPU 寄存器中读取数据。

（4）执行指令。

（5）向存储器或 CPU 寄存器写结果。

为了提高效率，CPU 在 8 个独立的步骤下完成上述操作，即在某时刻，流水线上最多可以运行 8 条指令，每个指令都处于执行的不同阶段。执行顺序 8 个过程说明如下：

取指 1(F1)：在取指 1 阶段，CPU 将一个程序存储器地址送给 22 位的程序地址总线 PAB。

取指 2(F2)：在取指 2 阶段，CPU 通过 32 位的程序读数据总线 PEDB 对程序存储器进行读操作，并把指令放入取指队列中。

译码 1(D1)：C28x 支持 32 位指令和 16 位指令，指令可以被安排到偶地址或奇地址。译码 1 的硬件去识别取指队列指令的边界，并测定下一待执行指令的长度，同时确定指令的合法性。

译码 2(D2)：译码 2 的硬件从取指队列中取回指令，并将该指令放入指令寄存器，完成译码。一旦指令进入 D2 阶段，就会一直执行到结束。在这一流水阶段将执行如下操作：

（1）若从存储器中读数据，则 CPU 产生源地址。

（2）若将数据写入存储器，则 CPU 产生目标地址。

（3）地址寄存器算术单元(ARAU)按要求完成堆栈指针 SP、辅助寄存器或辅助寄存器指针 ARP 的更改。

（4）若需要可中断程序流的连续执行。

读 1(R1)：如果从存储器中读数据，读 1 的硬件把地址送到相应的地址总线上。

读 2(R2)：如果数据的地址在 R1 阶段被寻址，则读 2 的硬件通过相应的数据总线取回数据。

执行(E)：在执行阶段，CPU 执行所有的乘法、移位和 ALU 操作，包括所有运用累加器和乘积寄存器的主要算术和逻辑操作，包括读数据、改变数据和向原位置写回数据的操作将在流水线 E 阶段进行。乘法器、移位器、ALU 使用的所有 CPU 寄存器在 E 阶段开始从寄存器中读出，在 E 阶段结束时向 CPU 寄存器写回结果。

写(W)：该阶段将转换值或结果写回存储器，CPU 会驱动目标地址、相应的写选通和数据完成写操作。

尽管每一指令需要经过 8 个阶段，对具体指令而言，并非每个阶段都是有效的，一些指令在译码阶段结束，另外一些在执行阶段结束，还有在写阶段结束。

2.5.10　乘法操作

C28x 具有一个硬件乘法器，可以完成 16 位×16 位、32 位×32 位的定点乘法运算。

1. 16 位×16 位的乘法

C28x 可以执行 16 位×16 位的乘法，产生一个 32 位有符号或无符号的乘积。乘法器接收两个 16 位的输入：

(1) 一个输入来自被乘数寄存器 T 的高 16 位。大多数 16 位×16 位的乘法在执行之前要求从数据存储器或寄存器装载到 T 中。然而，MAC 和一些版本的 MPY、MPYA 指令在乘法之前已为 T 赋值。

(2) 另一个输入按如下方式得到：

- 某一数据存储单元或某一寄存器（取决于乘法指令中的要求）。
- 指令中立即数。一些 C28x 的乘法指令可以包含一个立即数。

在两数相乘后，32 位结果存放于 32 位乘积寄存器 P 或 32 位的累加器 ACC，具体在哪个位置由具体乘法指令决定。

2. 32 位×32 位的乘法

C28x 可以进行 32 位×32 位的乘法，在这种情况下，乘法器接受两个 32 位的输入。

第一个输入来自如下方式：

(1) 程序存储器单元。一些 C28x 的 32 位×32 位的 MAC 乘法指令，如 IMACL 和 QMACL，可以直接利用程序地址总线从存储器取数。

(2) 32 位乘法寄存器 XT。许多 32 位×32 位的乘法指令要求在执行指令前从数据存储器或寄存器取值赋给 XT。

第二个输入来自数据存储器单元或寄存器（取决于指令要求）。

两个数相乘后，64 位结果中 32 位存于乘积寄存器 P 中。高 32 位、低 32 位存在哪个位置，根据运用的指令选择有符号乘法和无符号乘法。

2.5.11　移位操作

移位器保持 64 位数，接收 16 位、32 位、64 位的输入值。当输入值是 16 位时，数值装在移位器最低 16 位；当输入值是 32 位时，数值装在移位器低 32 位；这取决于运用移位器的指令，移位器的输出可以是全部 64 位或低 16 位。

当一个数被右移 N 位时，数值的低 N 位丢失，数据左边的位全部填 0 或全部填 1。如果有符号扩展，左边的填充位就是符号位，如果没有符号扩展，左边填 0。

　　当一个数被左移 N 位时,数值右边的位全部填 0。如果数值是 16 位的并进行有符号扩展时,左边的位是符号位的复制。如果数值是 16 位但不进行有符号扩展,左边的位填 0。如果是 32 位数,数值的高 N 位丢失,符号扩展不起作用。

2.6　时钟系统

2.6.1　时钟和系统控制

　　本节主要介绍 C28x 的时钟、锁相环、看门狗和复位控制电路等。图 2.10 表示 C28x 内部的各种时钟和复位电路内部结构图。

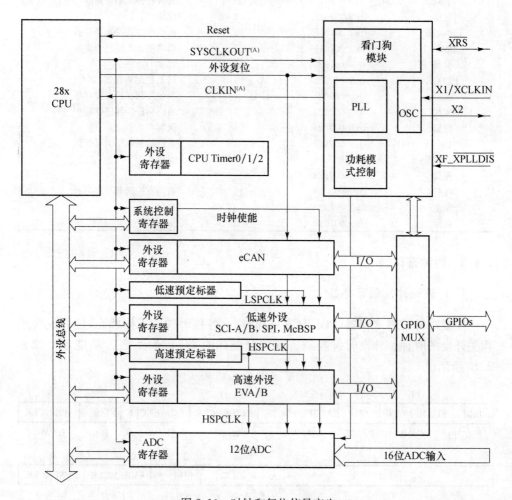

图 2.10　时钟和复位信号产生

(A) CLKIN 是 CPU 的时钟,由 CPU 分发作为 SYSCLKOUT,即 CLKIN=SYSCLKOUT

表 2.11 中寄存器用于控制 C28x 片内的锁相环 PLL、时钟、看门狗和低功耗方式。

表 2.11　PLL、时钟、看门狗和低功耗方式控制寄存器

名　称	地　址	尺寸(×16 位)	说　明
保留	0x00007010	10	保留
保留	0x00007019	1	保留
HISPCP	0x0000701A	1	HISPCP 时钟的高速外设时钟定标寄存器
LOSPCP	0x0000701B	1	HISPCP 时钟的低速外设时钟定标寄存器
PCLKCR	0x0000701C	1	外设时钟控制寄存器
保留	0x0000701D	1	保留
LPMCR0	0x0000701E	1	低功耗方式控制寄存器 0
LPMCR1	0x0000701F	1	低功耗方式控制寄存器 1
保留	0x00007020	1	保留
PLLCR	0x00007021	1	PLL 控制寄存器
SCSR	0x00007022	1	系统控制和状态寄存器
WDCNTR	0x00007023	1	看门狗计数器寄存器
保留	0x00007024	1	保留
WDKEY	0x00007025	1	看门狗复位秘钥寄存器
保留	0x00007026	3	保留
保留	0x00007028	—	—
WDCR	0x00007029	1	看门狗控制寄存器
保留	0x0000702A	6	保留
保留	0x0000702F	1	保留

2.6.2　时钟寄存器

1. 外设时钟控制寄存器

外设时钟控制寄存器(PCLKCR)控制片上各种时钟的工作状态,使能或禁止相关外设的时钟。外设时钟控制寄存器分配如图 2.11 所示,各位功能定义如表 2.12 所示。

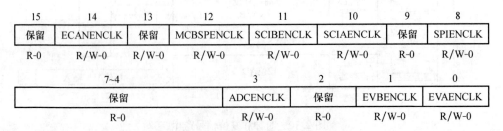

图 2.11　外设时钟控制寄存器

表 2.12　外设时钟控制寄存器功能定义

位	名　称	说　明
D15	保留	保留
D14	ECANENCLK	如果 ECANENCLK＝1,使能 CAN 总线的系统时钟。对于低功耗操作模式,用户可以通过软件或复位对 ECANENCLK 位清 0
D13	保留	保留
D12	MCBSPENCLK	如果 MCBSPENCLK＝1,使能 McBSP 外设内部的低速时钟(LSPCLK)。对于低功耗操作模式,用户可以通过软件或复位对 MCBSPENCLK 位清 0
D11	SCIBENCLK	如果 SCIBENCLK＝1,使能 SCI-B 外设内部的低速时钟(LSPCLK)。对于低功耗操作模式,用户可以通过软件或复位对 SCIBENCLK 位清 0
D10	SCIAENCLK	如果 SCIAENCLK＝1,使能 SCI-A 外设内部的低速时钟(LSPCLK)。对于低功耗操作模式,用户可以通过软件或复位对 SCIAENCLK 位清 0
D9	保留	保留
D8	SPIENCLK	如果 SPIENCLK＝1,使能 SPI 外设内部的低速时钟(LSPCLK)。对于低功耗操作模式,用户可以通过软件或复位对 SPIENCLK 位清 0
D7~D4	保留	保留
D3	ADCENCLK	如果 ADCENCLK＝1,使能 ADC 外设内部的高速时钟(HSPCLK)。对于低功耗操作模式,用户可以通过软件或者复位对 ADCENCLK 位清 0
D2	保留	保留
D1	EVBENCLK	如果 EVBENCLK＝1,使能 EV-B 外设内部的高速时钟(HSPCLK)。对于低功耗操作模式,用户可以通过软件或者复位对 EVBENCLK 位清 0
D0	EVAENCLK	如果 EVAENCLK＝1,使能 EV-A 外设内部的高速时钟(HSPCLK)。对于低功耗操作模式,用户可以通过软件或者复位对 EVAENCLK 位清 0

2. 系统控制与状态寄存器

系统控制与状态寄存器(SCSR)包含看门狗覆盖位和看门狗中断使能/无效位,各位定义如图 2.12 所示,各位功能如表 2.13 所示。

15~8	7~3	2	1	0
保留	保留	WDINTS	WDENINT	WDOVERRIDE
R-0	R-0	R-1	R/W-0	R/W-1

图 2.12　系统控制与状态寄存器

表 2.13　系统控制与状态寄存器功能定义

位	名　称	说　明
D15~D3	保留	保留
D2	WDINTS	看门狗中断状态位,反映了来自看门狗模块的 $\overline{\text{WDINT}}$ 信号的当前状态
D1	WDENINT	如果该位置 1,看门狗复位($\overline{\text{WDRST}}$)输出信号无效并且看门狗中断($\overline{\text{WDINT}}$)输出信号有效;如果该位清 0,看门狗复位($\overline{\text{WDRST}}$)输出信号有效并且看门狗中断($\overline{\text{WDINT}}$)输出信号无效。这是复位后的默认状态($\overline{\text{XRS}}$)

续表

位	名　称	说　明
D0	WDOVERRIDE	如果该位置 1,允许用户改变看门狗控制(WDCR)寄存器中的看门狗无效(WDDIS)位的状态;如果该位清 0,用户不能通过向该位写 1 来修改它,写 0 无效。如果该位清 0,它将保持在本状态知道复位发生

3. 高速外设时钟预定标寄存器

高速外设时钟预定标寄存器(HISPCP)用于配置高速外设的时钟,各位定义如图 2.13 所示,各位功能如表 2.14 所示。

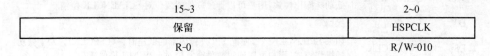

15~3	2~0
保留	HSPCLK
R-0	R/W-010

图 2.13　高速外设时钟预定标寄存器

表 2.14　高速外设时钟预定标寄存器各位功能

位	名　称		说　明
D15~D3	保留		保留
D2~D0	HSPCLK	000	高速时钟＝SYSCLKOUT/1
		001	高速时钟＝SYSCLKOUT/1
		010	高速时钟＝SYSCLKOUT/2(复位默认)
		011	高速时钟＝SYSCLKOUT/4
		100	高速时钟＝SYSCLKOUT/8
		101	高速时钟＝SYSCLKOUT/10
		110	高速时钟＝SYSCLKOUT/12
		111	高速时钟＝SYSCLKOUT/14

注:这些位对与 SYSCLKOUT 有关的高速外设时钟(HSPCLK)的速率进行匹配。如果 HISPCP≠0,HSPCLK=SYSCLKOUT/(HISPCP×2);如果 HISPCP=0,HSPCLK=SYSCLKOUT。

4. 低速外设时钟预定标寄存器

低速外设时钟预定标寄存器(LOSPCP)用于配置高速外设的时钟,各位定义如图 2.14 所示,各位功能如表 2.15 所示。

15~3	2~0
保留	LSPCLK
R-0	R/W-010

图 2.14　低速外设时钟预定标寄存器

表 2.15　低速外设时钟预定标寄存器各位功能

位	名　称	说　明	
D15～D3	保留	保留	
D2～D0	LSPCLK	000	高速时钟＝SYSCLKOUT/1
		001	高速时钟＝SYSCLKOUT/1
		010	高速时钟＝SYSCLKOUT/2
		011	高速时钟＝SYSCLKOUT/4(复位默认)
		100	高速时钟＝SYSCLKOUT/8
		101	高速时钟＝SYSCLKOUT/10
		110	高速时钟＝SYSCLKOUT/12
		111	高速时钟＝SYSCLKOUT/14

注:这些位对与 SYSCLKOUT 有关的低速外设时钟(LSPCLK)的速率进行匹配。如果 LOSPCP≠0，LSPCLK=SYSCLKOUT/(LOSPCP×2)；如果 LOSPCP=0，LSPCLK=SYSCLKOUT。

2.6.3　振荡器 OSC 和锁相环 PLL 时钟模块

1. 基于 PLL 的时钟模块

C28x 内含一个基于 PLL 的时钟模块，该模块为芯片提供了所有必要的时钟信号，还提供了低功耗方式的控制入口。PLL 具有 4 位比例控制，用来选择不同的 CPU 时钟速率。

基于 PLL 的时钟模块提供了两种操作模式。

(1) 晶振操作：该方式允许使用外部晶振给芯片提供时基。

(2) 外部时钟源操作：该方式允许旁路内部振荡器，由外部时钟源提供时钟信号，即将外部振荡器输入 X1/XCLKIN 引脚。

图 2.15 显示了 C28x 芯片的片内振荡器和 PLL 时钟模块。

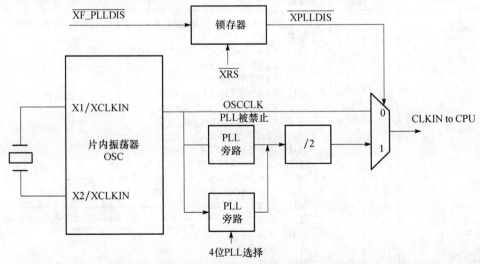

图 2.15　C28x 芯片内的 OSC 和 PLL 时钟模块

外部$\overline{\text{XPLLDIS}}$引脚可以选择系统的时钟源。当$\overline{\text{XPLLDIS}}$为低电平时,系统直接采用外部时钟或晶振直接作为系统时钟;当$\overline{\text{XPLLDIS}}$为高电平时,外部时钟经过 PLL 倍频后为系统提供时钟。系统可以通过锁相环控制寄存器来选择锁相环的工作模式和倍频的系数。表 2.16 给出了 PLL 配置模式。

表 2.16　PLL 可能的配置模式

PLL 模式	说　明	SYSCLKOUT
PLL 不使能	复位时如果$\overline{\text{XPLLDIS}}$引脚是低电平,则 PLL 完全被禁止 处理器直接使用引脚 X1/XCLKIN 输入的时钟信号	XCLKIN
PLL 旁路	上电时的默认配置,如果 PLL 没有被禁止,则 PLL 将变成旁路,在 X1/XCLKIN 引脚输入的时钟经过 2 分频后提供给 CPU	XCLKIN/2
PLL 使能	使能 PLL,在 PLLCR 寄存器中写入一个非零值 n。信号在馈送到 CPU 之前,由 PLL 模块中的/2 模块将 PLL 的输出除以 2	$(XCLKIN \times n)/2$

2. 锁相环控制寄存器

锁相环控制寄存器(PLLCR)位定义如图 2.16 所示,各位功能如表 2.17 所示。

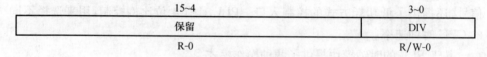

15~4		3~0
保留		DIV
R-0		R/W-0

图 2.16　锁相环控制寄存器

表 2.17　锁相环控制寄存器功能定义

位	名　称	描　　述
D15~D4	保留	保留
D3~D0	DIV	DIV 选择 PLL 是否为旁路,如果不是旁路,则设置相应的示中被频倍数: 0000　CLKIN=OSCCLK/2(PLL 旁路) 0001　CLKIN(OSCCLK×1.0)/2 0010　CLKIN(OSCCLK×2.0)/2 0011　CLKIN(OSCCLK×3.0)/2 0100　CLKIN(OSCCLK×4.0)/2 0101　CLKIN(OSCCLK×5.0)/2 0110　CLKIN(OSCCLK×6.0)/2 0111　CLKIN(OSCCLK×7.0)/2 1000　CLKIN(OSCCLK×8.0)/2 1001　CLKIN(OSCCLK×9.0)/2 1010　CLKIN(OSCCLK×10.0)/2 1011　保留 1100　保留 1101　保留 1110　保留 1111　保留

2.6.4 低功耗模式

F281x 芯片具有与 C240x 芯片相似的低功耗模式,此模式下处理器处于一种功率消耗相对比较低的工作状态,包含空闲(IDLE)、等待(STANDBY)和挂起(HALT)共 3 种模式。

2.6.5 XCLKOUT 引脚

从 XCLKOUT 引脚得到的 SYSCLKOUT 输出时钟信号,可以作为外部等待状态的时钟源,也可以作为 CPU 时钟频率和锁相环路是否工作的测试点。在复位状态下,引脚 XCLKOUT = SYSCLKOUT/4;但是,也可以被设置成为 SYSCLKOUT/2。当复位键有效时,引脚 XCLKOUT 信号也是有效的,因为复位键在低电平时,引脚 XCLKOUT 应该是引脚 SYSCLKOUT/4,只有这样,才能在调试阶段通过监控这个信号来判断芯片是否正常工作。在 XCLKOUT 引脚上,没有内部的上拉和下拉电阻,驱动电流是 8mA。如果没有使用引脚 XCLKOUT,可以通过设置状态寄存器 XINTCNF2 的 CLKOFF 位为 1。这时 CMOS 的输出引脚即使在不用的情况下也必须连接地。

2.7 看门狗模块

F2812/F2810 数字信号处理器上的看门狗与 240x 器件上的基本相同,功能框图如图 2.17 所示。当 8 位的看门狗计数器计数到最大值时,看门狗模块产生一个

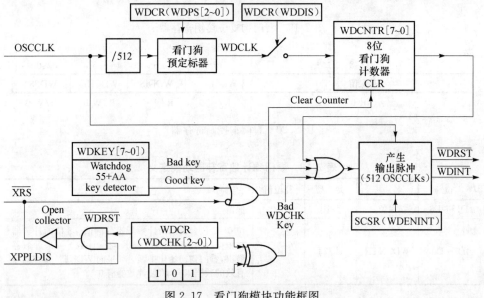

图 2.17 看门狗模块功能框图

输出脉冲(512 个振荡器时钟宽度)。如果不希望产生脉冲信号,用户需要屏蔽计数器,或用软件周期地向看门狗复位控制寄存器写 0x55 和 0xAA,该寄存器能够使看门狗计数器清 0。

$\overline{\text{WDINT}}$ 信号使能看门狗用作从 IDLE/STANDBY 模式唤醒的定时器。

在 STANDBY 模式下,所有外设都将被关闭,只有看门狗起作用。WATCH-DOG 模块将脱离 PLL 时钟运行。$\overline{\text{WDINT}}$ 信号反馈到 LPM 模块,以便可以将器件从 STANDBY 模式唤醒。在 IDLE 模式下,$\overline{\text{WDINT}}$ 信号能够向 CPU 产生中断(该中断为 WAKEINT),使 CPU 脱离 IDLE 工作模式。

在 HALT 模式下,由于 PLL 和 OSC 单元被关闭,不能实现上述功能。

为了实现看门狗的各项功能,内部有三个功能寄存器。图 2.18 是看门狗计数寄存器(WDCNTR)各个位的情况,图 2.19 是看门狗复位秘钥寄存器(WDKEY)各个位的情况,图 2.20 是看门狗控制寄存器(WDCR)各个位的情况;表 2.18~表 2.20 分别是三个寄存器各个位的功能。

15~8	7~0
保留	WDCNTR
R-0	R/W-0

图 2.18　看门狗计数寄存器

15~8	7~0
保留	WDKEY
R-0	R/W-0

图 2.19　看门狗复位秘钥寄存器

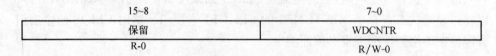

15~8	7	6	5~3	2~0
保留	WDFLAG	WDDIS	WDCHK	WDPS
R-0	R/W-0	R/W-0	R/W-0	R/W-0

图 2.20　看门狗控制寄存器

表 2.18　看门狗计数寄存器功能定义

位	名　称	类　型	复位值	描　述
D15~D8	保留	只读	0:0	保留
D7~D0	WDCNTR	读/写	0:0	位 0~7 包含看门狗计数器当前的值。8 位的计数器将根据看门狗时钟 WDCLK 连续计数。如果计数器溢出,看门狗初始化中断。如果向 WDKEY 寄存器写有效的数据组合,将使计数器清 0

表 2.19　看门狗复位秘钥寄存器功能定义

位	名　称	类　型	复位值	描　述
D15~D8	保留	只读	0:0	保留
D7~D0	WDKEY	读/写	0:0	依次写 0x55 和 0xAA 到 WDKEY 将使看门狗计数器 (WDCNTR) 清 0。写其他的任何值都会产生看门狗复位。读该寄存器使将返回 WDCR 寄存器的值

表 2.20　看门狗控制寄存器功能定义

位	名　称	描　述
D15~D8	保留	保留
D7	WDFLAG	看门狗复位状态标志位。如果该位被置 1,表示看门狗复位($\overline{\text{WDRST}}$)满足复位条件;如果等于 0,表示是上电复位条件或外部器件复位条件。写 1 到 WDFLAG 位将使该为清 0,写 0 没有影响
D6	WDDIS	写 1 到 WDDIS 位,屏蔽看门狗模块;写 0 使能看门狗模块。只有当 SCSR2 寄存器的 WDOVERRIDE 位等于 1 时才能够改变 WDDIS 的值。器件复位后,看门狗模块被使能
D5~D3	WDCHK	WDCHK[2~0] 必须写 1,0,1,写其他任何值都会引起器件内核的复位(看门狗已经使能)
D2~D0	WDPS	WDPS[2~0] 配置看门狗计数时钟(WDCLK)相对于 OSCCLK/512 的倍率: 000　WDCLK=OSCCLK/512/1 001　WDCLK=OSCCLK/512/1 010　WDCLK=OSCCLK/512/2 011　WDCLK=OSCCLK/512/4 100　WDCLK=OSCCLK/512/8 101　WDCLK=OSCCLK/512/16 110　WDCLK=OSCCLK/512/32 111　WDCLK=OSCCLK/512/64

当 $\overline{\text{XRS}}=0$ 时,看门狗标志位(WDFLAG)强制为低电平。只有当 $\overline{\text{XRS}}=1$ 并且检测到 $\overline{\text{WDRST}}$ 信号的上升延时,WDFLAG 才会被置 1。当 $\overline{\text{WDRST}}$ 处于上升沿时,如果 $\overline{\text{XRS}}$ 是低电平则 WDFLAG 仍保持低。在应用过程中,用户可以将 WDRST 信号连接到 XRS 信号上。因此,要想区分看门狗复位和外部器件复位,必须外部复位比看门狗的脉冲长。

2.8　CPU 定时器

2.8.1　概述

本节主要介绍 F2810/F2812 器件上的 3 个 32 位 CPU 定时器(TIMER0/1/2)。

其中定时器 1 和 2 预留给适时操作系统使用（如 DSPBIOS），只有 CPU 定时器 0 供用户在应用程序中使用。图 2.21 为定时器功能框图。

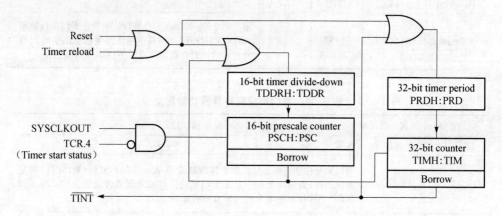

图 2.21　CPU 定时器功能框图

3 个定时器的中断信号（$\overline{\text{TINT0}}$、$\overline{\text{TINT1}}$、$\overline{\text{TINT2}}$）在处理器内部连接不尽相同，如图 2.22 所示。

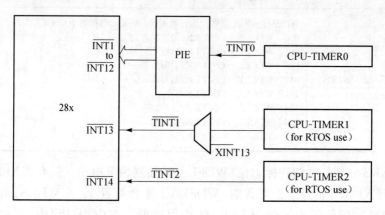

图 2.22　定时器中断

2.8.2　CPU 定时器的寄存器

定时器在工作过程中，首先 32 位计数寄存器（TIMH：TIM）装载周期寄存器（PRDH：PRD）内部的值，然后计数寄存器根据 SYSCLKOUT 时钟递减计数。当计数寄存器等于 0 时，定时器中断输出产生一个中断脉冲。各定时器的寄存器地址分配如表 2.21 所示。

表 2.21　CPU 定时器寄存器地址分配表

名　称	地　址	占用空间	描　述
TIMER0TIM	0x00000C00	1	CPU 定时器 0,计数器寄存器
TIMER0TIMH	0x00000C01	1	CPU 定时器 0,计数器寄存器高半字
TIMER0PRD	0x00000C02	1	CPU 定时器 0,周期寄存器
TIMER0PRDH	0x00000C03	1	CPU 定时器 0,周期寄存器高半字
TIMER0TCR	0x00000C04	1	CPU 定时器 0,控制寄存器
保留	0x00000C05	1	保留
TIMER0TPR	0x00000C06	1	CPU 定时器 0,预定标寄存器
TIMER0TPRH	0x00000C07	1	CPU 定时器 0,预定标寄存器高半字
TIMER1TIM	0x00000C08	1	CPU 定时器 1,计数器寄存器
TIMER1TIMH	0x00000C09	1	CPU 定时器 1,计数器寄存器高半字
TIMER1PRD	0x00000C0A	1	CPU 定时器 1,周期寄存器
TIMER1PRDH	0x00000C0B	1	CPU 定时器 1,周期寄存器高半字
TIMER1TCR	0x00000C0C	1	CPU 定时器 1,控制寄存器
保留	0x00000C0D	1	保留
TIMER1TPR	0x00000C0E	1	CPU 定时器 1,预定标寄存器
TIMER1TPRH	0x00000C0F	1	CPU 定时器 1,预定标寄存器高半字
TIMER2TIM	0x00000C10	1	CPU 定时器 2,计数器寄存器
TIMER2TIMH	0x00000C11	1	CPU 定时器 2,计数器寄存器高半字
TIMER2PRD	0x00000C12	1	CPU 定时器 2,周期寄存器
TIMER2PRDH	0x00000C13	1	CPU 定时器 2,周期寄存器高半字
TIMER2TCR	0x00000C14	1	CPU 定时器 2,控制寄存器
保留	0x00000C15	1	保留
TIMER2TPR	0x00000C16	1	CPU 定时器 2,预定标寄存器
TIMER2TPRH	0x00000C17	1	CPU 定时器 2,预定标寄存器高半字
保留	0x00000C18~ 0x00000C3F	40	保留

1. 定时器计数器

图 2.23 给出了定时器计数寄存器的各位分配,表 2.22 给出了定时器计数寄存器功能定义。

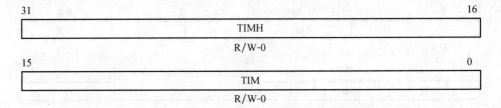

图 2.23　定时器计数器各位分配

表 2.22　定时器计数器功能定义

位	名　称	功能描述
D31～D0	TIMH:TIM	CPU 定时器计数寄存器(TIMH:TIM):TIM 寄存器保存当前 32 位定时器计数值的低 16 位,TIMH 寄存器保存高 16 位。每隔(TDDRH:TDDR＋1)个时钟周期 TIMH:TIM 减 1,其中 TDDRH:TDDR 使定时器预定标分频系数。当 TIMH:TIM 递减到 0 时,TIMH:TIM 寄存器重新装载 PRDH:PRD 寄存器保存的周期值,并产生定时器中断/TINT 信号

2. 定时器周期寄存器

图 2.24 给出了定时器周期寄存器的各位分配,表 2.23 给出了定时器周期寄存器功能定义。

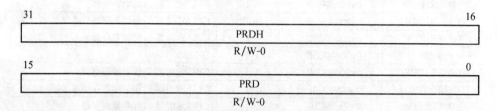

图 2.24　定时器计数器各位分配

表 2.23　定时器计数器功能定义

位	名　称	功能描述
D31～D0	PRHD:PRD	CPU 周期寄存器(PRDH:PRD):PRD 寄存器保存 32 位周期值的低 16 位,PRDH 保存高 16 位。当 TIMH:TIM 递减到 0 时,在下次定时周期开始之前,TIMH:TIM 寄存器重新装载 PRDH:PRD 寄存器保存的周期值;当用户将定时器控制寄存器(TCR)的定时器重新装载位(TRB)置位时,TIMH:TIM 也会重新装载 PRDH:PRD 寄存器保存的周期值

3. 定时器控制寄存器

图 2.25 给出了定时器周期寄存器的各位分配,表 2.24 给出了定时器周期寄存器功能定义。

15	14	13～12	11	10	9～8
TIF	TIE	保留	FREE	SOFT	保留
R/W-0	R/W-0	R-0	R/W-0	R/W-0	R-0

7～6	5	4	3～0
保留	TRB	TSS	保留
R-0	R/W-0	R/W-0	R-0

图 2.25　定时器控制寄存器各位分配

表 2.24　定时器控制寄存器功能定义

位	名　称	功能描述
D15	TIF	CPU 定时器中断标志 当定时器计数器递减到 0 时,该位将置 1。可以通过软件向 TIF 写 1 将 TIF 位清 0,但只有计数器递减到 0 时才会将该位置位 0　写 0 对该位无影响 1　写 1 将该位清零
D14	TIE	CPU 定时器中断使能 如果定时器计数器递减到 0,TIE 置位,定时器将会向 CPU 产生中断
D13~D12	保留	保留
D11	FREE	CPU 定时器仿真模式
D10	SOFT	CPU 定时器仿真模式 当使用高级语言编程调试遇到断点时,FREE 和 SOFT 确定定时器的状态。如果 FREE 值为 1,在遇到断点时定时器继续运行。在这种情况下,SOFT 位不起作用。但是如果 FREE=0,SOFT 将会对操作有影响。在这种情况下,如果 SOFT=0,下次 TIMH:TIM 寄存器递减操作完成后定时器停止工作;如果 SOFT=1,TIMH:TIM 寄存器递减到 0 后定时器停止工作 FREE　SOFT　CPU 定时器仿真模式 　0　　　0　　下次 TIMH:TIM 递减操作完成后定时器停止 　0　　　1　　TIMH:TIM 寄存器递减到 0 后定时器停止(soft stop) 　1　　　0　　自由运行 　1　　　1　　自由运行
D9~D6	保留	保留
D5	TRB	定时器重新装载控制位 当向定时器控制寄存器(TCR)的定时器重新装载位(TRB)写 1 时,TIMH:TIM 会重新装载 PRDH:PRD 寄存器保存的周期值,并且预定标计数器(PSCH:PSC)装载定时器分频寄存器(TDDRH:TDDR)中的值。读 TRB 位总是返回 0
D4	TSS	定时器停止状态位 TSS 是启动和停止定时器的状态位 0　为了启动或重新启动定时器,将 TSS 清零。系统复位后,TSS 清零立即　启动定时器 1　要停止定时器,将 TSS 置 1
D3~D0	保留	保留

2.9　通　用　I/O

2.9.1　概述

在 F2812/F2810 数字信号处理器上提供多个通用数字量 I/O 引脚,这些引脚绝大部分是多功能复用引脚,通过 GPIO MUX 寄存器来选择配置具体的功能。

这些数字量 I/O 引脚可以独立操作,也可以作为外设 I/O 信号(通过 GPxMUX 寄存器配置)使用。如果引脚工作在数字量 I/O 模式,通过方向控制寄存器(GPx-DIR)控制数字量 I/O 的方向,并可以通过量化寄存器(GPxQUAL)量化输入信号消除外部噪声信号,如表 2.25 所示。

表 2.25　通用 I/O 寄存器

名　　称	地　　址	容量(16 位)	描　　述
GPAMUX	0x000070C0	1	GPIO A 功能选择控制寄存器
GPADIR	0x000070C1	1	GPIO A 方向控制寄存器
GPAQUAL	0x000070C2	1	GPIO A 输入量化寄存器
保留	0x000070C3	1	保留空间
GPBMUX	0x000070C4	1	GPIO B 功能选择控制寄存器
GPBDIR	0x000070C5	1	GPIO B 方向控制寄存器
GPBQUAL	0x000070C6	1	GPIO B 输入量化寄存器
保留	0x000070C7～0x000070CB	5	保留空间
GPDMUX	0x000070CC	1	GPIO D 功能选择控制寄存器
GPDDIR	0x000070CD	1	GPIO D 方向控制寄存器
GPDQUAL	0x000070CE	1	GPIO D 输入量化寄存器
保留	0x000070CF	1	保留空间
GPEMUX	0x000070D0	1	GPIO E 功能选择控制寄存器
GPEDIR	0x000070D1	1	GPIO E 方向控制寄存器
GPEQUAL	0x000070D2	1	GPIO E 输入量化寄存器
保留	0x000070D3	1	保留空间
GPFMUX	0x000070D4	1	GPIO F 功能选择控制寄存器
GPFDIR	0x000070D5	1	GPIO F 方向控制寄存器
保留	0x000070D6 0x000070D7	2	保留空间
GPGMUX	0x000070D8	1	GPIO G 功能选择控制寄存器
GPGDIR	0x000070D9	1	GPIO G 方向控制寄存器
保留	0x000070DA～0x000070DF	6	保留空间

　　如果多功能引脚配置成数字量 I/O 模式,芯片将提供寄存器来对相应的引脚进行操作。GPxSET 寄存器设置每个数字量 I/O 信号;GPxCLEAR 寄存器清除每个 I/O 信号;GPxTOGGLE 寄存器反转触发各 I/O 信号;GPxDAT 寄存器读/写个数字量 I/O 信号。表 2.26 给出 GPIO 的数据寄存器。

表 2.26　通用 I/O 的数据寄存器

名　称	地　址	容量(16 位)	描　述
GPADAT	0x000070E0	1	GPIO A 数据寄存器
GPASET	0x000070E1	1	GPIO A 置位寄存器
GPACLEAR	0x000070E2	1	GPIO A 清除寄存器
GPATOGGLE	0x000070E3	1	GPIO A 取反寄存器
GPBDAT	0x000070E4	1	GPIO B 数据寄存器
GPBSET	0x000070E5	1	GPIO B 置位寄存器
GPBCLEAR	0x000070E6	1	GPIO B 清除寄存器
GPBTOGGLE	0x000070E7	1	GPIO B 取反寄存器
保留	0x000070E8～ 0x000070EB	4	保留
GPDDAT	0x000070EC	1	GPIO D 数据寄存器
GPDSET	0x000070ED	1	GPIO D 置位寄存器
GPDCLEAR	0x000070EE	1	GPIO D 清除寄存器
GPDTOGGLE	0x000070EF	1	GPIO D 取反寄存器
GPEDAT	0x000070F0	1	GPIO E 数据寄存器
GPESET	0x000070F1	1	GPIO E 置位寄存器
GPECLEAR	0x000070F2	1	GPIO E 清除寄存器
GPETOGGLE	0x000070F3	1	GPIO E 取反寄存器
GPFDAT	0x000070F4	1	GPIO F 数据寄存器
GPFSET	0x000070F5	1	GPIO F 置位寄存器
GPFCLEAR	0x000070F6	1	GPIO F 清除寄存器
GPFTOGGLE	0x000070F7	1	GPIO F 取反寄存器
GPGDAT	0x000070F8	1	GPIO G 数据寄存器
GPGSET	0x000070F9	1	GPIO G 置位寄存器
GPGCLEAR	0x000070FA	1	GPIO G 清除寄存器
GPGTOGGLE	0x000070FB	1	GPIO G 取反寄存器
保留	0x000070FC～ 0x000070FF	4	保留

　　由于 F2812/F2810 数字信号处理器采用多功能复用引脚,在应用过程中需要进行选择配置,各功能选择框图如图 2.26 所示。在使用过程中,无论选择何种模式都可以通过 GPxDAT 寄存器读取相应引脚的状态。

2.9.2　GPIO 寄存器

　　每个 GPIO 口通过功能控制、方向、数据、设置、清除和反转触发寄存器来控制。本节主要介绍各寄存器基本功能。

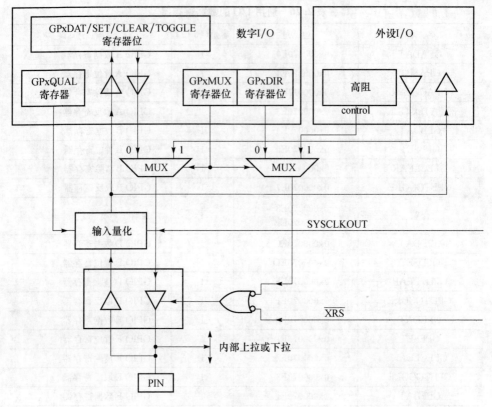

图 2.26　多功能 GPIO 选择框图

1. GPxMUX 寄存器

每个 I/O 口都有一个功能选择寄存器。功能选择寄存器配置 I/O 工作在外设操作模式或数字量 I/O 模式。在复位使所有 GPIO 配置成 IO 功能。

• 如果 GPxMUX. bit＝0,配置为 I/O 功能。
• 如果 GPxMUX. bit＝1,配置为外设功能。

I/O 的输入功能和外设的输入通道总是被使能的,输出通道是 GPIO 和外设共用的。因此,引脚如果配置成为 I/O 功能,相应的外设功能必须屏蔽。否则,将会产生随机的中断信号。

2. GPxDIR 寄存器

每个 I/O 口都有方向控制寄存器,用来配置 I/O 的方向(输入/输出)。复位时,所有 GPIO 为输入。

• 如果 GPxDIR. bit＝0,引脚配置为数字量输入。

• 如果 GPxDIR. bit＝1,引脚配置成数字量输出。

3. GPxDAT 寄存器

每个 I/O 口都有数据寄存器。数据寄存器是可读/写寄存器,如果 I/O 配置为输入,则反映当前经过量化后 I/O 输入信号的状态;如果 I/O 配置为输出,则向寄存器写值设定 I/O 的输出。

• 如果 GPxDAT. bit＝0,且设置为输出功能,将相应的引脚拉低。

• 如果 GPxDAT. bit＝1,且设置为输出功能,将相应的引脚拉高。

4. GPxSET 寄存器

每个 I/O 口都有一个设置寄存器,该寄存器是只写寄存器,任何读操作都返回 0。如果相应的引脚配置成数字量输出,写 1 后相应的引脚将被拉高,写 0 时没有影响。

• 如果 GPxSET. bit＝0,无影响。

• 如果 GPxSET. bit＝1,且引脚设置为输出,将相应的引脚置成高电平。

5. GPxCLEAR 寄存器

每个 I/O 口都有一个清除寄存器,该寄存器是只写寄存器,任何读操作都返回 0。如果相应的引脚配置成数字量输出,写 1 后相应的引脚将被拉低,写 0 时没有影响。

• 如果 GPxCLEAR. bit＝0,无影响。

• 如果 GPxCLEAR. bit＝1,且引脚设置为输出,将相应的引脚置成低电平。

6. GPxTOGGLE 寄存器

每个 I/O 口都有一个反转触发寄存器,该寄存器是只写寄存器,任何读操作都返回 0。如果相应的引脚配置成数字量输出,写 1 后相应的引脚信号将被取反。写 0 时没有影响。

• 如果 GPxTOGGLE. bit＝0,无影响。

• 如果 GPxTOGGLE. bit＝1,且引脚设置为输出,将相应的引脚取反。

第3章 TMS320F281x 供电电源

3.1 供电电源概述

3.1.1 电源电压

不同的 DSP 芯片都有不同的电源需求和各电源的上电、掉电时序,同时,同样的芯片在不同的工作状态条件下,如满负荷、高时钟频率时,其电源要求也不一样。

F281x/C281x 系列与 240x 系列 DSP 相比,前者的电源需求包括 I/O 电源 3.3V 和内核电源 1.9V 或 1.8V,Flash 烧写电压 3.3V;而后者的 I/O 和内核供电电源同为 3.3V,Flash 烧写电压为 5V。另外,F281x 所需要的两种电源有上电时序的要求,即 I/O 必须先上电,然后给内核加电,其详细内容在后文讲述,240x 则不存在上述问题。

与 F280x 相比,当 F281x 处理器工作在 135~150MHz 时,要求内核电压为 1.9V,工作在 135MHz 以下时,要求内核电压为 1.8V;而 F280x 处理器在所有工作频率下内核电压都要求为 1.8V(其最高频率为 100MHz)。F280x 的 I/O 电压与 F281x 相同,都是 3.3V,但 F280x 对于这两种电源的供电时序没有特殊要求。另外,C281x 处理器也无供电时序要求。

F281x 系列 DSP 的供电时序要求是基于其芯片内部内核和外部 I/O 模块采用独立的供电结构,如果在上电或掉电过程中两个电压的供电起点和上升速度不同,就会在独立的机构(内核和外部 I/O 模块)之间产生电流,从而影响系统初始化状态,进而影响到器件的寿命,并且隔离模块之间的电流还会触发器件本身的闭锁保护。因此,在综合考虑系统的稳定性和使用寿命后,设计时必须尽可能满足 TI 要求的上电、掉电时序问题。

3.1.2 电源引脚

F281x 系列 DSP 的电源引脚包括:

(1) 3.3V 电源。

- I/O 电源 V_{DDIO}。
- Flash 电源 V_{DD3VFL}。

- I/O 电源地 V_{SSIO}。
- ADC 参考模拟电源电源 AVDDREFBG。
- ADC 参考模拟电源电源地 AVSSREFBG。
- ADC 模拟电源 V_{DDA1}。
- ADC 模拟电源地 V_{SSA1}。
- ADC 模拟电源 V_{DDA2}。
- ADC 模拟电源地 V_{SSA2}。
- 模拟 I/O 电源 V_{DDAIO}。
- 模拟 I/O 电源地 V_{SSAIO}。

（2）1.8V 或 1.9V 电源。

- 内核电源 V_{DD}。
- 内核电源地 V_{SS}。
- 内核电源 V_{DD1}。
- ADC 数字电源地 V_{SS1}。

要求所有的电源引脚都必须连接正确，不能悬空。

3.2 供 电 时 序

3.2.1 上电时序

TMS320F2812/F2811/F2810 处理器要求采用双电源，即 1.8V（或 1.9V）电源和 3.3V 电源，为 CPU、Flash、ROM、ADC 以及 I/O 等外设供电。为保证上电过程中所有上述模块都能够正确的复位，对处理器的上电和掉电有一定时序要求。为满足上述需要，TI 提出两种上电方案。

方案 1 外部电源时序电路首先使能 I/O 电源 V_{DDIO}（3.3V），然后使能内核电源 V_{DD} 和 V_{DD1}（1.8V 或 1.9V），在 1.8V（或 1.9V）电源开始上升之后，Flash 电源 V_{DD3VFL} 和 ADC 模块电源 V_{DDA1}、V_{DDA2}、AVDDREFBG（3.3V）才开始上电。虽然方案 1 目前依然有效，但 TI 又简化了上述要求，即方案 2，且方案 2 是 TI 推荐的方案。

方案 2 首先给 3.3V 各电源（包括 V_{DDIO}、V_{DD3VFL}、V_{DDA1}、V_{DDA2}、V_{DDAIO} 以及 AVDDREFBG）引脚上电，然后给 1.8V（或 1.9V）电源（V_{DD} 和 V_{DD1}）引脚上电。要求在 V_{DDIO} 电压达到 2.5V 之前，1.8V 或 1.9V 电源（V_{DD} 和 V_{DD1}）的电压不能超过 0.3V，如图 3.1 所示。这样，才能保证来自各 I/O 引脚的复位信号传送到了各 I/O 缓冲器，来完成处理器内部所有模块的上电复位。图 3.2 为处理器配置为微计算机模式下的上电复位时序图，图 3.3 为处理器配置为微处理器模式下的上电复位时序图。

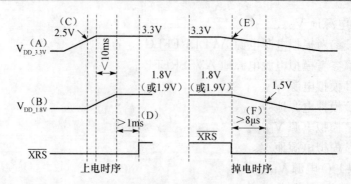

图 3.1　F281x 的供电时序图

(A) 图中的 $V_{DD\_3.3V}$ 包括 V_{DDIO}、V_{DD3VFL}、V_{DDAIO}、V_{DDA1}、V_{DDA2} 和 AVDDREFBG；(B) 图中的 $V_{DD\_1.8V}$ 包括 V_{DD}、V_{DD3VFL} 和 V_{DD1}；(C) 1.8V (或 1.9V) 电源应该在 3.3V 电源到达至少 2.5V 后才开始上升；(D) 在供电电源和时钟稳定之前复位信号 ($\overline{XRS}$引脚) 应保持为低；(E) 当 3.3V 电源下电时，电压监控或低压差线性稳压器 (LDO) 将拉低复位信号 ($\overline{XRS}$引脚)，这一动作通常发生在 1.8V (或 1.9V) 到达 1.5V 前几毫秒；(F) 在 1.8V (或 1.9V) 到达 1.5V 前复位信号 ($\overline{XRS}$引脚) 至少应保持了低电平 8μs，这将有助于 Flash 模块在电源掉电前能够完全复位

另外需要说明的是，因为 1.8V (或 1.9V) 必须达到至少 1V 后 GPIO 各引脚状态才能有定义，所以这一电源电压应该在 3.3V 电源达到 2.5V 之后尽可能快地上升。在 3.3V 电源没有完全供上之前，除了电源引脚外的其他引脚不应被驱动

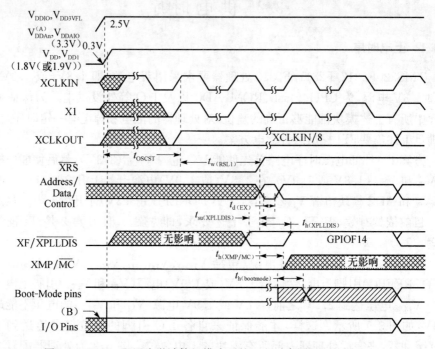

图 3.2　F281x 配置为微计算机模式下的上电时序图 (XMP/$\overline{MC}$=0)

(A) 图中的 V_{DDAn} 包括 V_{DDA1}、V_{DDA2} 和 AVDDREFBG；(B) GPIO 各引脚在 1.8V (或 1.9V) 电源电压达到 1V 以及 3.3V 电源电压达到 2.5V 之前没有定义，不能输入输出

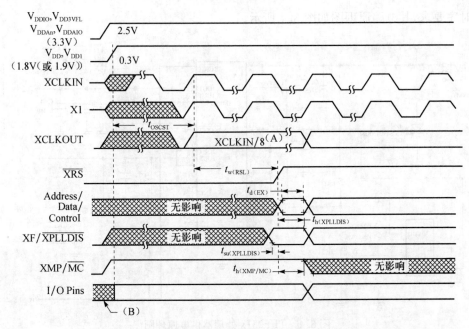

图 3.3　F281x 配置为微处理器模式下的上电时序图（XMP/MC＝1）

（A）上电时如果锁相环被使能，则 SYSCLKOUT＝XCLKIN/2，同时 XINTCNF2 寄存器中的 XTIM-CLK 和 CLKMODE 两位组合成复位状态，因此在 SYSCLKOUT 作为 XCLKIN 输出前又除以 4，这就解释了在这一时间段 SYSCLKOUT＝XCLKIN/8 的原因；（B）GPIO 各引脚在 1.8V（或 1.9V）电源电压达到 1V 以及 3.3V 电压电源达到 2.5V 之前没有定义，不能输入输出

3.2.2　掉电时序

掉电时，如图 3.1 所示，在 V_{DD} 降低到 1.5V 之前，处理器的复位信号（$\overline{XRS}$引脚）至少应保持为低电平 8μs，这样有助于在 V_{DDIO}/V_{DD} 掉电之前，片上的 Flash 逻辑能够复位，TI 推荐使用低压差线性稳压器（LDO）或电压监控设备的复位输出作为处理器的复位控制信号，来满足上述要求。

C281x 处理器的供电时序没有上述要求，因此它的 3.3V 电源和 1.8V（或 1.9V）电源可以同时上电。但是对于按照 F281x 供电时序所设计的电源，C281x 处理器也可以使用，只是当 1.8V（或 1.9V）电源达到至少 1V 以后 GPIO 各引脚才有定义。

3.3　电　源　设　计

3.3.1　TI 推荐的供电电源电路

TI 提供的型号为 TPS767D301 的低压差线性稳压器，能够满足 F281x 的供电时序要求,其电路原理图如图 3.4 所示。

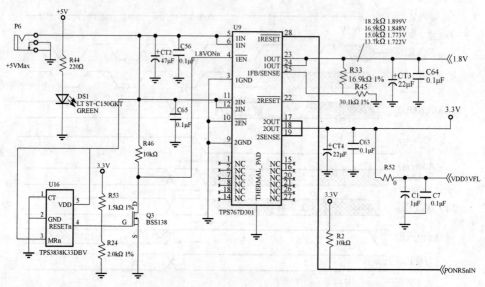

图 3.4   TI F281x 处理器供电原理图

3.3.2   供电电源方案

关于 F281x 处理器的供电有下面几种方案。

(1) TPS767D301:如图 3.4 所示,可以输出 3.3V(最大 1A),也可同时输出 1.8V 或 1.9V 等(取决于图 3.4 中 R33 阻值的大小,最大电流也是 1A),具有输出电压监测功能。

(2) TPS767D318:可输出 3.3V(最大 1A),也可同时输出 1.8V(只有 1.8V,不能输出 1.9V,电流最大 1A),具有输出电压监测功能。

(3) TPS73HD318:可输出 3.3V(最大 0.7A),也可同时输出 1.8V(只有 1.8V,不能输出 1.9V,电流最大 0.7A),具有输出电压监测功能。

(4) TPS75733+TPS76801:前者输入 5V,输出 3.3V(最大 3A);后者输入 5V,输出 1.8V 或 1.9V 等(最大 1A)。TPS75733 的 $\overline{PG}$ 引脚上拉接入 TPS76801 的 $\overline{EN}$ 引脚。使用 TPS3823-33 复位芯片监测 3.3V。

(5) TPS75733+TPS76801:前者输入 5V,输出 3.3V(最大 3A);后者输入 3.3V,输出 1.8V 或 1.9V 等(最大 1A)。使用 TPS3823-33 复位芯片监测 3.3V。

如果用户系统处理器的外设负载不是很重,即 3.3V 功耗较小,则可以使用前三种方案,其 3.3V 电源的电流为 0.7~1A;但如果处理器系统时钟大于 135MHz,则要求内核电压必须达到 1.9V,需使用方案(1)。如果 F2812 的外设负载很重,即 3.3V 功耗较大,则可以使用后两个方案,其 3.3V 电源的最大电流均可

达到 3A,内核电压也可调到 1.9V。方案(4)和(5)的区别之一是(4)中的
TPS76801 的输入是 5V,而(5)的输入是 3.3V,前者通过两个芯片的$\overline{PG}$和$\overline{EN}$引脚
来保证上电顺序。

作者在实际使用过程中采用了 TPS767D301 芯片的供电方案,其原理图与
图 3.4 类似,如图 3.5 所示,只是图中电阻 R53 的阻值有所变化。

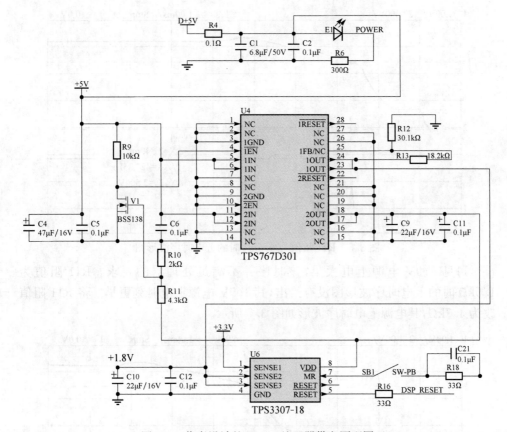

图 3.5 作者设计的 F281x 处理器供电原理图

图 3.5 分三部分,上面为供电电源,中间进行电源转换及控制,下面为电源监
控,这里没有使用 TPS767D301 芯片自带的监控功能。图中,D+5V 为供电电源,
经滤波后进入 TPS767D301 芯片,由 2OUT 直接转换出 3.3V 电源,又由输出的
3.3V 电源控制 BSS138 芯片导通,之后才能输出 1.9V 电源。由于这里需要
150MHz 时钟频率,电阻 R13 的阻值选择为 18.2kΩ,1OUT 的输出为 1.899V
(1OUT 的输出电压计算公式详见 TPS767D301 芯片手册中相关内容)。最后,输
出的这两种电源选用了 TPS3307 芯片进行电压监控,其复位输出$\overline{RESET}$连至
F281x 处理器的$\overline{XRS}$引脚,图中的 SW-PB 为手动复位开关。

需要说明的是,图 3.5 中与图 3.4 中具有相同分压功能的电阻 R11 阻值为 4.3kΩ,而不是 TI 推荐电路中的 1.5kΩ,这是通过计算及实验获得的结果,其计算依据为室温条件下 BSS138 芯片的导通电压为 0.8V。

实验开始时使用的 R11 阻值为 1.5kΩ 和 3.6kΩ 的电阻,其中阻值为 3.6kΩ 时电源上电时序波形如图 3.6 所示。

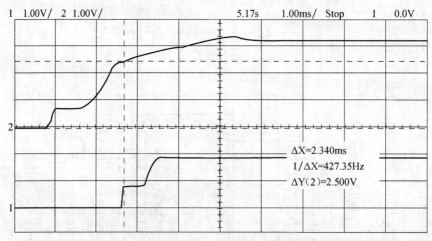

图 3.6　R11 阻值为 3.6kΩ 时的上电时序波形图

可见 1.9V 电源上电太早,该时序并不满足处理器的要求。R11 阻值为 1.5kΩ 时的上电时序波形图没有给出,其 1.9V 电源上电时刻更早。将 R11 阻值改为 4.7kΩ,其电源上电时序波形如图 3.7 所示。

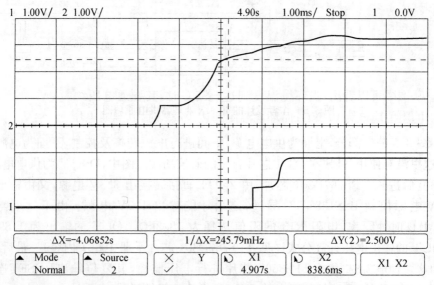

图 3.7　R11 阻值为 4.7kΩ 时的上电时序波形图

　　可见该时序符合处理器的上电要求,测得 BSS138 导通即 1.9V 电源开始上升时,3.3V 电源的电压值为 2.68V,说明 BSS138 芯片此时的导通电压为 2.68×2/(4.7+2)=0.8V。根据以上数据将电阻 R11 的阻值确定为 4.3kΩ,即在 3.3V 电源到达 2.5V 时 BSS138 的栅极处电压为 0.8V,场效应管导通,1.9V 电源开始上升。以上测试都是基于室温条件下进行的。

　　值得一提的是,当系统的使用环境温度存在较大变化时,如从 −55℃ 到 100℃ 时,阻值为 4.3kΩ 的电阻也不一定适用,这是因为所选用的 BSS138 芯片的导通电压随温度变化有较大的起伏,如图 3.8 所示。

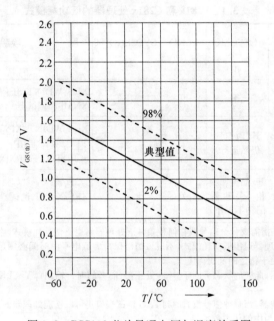

图 3.8　BSS138 芯片导通电压与温度关系图

　　从图中可以看出,当环境温度到达 −55℃ 时,其导通电压约为 2V,则此时的 R11 的阻值应该为 0.5kΩ;而环境温度到达 100℃ 时,其导通电压为 0.4V,则此时的 R11 的阻值应该为 10.5kΩ。上述两个阻值在常温时是无法保证按处理器时序正常供电的,因此以上方案对于需要在温度变化较大情况下的应用场合并不适合。此时,可从下面两个方面来寻求解决办法:

　　(1) 将 R11 换成一个带温度补偿的电阻。

　　(2) 用一个导通电压受温度影响很小的芯片来代替 BSS138 芯片。

　　另外,作者曾见过 3.3V 电源和 1.8V(或 1.9V)电源同时给 F281x 处理器上电的使用情况。的确,F281x 处理器也能正常工作,但并不推荐读者这样设计,如此做法肯定将有损于器件寿命和系统稳定性。

3.4　低功耗模式

3.4.1　低功耗模式介绍

低功耗模式(low power mode,LPM)是指处理器处于一种功率消耗相对比较低的工作模式。F281x 和 C281x 处理器具有与 240x 相似的低功耗模式,各种低功耗模式的状态如表 3.1 所示。

表 3.1　F281x 和 C281x 处理器的低功耗模式

低功耗方式	LPMCR0(1:0)	OSCCLK	CLKIN	SYSCLKOUT	唤醒信号①
Normal	x,x④	开	开	开	—
IDLE	0,0	开	开	开②	$\overline{XRS}$、$\overline{WDINT}$、任何一个被使能的中断、XNMI 和调试器③
STANDBY	0,1	开(看门狗仍然运行)	关	关	$\overline{XRS}$、$\overline{WDINT}$、XINT1、XNMI、$\overline{T1/2/3/4CTRIP}$、$\overline{C1/2/3/4/5/6TRIP}$、SCIRXDA、SCIRXDB、CANRX、调试器③
HALT	1,x	开(晶振和锁相环关闭,看门狗不工作)	关	关	$\overline{XRS}$、XNMI、调试器③

① 唤醒信号一列是指需要什么信号或在何种条件下处理器将退出低功耗模式,在这些信号中任意一个低电平信号都可以使处理器退出低功耗模式,不过该信号保持为低电平的时间必须足够处理器识别一个中断,否则处理器将继续处于指定的低功耗模式。

② 对 C281x 处理器,此处的状态不同于 240x 处理器,前者的时钟输出(SYSCLKOUT)仍然有效,而后者的则被关闭。

③ 对于 C281x 处理器,当时钟信号没有时,JTAG 调试端口仍可以使能处理器。

④ x 代表为 0 和 1 当中的任意数。

各种低功耗方式的操作模式如下:

(1) 空闲(IDLE)模式:该模式下,在处理器识别到任何一个被使能的中断或不可屏蔽外部中断(XNMI)后,都可以使处理器退出 IDLE 模式。在这种模式下,LPMCR[1:0]位都设置成 0,LPM 模块不执行任何操作。

(2) 等待(STANDBY)模式:所有在 LPMCR1 寄存器中被选中的信号(包括 XNMI)都能够将处理器从 STANDBY 模式中唤醒,用户必须选择哪个或哪些信号用于唤醒处理器。在唤醒处理器之前,要通过使用 OSCCLK 时钟量化被选定的信号,OSCCLK 时钟的周期个数在 LPMCR0 寄存器中指定。

(3) 挂起(HALT)模式:该模式下,只有复位($\overline{XRS}$)信号和 XNMI 外部信号能够唤醒处理器,使其退出 HALT 模式。对应于 XNMI 外部信号唤醒处理器,在 XMNICR 寄存器中有一个相应的使能/禁止位,因此将 XNMI 信号用于把处理器从 HALT 模式中唤醒是安全的。

需要说明的是,所有的低功耗模式并不会影响到各个输出引脚的状态(包括 PWM 引脚),当进入 IDLE 模式下时,各引脚状态取决于进入该模式前被程序代码所置的状态,或当时是什么状态则依旧保持该状态。

3.4.2　低功耗模式控制寄存器

低功耗模式控制寄存器包括:
- 低功耗模式控制寄存器 0(LPMCR0),地址 701Eh。
- 低功耗模式控制寄存器 1(LPMCR1),地址 701Fh。

处理器的低功耗工作模式由上述两个寄存器来控制,这两个寄存器都是受 EALLOW(Edit ALLOW)保护的寄存器,在对其进行赋值时,必须成对使用 EALLOW 和 EDIS(Edit DISable)指令分别使能和禁止对该寄存器的写操作。

1. 低功耗模式控制寄存器 0(LPMCR0)

图 3.9 和表 3.2 分别给出了寄存器 LPMCR0 的位及功能定义。

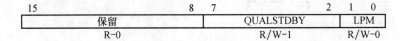

15	8	7	2	1	0
保留		QUALSTDBY		LPM	
R-0		R/W-1		R/W-0	

图 3.9　低功耗方式控制寄存器 0 位定义
(R 代表可读,W 代表可写,-n(1 或 0)代表复位后的值;下同,不再给出)

表 3.2　低功耗模式控制寄存器 0 功能定义

位	名　称	功能描述
15~8	保留	保留位,读返回 0,写没有影响
7~2	QUALSTDBY	选中的信号将处理器从 STANDBY 低功耗模式唤醒到正常工作模式的时钟周期数: 000000　2 OSCCLKs 000001　3 OSCCLKs … 111111　65 OSCCLKs
1~0	LPM	低功耗模式设置位(如表 3.1 中第 2 列所示) 0 0　IDLE 模式 0 1　STANDBY 模式 1 0　HALT 模式 1 1　HALT 模式

注:处理器的低功耗模式只在执行 IDLE 指令后生效,因此在用户执行 IDLE 指令前必须将 LPM 的相应位设置到合适的模式下。

2. 低功耗模式控制寄存器 1(LPMCR1)

图 3.10 和表 3.3 分别给出了寄存器 LPMCR1 的位及功能定义。

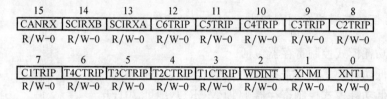

15	14	13	12	11	10	9	8
CANRX	SCIRXB	SCIRXA	C6TRIP	C5TRIP	C4TRIP	C3TRIP	C2TRIP
R/W-0	R/W-0	R/W-0	R/W-0	R/W-0	R/W-0	R/W-0	R/W-0

7	6	5	4	3	2	1	0
C1TRIP	T4CTRIP	T3CTRIP	T2CTRIP	T1CTRIP	$\overline{WDINT}$	XNMI	XNT1
R/W-0	R/W-0	R/W-0	R/W-0	R/W-0	R/W-0	R/W-0	R/W-0

图 3.10　低功耗方式控制寄存器 1 位定义

表 3.3　低功耗模式控制寄存器 1 功能定义

位	名　称	功能描述
15	CANRX	
14	SCIRXB	
13	SCIRXA	
12	C6TRIP	
11	C5TRIP	
10	C4TRIP	
9	C3TRIP	用于将处理器从 STANDBY 低功耗模式中唤醒时选用的信号:
8	C2TRIP	如果相应的控制位设置为 1,将使能对应的信号把处理器从 STANDBY 低功耗模式中唤醒,从而进入到正常工作模式
7	C1TRIP	
6	T4CTRIP	
5	T3CTRIP	如果相应的控制位设置为 0,则该信号没有影响
4	T2CTRIP	
3	T1CTRIP	
2	$\overline{WDINT}$	
1	XNMI	
0	XINT1	

3.4.3　低功耗模式唤醒

1. IDLE 低功耗模式唤醒

IDLE 低功耗模式的进入和退出时序如图 3.11 所示。

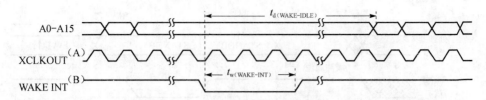

图 3.11 IDLE 低功耗模式的进入和退出时序

(A) 图中的 XCLKOUT 即为处理器输出时钟 SYSCLKOUT；(B) 图中的 WAKE INT 即唤醒，可以
由任何一个被使能的中断来完成，也可以由$\overline{\text{WDINT}}$、XNMI 或$\overline{\text{XRS}}$来完成

图 3.11 中有 2 个时间值，其中 $t_{\text{w(WAKE-INT)}}$ 为 IDLE 低功耗模式外部唤醒信号
脉冲时间，其时间值如表 3.4 所示。

表 3.4　IDLE 低功耗模式外部唤醒信号脉冲时间

参　数		最小值	典型值	最大值
$t_{\text{w(WAKE-INT)}}$	不带输入量化器	$2t_{\text{c(SCO)}}$	—	—
	带输入量化器	$1t_{\text{c(SCO)}}+\text{IQT}$	—	—

注：$t_{\text{c(SCO)}}$ 为处理器输出的时钟周期，即 SYSCLKOUT 的时钟周期；IQT 为输入量化时间（input qualifi-
cation time），IQT＝$(t_{\text{c(SCO)}}\times 2\times \text{QUALPRD})\times 6$，其中 QUALPRD 为量化时钟周期数（下同，不再给出）。

另一个时间值，$t_{\text{d(WAKE-IDLE)}}$ 为 IDLE 低功耗模式唤醒时间，其时间值如表 3.5
所示。

表 3.5　IDLE 低功耗模式唤醒时间

参　数		最小值	典型值	最大值
$t_{\text{d(WAKE-IDLE)}}$	来自 Flash 的唤醒（Flash 模块处于激活状态） 不带输入量化器	—	—	$8t_{\text{c(SCO)}}$
	来自 Flash 的唤醒（Flash 模块处于激活状态） 带输入量化器	—	—	$8t_{\text{c(SCO)}}+\text{IQT}$
	来自 Flash 的唤醒（Flash 模块处于休眠状态） 不带输入量化器	—	—	$1050t_{\text{c(SCO)}}$
	来自 Flash 的唤醒（Flash 模块处于休眠状态） 带输入量化器	—	—	$1050t_{\text{c(SCO)}}+\text{IQT}$
	来自 SARAM 的唤醒 不带输入量化器	—	—	$8t_{\text{c(SCO)}}$
	来自 SARAM 的唤醒 带输入量化器	—	—	$8t_{\text{c(SCO)}}+\text{IQT}$

2. STANDBY 低功耗模式唤醒

STANDBY 低功耗模式的进入和退出时序如图 3.12 所示。

图 3.12 中有 3 个时间值，其中 $t_{\text{w(WAKE-INT)}}$ 为 STANDBY 低功耗模式外部唤醒
信号脉冲时间，其时间值如表 3.6 所示。

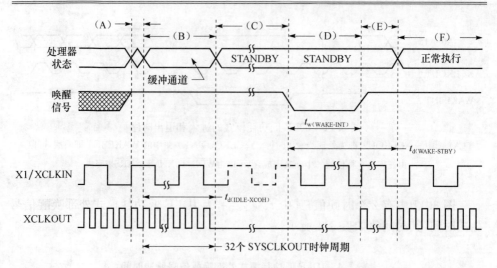

图 3.12　STANDBY 低功耗模式的进入和退出时序

（A）执行 IDLE 指令后处理器才能进入 STANDBY 模式；（B）锁相环模块响应 STANDBY 信号，在处理器进入 STANDBY 模式前保持的 SYSCLKOUT 时钟周期数如下：

- 当 DIVSEL=00 或 01 时,周期数为 16
- 当 DIVSEL=10 时,周期数为 32
- 当 DIVSEL=11 时,周期数为 64

这一延时保证了 CPU 在进入 STANDBY 低功耗模式前能够对当前操作做出适当的处理,如果正好赶上进入某个外部扩展接口（XINTF）处理且处理时间长于上述周期数,则该操作进入 STANDBY 低功耗模式失败,TI 推荐在无外部扩展接口处理条件下由 SARAM 进入 STANDBY 低功耗模式；（C）输出时钟即 SYSCLKOUT 被关断,但锁相环和看门狗依然有效,处理器在此处进入 STANDBY 模式；（D）外部唤醒信号有效；（E）在一段反应时间的延时后,退出 STANDBY 模式；（F）重新回到正常工作状态,处理器能够响应被使能的中断

表 3.6　STANDBY 低功耗模式外部唤醒信号脉冲时间

参　数		最小值	典型值	最大值
$t_{w(WAKE-INT)}$	不带输入量化器	$12t_{c(CI)}$	—	—
	带输入量化器	$(2+QUALSTDBY) \times t_{c(CI)}$	—	—

注：$t_{c(CI)}$ 为外部输入的时钟周期,即 XCLKIN 的时钟周期；QUALSTDBY 为低功耗模式控制寄存器 0（LMPCR0）中 D7～D2 位,它规定选中的信号将处理器从 STANDBY 低功耗模式唤醒到正常工作模式所需的时钟周期数,其具体内容详见表 3.2(下同,不再给出)。

　　另外 2 个时间值,$t_{d(IDLE-XCOH)}$ 和 $t_{d(WAKE-STBY)}$ 分别为 IDLE 指令响应时间和 STANDBY 低功耗模式唤醒时间,其时间值如表 3.7 所示。

表 3.7　STANDBY 低功耗模式唤醒时间

参　　数		最小值	典型值	最大值
$t_{d(IDLE-XCOH)}$		$32t_{c(SCO)}$	—	$45t_{c(SCO)}$
$t_{d(WAKE-IDLE)}$	来自 Flash 的唤醒（Flash 模块处于激活状态） 不带输入量化器	—	—	$12t_{c(CI)}$
	带输入量化器	—	—	$12t_{c(CI)}+t_{w(WAKE-INT)}$
	来自 Flash 的唤醒（Flash 模块处于休眠状态） 不带输入量化器	—	—	$1125t_{c(SCO)}$
	带输入量化器	—	—	$1125t_{c(SCO)}+t_{w(WAKE-INT)}$
	来自 SARAM 的唤醒 不带输入量化器	—	—	$12t_{c(CI)}$
	带输入量化器	—	—	$12t_{c(CI)}+t_{w(WAKE-INT)}$

3. HALT 低功耗模式唤醒

用 XNMI 唤醒 HALT 低功耗模式的时序如图 3.13 所示。

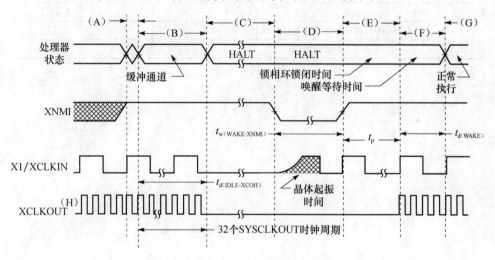

图 3.13　HALT 低功耗模式的唤醒时序

（A）执行 IDLE 指令后处理器才能进入 HALT 模式；（B）锁相环模块响应 HALT 信号,在处理器进入 HALT 模式关闭内部晶振和提供给 CPU 内核的时钟输入（CLKIN）前,保持 32 个 SYSCLKOUT 的时钟周期数,这一延时保证了 CPU 在进入 HALT 低功耗模式前,能够对当前操作做出适当的处理；（C）输出时钟即 SYSCLKOUT 被关断,同时内部晶振和锁相环也都被关闭,处理器在此处进入 HALT 模式,其功耗最小；（D）当 XNMI 有效时,晶振起振,但锁相环依旧无效。若使用外部晶振,则 XNMI 的持续有效时间至少应该为 $2t_{c(CI)}$,而若使用内部晶振,则需要将 $2t_{c(CI)}$ 再加上内部晶振自身起振所需的时间；（E）当 XNMI 无效时,初始化锁相环锁定时序,需耗时 131072 个 X1/XCLKIN 时钟周期；（F）延时一段时间后使能 CPU 内核的时钟,处理器能够响应被使能的中断,退出 HALT 模式；
　　（G）重新回到正常工作状态；（H）图中的 XCLKOUT 即为处理器输出时钟 SYSCLKOUT

　　上图中有 4 个时间值,其中 $t_{w(WAKE-XNMI)}$ 为使用 XNMI 唤醒 HALT 低功耗模式的信号脉冲时间,而 $t_{w(WAKE-XRS)}$ 为使用 $\overline{XRS}$ 唤醒 HALT 低功耗模式的信号脉冲时间,其时间值如表 3.8 所示。

表 3.8　HALT 低功耗模式唤醒信号脉冲时间

参　数	最小值	典型值	最大值
$t_{w(\text{WAKE-INT})}$	$2t_{c(\text{CI})}$	—	—
$t_{w(\text{WAKE-XRS})}$	$8t_{c(\text{CI})}$	—	—

　　另外 3 个时间值，$t_{d(\text{IDLE-XCOH})}$、t_p 和 $t_{d(\text{WAKE})}$ 分别为 IDLE 指令响应时间、锁相环锁定时间和从锁相环锁定到 HALT 低功耗模式被唤醒的时间，其时间值分别如表 3.9 所示。

表 3.9　IDLE 低功耗模式唤醒时间

参　数		最小值	典型值	最大值
$t_{d(\text{IDLE-XCOH})}$		$32t_{c(\text{SCO})}$	$45t_{c(\text{SCO})}$	—
t_p		—	—	$131072t_{c(\text{CI})}$
$t_{d(\text{WAKE})}$	来自 Flash 的唤醒（Flash 模块处于休眠状态）	—	—	$1125t_{c(\text{SCO})}$
	来自 SARAM 的唤醒	—	—	$35t_{c(\text{SCO})}$

第 4 章　TMS320F281x 中断系统

　　中断(Interrupt)是硬件和软件驱动事件,它使得 CPU 暂停当前的主程序,并转而去执行一个中断服务程序。可以通过下面的例子体会一下 CPU 执行中断时的原理。假如一个人正在电脑前打字,突然电话铃响了,很显然,电话是不可错过的,电话事件相当于产生了一个中断请求,因为某种需要不得不请求他打断手中正在做的事情;他拿起电话进行交谈(响应了电话的请求,相当于 CPU 响应了一个中断,停下了正在执行的主程序,并转向执行中断服务程序),电话很快就讲完了,之后挂上了电话,又接着刚才停下来的地方开始打字(中断服务子程序执行完成之后,CPU 又回到了刚才停下来的地方开始执行)。这就是整个中断执行的过程。

4.1　中　断　源

　　C281x CPU 支持 17 个 CPU 级的中断,其中包括一个不可屏蔽中断(NMI)和 16 个可屏蔽中断(INT1～INT14、RTOSINT 和 DLOGINT)。C281x 器件还有很多外设,每个外设都会产生一个或者多个外设级中断,图 4.1 给出 F2812/F2810 数字信号处理器上的各种中断源。

4.2　PIE 中断扩展

　　DSP 内部具有很多外设,每个外设又可以产生一个或者多个中断请求,对于 CPU 而言,它没有足够的能力去同时处理所有外设的中断请求。这就好比一个公司,每天会有很多员工向老总提交文件,请求老总处理,老总一般事务繁忙,他一个人没有能力同时去处理所有的事情,那怎么办呢? 一般老总都会配有秘书,由秘书将内部员工或者公司外部人员提交的事情进行分类筛选,然后提交给老总处理,这样效率就提高了,老总也能忙得过来了。同样的,CPU 为了能够及时有效地处理好各个外设的中断请求,特别设计了一个专门处理外设中断的扩展模块(the peripheral interrupt expansion block),叫做外设中断扩展模块(PIE),它能够对各种中断请求源(如来自于外设或者其他外部引脚的请求)做出判断以及相应的决策。

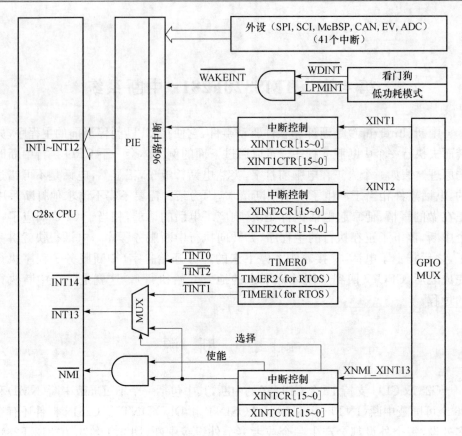

图 4.1　F2812/F2810 中断源

PIE 中多个中断源复用几个中断输入信号,最多可支持 96 个中断,其中 8 个中断分成一组复用一个 CPU 中断,总共有 12 组中断(INT1～INT12)。每个中断都会有自己的中断向量,存放在 RAM 当中,构成整个系统的中断向量表,用户可以根据需要适当地对中断向量表进行调整。在响应中断时,CPU 将自动从中断向量表中获取相应的中断向量。CPU 获取中断向量和保存重要的寄存器需要花费 9 个 CPU 时钟周期。因此,CPU 能够快速响应中断。此外,中断的极性可以通过硬件和软件进行控制,每一个中断也可以在 PIE 内使能或屏蔽。PIE 目前只使用了 96 个终端中的 45 个,其他的等待将来的功能扩展,图 4.2 为 PIE 结构图。

　　所有的中断都是通过 PIE 中断扩展单元连接到各自相关的中断线上,具体连接关系如表 4.1 所示,阴影部分表示已经使用的中断。例如,查看事件管理器 EVA 中定时器 T1 的周期中断 T1PINT,T1PINT 在行号为 INT2.y、列号为 INTx.4 的位置,即 T1IPNT 对应于 INT2.y,是 INT2.y 中的第四个中断。

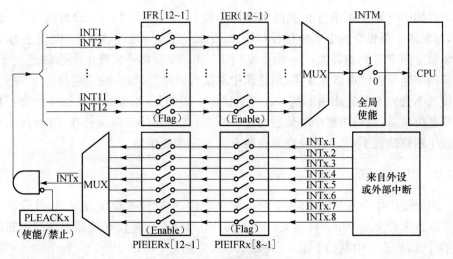

图 4.2　PIE 结构图

表 4.1　中断连接关系表

CPU 中断	PIE 中断							
	INTx. 8	INTx. 7	INTx. 6	INTx. 5	INTx. 4	INTx. 3	INTx. 2	INTx. 1
INT1. y	WAKEINT (LPM/WD)	TINT0 (TIMER0)	ADCINT (ADC)	XINT2	XINT1	保留	PDPINTB (EVB)	PDPINTA (EVA)
INT2. y	保留	T1OFINT (EVA)	T1UFINT (EVA)	T1CINT (EVA)	T1PINT (EVA)	CMP3INT (EVA)	CMP2INT (EVA)	CMP1INT (EVA)
INT3. y	保留	CAPINT3 (EVA)	CAPINT2 (EVA)	CAPINT1 (EVA)	T2OFINT (EVA)	T2UFINT (EVA)	T2CINT (EVA)	T2PINT (EVA)
INT4. y	保留	T3OFINT (EVB)	T3UFINT (EVB	T3CINT (EVB)	T3PINT (EVB)	CMP6INT (EVB)	CMP5INT (EVB)	CMP4INT (EVB)
INT5. y	保留	CAPINT6 (EVB)	CAPINT5 (EVB)	CAPINT4 (EVB)	T4OFINT (EVB)	T4UFINT (EVB)	T4CINT (EVB)	T4PINT (EVB)
INT6. y	保留	保留	MXINT (McBSP)	MRINT (McBSP)	保留	保留	SPITXINTA (SPI)	SPIRXINTA (SPI)
INT7. y	保留	保留	保留	保留	保留	保留	保留	保留
INT8. y	保留	保留	保留	保留	保留	保留	保留	保留
INT9. y	保留	保留	ECAN1INT (CAN)	ECAN0INT (CAN)	SCITXINTB (SCIB)	SCIRXINTB (SCIB)	SCITXINTA (SCIA)	SCIRXINTA (SCIA)
INT10. y	保留	保留	保留	保留	保留	保留	保留	保留
INT11. y	保留	保留	保留	保留	保留	保留	保留	保留
INT12. y	保留	保留	保留	保留	保留	保留	保留	保留

281x 的中断是 3 级中断机制,分别是外设级、PIE 级和 CPU 级,对于某一个具体的外设中断请求,任何一级的不许可,CPU 最终都不会执行该外设中断。

4.2.1　外设级中断

假如在程序的执行过程中,某一个外设产生了一个中断,那么在这个外设的某个寄存器中与该中断事件相关的中断标志位(IF＝Interrupt Flag)被置为 1。此时,如果该中断相应的中断使能位(IE＝Interrupt Flag)已经被置位,也就是为 1,外设就会向 PIE 控制器发出一个中断请求。相反的,如果虽然中断事件产生了,相应的中断标志位也被置 1 了,但是该中断没有被使能(相应的使能位为 0),那么外设就不会向 PIE 发出中断请求。但是值得一提的是,相应的中断标志位会一直保持置位状态,直到用程序清楚它为止。当然,在中断标志位保持在 1 的时候,一旦该中断被使能了,那么外设立即会向 PIE 发出中断申请。

4.2.2　PIE 级中断

当外设产生中断事件,相关中断标志位置位,中断使能位使能之后,外设就会把中断请求提交给 PIE。在前文已经讲到,PIE 将 96 个外设和外部引脚的中断进行了分组,每 8 个中断为 1 组,一共是 12 组,分别是 PIE1~PIE12。每个组的中断被多路汇集进入 1 个 CPU 中断,如 PDPINDA、PDPINDB、XINT1、XINT2、ADCINT、TINT0、WAKEINT 这 7 个中断都在 PIE1 组内,这些中断都汇集到 CPU 中断的 INT1;同样的,PIE2 的中断都被汇集到 CPU 中断的 INT2……INT12 组的中断都被汇集到了 CPU 中端的 INT12。和外设级类似,PIE 控制器中的每个组都会有一个中断标志寄存器 PIEIFRx 和中断使能寄存器 PIEIERx(x＝1,2,…,12)。每个寄存器的低 8 位对应于 8 个外设中断,高 8 位保留。读者可以查阅相关的寄存器,如 T1PINT 对应于 PIEIFR2 的第 4 位和 PIEIER2 的第 4 位。自然会想到,由于 PIE 是多路复用的,那么每一组同一时间应该只能有一个中断被响应,PIE 是怎么做到的呢? PIE 除了每组具有刚才提到的 PIEIERx 与 PIEIFRx 寄存器之外,还有一个 PIEACK 寄存器,它的低 12 位分别对应着 12 个组,即 INT1~INT12,高位保留。假如 T1 的周期中断被响应了,则 PIEACK 寄存器的第 2 位(对应于 INT2)就会被置位,并且一直保持直到手动清除这个标志位。当 CPU 在响应 T1IPNT 时,PIEACK 的第 2 位一直是 1,此时如果 PIE2 组内发生其他的外设中断,则暂时不会被 PIE 响应送给 CPU;必须等到 PIEACK 的第 2 位被复位之后,如果该中断请求还存在,那么立即由 PIE 控制器将中断请求送至 CPU。因此,每个外设中断被响应之后,一定要对 PIEACK 的相关位进行手动复位,否则同组内的其他中断都不会被响应。

4.2.3　CPU 级中断

CPU 也有标志寄存器 IFR 和使能寄存器 IER。当某一个外设中断请求通过 PIE 发送到 CPU 时,CPU 级中与 INTx 相关的中断标志位就会被置位。例如,T1 的周期中断 T1PINT 的请求到达 CPU 时,与其相关的 INT2 的标志位就会被置位。此时,该标志位就会被锁存在 IFR 中,CPU 不会马上去执行相应的中断,而是等待 CPU 使能 IER 寄存器的相关位,并且对 CPU 寄存器 ST1 中的全局中断屏蔽位做适当的使能。如果 IER 中的相关位被置位,并且 INTM 的值为 0,则中断就会被 CPU 响应。CPU 接到了终端的请求,就得暂停正在执行的程序,转而去响应中断程序,但是此时,它必须得做一些准备工作,以便于执行完中断程序之后,还能找到原来的地方和状态。CPU 会将相应的 IER 和 IFR 位进行清除,EALLOW 也被清除,INTM 被置位,即不能响应其他中断了。CPU 向其他中断发出了通知,正在忙,无法处理其他请求了,需等到处理完目前的中断之后才能再来处理这些请求。然后,CPU 会存储返回地址并自动保存相关的信息,如将正在处理的数据放入堆栈等。做好这些准备工作之后,CPU 会从 PIE 中取出对应的中断向量 ISR,从而转去执行中断子程序。可以看到,CPU 级的操作都是自动的,不管是中断标志位,还是中断的使能位。典型的 PIE/CPU 中断响应流程如图 4.3 所示。

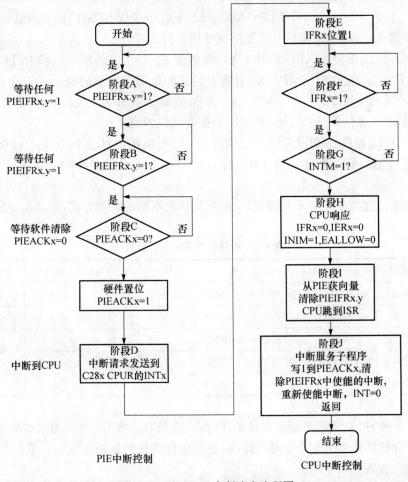

图 4.3 PIE/CPU 中断响应流程图

4.3　中断向量

4.3.1　中断的映射方式

C28xx 器件中,中断向量表可以映射到 5 个不同的存储空间。在实际应用中,F28xx 只使用 PIE 中断向量表映射。中断向量映射主要由以下位/信号来控制。

WMAP:该位在状态寄存器 1(ST1)的位 3,复位后值为 1。可以通过改变 ST1 的值或使用 SETC/CLRC VMAP 指令改变 WMAP 的值,正常操作该位置 1。

M0M1MAP:该位在状态寄存器 1(ST1)的位 11,复位后值为 1。可以通过改变 ST1 的值或使用 SETC/CLRC M0M1MAP 指令改变 M0M1MAP 的值,正常操作该位置 1。M0M1MAP=0 厂家测试使用。

MP/MC:该位在 XINTCNF2 寄存器的位 8。对于有外部接口(XINTF)的器件(如 F2812),复位时 XMP/MC 引脚上的值为该寄存器位的值。对于没有外部接口的器件(如 F2810),XMP/MC 内部拉低。器件复位后,可以通过调整 XINTCNF2 寄存器(地址:0x00000B34)改变该位的值。

ENPIE:该位在 PIECTRL 寄存器的位 0,复位的默认值为 0(PIE 被屏蔽)。器件复位后,可以通过调整 PIECTRL 寄存器(地址:0x00000CE0)改变该位的值。

依据上述控制位的不同设置,中断向量标有不同的映射方式,如表 4.2 所示。

表 4.2　中断向量表映射配置表

向量映射	向量获取位置	地址范围	WMAP	M0M1MAP	MC/MP	ENPIE
M1 向量	M1 SARAM	0x000000~0x00003F	0	0	x	x
M0 向量	M0 SARAM	0x000000~0x00003F	0	1	x	x
BROM 向量	ROM	0x3FFFC0~0x3FFFFF	1	x	0	0
XINTF 向量	XINTF Zone7	0x3FFFC0~0x3FFFFF	1	x	1	0
PIE 向量	PIE	0x000D00~0x000DFF	1	x	x	1

M1 和 M0 向量表映射是保留给 TI 测试使用的。当用其他向量表映射时,M0 和 M1 存储器作为 RAM 使用,可以随意使用没有任何限制。复位后器件默认的向量映射如表 4.3 所示。

表 4.3　复位后中断向量表映射配置表

向量映射	向量获取位置	地址范围	WMAP	M0M1MAP	MC/MP	ENPIE
BROM 向量	ROM	0x3FFFC0~0x3FFFFF	1	X	0	0
XINTF 向量	XINTF Zone7	0x3FFFC0~0x3FFFFF	1	X	1	0

　　复位程序引导(boot)完成后,用户需要重新初始化 PIE 中断向量表,应用程序使能 PIE 中断向量表,中断将从 PIE 向量表中获取向量。需要注意的是,当器件复位时,复位向量总是从如表 4.3 所示的向量表中获取。复位完成后,PIE 向量表将被屏蔽。图 4.4 给出系统复位后向量表映射分配过程。

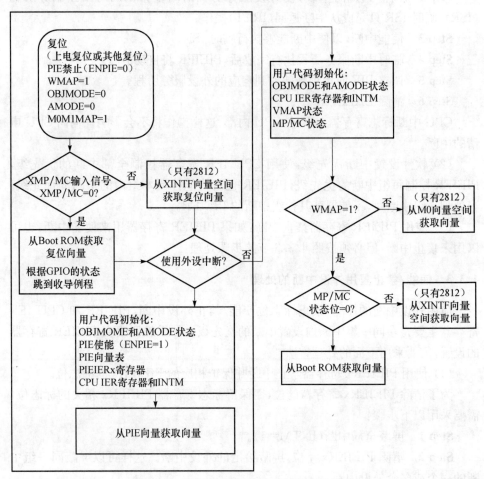

图 4.4　系统复位后向量表映射分配流程图

4.3.2　复用 PIE 中断的处理

　　PIE 模块 8 个中断分成一组复用一个 CPU 中断,总共有 12 组中断(INT1～INT12)。每组中断有相应的中断标志(PIEIFR)和使能(PIEIER)寄存器,这些寄存器控制 PIE 向 CPU 申请中断。同时,CPU 还根据 PIEIFR 和 PIEIER 寄存器确定执行哪个中断服务程序。在清除 PIEIFR 和 PIEIER 的位时,要遵循以下三个规则。

(1) 不要清除 PIEIFR 的位:清除 PIEIFR 寄存器的位时,有可能会对使产生的中断丢失。如果用户希望不执行正常的服务程序清除 PIEIFR,必须采用下列操作。

Step 1　设置 EALLOW 位为 1,允许调整 PIE 向量表。

Step 2　调整 PIE 向量表,使外设服务历程的向量指向临时中断服务历程(ISR),临时 ISR 只完成从中断返回(IRET)操作。

Step 3　使能中断,以便中断能够执行临时 ISR。

Step 4　临时中断服务历程执行完成后,PIEIFR 将自动清除。

Step 5　调整 PIE 向量重新映射到响应的外设服务历程。

Step 6　清除 EALLOW 位。

CPU 中断标志寄存器 IFR 在 CPU 内部,这样操作将不会影响任何向 CPU 申请的中断。

(2) 软件设置中断优先级:使用 CPU IER 寄存器控制全部中断的优先级,PIEIER 控制每组中断的优先级,PIEIER 也就只能控制本组内的中断的优先级。当处理一组中断时,不能屏蔽其他组中断的 PIEIER。

(3) 应用 PIEIER 寄存器禁止中断:如果 PIEIER 寄存器用来使能中断,也可以用来禁止中断,但必须按照 4.3.3 节的步骤处理。

4.3.3　使能/禁止复用外设中断的处理

应用外设中断的使能/禁止标志位使能/禁止外设中断,PIEIER 和 CPU IER 寄存器主要是在同一组中断内设置中断的优先级。如果想要改变 PIEIER 寄存器的设置,需要采用下面的处理方法。

(1) 使用 PIEIERx 寄存器禁止中断并保护相应的 PIEIFRx 的标志位。

为了清除 PIEIERx 寄存器的位,而保留标志寄存器 PIEIFRx 相关的标志位,需要采用以下步骤:

Step 1　屏蔽全局中断(INTM=1)。

Step 2　清除 PIEIERx.y 位,屏蔽给定的外设中断。这样可以屏蔽同一组中断的一个或多个外设中断。

Step 3　等待 5 个周期,这个延时是为了保证在 CPU IFR 寄存器中产生的任何中断都能够向 CPU 发出申请。

Step 4　清除 CPU IFRx 内的相应外设中断组的标志位,在 CPU IFR 寄存器上采用这样的操作是比较安全的。

Step 5　清除相应外设中断组的 PIEACKx 寄存器位。

Step 6　使能全局中断(INTM=0)。

(2) 使用 PIEIERx 寄存器屏蔽中断并清除相应的 PIEIFRx 的标志位。

为了完成外设中断的软件复位和清除 PIEIFRx 和 CPU IFR 内相应的标志位,需要采用以下处理步骤:

Step 1　屏蔽全局中断(INTM=1)。

Step 2　设置 EALLOW 位等于 1。

Step 3　调整 PIE 向量表,使其临时映射到一个特定外设中断的空的中断服务程序。这个空的中断服务程序只完成中断返回指令(IRET)。这种方法能够清除单个中断标志位 PIEIFRx.y,而且保证不会丢失同一组内其他外设产生的中断。

Step 4　屏蔽在外设寄存器中的外设中断。

Step 5　使能全局中断(INTM=0)。

Step 6　等待所有挂起外设中断由空的中断服务程序处理。

Step 7　屏蔽全局中断(INTM=1)。

Step 8　调整 PIE 向量表,将外设中断向量映射到原来的中断服务程序。

Step 9　清除 EALLOW 位。

Step 10　屏蔽给定的 PIEIER 位。

Step 11　清除给定外设中断组的标志位 IFR(对 CPU IFR 寄存器操作比较安全)。

Step 12　清除 PIE 组的 PIEACK 位。

Step 13　使能全局中断。

4.3.4　外设复用中断向 CPU 申请中断的流程

下面介绍外设复用中断向 CPU 申请中断的流程,如图 4.5 所示。

Step 1　任何一个 PIE 中断组的外设或外部中断产生中断。如果外设模块内的中断被使能,中断请求将被送到 PIE 模块。

Step 2　PIE 模块将识别出 PIE 中断组 x 内的 y 中断(INTx.y)申请,然后相应的 PIE 中断标志位被锁存:PIEIFRx.y=1。

Step 3　PIE 的中断如要送到 CPU 需满足下面两个条件:

(1) 相应的使能位必须被设置(PIEIERx.y=1);

(2) 相应的 PIEACKx 位必须被清除。

Step 4　如果满足 Step 3 中的两个条件,中断请求将被送到 CPU 并且相应的响应寄存器位被置 1(PIEACKx=1)。PIEACKx 位将保持不变,除非为了使本组中的其他中断向 CPU 发出申请而清除该位。

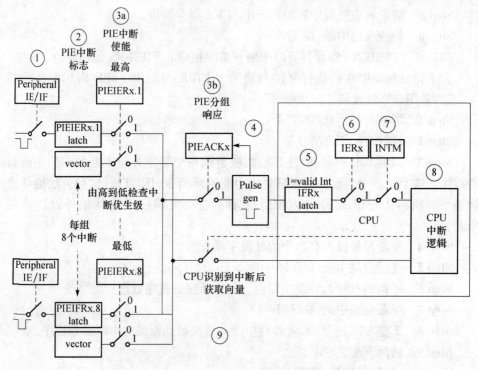

图 4.5　外设复用中断向 CPU 申请中断的流程图

Step 5　CPU 中断标志位被置位(CPU IFRx＝1),表明产生一个 CPU 级的挂起中断。

Step 6　如果 CPU 中断被使能(CPU IERx＝1,或 DBGIERx＝1),并且全局中断使能(INTM＝0),CPU 将处理中断 INTx。

Step 7　CPU 识别到中断并自动保存相关的中断信息,清除使能寄存器(IER)位,设置 INTM,清除 EALLOW。CPU 完成这些任务准备执行中断服务程序。

Step 8　CPU 从 PIE 中获取响应的中断向量。

Step 9　对于复用中断,PIE 模块用 PIEIERx 和 PIEIFRx 寄存器中的值确定响应中断的向量地址。有以下两种情况:

(1) 在 Step 4 中若有更高优先级的中断产生,并使能了 PIEIERx 寄存器,且 PIEIFRx 的相应位处于挂起状态,则首先响应优先级高的中断。

(2) 如果在本组内没有挂起的中断被使能,PIE 将响应组内优先级最高的中断。调转地址使用 INTx.1。这种操作相当于 28x 处理器的 TRAP 或 INT 指令。

CPU 进入中断服务程序后,将清除 PIEIFRx. y 位。需要说明的是,PIEIERx 寄存器用来确定中断向量,在清除 PIEIERx 寄存器时必须注意。具体的操作方法在前文已经介绍。错误的操作将会导致向 CPU 申请错误的中断。

4.3.5　中断向量表

　　PIE 向量表由 256×16 位的 SARAM 存储器构成,如果 PIE 不使用这块存储器,则可用做数据 RAM。在复位时,中断向量表的内容没有定义,CPU 的中断的优先级由高到低依次是从 INT1 到 INT12。PIE 控制每组 8 个中断的优先级,优先级由高到低依次是从 INTx.1 到 INTx.8。TRAP1～TRAP12 或 INTR INT1～INTR INT12 指令从每一组的开始位置获取向量(INT1.1～INT12.1)。同样如果相应的标志位被置位,OR IFR,#16 位操作语句将会从 INT1.1 到 INT12.1 位置获取向量。包括 OR IFR,#16 语句,其他如 TRAP、INTR 位操作语句都可从各自对应的向量表中获取向量,如表 4.4～表 4.16 所示。用户要尽量避免使用 INT1～INT12 这样的操作。TRAP#0 操作将返回一个 0x000000 向量。向量表通过 EALLOW 位来保护。

表 4.4　PIE 中断向量表

名　称	向量ID号	地　址	占空间16 位	描　述	CPU优先级	PIE 分组优先级
Reset	0	0x00000D00	2	Reset 总是从引导 ROM或 XINTF Zone 7 空 间 的0x003FFFC0 地址获取	1(最高)	—
INT1	1	0x00000D02	2	不使用,参考 PIE 组 1	5	—
INT2	2	0x00000D04	2	不使用,参考 PIE 组 2	6	—
INT3	3	0x00000D06	2	不使用,参考 PIE 组 3	7	—
INT4	4	0x00000D08	2	不使用,参考 PIE 组 4	8	—
INT5	5	0x00000D0A	2	不使用,参考 PIE 组 5	9	—
INT6	6	0x00000D0C	2	不使用,参考 PIE 组 6	10	—
INT7	7	0x00000D0E	2	不使用,参考 PIE 组 7	11	—
INT8	8	0x00000D10	2	不使用,参考 PIE 组 8	12	—
INT9	9	0x00000D12	2	不使用,参考 PIE 组 9	13	—
INT10	10	0x00000D14	2	不使用,参考 PIE 组 10	14	—
INT11	11	0x00000D16	2	不使用,参考 PIE 组 11	15	—
INT12	12	0x00000D18	2	不使用,参考 PIE 组 12	16	—
INT13	13	0x00000D1A	2	外部中断 13(XINT13)或CPU 定时器 1(TI/RTOS使用)	17	—
INT14	14	0x00000D1C	2	CPU 定时器 2(TI/RTOS使用)	18	—
DATALOG	15	0x00000D1E	2	CPU 数据 Logging 中断	19(最低)	—

续表

名　称	向量 ID 号	地　址	占空间 16 位	描　述	CPU 优先级	PIE 分组 优先级
RTOSINT	16	0x00000D20	2	适时操作系统中断	4	—
EMUINT	17	0x00000D22	2	CPU 仿真中断	2	—
NMI	18	0x00000D24	2	不可屏蔽中断	3	—
ILLIGAL	19	0x00000D26	2	非法操作	—	—
USER1	20	0x00000D28	2	用户定义的陷阱(Trap)	—	—
USER2	21	0x00000D2A	2	用户定义的陷阱(Trap)	—	—
USER3	22	0x00000D2C	2	用户定义的陷阱(Trap)	—	—
USER4	23	0x00000D2E	2	用户定义的陷阱(Trap)	—	—
USER5	24	0x00000D30	2	用户定义的陷阱(Trap)	—	—
USER6	25	0x00000D32	2	用户定义的陷阱(Trap)	—	—
USER7	26	0x00000D34	2	用户定义的陷阱(Trap)	—	—
USER8	27	0x00000D36	2	用户定义的陷阱(Trap)	—	—
USER9	28	0x00000D38	2	用户定义的陷阱(Trap)	—	—
USER10	29	0x00000D3A	2	用户定义的陷阱(Trap)	—	—
USER11	30	0x00000D3C	2	用户定义的陷阱(Trap)	—	—
USER12	31	0x00000D3E	2	用户定义的陷阱(Trap)	—	—

表 4.5　PIE 组 1 向量(共用 CPU INT1)

INT1.1	32	0x00000D40	2	PDPINTA(事件管理器 A)	5	1(最高)
INT1.2	33	0x00000D42	2	PDPINTB(事件管理器 B)	5	2
INT1.3	34	0x00000D44	2	保留	5	3
INT1.4	35	0x00000D46	2	XINT1	5	4
INT1.5	36	0x00000D48	2	XINT2	5	5
INT1.6	37	0x00000D4A	2	ADCINT(ADC 模块)	5	6
INT1.7	38	0x00000D4C	2	TINT0(CPU 定时器 0)	5	7
INT1.8	39	0x00000D4E	2	WAKEINT(LPM/WD)	5	8(最低)

表 4.6　PIE 组 2 向量(共用 CPU INT2)

INT2.1	40	0x00000D50	2	CMP1INT(事件管理器 A)	6	1(最高)
INT2.2	41	0x00000D52	2	CMP2INT(事件管理器 A)	6	2
INT2.3	42	0x00000D54	2	CMP3INT(事件管理器 A)	6	3
INT2.4	43	0x00000D56	2	T1PINT(事件管理器 A)	6	4
INT2.5	44	0x00000D58	2	T1CINT(事件管理器 A)	6	5
INT2.6	45	0x00000D5A	2	T1UFINT(事件管理器 A)	6	6
INT2.7	46	0x00000D5C	2	T1OFINT(事件管理器 A)	6	7
INT2.8	47	0x00000D5E	2	保留	6	8(最低)

表 4.7 PIE 组 3 向量(共用 CPU INT3)

INT3.1	48	0x00000D60	2	T2PINT(事件管理器 A)	7	1(最高)
INT3.2	49	0x00000D62	2	T2CINT(事件管理器 A)	7	2
INT3.3	50	0x00000D64	2	T2UFINT(事件管理器 A)	7	3
INT3.4	51	0x00000D66	2	T2OFINT(事件管理器 A)	7	4
INT3.5	52	0x00000D68	2	CAPINT1(事件管理器 A)	7	5
INT3.6	53	0x00000D6A	2	CAPINT2(事件管理器 A)	7	6
INT3.7	54	0x00000D6C	2	CAPINT3(事件管理器 A)	7	7
INT3.8	55	0x00000D6E	2	保留	7	8(最低)

表 4.8 PIE 组 4 向量(共用 CPU INT4)

INT4.1	56	0x00000D70	2	CMP4INT(事件管理器 B)	8	1(最高)
INT4.2	57	0x00000D72	2	CMP5INT(事件管理器 B)	8	2
INT4.3	58	0x00000D74	2	CMP6INT(事件管理器 B)	8	3
INT4.4	59	0x00000D76	2	T3PINT(事件管理器 B)	8	4
INT4.5	60	0x00000D78	2	T3CINT(事件管理器 B)	8	5
INT4.6	61	0x00000D7A	2	T3UFINT(事件管理器 B)	8	6
INT4.7	62	0x00000D7C	2	T3OFINT(事件管理器 B)	8	7
INT4.8	63	0x00000D7E	2	保留	8	8(最低)

表 4.9 PIE 组 5 向量(共用 CPU INT5)

INT5.1	64	0x00000D80	2	T4PINT(事件管理器 B)	9	1(最高)
INT5.2	65	0x00000D82	2	T4CINT(事件管理器 B)	9	2
INT5.3	66	0x00000D84	2	T4UFINT(事件管理器 B)	9	3
INT5.4	67	0x00000D86	2	T4OFINT(事件管理器 B)	9	4
INT5.5	68	0x00000D88	2	CAPINT4(事件管理器 B)	9	5
INT5.6	69	0x00000D8A	2	CAPINT5(事件管理器 B)	9	6
INT5.7	70	0x00000D8C	2	CAPINT6(事件管理器 B)	9	7
INT5.8	71	0x00000D8E	2	保留	9	8(最低)

表 4.10 PIE 组 6 向量(共用 CPU INT6)

INT6.1	72	0x00000D90	2	SPIRXINTA(SPI 模块)	10	1(最高)
INT6.2	73	0x00000D92	2	SPITXINTA(SPI 模块)	10	2
INT6.3	74	0x00000D94	2	保留	10	3
INT6.4	75	0x00000D96	2	保留	10	4
INT6.5	76	0x00000D98	2	MRINT(McBSP 模块)	10	5
INT6.6	77	0x00000D9A	2	MXINT(McBSP 模块)	10	6
INT6.7	78	0x00000D9C	2	保留	10	7
INT6.8	79	0x00000D9E	2	保留	10	8(最低)

表 4.11　PIE 组 7 向量(共用 CPU INT7)

INT7.1	80	0x00000DA0	2	保留	11	1(最高)
INT7.2	81	0x00000DA2	2	保留	11	2
INT7.3	82	0x00000DA4	2	保留	11	3
INT7.4	83	0x00000DA6	2	保留	11	4
INT7.5	84	0x00000DA8	2	保留	11	5
INT7.6	85	0x00000DAA	2	保留	11	6
INT7.7	86	0x00000DAC	2	保留	11	7
INT7.8	87	0x00000DAE	2	保留	11	8(最低)

表 4.12　PIE 组 8 向量(共用 CPU INT8)

INT8.1	88	0x00000DB0	2	保留	12	1(最高)
INT8.2	89	0x00000DB2	2	保留	12	2
INT8.3	90	0x00000DB4	2	保留	12	3
INT8.4	91	0x00000DB6	2	保留	12	4
INT8.5	92	0x00000DB8	2	保留	12	5
INT8.6	93	0x00000DBA	2	保留	12	6
INT8.7	94	0x00000DBC	2	保留	12	7
INT8.8	95	0x00000DBE	2	保留	12	8(最低)

表 4.13　PIE 组 9 向量(共用 CPU INT9)

INT9.1	96	0x00000DC0	2	保留	13	1(最高)
INT9.2	97	0x00000DC2	2	保留	13	2
INT9.3	98	0x00000DC4	2	保留	13	3
INT9.4	99	0x00000DC6	2	保留	13	4
INT9.5	100	0x00000DC8	2	保留	13	5
INT9.6	101	0x00000DCA	2	保留	13	6
INT9.7	102	0x00000DCC	2	保留	13	7
INT9.8	103	0x00000DCE	2	保留	13	8(最低)

表 4.14　PIE 组 10 向量(共用 CPU INT10)

INT10.1	104	0x00000DD0	2	保留	14	1(最高)
INT10.2	105	0x00000DD2	2	保留	14	2
INT10.3	106	0x00000DD4	2	保留	14	3
INT10.4	107	0x00000DD6	2	保留	14	4
INT10.5	108	0x00000DD8	2	保留	14	5
INT10.6	109	0x00000DDA	2	保留	14	6
INT10.7	110	0x00000DDC	2	保留	14	7
INT10.8	111	0x00000DDE	2	保留	14	8(最低)

表 4.15　PIE 组 11 向量（共用 CPU INT11）

INT11.1	112	0x00000DE0	2	保留	15	1(最高)
INT11.2	113	0x00000DE2	2	保留	15	2
INT11.3	114	0x00000DE4	2	保留	15	3
INT11.4	115	0x00000DE6	2	保留	15	4
INT11.5	116	0x00000DE8	2	保留	15	5
INT11.6	117	0x00000DEA	2	保留	15	6
INT11.7	118	0x00000DEC	2	保留	15	7
INT11.8	119	0x00000DEE	2	保留	15	8(最低)

表 4.16　PIE 组 12 向量（共用 CPU INT12）

INT12.1	120	0x00000DF0	2	保留	16	1(最高)
INT12.2	121	0x00000DF2	2	保留	16	2
INT12.3	122	0x00000DF4	2	保留	16	3
INT12.4	123	0x00000DF6	2	保留	16	4
INT12.5	124	0x00000DF8	2	保留	16	5
INT12.6	125	0x00000DFA	2	保留	16	6
INT12.7	126	0x00000DFC	2	保留	16	7
INT12.8	127	0x00000DFE	2	保留	16	8(最低)

4.3.6　PIE 寄存器

PIE 寄存器如表 4.17 所示。

表 4.17　PIE 寄存器表

名　称	地　址	占用空间	描　述
PIECTRL	0x00000CE0	1	PIE,控制寄存器
PIEACK	0x00000CE1	1	PIE,响应寄存器
PIEIER1	0x00000CE2	1	PIE,INT1 组使能寄存器
PIEIFR1	0x00000CE3	1	PIE,INT1 组标志寄存器
PIEIER2	0x00000CE4	1	PIE,INT2 组使能寄存器
PIEIFR2	0x00000CE5	1	PIE,INT2 组标志寄存器
PIEIER3	0x00000CE6	1	PIE,INT3 组使能寄存器
PIEIFR3	0x00000CE7	1	PIE,INT3 组标志寄存器
PIEIER4	0x00000CE8	1	PIE,INT4 组使能寄存器
PIEIFR4	0x00000CE9	1	PIE,INT4 组标志寄存器
PIEIER5	0x00000CEA	1	PIE,INT5 组使能寄存器
PIEIFR5	0x00000CEB	1	PIE,INT5 组标志寄存器
PIEIER6	0x00000CEC	1	PIE,INT6 组使能寄存器

续表

名　称	地　址	占用空间	描　述
PIEIFR6	0x00000CED	1	PIE,INT6 组标志寄存器
PIEIER7	0x00000CEE	1	PIE,INT7 组使能寄存器
PIEIFR7	0x00000CEF	1	PIE,INT7 组标志寄存器
PIEIER8	0x00000CF0	1	PIE,INT8 组使能寄存器
PIEIFR8	0x00000CF1	1	PIE,INT8 组标志寄存器
PIEIER9	0x00000CF2	1	PIE,INT9 组使能寄存器
PIEIFR9	0x00000CF3	1	PIE,INT9 组标志寄存器
PIEIER10	0x00000CF4	1	PIE,INT10 组使能寄存器
PIEIFR10	0x00000CF5	1	PIE,INT10 组标志寄存器
PIEIER11	0x00000CF6	1	PIE,INT11 组使能寄存器
PIEIFR11	0x00000CF7	1	PIE,INT11 组标志寄存器
PIEIER1	0x00000CF8	1	PIE,INT12 组使能寄存器
PIEIFR12	0x00000CF9	1	PIE,INT12 组标志寄存器
保留	0x00000CFA~ 0x00000CFF	6	保留

4.4　可屏蔽/不可屏蔽中断

按照是否可以被屏蔽,可将中断分为两大类:不可屏蔽中断(又叫非屏蔽中断,nonmaskable interrupt,NMI)和可屏蔽中断。不可屏蔽中断源一旦提出请求,CPU 必须无条件响应;而对可屏蔽中断源的请求,CPU 可以响应,也可以不响应。对于可屏蔽中断,除了受本身的屏蔽位控制外,还都要受一个总的控制,即 CPU 标志寄存器中的中断允许标志位 IF(interrupt flag)的控制。IF 位为 1,可以得到 CPU 的响应;否则,得不到响应。IF 位可以由用户控制。

4.4.1　可屏蔽中断处理

可屏蔽中断的响应过程就是中断产生、使能到处理的过程,包括两部分设置:CPU 级中断设置(INT1~INT14)和 PIE 级中断设置(INTx. 1~INTx. 8)。

1. CPU 级中断处理

1) CPU 级中断标志设置

CPU 级中断标志寄存器如图 4.6 所示。除了系统初始化,一般不建议改变标志寄存器状态,否则可能清除某些有用的信号或者产生不需要的中断。但有时在某些特殊场合也希望自己改变中断标志或清零,在这种情况下可通过以下两条语句实现。

15	14	13	12	11	10	9	8
RTOSINT	DLOGINT	INT14	INT13	INT12	INT11	INT10	INT9
R/W-0	R/W-0	R/W-0	R/W-0	R/W-0	R/W-0	R/W-0	R/W-0

7	6	5	4	3	2	1	0
INT8	INT7	INT6	INT5	INT4	INT3	INT2	INT1
R/W-0	R/W-0	R/W-0	R/W-0	R/W-0	R/W-0	R/W-0	R/W-0

图 4.6　CPU 级中断标志寄存器

(R 代表可读,W 代表可写,-n 代表复位后的值;下同,不再给出)

```
/********************手动置位/清零 IFR********************/
    IFR|=0x0004;      //INT3 位置位
    IFR&=0xFFFB;      //INT3 位清 0
```

如果在清除中断标志寄存器中的某些状态位时,刚好有中断产生,则此时中断有更高的优先级,相应的标志位仍为 1。系统复位和 CPU 响应中断后,中断标志位自动清 0。

2) CPU 级中断使能

CPU 级中断使能寄存器的 16 位分别控制每个中断的使能状态,如图 4.7 所示。当相应的位置 1 时使能中断,写 0 则禁止中断,系统复位后禁止所有中断。

15	14	13	12	11	10	9	8
RTOSINT	DLOGINT	INT14	INT13	INT12	INT11	INT10	INT9
R/W-0	R/W-0	R/W-0	R/W-0	R/W-0	R/W-0	R/W-0	R/W-0

7	6	5	4	3	2	1	0
INT8	INT7	INT6	INT5	INT4	INT3	INT2	INT1
R/W-0	R/W-0	R/W-0	R/W-0	R/W-0	R/W-0	R/W-0	R/W-0

图 4.7　CPU 级中断使能寄存器

```
/********************使能禁止中断 EFR********************/
    IER|=0x0004;      //INT3 中断使能
    IER&=0xFFFB;      //INT3 中断禁止
```

3) 全局中断使能

状态寄存器 ST1 的位 0(INTM)为全局中断使能控制位,该位为 0 时全局中断使能,该位为 1 时禁止所有可屏蔽中断。CPU 要实现中断必须使能全局中断。可采用下列代码实现全局中断控制。

```
/********************全局中断使能控制********************/
    asm("CLRC INTM");     //使能全局中断
    asm("SETC INTM");     //禁止全局中断
```

2. PIE 级中断处理

当系统有中断请求到 PIE 模块时,相应的 PIE 中断标志寄存器(PIEIFRx. y)置 1,如果相应的 PIE 中断使能寄存器(PIEIERx. y)也已经置 1,则 PIE 开始检查相应的中断响应寄存器(PIEACKx)来决定 CPU 是否准备响应该组的中断。如果该组的 PIEACKx 已经清零,PIE 送改中断请求到 CPU 级;否则 PIE 等待,直到PIEACKx 已经清零,才送中断请求到 CPU 级。整个外设中断处理流程如图 4.8所示。

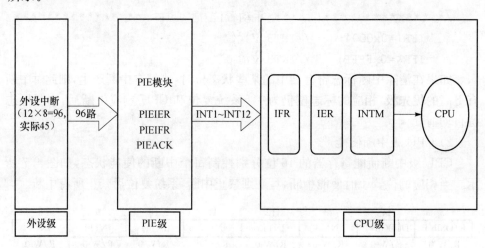

图 4.8 外设中断处理流程图

4.4.2 不可屏蔽中断处理

不可屏蔽中断设置简单得多,以 XNMI_XINT13 引脚外部中断设置为例,只要配置好相应的引脚配置寄存器就可以,因为 NMI 优先级最高,CPU 必须响应,无需配置 CPU。

/**********************外部中断 NMI 设置******************/

```
EALLOW;
 GpioMuxRegs. GPEMUX. bit. XNMI_XINT13_GPIOE2=1
                                //引脚复用为 XNMI_XINT13 功能
 XINTRUPT_REGS. XINT2CR. bit. ENABLE=1;        //使能 XNMI 中断
 XINTRUPT_REGS. XINT2CR. bit. POLARITY=0;       //信号下降沿产生中断
 PieVectTable. XINT13=&NMI_ISR;
                    //中断产生后转到相应的中断服务子程序中
 EDIS;
```

第5章　TMS320F281x存储空间及扩展接口

TMS320F2812 DSP采用增强的哈佛总线结构,能够并行访问程序和数据存储空间;内部集成了大量的SRAM、ROM以及Flash等存储器,并且采用统一寻址方式(程序、数据和I/O统一寻址),从而提高了存储空间的利用率,方便程序的开发。除此之外,F2812 DSP还提供外部并行总线扩展接口,有利于开发大规模复杂系统。本章主要介绍F2812存储器寻址空间、外部存储器和外部扩展接口(XINTF)及其应用。

F2812存储器包括片上存储器和外部存储器接口两个部分。F2812所有存储空间采用统一寻址:低64K地址的存储器相当于F24x/F240x处理器的数据存储空间,高64K地址的存储器相当于F24x/F240x处理器的程序存储空间,与F24x/F240x兼容的代码只能定位在高64K地址的存储空间运行。因此,当XMP/$\overline{MC}$模式选择低时,顶部的32K Flash和H0 SARAM模块可以用来运行F24x/240x兼容的代码;如果XMP/$\overline{MC}$模式选择高,F2812的代码则从外部存储器接口的XINTF Zone7空间开始执行。图5.1给出了F2812寻址空间图。

为了扩展一个外部同步芯片,F2812芯片支持非多路的异步总线接口,这个接口主要是用来扩展系统存储,一般是RAM,这些存储器件运行速度可以快于处理芯片运行速度或接近处理芯片运行速度,也可以比处理芯片的速度慢好几倍。

5.1　F2812内部存储空间

F2812的CPU并不包含任何存储器,但是可以通过多总线访问芯片内部或外部扩展的存储器。F2812应用32位数据地址和22位程序地址控制整个存储器及外设,最大可寻址4G字(每个字16位)的数据空间和4M字的程序空间。图5.2为程序和数据空间映射图,图中,存储器映射分成以下几个部分:

(1) 片上程序/数据存储器;

(2) 保留空间;

(3) CPU中断向量表。

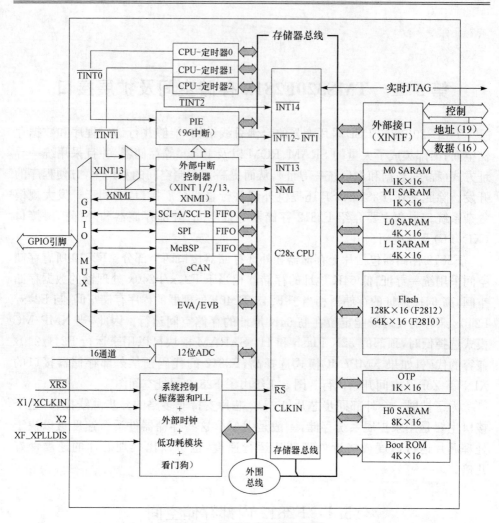

图 5.1　F2812 存储器映射图

5.1.1　F2812 片上程序/数据存储器

　　所有基于 C28x 内核的数字信号处理器都包含两个单周期快速访问的存储器:M0 和 M1。每个空间的长度都是 1K 字,其中 M0 映射到 0x000000～0x0003FF 空间,M1 映射到 0x000400～0x0007FF 空间。在复位状态下,堆栈指针指向 M1 模块的起始位置。M0 模块同 240x 器件的 B0、B1、B2 RAM 模块地址重叠,因此 240x 器件上的数据变量在 C28x 器件上映射相同的地址空间。所有 C28x 器件上的 M0 和 M1 同时映射到程序和数据空间,所以 M0 和 M1 既可以执行程序也可以存放数据变量。

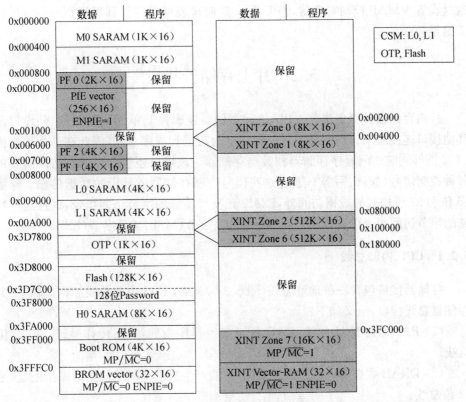

图 5.2　存储器配置及地址映射

F2810 和 F2812 还包含一块 16K×16 位的单周期访问的 RAM 存储器（SARAM），这部分存储器被分成三块，分别是 L0（4K）、L1（4K）、H0（8K）。每个模块都能够独立访问，而且每个模块都可以映射到程序和数据空间。

Boot ROM 存储器是工厂掩膜型片上存储器，并在出厂时固化了 Bootloader 软件。Bootloader 软件根据引导模式（boot-mode）信号确定上电时的引导装载方式。用户可以选择从内部 Flash 存储器引导程序，也可以选择从外部存储器引导程序。Boot ROM 还包含了一些标准的数学运算表，如正、余弦表，为用户完成数学算法提供方便。

5.1.2　F2812 片上保留空间

数据空间的 0x00000800～0x000009FF 的地址范围为 CPU 测试评估使用的保留空间，用户不能够使用。

5.1.3　CPU 中断向量表

F2812 处理器上总计有 64 个程序地址空间，存放了 32 个 CPU 中断向量表。

通过设置 VMAP 控制寄存器,CPU 的中断向量表可以映射到程序空间的开始或者结尾。

5.2　片上存储器接口

片内存储器接口负责将 CPU 访问存储器逻辑控制单元同存储器、外设以及其他接口连接起来。存储器接口包含独立的数据和程序总线,因此在一个周期内 CPU 能够同时访问程序存储器和数据存储器。该接口还包含存储器访问需要的各种控制信号(如读、写等),通过这些信号控制存储器或外设的数据传输。除了 16 位和 32 位格式的数据访问外,F2812 还支持特殊的字节访问指令,通过这些特殊的字节访问指令可以分别访问一个字的高字节(MSB)或低字节(LSB)。

5.2.1　CPU 内部总线

存储器接口包含三种地址总线,图 5.3 为 F28x DSP 内部总线结构,表 5.1 为存储器总线接口,定义如下:

(1) PAB 程序地址总线:PAB 总线产生程序空间读/写操作地址,是 22 位总线。

(2) DRAB 数据读地址总线:DRAB 总线产生数据空间读数据的操作地址,是 32 位总线。

(3) DWAB 数据写地址总线:DWAB 总线产生数据空间写数据的操作地址,是 32 位总线。

表 5.1　存储器接口总线表

访问类型	地址总线	数据总线
从程序空间读取数据	PAB	PRDB
从数据空间读取数据	DRAB	BRDB
向程序空间写数据	PAB	DWDB
向数据空间写数据	DWAB	DWDB

存储器接口还包含三种数据总线,如图 5.3 所示。

(1) PRDB 程序读数据总线:PRDB 总线是从程序空间获取指令或数据的总线,是 32 位总线。

(2) DRDB 数据读数据总线:DRDB 总线是从数据空间读取数据的总线,是 32 位总线。

(3) DWDB 数据/程序写数据总线:DWDB 总线是向数据或程序空间写的数据总线,是 32 位总线。

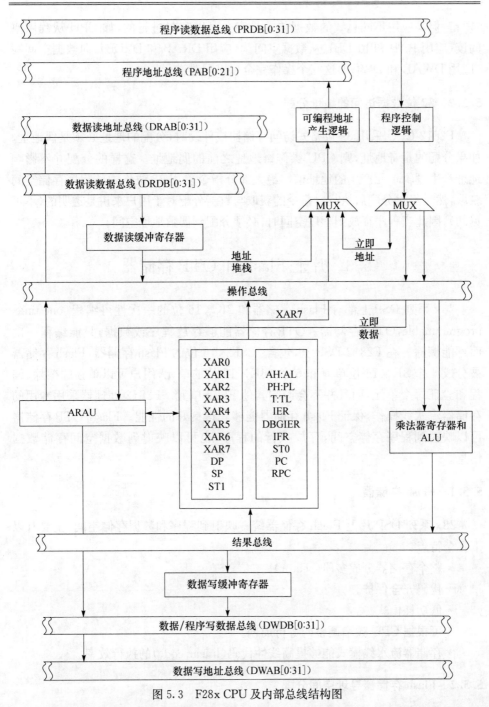

图 5.3　F28x CPU 及内部总线结构图

因为程序空间的读/写共用一个地址总线 PAB,所以两个操作不能同时进行。
同样,程序空间的写和数据空间的写共用 DWDB 总线,因此两个操作也不能同时进行。但是应用不同总线的数据传输是完全可以同时进行的,如 CPU 从程序空间读(应用 PAB 和 PRDB)、从数据空间读(应用 DRAB 和 DRDB)、向数据空间写(应用 DWAB 和 DWDB)这三个操作完全可以同时进行。

5.2.2　32 位数据访问的地址分配

F2812 CPU 采用 32 位格式访问存储器或外设时,分配的地址必须是偶地址。如果分配的是奇地址,则 CPU 操作奇地址之前的偶地址。这样的分配并不影响地址产生逻辑单元产生的地址值。绝大部分指令采用 32 位格式从程序存储空间获取,然后经过分配后执行。指令的获取与重新分配对于用户来讲是透明的(不可见的),因此当程序存放到程序空间时,必须分配到偶数地址空间。

5.3　片上 Flash 和 OTP 存储器

28x 系列 DSP 上都有 Flash 存储器和 2K×16 位的一次性可编程(one-time-programmable,OTP)存储器。OTP 存储器能够存放程序或数据,只能编程一次而不能擦除。在 F2812 DSP 上,包含 128K×16 位的 Flash 存储器,Flash 存储器被分成 4 个 8K×16 位单元和 6 个 16K×16 位的单元,用户可以单独的擦除、编程和验证每个单元,而且并不会影响其他 Flash 单元。F2812 处理器采用专用的存储器流水线操作,保证 Flash 存储器能够获得良好的性能。Flash/OTP 存储器可以映射到程序存储空间,存放执行的程序,也可以映射到数据空间存储数据信息。

5.3.1　Flash 存储器

28x 系列 DSP 片上 Flash 存储器统一映射到程序和数据存储空间,主要有以下几个特点:
- 整个存储器分成多段(sector)。
- 代码安全保护。
- 低功耗模式。
- 可根据 CPU 频率调整的等待周期。
- 存储器流水线模式能够提高线性代码(linear code)的执行效率。

5.3.2　Flash 存储器寻址空间分配

表 5.2 给出了 F2812 的内部 Flash 存储器单元的寻址空间地址分配,表 5.3 给出了 F2810 的内部 Flash 存储器单元的寻址空间地址分配。

表 5.2　F2812 内部 Flash 存储器单元寻址表

寻址空间	程序和数据空间
0x3D8000～0x3D9FFF	Sector J,8K×16
0x3DA000～0x3DBFFF	Sector I,8K×16
0x3DC000～0x3DFFFF	Sector H,16K×16
0x3E0000～0x3E3FFF	Sector G,16K×16
0x3E4000～0x3E7F7F	Sector F,16K×16
0x3E8000～0x3EBFFF	Sector E,16K×16
0x3EC000～0x3EFFFF	Sector D,16K×16
0x3F0000～0x3F3FFF	Sector C,16K×16
0x3F4000～0x3F5FFF	Sector B,8K×16
0x3F6000～0x3F7FFF	Sector A,8K×16

表 5.3　F2810 内部 Flash 存储器单元寻址表

寻址空间	程序和数据空间
0x3E8000～0x3EBFFF	Sector E,16K×16
0x3EC000～0x3EFFFF	Sector D,16K×16
0x3F0000～0x3F3FFF	Sector C,16K×16
0x3F4000～0x3F5FFF	Sector B,8K×16
0x3F6000～0x3F7F7F	Sector A,8K×16
0x3F7F80～0x3F7FF5	当使用代码安全模块时,编程到 0x0000
0x3F7FF6～0x3F7FF7	Boot-to-Flash(或 ROM)入口(这里存放程序调转指令)
0x3F7FF8～0x3F7FFF	安全密码(128 位)(不要将全部编程为 0)

5.4　外部扩展接口

F28x 外部接口(XINTF)采用异步非复用模式总线(nonmultiplexed asyn-chronous Bus),基本上同 C240x 外部接口相似。在 F28x 系列 DSP 中并非所有的芯片都有外部接口,要根据芯片的具体型号而定。本节以 F2812 为例介绍外部接口的特点及应用。

5.4.1　外部接口描述

F2812 处理器的外部接口映射到 5 个独立的存储空间,如图 5.4 所示。当访问相应的存储空间时,就会产生一个片选信号;另外,有的存储空间共用一个片选信号。每个空间都可以独立的设置访问等待、选择、建立以及保持时间,同时可以使用 XREADY 信号来控制外设的访问。外部接口的访问时钟频率由内部的 XTIMCLK 提供,XTIMCLK 可以等于 SYSCLKOUT 或 SYSCLKOUT/2。

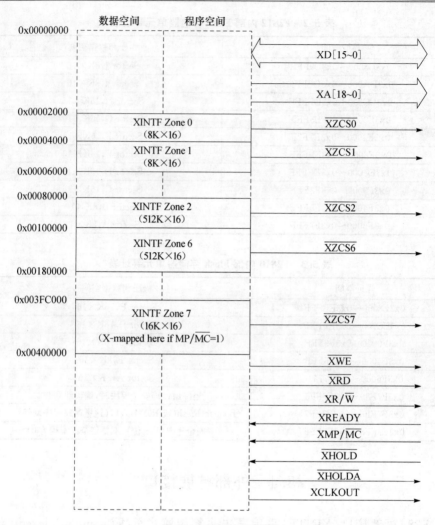

图 5.4　外部接口框图

（外部扩展空间 XINTF Zone0 和 Zone1 共用一个片选信号$\overline{XZCS0AND1}$；XINTF Zone6 和
Zone7 共用$\overline{XZCS6AND7}$信号）

如图 5.1 所示的 F2812 存储器映射图中，在复位状态下，如果 XMP/$\overline{MC}$＝1
或 0，XINTF Zone7 片选信号选择微处理器或微计算机操作模式。在微处理器模
式，Zone7 映射到高位置地址空间，中断向量表可以定位在外部存储空间。在这种
工作模式下，Boot ROM 将被屏蔽。在微计算机模式下，Zone7 被屏蔽且中断向量
表从 Boot ROM 中获取。因此，用户可以选择从片上存储器或片外存储器启动。
上电复位时，XMP/$\overline{MC}$的状态存放在 XINTCNF2 寄存器的 XMP/$\overline{MC}$模式位。用
户可以通过软件改变该位控制 Boot ROM 和 XINTF Zone7 的映射。其他存储器

并不受 XMP/$\overline{\text{MC}}$ 的状态的影响。此外,F2812 的外部扩展接口并不支持 I/O 空间。

5.4.2　外部接口的访问

在 F2812 数字信号处理器上,有些空间共用同一个片选信号,如空间 0 (Zone0)和空间 1(Zone1)共用 $\overline{\text{XZCS0ANDCS7}}$ 信号;空间 6(Zone6)和空间 7 (Zone7)共用 $\overline{\text{XZCS6ANDCS7}}$ 信号。各空间均可以独立设置访问等待、选择、建立以及保持时间。所有空间共享 19 位的外部地址总线,处理器根据所访问的下列空间产生相应的地址。

Zone2 和 Zone6 共享外部地址总线,当 CPU 访问 Zone2 和 Zone6 空间的第一个字时,地址总线产生 0x00000 地址;当 CPU 访问 Zone2 和 Zone6 空间的最后一个字时,地址总线产生 0xFFFFF 地址。访问 Zone2 和 Zone6 空间的唯一区别在于控制的片选信号不同,分别是 $\overline{\text{XZCS2}}$ 和 $\overline{\text{XZCS6ANDCS7}}$。因为 Zone2 和 Zone6 空间使用两个不同的片选信号,所以对这两个空间的访问可以采用不同的时序,同时可以使用片选信号来区分对两个空间的访问,使用地址线控制具体访问的地址。

Zone0 和 Zone1 共用一个外部片选信号,但是采用不同的内部地址。Zone0 的寻址范围是 0x2000~0x3FFF,Zone1 的寻址范围是 0x4000~0x5FFF。在这种情况下,如果希望区分两个空间,需要增加其他控制逻辑。在访问 Zone0 时 XA[13]为高电平,XA[14]为低电平;在访问 Zone1 时 XA[13]为低电平,XA[14]为高电平。这样就可以根据图 5.5 和图 5.6 所示的控制逻辑区分两个地址空间。

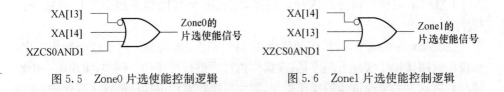

图 5.5　Zone0 片选使能控制逻辑　　　　　图 5.6　Zone1 片选使能控制逻辑

此外,写操作紧跟读操作的流水线保护会影响 Zone1 空间的访问,因此 Zone1 空间适合用于扩展外设,而不适合用来扩展外部存储器。

Zone7 是一个独立的地址空间,当复位时,如果 XMP/$\overline{\text{MC}}$ 引脚为高电平,Zone7 空间映射到 0x3FC000。系统复位后,可以通过改变寄存器 XINTCNF2 中的 MP/$\overline{\text{MC}}$ 控制位,使能或屏蔽 Zone7 空间。如果 XMP/$\overline{\text{MC}}$ 引脚为低电平,则 Zone7 不能映射到 0x3FC000 存储空间,而片上的 ROM 将映射到该存储空间。Zone7 的映射同 MP/$\overline{\text{MC}}$ 有关,而 Zone0、Zone1、Zone2、Zone6 总是有效的存储空间,同 MP/$\overline{\text{MC}}$ 状态无关。

　　如果用户需要建立自己的引导程序,存放在外部空间,可以使用 Zone7 空间进行程序的引导。引导成功后,通过软件使能内部的 ROM,以便可以访问存放在 ROM 中的数学表。Boot ROM 映射到 Zone7 空间时,Zone7 空间的存储器仍然可以访问。这主要是因为 Zone7 和 Zone6 空间共用一个片选信号$\overline{\text{XZCS6ANDCS7}}$。访问外部 Zone7 空间的地址范围是 0x17C000 到 0x17FFFF,Zone6 也使用这个地址空间。如图 5.7 所示,Zone7 空间的使用只影响 Zone6 的高 16K 地址空间。

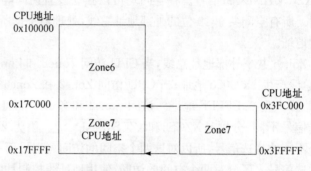

图 5.7　Zone7 空间存储器映射

5.4.3　写操作紧跟读操作的流水线保护

　　在 C28x 器件上,硬件会保护外设寄存器所占用的存储空间,避免操作次序被颠倒。这样的存储空间称为写操作紧跟读操作流水线保护空间。在 F2812 上 Zone1 空间为默认的写操作紧跟读操作流水线保护。写操作和读操作在 Zone1 空间采用程序描述的次序。例如,完成一个写操作紧跟读操作的指令执行次序。

　　在 C28x 流水线中,读操作的相位在写操作相位的前面。由于这个操作次序,写操作紧跟读操作实际上顺序是:读操作执行后进行写操作。例如,实现向一个地址写然后从另一个地址读的操作指令,因为写操作紧跟读操作的流水线保护,所以在写之前已经完成了读。

5.4.4　外部接口的配置

　　外部存储器接口能够配置各种参数,以便能够同众多不同外部扩展设备无缝接口。在使用过程中,主要根据 F2812 器件的工作频率以及 XINTF 的特性进行配置。由于在配置前后 XINTF 可能会产生很大的变化,尽量不要将配置程序放在 XINTF 扩展的存储器空间执行。

1. XINTF 配置寄存器及时序寄存器的设置过程

在改变 XINTF 配置寄存器和时序寄存器的过程中,不能对 XINTF 进行如下操作:仍在 CPU 流水线上的指令对 XINTF 的访问、XINTF 写缓冲器内的写访问、数据读写和预先取指操作。为保证在改变配置过程中不访问 XINTF,任何配置 XTIMING0/1/2/6/7、XBANK 或 XINTCNF2 寄存器的操作,必须采用图 5.8 所示的过程。

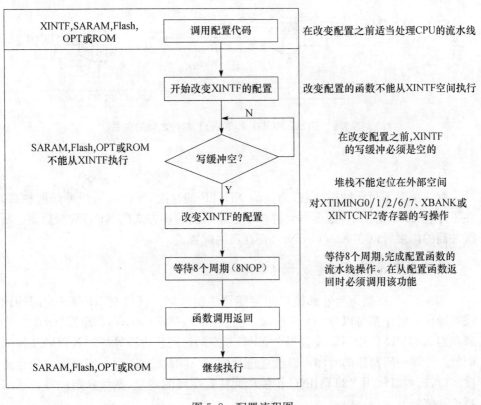

图 5.8　配置流程图

2. XINTF 时钟

XINTF 模块有两种时钟模式。图 5.9 给出了 CPU、SYSCLKOUT 时钟同 XINTF 时钟之间的关系。所有的外部扩展访问都是以内部 XINTF 的时钟 XTIMCLK 为参考的,因此在配置 XINTF 时,首先要通过 XINTFCNF2 寄存器配置 XTIMCLK。XTIMCLK 可以配置为 SYSCLKOUT,也可以配置为 SYSCLK-OUT/2,XTIMCLK 默认的值是 SYSCLKOUT/2。外部接口还提供一个时钟输出 XCLOCK,所有外部接口的访问都是在 XCLOCK 的上升沿开始。可以通过 XINTFCNF2 寄存器的 CLKMODE 位配置 XCLOCK 的频率。

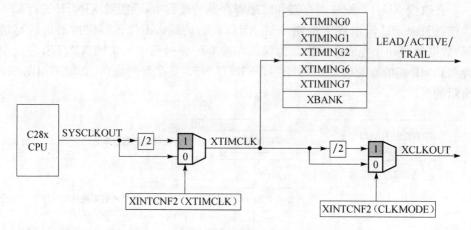

图 5.9　SYSCLKOUT 和 XINTF 时钟之间的关系

3. 写缓冲

默认情况下写缓冲被屏蔽,为提高 XINTF 的性能,要使能写缓冲访问模式。在不停止 CPU 情况下,最多可允许 3 个数据通过缓冲方式向 XINTF 写数据。写缓冲器的深度可以在 XINTFCNF2 寄存器内配置。

4. 每个 Zone 访问的建立、激活和跟踪的时序

XINTF 是直接访问外部接口的存储器映射区域。任何对 XINTF 空间的读或写操作的时序都可以分为三个阶段:建立(lead)、激活(active)和跟踪(trail)。在寄存器 XTIMING 中可以设置每个 XINTF 空间访问各阶段等待的 XTIMCLK 周期数。读写访问操作的时序可以独立进行配置。除此之外,为了能够同步慢速外设接口,还可以使用 X2TIMING 位使访问特定空间的建立、激活和跟踪等待状态延长一倍。

在建立阶段,访问空间的片选信号变为低电平,产生的地址放在地址总线 (XA)上。建立周期可以通过 XTIMING 寄存器进行配置。默认情况下,建立周期设置为最大,读写访问都是 6 个 XTIMCLK 周期。

在激活阶段访问外部设备,如果进行读访问,读使能选通信号(XRD)变为低电平,数据锁存到 DSP;如果进行写访问,写使能选通信号(XWE)变为低电平,数据放到数据总线(XD)上。如果访问的空间配置为判断 XREADY 信号操作方式,外设可以控制 XREADY 信号扩展激活状态周期,使激活状态周期超过寄存器设置的等待周期。如果不使用 XREADY 信号,总的激活周期就等于一个 XTIM-

CLK 加上 XTIMING 寄存器中设置的等待周期数。默认情况下,读写访问的激活等待周期都是 14 个 XTIMCLK 周期。

跟踪周期是指读写选择信号变为高电平后,保持片选信号低电平的一段时间。在 XTIMING 寄存器中可以设置跟踪周期的 XTIMCLK 个数。默认情况下,跟踪周期设置为最大,读写访问都是 6 个 XTIMCLK 周期。

根据系统设计的要求,可以配置空间的建立、激活和跟踪周期长度,以适合具体外设接口的访问。在配置过程中需要考虑以下几个问题:

- 最小等待状态的需要。
- XINTF 的时序特性,参考相应的数据手册。
- 外部器件的时序特性。
- 芯片和外设间的附加延时。

5. XREADY 信号的使用

DSP 通过检测 XREADY 信号,外设可以延长访问的激活阶段。器件上所有的 XINTF 空间共用一个 XREADY 信号。每个空间都可以进行独立的配置检测或不检测 XREADY 信号。此外,每个空间还可以选择同步检测 XREADY 信号或异步检测 XREADY 信号。

1) 同步检测

如果同步检测 XREADY 信号,则在激活状态结束之前,XREADY 信号的建立和保持时序必须同 1 个 XTIMCLK 的边沿相关联。也就是说,在访问确定的总的建立和激活周期之前,对 XREADY 信号采样 1 个 XTIMCLK 周期。

2) 异步检测

如果异步检测 XREADY 信号,则在激活状态结束之前,XREADY 信号的建立和保持时序必须同 3 个 XTIMCLK 的边沿相关联。也就是说,在访问确定的总的建立和激活周期之前,对 XREADY 信号采样 3 个 XTIMCLK 周期。

对于同步和异步采样,如果检测到 XREADY 信号为低电平,周期的激活阶段将扩展一个 XTIMCLK 周期,在下一个 XTIMCLK 周期继续检测 XREADY 信号。一直重复这个过程,直到检测到 XREADY 信号为高电平,完成正常的访问。

如果设置一个空间检测 XREADY 信号,则对该空间的读写操作都检测 XREADY 信号。默认情况下,每个空间设置为异步检测 XREADY 信号。当使用 XREADY 信号时,需要考虑最小等待状态的需要,同步和异步检测 XREADY 信号对于最小的等待状态要求不同,同下面的因素有关:

- XINTF 的时序特性,参考相应的数据手册。
- 外部器件的时序特性。
- 芯片和外设间的附加延时。

6. 空间切换

当从 XINTF 的一个空间切换到另一个空间时,为了能够及时释放总线给其他设备使用,慢速外设可能需要额外的周期。空间切换允许用户指定一个特殊的空间,可以在该空间同其他空间来回切换的过程中增加额外的周期。增加的周期数在 XBANK 寄存器中配置。

7. XMP/$\overline{\text{MC}}$信号对 XINTF 的影响

在复位时,对 XMP/$\overline{\text{MC}}$引脚采样,并将其值锁存到 XINTF 的配置寄存器 XINTFCNF2 中。复位时该引脚的状态决定使能 Boot ROM 还是使能 Zone7 空间。如果复位时 XMP/$\overline{\text{MC}}$=1(微处理器模式),则使能 Zone7 空间并且从外部存储器获取中断向量。在这种情况下,为了能够正确执行代码,必须将复位向量指针指向一个有效的存储空间。

如果复位时 XMP/$\overline{\text{MC}}$=0(微计算机模式),则使能 Boot ROM 屏蔽 Zone7 空间。在这种情况下,从内部 Boot ROM 获取中断向量,Zone7 空间不能访问。复位后,XMP/$\overline{\text{MC}}$模式可以通过 XINTFCNF2 寄存器中的状态位来改变。通过这种方式,系统可以从 Boot ROM 引导,然后通过软件设置 XMP/$\overline{\text{MC}}$等于 1,从而可以访问 Zone7 空间。

5.4.5　配置建立、激活及跟踪等待状态

可以调整 XINTF 信号的时序同特定的外部设备时序相匹配,如读写访问的建立和保持时间。每个 XINTF 空间的时序参数可以在 XTIMING 寄存器中独立设置,每个空间还可以配置使用或不使用 XREADY 信号。这样用户可以根据访问的存储器或外设情况,最大程度地提高 XINTF 的效率。表 5.4 给出了 XTIMING 寄存器可以配置的参数和脉冲持续的宽度(以 XTIMCLK 周期为单位)之间的关系。

表 5.4　脉冲持续的 XTIMCLK 周期数

描述		脉宽/ns	
		X2TIMING=0	X2TIMING=1
LR	建立周期,读访问	XRDLEAD×tc(xtim)	(XRDLEADx2)×tc(xtim)
AR	激活周期,读访问	(XRDACTIVE+WS+1)×tc(xtim)	(XRDACTIVE×2+WS+1)×tc(xtim)
TR	跟踪周期,读访问	XRDTRAIL×tc(xtim)	(XRDTRAIL×2)×tc(xtim)
LW	建立周期,写访问	XWRLEAD×tc(xtim)	(XWRLEAD×2)×tc(xtim)
AW	激活周期,写访问	(XWRACTIVE+WS+1)×tc(xtim)	(XWRACTIVE×2+WS+1)×tc(xtim)
TW	跟踪周期,写访问	XWRTRAIL×tc(xtim)	(XWRTRAIL×2)×tc(xtim)

注:tc(xtim)为 XTIMCLK 周期时间。当使用 XREADY 信号时,WS 参考硬件插入的等待状态数;如果不使用 XREADY 信号,则 WS=0。

　　必须通过每个空间的 XTIMING 寄存器配置最小等待状态。等待状态的大小同 XINTF 接口的外设有关，具体需要参考相关的器件手册，查阅相应的建立、激活和跟踪参数。如果不使用 XREADY 信号（USEREADY＝0），必须满足下面条件。

　　Lead：

$$LR \geqslant tc(xtim)$$

$$LW \geqslant tc(xtim)$$

　　这就要求 XTIMING 寄存器的配置受下列条件限制：

XRDLEAD	XRDACTIVE	XRDTRAIL	XWRLEAD	XWRACTIVE	XWRTRAIL	X2TIMING
$\geqslant 1$	$\geqslant 0$	$\geqslant 0$	$\geqslant 1$	$\geqslant 0$	$\geqslant 0$	0,1

　　当不使用 XREADY 信号时，有效和无效设置举例如下：

设置	XRDLEAD	XRDACTIVE	XRDTRAIL	XWRLEAD	XWRACTIVE	XWRTRAIL	X2TIMING
无效	0	0	0	0	0	0	0,1
有效	1	0	0	1	0	0	0,1
有效	$\geqslant 1$	$\geqslant 0$	$\geqslant 0$	$\geqslant 1$	$\geqslant 0$	$\geqslant 0$	0,1

　　如果 XREADY 信号以同步模式采样（USEREADY＝1、READYMODE＝0），则需要满足下列条件。

　　（1）Lead：

$$LR \geqslant tc(xtim)$$

$$LW \geqslant tc(xtim)$$

　　（2）Lead：

$$AR \geqslant 2 \times tc(xtim)$$

$$AW \geqslant 2 \times tc(xtim)$$

　　当使用异步 XREADY 信号时，有效和无效设置举例如下：

设置	XRDLEAD	XRDACTIVE	XRDTRAIL	XWRLEAD	XWRACTIVE	XWRTRAIL	X2TIMING
无效	0	0	0	0	0	0	0,1
无效	1	0	0	1	0	0	0,1
无效	1	1	0	1	1	0	0
有效	1	1	0	1	1	0	1
有效	1	2	0	1	2	0	0,1
有效	2	1	0	2	1	0	0,1

　　表 5.5 和表 5.6 给出了建立、激活、跟踪的值同 XTIMCLK/X2TIMING 模式之间的关系。

表 5.5　建立、跟踪的值同 XTIMCLK/X2TIMING 模式之间的关系

建立、跟踪的值	XTIMCLK 模式	X2TIMING 模式	SYSCLKOUT 周期数	SYSCLKOUT 周期数
公式	0	0	建立的值×1	跟踪值×1
	0	1	建立的值×2	跟踪值×2
	1	0	建立的值×2	跟踪值×2
	1	1	建立的值×4	跟踪值×4
0	x	x	无效值(不用)	0
1	0	0	1	1
	0	1	2	2
	1	0	2	2
	1	1	4	4
2	0	0	2	2
	0	1	4	4
	1	0	4	4
	1	1	8	8
3	0	0	3	3
	0	1	6	6
	1	0	6	6
	1	1	12	12

表 5.6　激活的值同 XTIMCLK/X2TIMING 模式之间的关系

激活的值	XTIMCLK 模式	X2TIMING 模式	总的激活 SYSCLKOUT 周期 (包括一个隐含的激活周期)
公式	0	0	—
	0	1	—
	1	0	—
	1	1	—
0	0	x	—
	1	x	—
1	0	0	2
	0	1	3
	1	0	4
	1	1	6
2	0	0	3
	0	1	5
	1	0	6
	1	1	10

续表

激活的值	XTIMCLK 模式	X2TIMING 模式	总的激活 SYSCLKOUT 周期 （包括一个隐含的激活周期）
3	0	0	4
	0	1	7
	1	0	8
	1	1	14
4	0	0	5
	0	1	9
	1	0	10
	1	1	18
5	0	0	6
	0	1	11
	1	0	12
	1	1	22
6	0	0	7
	0	1	13
	1	0	14
	1	1	26
7	0	0	8
	0	1	15
	1	0	16
	1	1	30

5.4.6　外部接口的寄存器

表 5.7 给出了外部接口的配置寄存器，通过改变配置寄存器的值，可以设置 XINTF 的访问。需要注意，配置代码不能从 XINTF 扩展的存储器执行。

表 5.7　外部接口的配置寄存器

名　称	地　址	占用空间	描　述
XTIMING0	0x00000B20	2	XINTF 时序寄存器，Zone0
XTIMING1	0x00000B22	2	XINTF 时序寄存器，Zone1
XTIMING2	0x00000B24	2	XINTF 时序寄存器，Zone2
XTIMING6	0x00000B2C	2	XINTF 时序寄存器，Zone6
XTIMING7	0x00000B2E	2	XINTF 时序寄存器，Zone7
XINTCNF2	0x00000B34	2	XINTF 配置寄存器
XBANK	0x00000B38	1	XINTF 切换控制寄存器
XREVISION	0x00000B3A	1	XINTF 版本寄存器

注：XTIMING3、XTIMING4、XTIMING5 保留将来扩展使用，目前没有用；XINTCNF1 保留，目前没有用。

1. XINTF 时序寄存器

XINTF 每个空间都有自己的时序寄存器,改变时序寄存器的配置将会影响相应空间的操作时序。改变时序寄存器的代码应该在其他空间内执行。图 5.10 给出了 XTIMING0/1/2/6/7 寄存器位的分配情况,表 5.8 给出了寄存器各位的功能定义。

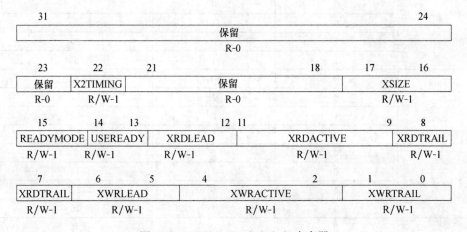

图 5.10　XTIMING0/1/2/6/7 寄存器

(R 代表可读;W 代表可写;-n 代表复位后的值)

表 5.8　XTIMING0/1/2/6/7 寄存器功能定义

位	名　称	描　述
31~23	保留	保留
22	X2TIMING	确定 XRDLEAD、XRDACTIVE、XRDTRAIL、XWRLEAD、XWRAC-TIVE 和 XWRTRAIL 的参数 X2TIMING=0:比例为 1∶1 X2TIMING=1:比例为 2∶1,上电默认值
21~18	保留	保留
17~16	XSIZE	这两位必须都写 1,其他任何值都将导致 XINTF 寄存器错误
15	READYMODE	设置外部访问 XREADY 为同步/异步模式 READYMODE=0:XREADY 同步模式 READYMODE=1:XREADY 异步模式
14	USEREADY	选择访问外部接口时,是否使用 XREADY 信号控制 USEREADY=0:外部接口访问不使用 XREADY 信号 USEREADY=1:外部接口访问时,检测 XREADY 信号,根据 XRDAC-TIVE 和 XWRACTIVE 扩展访问有效信号宽度

续表

位	名　称	描　述
13～12	XRDLEAD	确定读访问时的建立周期长度。若 X2TIMING＝0 选择 1,2,3 个 XTIMCLK 周期;若 X2TIMING＝1 选择 2,4,6 个 XTIMCLK 周期: XRDLEAD　　　X2TIMING　　　　读访问,建立周期 0 0　　　　　　x　　　　　　　无效值 0 1　　　　　　0　　　　　　　1 XTIMCLK 周期 　　　　　　　　1　　　　　　　2 XTIMCLK 周期 1 0　　　　　　0　　　　　　　2 XTIMCLK 周期 　　　　　　　　1　　　　　　　4 XTIMCLK 周期 1 1　　　　　　0　　　　　　　3 XTIMCLK 周期 　　　　　　　　1　　　　　　　6 XTIMCLK 周期
11～9	XRDACTIVE	确定读访问时的激活周期长度。若 X2TIMING＝0 选择 1,2,3,4,5,6,7 个 XTIMCLK 周期;若 X2TIMING＝1 选择 2,4,6,8,10,12,14 个 XTIMCLK 周期: XRDACTIVE　　X2TIMING　　　　读访问,激活周期 0 0 0　　　　　0　　　　　　　0 0 0 1　　　　　0　　　　　　　1 XTIMCLK 周期 　　　　　　　　1　　　　　　　2 XTIMCLK 周期 0 1 0　　　　　0　　　　　　　2 XTIMCLK 周期 　　　　　　　　1　　　　　　　4 XTIMCLK 周期 0 1 1　　　　　0　　　　　　　3 XTIMCLK 周期 　　　　　　　　1　　　　　　　6 XTIMCLK 周期 1 0 0　　　　　0　　　　　　　4 XTIMCLK 周期 　　　　　　　　1　　　　　　　8 XTIMCLK 周期 1 0 1　　　　　0　　　　　　　5 XTIMCLK 周期 　　　　　　　　1　　　　　　　10 XTIMCLK 周期 1 1 0　　　　　0　　　　　　　6 XTIMCLK 周期 　　　　　　　　1　　　　　　　12 XTIMCLK 周期 1 1 1　　　　　0　　　　　　　7 XTIMCLK 周期 　　　　　　　　1　　　　　　　14 XTIMCLK 周期
8～7	XRDTRAIL	确定读访问时的跟踪周期长度。若 X2TIMING＝0 选择 1,2,3 个 XTIMCLK 周期;若 X2TIMING＝1 选择 2,4,6 个 XTIMCLK 周期: XRDLEAD　　　X2TIMING　　　　读访问,跟踪周期 0 0　　　　　　0　　　　　　　0 0 1　　　　　　0　　　　　　　1 XTIMCLK 周期 　　　　　　　　1　　　　　　　2 XTIMCLK 周期 1 0　　　　　　0　　　　　　　2 XTIMCLK 周期 　　　　　　　　1　　　　　　　4 XTIMCLK 周期 1 1　　　　　　0　　　　　　　3 XTIMCLK 周期 　　　　　　　　1　　　　　　　6 XTIMCLK 周期
6～5	XWRLEAD	确定写访问时的建立周期长度。若 X2TIMING＝0 选择 1,2,3 个 XTIMCLK 周期;若 X2TIMING＝1 选择 2,4,6 个 XTIMCLK 周期: XRDLEAD　　　X2TIMING　　　　写访问,建立周期 0 0　　　　　　x　　　　　　　无效值 0 1　　　　　　0　　　　　　　1 XTIMCLK 周期 　　　　　　　　1　　　　　　　2 XTIMCLK 周期 1 0　　　　　　0　　　　　　　2 XTIMCLK 周期 　　　　　　　　1　　　　　　　4 XTIMCLK 周期 1 1　　　　　　0　　　　　　　3 XTIMCLK 周期 　　　　　　　　1　　　　　　　6 XTIMCLK 周期

续表

位	名称	描述
4~2	XWRACTIVE	确定写访问时的激活周期长度。若 X2TIMING=0 选择 1,2,3,4,5,6,7 个 XTIMCLK 周期；若 X2TIMING=1 选择 2,4,6,8,10,12,14 个 XTIMCLK 周期： XRDACTIVE　X2TIMING　写访问,激活周期 000　0　0 001　0　1 XTIMCLK 周期 　　　1　2 XTIMCLK 周期 010　0　2 XTIMCLK 周期 　　　1　4 XTIMCLK 周期 011　0　3 XTIMCLK 周期 　　　1　6 XTIMCLK 周期 100　0　4 XTIMCLK 周期 　　　1　8 XTIMCLK 周期 101　0　5 XTIMCLK 周期 　　　1　10 XTIMCLK 周期 110　0　6 XTIMCLK 周期 　　　1　12 XTIMCLK 周期 111　0　7 XTIMCLK 周期 　　　1　14 XTIMCLK 周期
1~0	XWRTRAIL	确定写访问时的跟踪周期长度。若 X2TIMING=0 选择 1,2,3 个 XTIMCLK 周期；若 X2TIMING=1 选择 2,4,6 个 XTIMCLK 周期： XRDLEAD　X2TIMING　写访问,跟踪周期 00　0　0 01　0　1 XTIMCLK 周期 　　1　2 XTIMCLK 周期 10　0　2 XTIMCLK 周期 　　1　4 XTIMCLK 周期 11　0　3 XTIMCLK 周期 　　1　6 XTIMCLK 周期

2. XINTF 配置寄存器

图 5.11 给出了 XINTF 配置寄存器的配置，表 5.9 给出了 XINTF 配置寄存器各位功能定义。

31										19	18		16
保留											XTIMCLK		
											R/W-1		

15				12	11	10	9	8
保留					HOLDAS	HOLDS	HOLD	MP/$\overline{\text{MC}}$ Mode
R-0					R-x	R-y	R-0	R/W-z

7	6	5	4	3	2	1	0
WLEVEL		保留	保留	CLKOFF	CLKMODE	写缓冲深度	
R-0		R-0	R-1	R/W-0	R/W-1	R/W-0	

图 5.11　XINTF 配置寄存器

(R 代表可读；W 代表可写；-n 代表复位后的值；x 代表 $\overline{\text{XHOLDA}}$ 输出；y 代表 $\overline{\text{XHOLD}}$ 输入；

z 代表 XMP/$\overline{\text{MC}}$ 输入)

表 5.9　XINTF 配置寄存器功能定义

位	名　称	描　述
31～19	保留	保留
18～16	XTIMCLK	选择由 XTIMING 和 XBANK 寄存器定义的建立、激活和跟踪的时钟。这个设置将会影响 XINTF,改变 XTIMCLK 的程序不能放在设置的存储空间区域 000　　　XTIMCLK=SYSCLKOUT/1 001　　　XTIMCLK=SYSCLKOUT/2 010　　　保留 011　　　保留 100　　　保留 101　　　保留 110　　　保留 111　　　保留
15～12	保留	保留
11	HOLDAS	反映当前 XHOLDA 输出的状态。用户可以读取 HOLDAS,判断是否可以访问外部扩展接口 HOLDAS=0:XHOLDA 输出低电平 HOLDAS=1:XHOLDA 输出高电平
10	HOLDS	反映当前 XHOLD 输入的状态。用户可以读取 HOLDAS,判断是否有外设向 XINTF 申请操作 HOLDS=0:XHOLD 输入低电平 HOLDS=1:XHOLD 输入高电平
9	HOLD	允许外设申请 DMA 外设总线,使 XHOLD 能够输入相应信号,XHOLDA 能够输出信号 HOLD=0:自动允许驱动 XHOLD=0 的外设申请外部总线,XHOLDA 输出低电平 HOLD=1:不允许驱动 XHOLD=0 的外设申请外部总线,XHOLDA 保持高电平 当 XHOLD 和 XHOLDA 都为低电平时,设置 HOLD=1,则 XHOLDA 将被强制高,外部总线不再是高阻状态 芯片复位 HOLD=0,如果复位时 XHOLD=0,总线和所有的选择控制信号都是高阻,XHOLDA 输出低电平 HOLD 被使能,XHOLDA 输出低电平。CPU 还可以继续执行芯片内部存储器中的程序。如果是 CPU 要访问外部接口,将产生一个没有准备好信号,CPU 将被停止直到 XHOLD 信号被取消
8	MP/$\overline{\text{MC}}$ Mode	芯片复位时采样 XMP/$\overline{\text{MC}}$ 引脚的信号存放在该位,复位后 XMP/$\overline{\text{MC}}$ 引脚不再影响 MP/$\overline{\text{MC}}$;可以采用软件改变 MP/$\overline{\text{MC}}$ 位的值,改变后的值将通过 XMP/$\overline{\text{MC}}$ 输出;MP/$\overline{\text{MC}}$ 将影响 Zone7 和 Boot ROM 的映射地址 MP/$\overline{\text{MC}}$=0:微计算机模式(Zone7 被屏蔽,Boot ROM 使能) MP/$\overline{\text{MC}}$=1:微处理器模式(Zone7 使能,Boot ROM 被屏蔽)
7～6	WLEVEL	检测到的写缓冲内当前值的个数: 00　空 01　写缓冲内有 1 个当前写的值 10　写缓冲内有 2 个当前写的值 11　写缓冲内有 3 个当前写的值 写缓冲内的值可以是 8 位/16 位/32 位
5	保留	保留

续表

位	名　称	描　述
4	保留	保留
3	CLKOFF	禁止 XCLKOUT 输出,主要为了将低功耗和减少噪声;复位时 CLKOFF 的值是 0 CLKOFF=0:允许 XCLKOUT 输出 CLKOFF=1:禁止 XCLKOUT 输出
2	CLKMODE	设置 XCLKOUT 输出的模式 CLKMODE=0:XCLKOUT=XTIMCLK CLKMODE=1:XCLKOUT=XTIMCLK/2
1～0	写缓冲深度	使用缓冲可以不必等待 XINTF 访问完成,处理器可以继续写。写缓冲的深度由这两个控制位确定 0 0　没有写缓冲,CPU 进行写操作时必须等待 XINTF 原有访问完成(复位默认值) 0 1　1 个写缓冲 1 0　2 个写缓冲 1 1　3 个写缓冲

3. XBANK 寄存器

图 5.12 给出 XBANK 寄存器的配置,表 5.10 给出 XBANK 寄存器各位功能定义。

15		6	5	3	2	0
保留			BCYC		BANK	
R-0			R/W-1		R/W-1	

图 5.12　XBANK 寄存器

表 5.10　XBANK 寄存器功能定义

位	名　称	描　述
15～6	保留	保留
5～3	BCYC	确定连续访问操作中间增加 XTIMCLK 时钟周期的数量复位默认值为 7 个 XTIMCLK 时钟周期(14 个 SYSCLKOUT) 0 0 0　0 个时钟周期 0 0 1　1 个 XTIMCLK 时钟周期 0 1 0　2 个 XTIMCLK 时钟周期 0 1 1　3 个 XTIMCLK 时钟周期 1 0 0　4 个 XTIMCLK 时钟周期 1 0 1　5 个 XTIMCLK 时钟周期 1 1 0　6 个 XTIMCLK 时钟周期 1 1 1　7 个 XTIMCLK 时钟周期
2～0	BANK	确定 XINTF 哪段空间切换被使能,复位默认 Zone7 0 0 0　Zone0 0 0 1　Zone1 0 1 0　Zone2 0 1 1　保留 1 0 0　保留 1 0 1　保留 1 1 0　Zone6 1 1 1　Zone7(复位默认)

5.4.7　外部接口 DMA 访问

外部接口 XINTF 支持外部程序/数据存储器的 DMA 传输,由 $\overline{\text{XHOLD}}$ 和 $\overline{\text{XHOLDA}}$ 信号控制完成。当 $\overline{\text{XHOLD}}$ 输入一个低电平时,请求外部接口输出信号保持高阻状态。完成对所有外部接口的访问后, $\overline{\text{XHOLDA}}$ 输出一个低电平,通知外部扩展单元的输出都处于高阻状态,其他设备可以控制访问外设或存储器。

当检测到有效的 $\overline{\text{XHOLD}}$ 信号时,可以通过 XINTCNF2 寄存器中的 HOLD 模式位使能自动产生 $\overline{\text{XHOLDA}}$ 信号,允许外部总线的访问。在 HOLD 模式下, CPU 可以继续执行片上存储器的程序。当 $\overline{\text{XHOLDA}}$ 输出低电平时,如果要访问外部接口,将产生一个没有准备好的信息,同时会停止处理器。XINTCNF2 寄存器的状态位显示 $\overline{\text{XHOLD}}$ 和 $\overline{\text{XHOLDA}}$ 的状态。

如果 $\overline{\text{XHOLD}}$ 有效,CPU 试图向 XINTF 写数据,则不会缓存写的数据,同时停止 CPU,写缓冲被屏蔽。

寄存器 XINTCNF2 中的 HOLD 模式位优先于 $\overline{\text{XHOLD}}$ 的输入信号,因此用户可以使用代码确定何时有 $\overline{\text{XHOLD}}$ 请求或检测是不是 $\overline{\text{XHOLD}}$ 请求。

在执行任何操作前, $\overline{\text{XHOLD}}$ 输入信号和 XINTF 的输入同步,同步和 XTIMCLK 有关。XINTCNF2 寄存器的 HOLDS 位反映当前的 $\overline{\text{XHOLD}}$ 输入同步状态。复位时,使能 HOLD 模式,允许使用 $\overline{\text{XHOLD}}$ 信号请求从外部存储器引导加载程序。如果在复位过程中 $\overline{\text{XHOLD}}$ 信号为有效低,同正常操作一样, $\overline{\text{XHOLDA}}$ 信号输出低电平。

在上电过程中,将忽略 $\overline{\text{XHOLD}}$ 同步锁存中不确定的值,并且时钟稳定时将会被刷新,同步锁存不需要复位。如果检测到 $\overline{\text{XHOLD}}$ 有效低,只有当所有挂起的 XINTF 周期完成后, $\overline{\text{XHOLDA}}$ 才输出低电平。

在 HOLD 方式下,XINTF 外部信号的状态如下所示:

信　　号	HOLD 准许方式	信　　号	HOLD 准许方式
XA[31~0],XD[15~0]	高阻态	$\overline{\text{XZCS2}}$	高阻态
$\overline{\text{XRD}},\overline{\text{XWE}},\overline{\text{XRNW}}$	高阻态	$\overline{\text{XZCS6}}$	高阻态
$\overline{\text{XZCS}}$	高阻态	$\overline{\text{XZCS7}}$	高阻态
$\overline{\text{XZCS0}}$	高阻态	所有其他信号	保持在正常操作状态
$\overline{\text{XZCS1}}$	高阻态	—	—

5.4.8　外部接口操作时序图

图 5.13 中给出了各种 XTIMCLK 和 XCLKOUT 模式的时序波形图,假设 X2TIMING=0、L(Lead)=2、A(Active)=2 以及 T(Trail)=2。

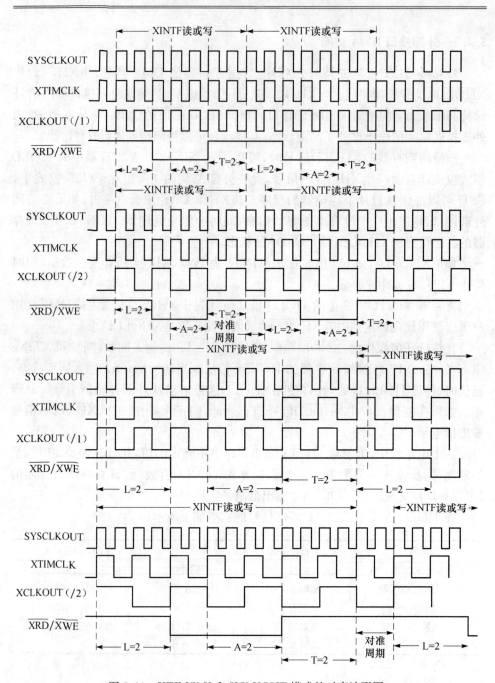

图 5.13　XTIMCLK 和 XCLKOUT 模式的时序波形图

　　图 5.14 给出了当 XTINCLK＝SYSCLKOUT 时读周期的波形图。图 5.15 给出了当 XTINCLK＝SYSCLKOUT/2 时读周期的波形图。

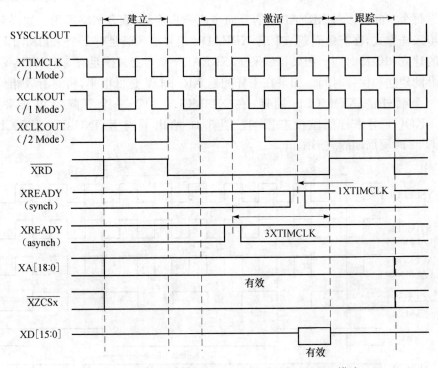

图 5.14　读周期波形图(XTINCLK＝SYSCLKOUT 模式)

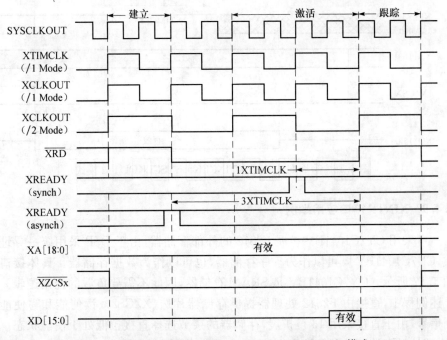

图 5.15　读周期波形图(XTINCLK＝SYSCLKOUT/2 模式)

　　每个空间可以对 XREADY 信号同步或异步检测，或者忽略不用。如果采用同步采样方式，在有效周期结束前，XREADY 信号必须满足有 1 个 XTIMCLK 边沿的建立和保持时间。如果异步采样，XREADY 信号必须满足有 3 个 XTIMCLK 边沿的建立和保持时间。如果在采样间歇 XREADY 是低电平，将对有效相位增加一个额外的 XTIMCLK 周期，在 XTIMCLK 的下一个下降沿重新采样。XCLKOUT 对采样间歇没有影响。图 5.16 给出了当 XTINCLK＝SYSCLK-OUT/2 时写周期的波形图。

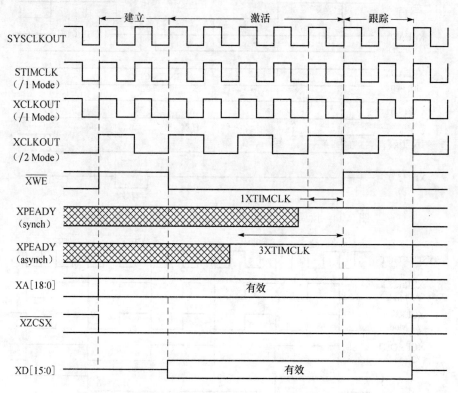

图 5.16　写周期波形图（XTINCLK＝SYSCLKOUT/2 模式）

5.4.9　XINTF 接口应用举例

　　可采用 CY7C1041BV 扩展 F2812 的外部存储器，由于 DSP 采用统一寻址方式，CY7C1041BV 既可以作为程序存储器，也可以作为数据存储器。具体接口如图 5.17 所示。CY7C1041BV 是 SRAM 存储器，因此不需要负载的控制逻辑。在上述例程中，直接由 F2812 处理器提供存储器片选（$\overline{XCS2}$）、读使能和写使能控制信号，由于直接采用 16 位扩展，存储器的字节选择直接拉低处于使能状态。为此，该外扩存储器的基地址为 0x080000，寻址范围为 215K。

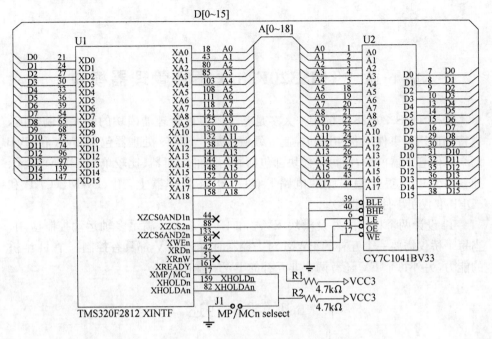

图 5.17　外部存储器扩展原理图

第 6 章 TMS320F281x 事件管理器模块

选择 TMS320F281x 的用户大多是基于其事件管理器模块的强大控制功能，它特别适用于事件捕获和运动控制等领域。每个 F281x 处理器包含 EVA 和 EVB 两个事件管理器模块，而每个模块都包括通用目的定时器、比较单元、PWM 单元、捕获单元以及正交编码脉冲电路等（在 F280x 处理器上，用 ePWM、eCAP 和 eQEP 取代了事件管理器）。

TI 设计两个相同的外设模块 EVA 和 EVB 是为了满足多轴运动控制应用。当每个桥仅需要一个互补的 PWM 对去控制时，每个 EV 都具有控制三个 H 半桥的能力，另外每个 EV 还有两个非互补的 PWM 输出。

6.1 概　　述

6.1.1 事件管理器组成及功能

F2812 具有两个相同功能的事件管理器模块 EVA 和 EVB，它们的定时器、比较单元和捕获单元等功能都是完全一样的，只是各个单元的名称因为 EVA 和 EVB 而有所区别。表 6.1 列出了事件管理器模块中各功能模块及其信号引脚，在下面的内容中主要以 EVA 为例。

表 6.1　EVA 和 EVB 模块和信号名称

事件管理器模块	EVA		EVB	
	模块	信号引脚	模块	信号引脚
GP 定时器	GP 定时器 1	T1PWM/T1CMP	GP 定时器 3	T3PWM/T3CMP
	GP 定时器 2	T2PWM/T2CMP	GP 定时器 4	T4PWM/T4CMP
比较单元	比较器 1	PWM1/2	比较器 4	PWM7/8
	比较器 2	PWM3/4	比较器 5	PWM9/10
	比较器 3	PWM5/6	比较器 6	PWM11/12
捕获单元	捕获器 1	CAP1	捕获器 4	CAP4
	捕获器 2	CAP2	捕获器 5	CAP5
	捕获器 3	CAP3	捕获器 6	CAP6
正交编码脉冲电路 QEP 通道	QEP	QEP1	QEP	QEP3
		QEP2		QEP4
		QEPI1		QEPI2

续表

事件管理器模块	EVA		EVB	
	模块	信号引脚	模块	信号引脚
外部定时器输入	定时器方向	TDIRA	定时器方向	TDIRB
	外部时钟	TCLKINA	外部时钟	TCLKINB
外部比较输出触发输入	比较	$\overline{\text{C1TRIP}}$	比较	$\overline{\text{C4TRIP}}$
		$\overline{\text{C2TRIP}}$		$\overline{\text{C5TRIP}}$
		$\overline{\text{C3TRIP}}$		$\overline{\text{C6TRIP}}$
外部定时器比较触发输入	定时	$\overline{\text{T1CTRIP}}$	定时	$\overline{\text{T3CTRIP}}$
		$\overline{\text{T2CTRIP}}$		$\overline{\text{T4CTRIP}}$
功率驱动保护中断输入	功率驱动	$\overline{\text{PDPINTA}}$①	功率驱动	$\overline{\text{PDPINTB}}$①
外部 ADC SOC 触发输出（AD 转换启动）	AD 转换	EVASOC	AD 转换	EVBSOC

① 在 C240x 的兼容模式下，引脚T1CTRIP/PDPINTA的功能为PDPINTA，而引脚T3CTRIP/PDPINTB的功能为PDPINTB。

表中，"外部比较输出触发输入"和"外部定时器比较触发输入"等几项内容，是作者根据原文直译过来的，也有书中将其译成"外部比较-输出行程输入"和"外部定时器-比较行程输入"等，此外还有一些其他的表述方式，这里不再列举。从字面上无法真正理解其功能，因此详细介绍一下这两个信号的作用。

（1）"外部比较输出触发输入"的原文为 external compare-output trip inputs，它可以被理解为切断比较输出的外部控制输入。例如，当比较单元 1 工作时，其两个引脚 PWM1 和 PWM2 正在不断的输出 PWM 波形，此时如果 C1TRIP 引脚信号变为低电平，则这两个引脚被置成高阻态，不再输出，所以在这个引脚上输入低电平，则比较输出就被切断。

（2）"外部定时器比较触发输入"的原文为 external timer-compare trip inputs，它可以被理解为切断定时器比较输出的外部控制输入。以 T1PWM_1CMP 为例，当定时器 1 的比较功能正在运行，且 T1PWM 引脚输出 PWM 波形时，如果 T1CTRIP 引脚信号变为低电平，则 T1PWM 引脚状态被置成高阻态，不再输出。

事件管理器模块 EVA 和 EVB 拥有相同的外围寄存器组，其中 EVA 寄存器组的起始地址位于 7400h，EVB 寄存器组的起始地址位于 7500h。事件管理器的设备接口关系如图 6.1 所示；而图 6.2 为事件管理器 A 的功能模块图，事件管理器 B 的功能模块图与该图基本一致，只是模块及信号的命名有所变化。

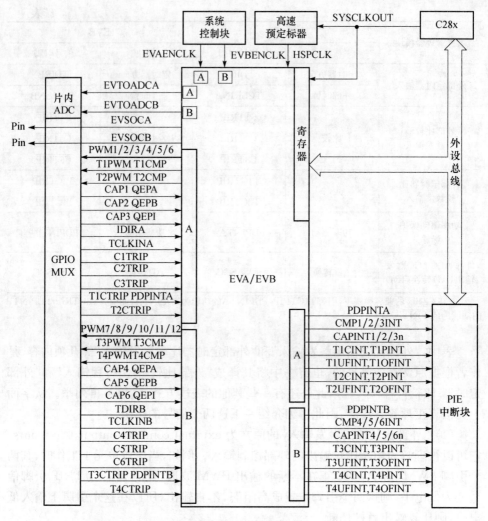

图 6.1　事件管理器的设备接口关系图

　　下面以 EVA 为例,简要给出通用目的定时器、比较单元、捕获单元和正交编码脉冲电路的功能,这些功能描述对于 EVB 同样是适用的,只是模块、信号及其引脚的命名不同而已。

1. 通用目的(GP)定时器

　　事件管理器模块 EVA 和 EVB 各有两组 GP 定时器。GP1 和 GP2 为事件管理器 EVA 的定时器,GP3 和 GP4 为事件管理器 EVB 的定时器。这些定时器可以根据具体的应用独立使用,如在控制系统中产生采样周期、为捕获单元和正交脉

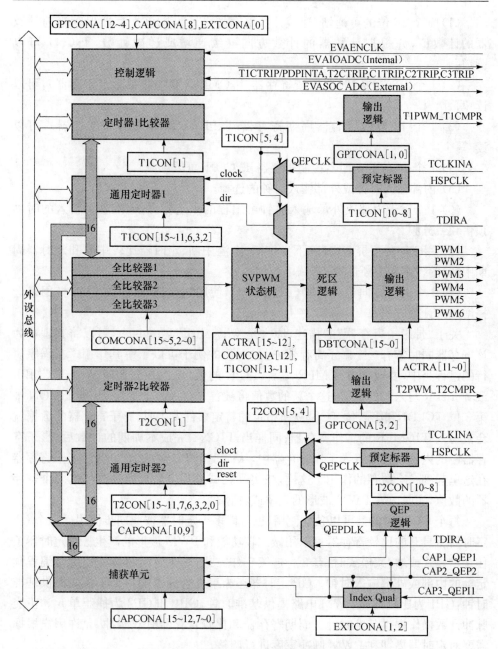

图 6.2　事件管理器 A 的功能模块图

（EVB 模块与 EVA 模块相似）

冲计数操作提供基准时钟、为比较单元和相应的 PWM 产生电路提供基准时钟等。
每个定时器模块包括：

(1) 1 个 16 位的可递增/递减计数寄存器 TxCNT,该寄存器保存当前计数器的计数值,并根据计数器的计数方向继续递增或递减计数,TxCNT 可以读/写。

(2) 1 个 16 位的定时器比较寄存器 TxCMPR(双缓冲带影子寄存器),可以读/写。

(3) 1 个 16 位的定时器周期寄存器 TxPR(双缓冲带影子寄存器),可以读/写。

(4) 1 个 16 位的定时器控制寄存器 TxCON,可以读/写。

(5) 内部输入时钟或外部输入时钟的选择。

(6) 1 个对于内部或外部输入时钟可编程的预定标因子,能够对输入的时钟预倍频或分频。

(7) 用于四种可屏蔽中断(下溢中断、上溢中断、定时器比较中断和定时器周期中断)的控制和中断逻辑。

(8) 1 个输入方向选择引脚(TDIRx)(当使用增/减双向计数模式时,用来选择增或减计数方式)。

关于"带影子寄存器"的描述,原文是 with shadow register,可以将其理解为该寄存器同时带有一个影子寄存器,通过下面的例子可以了解其作用。在程序执行的过程当中,要改变 T1CMPR 或者 T1PR 的值,可以在任何时刻向 T1CMPR 或者 T1PR 写入新的数值,这个新的数值将被首先存入影子寄存器;当 T1CON 中第 3 位 TCLD1 和第 2 位 TCLD0 所指定的特定事件发生时,影子寄存器的数据就会被写入 T1CMPR 的工作寄存器;同样当 T1CNT 完成本周期的计数后,影子寄存器中的内容就会被载入工作寄存器中,从而改变 T1PR 的值。因此,影子寄存器在这里起到一个缓存的作用。这样,在实际调试过程中就可通过改变这两个寄存器的数值,实时改变 PWM 波形的频率或者脉宽。

每个 GP 定时器都可以独立使用,也可以多个定时器彼此同步使用。每个 GP 定时器所具有的比较寄存器可以用做比较功能和 PWM 波形的产生。当定时器工作在增模式或增/减模式时,有 3 种连续工作方式,每个定时器都能使用可编程预定标的内部或外部输入时钟。GP 定时器还为事件管理器的每个子模块提供基准时钟:GP1 为比较器和 PWM 电路提供基准时钟,GP1 和 GP2 为捕获单元和正交脉冲计数操作提供基准时钟。周期寄存器和比较寄存器有双缓冲,允许用户根据需要对定时器周期和 PWM 脉冲宽度进行调整。

2. 全比较单元

每个事件管理器模块都有 3 个全比较单元,定时器 1 为这些比较单元提供基准时钟。通过使用可编程的死区电路可产生 6 个比较输出或 PWM 波形输出,6个输出中的任何一个输出状态都可以单独设置。比较单元中的比较寄存器是双缓冲的,可根据需要通过编程改变比较 PWM 的脉冲宽度。

3. 死区发生器

死区发生器电路包括 3 个 4 位计数器和 1 个 16 位比较寄存器。可将需要的死区幅值通过编程写入比较寄存器,以便用于 3 个比较单元的输出。每个比较单元的输出可以单独使能或禁止死区的产生。死区发生器电路可以为每个比较寄存器的输出信号产生两个输出,即带有或不带死区控制的信号。通过双缓冲ACTRx 寄存器,可以根据需要设置或更改死区发生器的输出状态。

4. 产生 PWM 波形

每个事件管理器在同一时刻可产生多达 8 个 PWM 的波形输出:通过带有可编程死区的 3 个全比较单元产生的 3 对(6 个)PWM 输出和通过通用定时器比较产生的 2 个单独的 PWM 输出。

5. PWM 的特点

PWM 的特点如下:
(1) 16 位寄存器。
(2) 为 PWM 输出对提供宽范围的可编程死区。
(3) 根据需要提供可变的 PWM 载波频率。
(4) 根据需要在 PWM 周期内或之后调整 PWM 脉冲宽度。
(5) 外部可屏蔽的功率驱动保护中断。
(6) 脉冲方式发生器电路,可编程产生对称、非对称的 8 个空间向量 PWM波形。
(7) 使用比较和周期寄存器的自动重载功能,使 CPU 的开销最小。
(8) 在 $\overline{PDPINTx}$ 引脚被使能后,当 $\overline{PDPINTx}$ 引脚变为低电平时,PWM 引脚变为高阻态。$\overline{PDPINTx}$ 引脚(使能后)反映在寄存器 COMCONx 的 D8 位。

6. 捕获单元(CAP)

捕获单元为用户提供了对不同事件和变化进行记录的功能。当捕获输入引脚CAPx(x=1、2 或 3 属于 EVA;x=4、5 或 6 属于 EVB)检测到变化时,它将捕获所选择的 GP 定时器的当前计数值,并把该计数值存储在两级深度的 FIFO 堆栈中。

捕获单元由 3 个捕获电路组成。

捕获单元包含以下的特点：

(1) 1 个 16 位的捕获控制寄存器 CAPCONx(可读/写)。

(2) 1 个 16 位的捕获 FIFO 状态寄存器 CAPFIFOx。

(3) 可以选择 GP 定时器 1、2(为 EVA)或 GP 定时器 3、4(为 EVB)作时钟基准。

(4) 3 个 16 位的两级深度 FIFO 堆栈,每个捕获单元配备 1 个。

(5) 6 个捕获输入引脚(CAP1/2/3 为 EVA 所用,CAP4/5/6 则为 EVB 所用),每个捕获单元有 1 个捕获引脚。所有捕获引脚的输入都由 CPU 的时钟来同步。为了能正确捕获到引脚上的变化,输入引脚的信号电平必须至少维持两个时钟周期。输入引脚 CAP1/2 和 CAP4/5 还可以作为正交编码脉冲电路的输入引脚。

(6) 用户可指定捕获的方式(上升沿、下降沿或其中任何一个)。

(7) 3 个可屏蔽中断标志,每个捕获单元具有 1 个。

7. 正交编码脉冲电路(QEP)

如上所述,两个捕获输入(EVA 的 CAP1 和 CAP2,EVB 的 CAP4 和 CAP5)可以作为正交编码脉冲电路的接口。这些输入的同步完全在芯片内部完成。当引脚探测到方向或先导脉冲序列时,GP 定时器 2、4 的计数器根据两个输入信号的上升沿和下降沿进行增加或减少(因为两个输入脉冲的上升沿和下降沿都被正交编码脉冲电路计数,所以这样产生的时钟频率是每个输入序列的 4 倍)。

8. 外部 AD 转换启动信号 EVASOC 和 EVBSOC

将 EVA/EVB 的启动转换信号(start-of-conversion, SOC)送至外部引脚(EVASOC),以启动外部 ADC 的 AD 转换。EVASOC 和 EVBSOC 分别与 $\overline{T2CTRIP}$ 和 $\overline{T4CTRIP}$ 信号复用同一引脚。

9. 功率驱动保护中断($\overline{PDPINTx}$, x＝A 或 B)

$\overline{PDPINTx}$ 为系统的功率驱动操作提供了安全保障。当发生过压、过流和温度的急剧上升等异常情况时, $\overline{PDPINTx}$ 可以通知电机驱动监视程序。如果 $\overline{PDPINTx}$ 的中断未被屏蔽,当 $\overline{PDPINTx}$ 引脚变为低电平时,所有 PWM 输出引脚将立刻变为高阻态,同时产生 1 个中断。详情可见 6.5.6 节中关于单个 PWM 对、功率保护或陷阱功能的位定义。

当这样的状况发生时,与$\overline{\text{PDPINTx}}$相关的中断标志位被置位,但是必须等到$\overline{\text{PDPINTx}}$引脚上的变化被确认允许,而且必须与内部时钟同步。确认和同步将会引起 2 个时钟周期的延迟。标志位是否置位并不取决于$\overline{\text{PDPINTx}}$中断是否被屏蔽,只要确认了$\overline{\text{PDPINTx}}$引脚上的变化就置位,随后的复位将会使能中断。如果$\overline{\text{PDPINTx}}$中断被禁止,PWM 的高阻态输出也就同样被禁止了。

10. EV 的寄存器

EV 的寄存器占用两段 64 个字的地址空间。地址的低 6 位由事件管理器模块进行译码,而高 10 位由外围地址译码逻辑完成译码。当外围地址总线送来一个在 EV 的指定地址范围内的地址时,该地址译码逻辑将提供一个模块用来选择事件管理器。

与 C240 芯片一样,在 28x 系列芯片中,EVA 的寄存器位于 7400h~7431h 的地址范围内,而 EVB 寄存器位于 7500h~7531h 的地址范围内。

当用户在软件中试图读取未定义的寄存器和寄存器中未定义的位时,返回值均为 0,写没有影响。详情可参见 6.1.3 节。

11. EV 中断

每个 EV 中断组都包含多个中断源,CPU 的中断请求由 PIE 模块来处理,详情可参见第 4 章。中断响应的步骤如下。

(1) 中断源:当外围中断产生时,寄存器 EVxIFRA、EVxIFRB 或 EVxIFRC(x=A 或 B)中相应的标志位被置位,并且这些标志位将被保持,直到被软件清 0(相应位置 1)。这些标志位必须被软件强制清 0,否则随后的中断将无法识别。

(2) 中断使能:EV 中断可以由中断屏蔽寄存器 EVxIMRA、EVxIMRB 和 EVxIMRC(x=A 或 B)分别单独的使能或禁止,寄存器中的每一位被置 1 即使能中断,清 0 为禁止中断。

(3) PIE 请求:如果同时有两个中断标志位和中断屏蔽位被置为 1,那么外围设备向 PIE 模块发出一个中断请求,PIE 模块将会同时收到来自外围设备一个以上的中断,此时 PIE 模块记录所有的中断请求并按照预先分配的中断优先级产生相应的 CPU 中断(INT1、INT2、INT3、INT4 或 INT5)。

(4) CPU 响应:当收到 INT1、INT2、INT3、INT4 或 INT5 的中断请求时,CPU 中断标志寄存器(IFR)中的相应位将会被置 1。如果中断屏蔽寄存器(IMR)相应的位为 1 而且 INTM 位被清 0,那么 CPU 将响应中断并向 PIE 发出确认信号。随后 CPU 结束当前指令的执行,跳到在 PIE 向量表中与 INT1. y、INT2. y、

INT3.y、INT4.y 或 INT5.y 对应的中断向量地址;同时,IFR 的相应位将会被清 0 而 INTM 也会置 1,禁止响应其他的中断。中断向量中包含一个中断服务的地址,从该地址开始,中断响应由软件来控制。

(5) PIE 响应:PIE 逻辑利用来自 CPU 的确认信号清除 PIEIFR 位,以使能随后的中断响应(详情可参见第 4 章)。

(6) 中断服务程序:在这个阶段中断服务程序应具有正确的响应中断的能力,执行完具体的中断服务程序代码后,应将寄存器 EVxIFRA、EVxIFRB 或 EVx-IFRC 中的标志位清除(相应位置 1)。另外在中断返回前,还需清除(也是通过相应位置 1)。各中断的应答 PIEACKx 位和使能全局中断位 INTM 来保证退出该中断服务程序后还能够响应其他的中断请求。

6.1.2　相对 240x 的 EV 增强特性

F281x 的 EV 与 240x 的 EV 大体相似,虽然 F281x 的 EV 中引入了几个增强特点,但 F2810 向下兼容 240x 的 EV。为了使 EV 增强和改变的特性生效,必须将新增加的寄存器 EXTCONx 中的相应位置 1。下面是 F281x 的 EV 模块相对于 240x 处理器的提高和不同之处。

(1) 每个定时器和全比较单元都有独立的输出使能位。

(2) 每个定时器和全比较单元都有专门的输出 TRIP 引脚来替代 PDPINT 引脚。

(3) 增添新的控制寄存器,用来激活和设置新增加的功能。这是保证向下兼容的关键所在。

(4) 每个 TRIP 引脚都有 TRIP 使能位。这一变化使每个比较器的输出能够被单独的使能或禁止,这样每个比较器就可以控制分立的功率级、促动器和驱动器。

(5) 重新命名的 CAP3 引脚可以复用为 CAP3 和 QEPI1 功能(CAP3_QEPI1 用于 EVA,CAP6_QEPI2 用于 EVB)。当该引脚被使能后可以复位定时器 2。由于引入了认证模式,QEP1 和 QEP2 也可以用来认证 CAP3_QEPI1。QEP 通道(包括 3 引脚)为工业标准的三向正交编码器提供了一个无缝接口。

(6) EV 的外部 AD 转换启动控制输出允许与外部高精度的 ADC 同步。

6.1.3　事件管理器的寄存器地址

EVA 包括的所有寄存器如表 6.2 所示,EVB 包括的所有寄存器如表 6.3 所示。

表 6.2　EVA 寄存器一览表

寄存器名	地址范围	说　明
定时器寄存器		
GPTCONA	0x7400	全局定时器控制寄存器 A
T1CNT	0x7401	定时器 1 计数寄存器
T1CMPR	0x7402	定时器 1 比较寄存器
T1PR	0x7403	定时器 1 周期寄存器
T1CON	0x7404	定时器 1 控制寄存器
T2CNT	0x7405	定时器 2 计数寄存器
T2CMPR	0x7406	定时器 2 比较寄存器
T2PR	0x7407	定时器 2 周期寄存器
T2CON	0x7408	定时器 2 控制寄存器
EXTCONA	0x7409	扩展(即增强特性)控制寄存器 A
比较寄存器		
COMCONA	0x7411	比较控制寄存器 A
ACTRA	0x7413	比较方式控制寄存器 A
DBTCONA	0x7415	死区定时器控制寄存器 A
CMPR1	0x7417	比较寄存器 1
CMPR2	0x7418	比较寄存器 2
CMPR3	0x7419	比较寄存器 3
捕获寄存器		
CAPCONA	0x7420	捕获控制寄存器 A
CAPFIFOA	0x7422	捕获 FIFO 状态寄存器 A
CAP1FIFO	0x7423	两级深度捕获 FIFO 堆栈 1
CAP2FIFO	0x7424	两级深度捕获 FIFO 堆栈 2
CAP3FIFO	0x7425	两级深度捕获 FIFO 堆栈 3
CAP1FBOT	0x7427	捕获 FIFO 堆栈 1 的栈底寄存器
CAP2FBOT	0x7428	捕获 FIFO 堆栈 2 的栈底寄存器
CAP2FBOT	0x7429	捕获 FIFO 堆栈 3 的栈底寄存器
中断寄存器		
EVAIMRA	0x742C	中断屏蔽寄存器 A
EVAIMRB	0x742D	中断屏蔽寄存器 B
EVAIMRC	0x742E	中断屏蔽寄存器 C
EVAIFRA	0x742F	中断标志寄存器 A
EVAIFRB	0x7430	中断标志寄存器 B
EVAIFRC	0x7431	中断标志寄存器 C

表 6.3　EVB 寄存器一览表

寄存器名	地址范围	说　明
定时器寄存器		
GPTCONB	0x7500	全局定时器控制寄存器 B
T3CNT	0x7501	定时器 3 计数寄存器
T3CMPR	0x7502	定时器 3 比较寄存器
T3PR	0x7503	定时器 3 周期寄存器
T3CON	0x7504	定时器 3 控制寄存器
T4CNT	0x7505	定时器 4 计数寄存器
T4CMPR	0x7506	定时器 4 比较寄存器
T4PR	0x7507	定时器 4 周期寄存器
T4CON	0x7508	定时器 4 控制寄存器
EXTCONB	0x7509	扩展(即增强特性)控制寄存器 B
比较寄存器		
COMCONB	0x7511	比较控制寄存器 A
ACTRB	0x7513	比较方式控制寄存器 A
DBTCONB	0x7515	死区定时器控制寄存器 A
CMPR4	0x7517	比较寄存器 4
CMPR5	0x7518	比较寄存器 5
CMPR6	0x7519	比较寄存器 6
捕获寄存器		
CAPCONB	0x7520	捕获控制寄存器 B
CAPFIFOB	0x7522	捕获 FIFO 状态寄存器 B
CAP4FIFO	0x7523	两级深度捕获 FIFO 堆栈 4
CAP5FIFO	0x7524	两级深度捕获 FIFO 堆栈 5
CAP6FIFO	0x7525	两级深度捕获 FIFO 堆栈 6
CAP4FBOT	0x7527	捕获 FIFO 堆栈 4 的栈底寄存器
CAP5FBOT	0x7528	捕获 FIFO 堆栈 5 的栈底寄存器
CAP6FBOT	0x7529	捕获 FIFO 堆栈 6 的栈底寄存器
中断寄存器		
EVBIMRA	0x752C	中断屏蔽寄存器 A
EVBIMRB	0x752D	中断屏蔽寄存器 B
EVBIMRC	0x752E	中断屏蔽寄存器 C
EVBIFRA	0x752F	中断标志寄存器 A
EVBIFRB	0x7530	中断标志寄存器 B
EVBIFRC	0x7531	中断标志寄存器 C

6.1.4　GP 定时器

　　本节的内容不包括与 EXTCONx 寄存器相关的增强功能,因此与 240x 的 EV

模块完全兼容。在每个 EV 模块中都有两个 GP 定时器,这些定时器在以下的应用中可以作为独立的时钟基准。

* 在控制系统中产生采样周期。
* 为捕获单元和正交编码脉冲电路(只可用定时器 2/4)的正常工作提供时钟基准。
* 为比较单元及其 PWM 输出产生电路提供时钟基准。

1. 定时器的功能模块

图 6.3 是 GP 定时器的结构模块图。

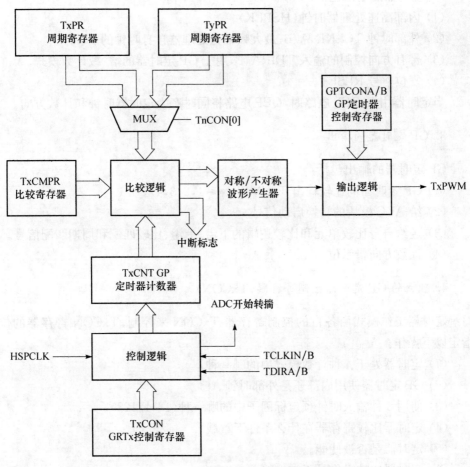

图 6.3　GP 定时器模块图(x=2 或 4)

(当 x=2 时,y=1,n=2;当 x=4 时,y=3,n=4)

　　如图 6.3 所示,每个 GP 定时器包括的内容如前文所述。

　　另外,全局控制寄存器 GPTCONA/B 指定在不同的定时器事件中定时器将会产生的动作,并且确定 GP 定时器的计数方向。GPTCONA/B 可以读/写,但写寄存器没有影响。

　　定时器 2 可以选择定时器 1 的周期寄存器作为自己的周期寄存器,当图 6.3 代表定时器 2 时,MUX 才起作用。同样,定时器 4 可以选择定时器 3 的周期寄存器作为自己的周期寄存器,当图 6.3 代表定时器 4 时,MUX 起作用。

2. GP 定时器的输入

GP 定时器的输入包括:
(1) 内部高速处理器时钟(HSPLK)。
(2) 外部时钟 TCLKINA/B,最大频率为处理器自身时钟的 1/4。
(3) 带有方向控制的输入 TDIRA/B,用于 GP 定时器的增/减计数模式。
(4) 复位信号 RESET。
当定时器用于 QEP 电路时,QEP 电路将同时产生定时器时钟和计数方向。

3. GP 定时器的输出

GP 定时器的输出包括:
(1) GP 定时器的比较输出 TxCMPR(x=1,2,3,4)。
(2) 给 ADC 模块的转换启动信号。
(3) 送给自身比较单元和比较逻辑的下溢、上溢、比较匹配和周期匹配信号。
(4) 计数方向指示位。

4. 独立的 GP 定时器控制寄存器(TxCON)

定时器工作模式由各自的控制寄存器 TxCON 来控制,TxCON 寄存器的位指定以下操作。
(1) 定时器处于 4 种计数模式中的哪一种。
(2) GP 定时器使用内部还是外部时钟。
(3) 使用 8 种输入时钟预定标因子中的哪一种(1~1/128)。
(4) 定时器比较寄存器在什么条件下重载。
(5) 定时器是否被使能。
(6) 定时器比较操作是否被使能。
(7) 定时器 2 选用了自身还是定时器 1 的周期寄存器(EVA);定时器 4 选用了自身还是定时器 3 的周期寄存器(EVB)。

5. 全局的 GP 定时器控制寄存器(GPTCONA/B)

控制寄存器 GPTCONA/B 指定在不同的定时器事件中定时器将会产生的动作,并且确定 GP 定时器的计数方向。

6. GP 定时器的比较寄存器

GP 定时器中的比较寄存器中存储着用于与 GP 定时器的计数器不断比较的值,二者相同时将产生以下事件:

(1) 与比较输出相关的的引脚产生一个由 GPTCONA/B 相应位所指定方式的变化。

(2) 相应的中断标志位置位。

(3) 在中断不被屏蔽时将产生一个外围中断请求。

GP 定时器的比较操作可以由 TxCON 的相应位使能或禁止,比较操作和输出可在任何一种定时器模式(包括 QEP 模式)中使能。

7. GP 定时器的周期寄存器

位于 GP 定时器中周期寄存器的值决定了定时器的周期,当定时器的周期寄存器的值和定时器的计数器的值相等时,GP 定时器是复位为 0 还是向下计数,取决于定时器处于哪种计数模式。

8. 定时计数器的双缓冲比较和周期寄存器

GP 定时器的比较寄存器 TxCMPR 和周期寄存器 TxPR 都是带影子寄存器的,在一个周期中的任意时刻都可以向这些寄存器中写入新的数值,不过该值也被写入相关的影子寄存器中。对于比较寄存器,只有当寄存器 TxCON 指定的特定定时器事件发生时,影子寄存器中的内容才会被载入工作寄存器;而对于周期寄存器,当计数器寄存器 TxCON 的值为零时,影子寄存器中的内容才会被写入工作寄存器。当满足以下任一条件时比较寄存器的值将会被重载:

- 当影子寄存器被写入后。
- 下溢,即 GP 定时器的计数器值为 0。
- 周期匹配,即计数器值等于周期寄存器的值。

周期寄存器和比较寄存器的双缓冲功能允许在一个周期的任何时刻对周期和比较寄存器的值进行调整,这样可以在一个周期已经开始的情况下改变定时器的下一个周期和 PWM 脉冲的宽度。如果在产生 PWM 的过程中实时改变定时器的周期值,也就实时改变了 PWM 的载波频率。需要注意的是,GP 定时器的周期寄存器应该在其计数器被初始化为非零值之前进行初始化,否则周期寄存器的值将会保持不变直到下一个下溢。另外,当相关的比较操作被禁止后,比较寄存器是透明的,即新载入的数值将直接进入动作寄存器,这一特点对事件管理器的所有比较寄存器都适用。

9. GP 定时器的比较输出

GP 定时器的比较输出可以设置为高有效、低有效、强制高电平或强制低电平,这完全取决于寄存器 GPTCONA/B 中各位的设置。若比较输出设置为高(或低)有效,当第一次比较匹配时,输出引脚的电平从低到高(或从高到低)。若 GP 定时器处于增/减计数模式,当第二次比较匹配时,引脚电平从高到低(或从低到高);若 GP 定时器处于增计数模式,当周期匹配时,引脚电平同样从高到低(或从低到高)。若定时器的比较输出设为强制高(或低),那么相关引脚将立即输出高(或低)电平。

10. GP 定时器的计数方向

在所有定时器的工作过程中,GP 定时器的计数方向反映在寄存器 GPTCONA/B 的各个位:1 代表增计数方向;0 代表减计数方向。

利用外部输入控制计数方向时,当 GP 定时器处于单增/减计数模式下,输入引脚 TDIRA/B 的电平状态决定了计数的方向,当 TDIRA/B 为高电平时,设置为增计数;反之为减计数。

11. GP 定时器时钟

GP 定时器的时钟可以利用处理器的内部时钟,当然也可以是外部时钟输入,即引脚 TCLKINA/B,外部时钟的频率不能大于内部时钟频率的 1/4。在单增/减计数模式下,GP 定时器 2(EVA)和 GP 定时器 4(EVB)可与 QEP 电路同时使用。在这种情况下,QEP 电路给定时器同时提供时钟和方向输入信号。对每一个 GP 定时器的时钟输入都有一个宽范围的预定标因子。

12. 基于 QEP 电路的时钟输入

当 GP 定时器 1/2/3/4 处于单增/减计数模式时,若选择 QEP 电路,则可以为 GP 定时器 1/2/3/4 提供输入时钟和计数方向信号(QEPCLK 是 GP 定时器 1 的时钟源之一)。该输入时钟不能被 GP 定时器的预定标电路进行定标,即当

QEP 作为时钟源时,所选择的定时器的预定标因子总为 1。另外,QEP 产生的时钟频率是每个 QEP 输入通道信号频率的 4 倍,因为两个正交输入脉冲的上升沿和下降沿都被用于计数,所以 QEP 输入的频率必须小于或等于处理器时钟的 $1/4$。

13. GP 定时器的同步

按照以下步骤,通过分别正确设置 T2CON 和 T4CON,GP 定时器 2 可以与 GP 定时器 1 同步,GP 定时器 4 可以与 GP 定时器 3 同步。

对于 EVA,首先将 T2CON 的 T2SWT1 位置 1,使得可以由 T1CON 的 TEN-ABLE 位启动 GP 定时器 2 的计数(则两个计数器可以同时启动计数);然后在同步操作前,将 GP 定时器 1 和 2 的计数器用不同的数值初始化;最后通过将 T2CON 的 SELTIPR 位置 1 来指定 GP 定时器 1 的周期寄存器同时作为 GP 定时器 2 的周期寄存器(忽略 GP 定时器 2 自身的周期寄存器)。

对 EVB,方法同上,只是将 T2CON 的 T2SWT1 改为 T4CON 的 T4SWT1,T1CON 的 TENABLE 位改为 T3CON 的 TENABLE 位,T2CON 的 SELTIPR 位改为 T4CON 的 SELTIPR 位,GP 定时器 1 和 2 改为 GP 定时器 3 和 4 即可。

这样就满足了在 GP 定时器事件之间的同步要求,因为每个 GP 定时器从计数寄存器的当前值开始计数,所以一个 GP 定时器可以通过编程在另一个定时器开始计数后延迟一段已知的时间再开始计数。

14. 通过定时器事件启动 A/D 转换

GPTCONA/B 的有关位可以指定 AD 的启动信号由 GP 定时器的某些事件产生,如下溢、比较匹配或周期匹配。这一功能允许在 CPU 不干涉的条件下使 GP 定时器的事件发生和 AD 启动转换同步进行。

15. GP 定时器的仿真挂起

GP 定时器控制寄存器的相关位可定义在仿真挂起时 GP 定时器的工作模式。当仿真中断产生时,可以设置成 GP 定时器继续工作,从而使在线仿真成为可能,也可以让 GP 定时器立即停止或完成当前的计数周期后停止。

当处理器时钟被仿真器停止时就会产生仿真挂起,如仿真器遇到断点时。

16. GP 定时器的中断

寄存器 EVAIFRA、EVAIFRB、EVBIFRB 和 EVBIFRB 中共有 16 个关于 GP 定时器的中断标志。4 个 GP 定时器中的任何一个都可以产生以下 4 种中断。

上溢：TxOFINT(x＝1,2,3,4)。

下溢：TxUFINT(x＝1,2,3,4)。

比较匹配：TxCINT(x＝1,2,3,4)。

周期匹配：TxPINT(x＝1,2,3,4)。

当 GP 定时器计数器的值等于比较寄存器的值时,就产生比较匹配事件,如果比较操作被使能,相应的中断标志会在匹配产生后一个机器周期被置 1。

当定时器计数器的值达到 FFFFh 产生上溢事件,达到 0000h 就产生下溢事件。同样,当定时器计数器的值等于周期寄存器的值时就产生周期匹配事件。上溢、下溢和周期匹配中断标志也是在各自的事件发生后一个机器周期被置 1。

17. GP 定时器的计数操作

每个定时器都有 4 种可能的操作模式：

(1)停止/保持模式；

(2)连续增计数模式；

(3)单增/减计数模式；

(4)连续增/减计数模式。

相应定时器的控制寄存器 TxCON 的模式位决定 GP 定时器工作于哪种计数模式。TxCON[6]即定时器的使能位,可以使能或禁止定时器的计数操作。当一个定时器被禁止后,定时器的计数操作停止而且定时器的预定标因子复位为 x/1。定时器使能后,定时器根据 TxCON 的其他位指定的计数模式开始计数。

18. 停止/保持模式

在该模式下,GP 定时器停止或保持在当前状态下,定时器的计数器、比较器输出和预定标计数器都将保持不变。

19. 连续增计数模式

在该模式下,GP 定时器根据定标输入时钟进行增计数直到定时器计数器的值与周期寄存器的值相等为止。在产生匹配后的下一个输入时钟的上升沿,GP 定时器复位为 0 并重新开始计数。

当定时器的计数器和周期寄存器匹配后一个时钟周期,定时器的周期中断标志位置 1。如果该中断的标志位没有被屏蔽,则会产生一个外围设备的中断请求。如果定时器的周期中断被 GPTCONA/B 的相应位选中去启动 ADC,那么在周期中断标志位置 1 的同时向 ADC 模块输送一个 ADC 启动信号。

在定时器变为 0 的一个时钟周期后,定时器的下溢中断标志位置 1。如果该标志位没有被屏蔽,则产生一个外围设备中断请求。如果定时器的下溢中断被 GPTCONA/B 的相应位选中去启动 ADC,那么在下溢中断标志位置 1 的同时向 ADC 模块输送一个 ADC 启动信号。

当 TxCNT 的值等于 FFFFh 后的第一个时钟周期,上溢中断标志位置 1。如果该标志位没有被屏蔽,则产生一个外围设备中断请求。

除了第一个时钟周期,定时器周期的持续时间为 TxPR＋1 个定标输入时钟周期。如果定时器计数器从 0 开始计数,那么第一个周期也是一样的。

GP 定时器的初始化值可以是 0000h～FFFFh 中的任何一个值。如果初始化的值大于周期寄存器的值,定时器计数至 FFFFh 然后返回至 0,再从 0 开始继续计数,此后的操作与初始化值为 0 一样。如果初始化的值等于周期寄存器的值,一开始就将周期中断标志位置 1,定时器返回至 0,将下溢中断标志位置 1,然后继续开始计数,此后的操作与初始化值为 0 一样。如果初始化的值在 0 到周期寄存器的值之间,计数器增计数至周期值并将继续完成后续周期计数。

在该模式下,定时器 GPTCONA/B 中的计数方向指示位为 1,无论是外部时钟还是内部时钟都可作为定时器的输入时钟,并且此时 GP 定时器将忽略 TDIRA/B 输入。

在很多电机和运动控制系统中,GP 定时器的连续增计数模式特别适用于产生异步的 PWM 波形和采样周期。

如图 6.4 所示,在连续增计数模式(TxPR＝3 或 2)中,当计数器的值等于周期值并返回重新计数期间时,没有时钟的延迟。

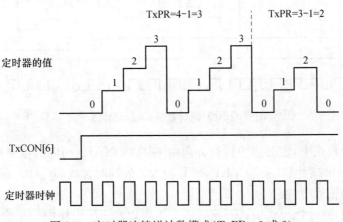

图 6.4　定时器连续增计数模式(TxPR＝3 或 2)

20. 单增/减计数模式

　　GP 定时器在单增/减计数模式下,根据定标时钟和 TDIRA/B 输入电平信号进行增计数或减计数。当 TDIRA/B 保持高电平时,GP 定时器开始增计数到周期寄存器的值(如果初始化值大于周期寄存器的值,则增计数到 FFFFh 再返回 0 继续计数)。当定时器的值等于周期寄存器的值(或 FFFFh)时,定时器复位至 0,然后继续开始下一个周期的增计数。当 TDIRA/B 保持低电平时,定时器减计数直到值为 0。当定时器的值减为 0 后,定时器重新将周期寄存器的值装载到计数器中并且开始另一个减计数周期。

　　初始化的值可以在 0000h~FFFFh 中任选。当定时器初始化的值大于周期寄存器的值时,定时器将计数至 FFFFh 再复位至 0,然后从 0 开始重新计数。当定时器从一个大于周期寄存器的值开始计数时,TDIRA/B 引脚电平为低,定时器将减计数至 0,然后将周期寄存器的值重载至计数器中。

　　周期中断、下溢中断和上溢中断标志,中断以及与中断相关的各种操作都会根据各自的事件产生,这与连续增计数模式是一样的。

　　如图 6.5 所示,在单增/减计数模式中,如果 TDIRA/B 的电平发生变化,那么在完成当前计数一个时钟周期后,计数方向也将发生变化(即完成当前预定标计数周期之后)。

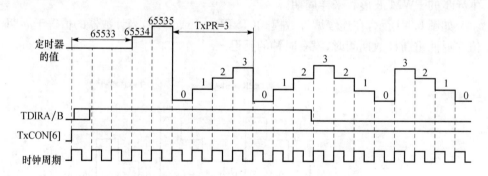

图 6.5　GP 定时器的单增/减计数模式(预定标因子为 1,TxPR=3)

　　在这种模式下,定时器的计数方向由 GPTCONA/B 相应的位来确定:1 表示增计数;0 表示减计数,从 TCLKINA/B 输入的外部时钟或芯片的内部时钟均可作为定时器的输入时钟。

　　在单增/减计数模式中,GP 定时器 2/4 可以和 EV 模块中的正交编码脉冲电路一同使用,此时,正交编码脉冲电路为 GP 定时器 2/4 提供计数时钟和计数方向。该工作模式可以为运动/电机控制和功率电子应用的外部事件进行定时。

21. 连续增/减计数模式

该模式下的操作与单增/减计数模式一样,只是 TDIRA/B 对于计数方向没有影响。在连续增/减计数模式中,当计数器达到周期寄存器的值时,计数方向就从增变为减(若初始化的值大于周期寄存器的值,当达到 FFFFh 后计数方向也由增变减)。当计数器变为 0 时,计数方向就从减又变为增。

该模式下定时器的周期为 $2 \times$ TxPR 个输入定标时钟周期(除了第一个周期)。如果定时器从 0 开始计数,则第一个计数周期的时间一样。

GP 定时器的初始化值可以在 0000h~FFFFh 中任选。当初始化值大于周期寄存器的值时,定时器计数至 FFFFh,然后变为 0,按照初始化值为 0 继续计数。当初始化值等于周期寄存器的值时,计数器减计数至 0,然后按照初始化值为 0 继续计数。当初始化值在 0 到周期寄存器的值之间,计数器先增计数至周期寄存器值,然后继续增计数完成这个周期,再进行减计数。

周期中断、下溢中断和上溢中断标志,中断以及与中断相关的各种操作都会根据各自的事件产生,这与连续增计数模式也是一样的。

GPTCONA/B 相应位为 1,定时器增计数;为 0 则减计数。从 TCLKINA/B 输入的外部时钟或芯片的内部时钟均可作为定时器的输入时钟,TDIRA/B 的输入电平被忽略。

图 6.6 为 GP 定时器连续增/减计数模式示意图,由图可见,这种计数模式特别适合应用于宽范围的运动/电机控制和功率电子应用中产生中心式或对称型 PWM 波形。

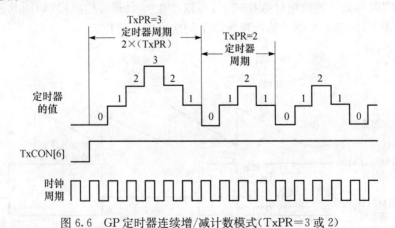

图 6.6　GP 定时器连续增/减计数模式(TxPR=3 或 2)

22. GP 定时器的比较操作

每一个 GP 定时器都有一个相关的比较寄存器 TxCMPR 和一个 PWM 输出

引脚 TxPWM,GP 定时器计数器的值不断与相关比较寄存器的值比较。当定时器计数器的值等于比较寄存器的值时,产生一个比较匹配输出。通过将 TxCON[1]设置为 1 使能比较操作,如果比较操作被使能,当匹配产生,会产生以下操作:

(1) 在匹配产生一个时钟周期后,定时器的比较中断标志位被置 1。

(2) 在匹配产生一个时钟周期后,按照 GPTCONA/B 中设置的位使相应的 PWM 输出产生一个跳转。

(3) 如果比较中断标志被 GPTCONA/B 的相应位选择用于启动 ADC,则在比较中断标志位置位的同时产生一个 ADC 启动信号。

如果比较中断没有屏蔽,则由比较中断标志产生一个外围设备的中断请求。

23. PWM 跳变

PWM 输出跳变由一个对称/非对称波形发生器和一个相关输出逻辑控制,同时取决于以下几种情况:

(1) GPTCONA/B 中位的定义。

(2) 定时器的计数模式。

(3) 定时器处于连续增/减计数模式下的计数方向。

24. 对称/非对称波形发生器

根据定时器所处的计数模式,对称/非对称波形发生器可以产生一个对称/非对称的 PWM 波形。

1) 非对称波形的产生

当定时器处于连续增计数模式下,可以产生一个非对称波形,如图 6.7 所示。在该模式下,波形发生器的输出根据以下的次序发生变化。

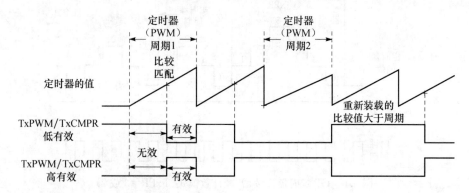

图 6.7　GP 定时器在连续增计数模式下的比较/PWM 输出(+为匹配点)

(1) 开始计数前为 0。

(2) 比较匹配发生前保持不变。

（3）比较匹配时跳转。

（4）周期计数结束前保持不变。

（5）如果随后周期新的比较值不为 0，那么在周期匹配所在的周期结束后复位为 0。

如果周期开始时比较值为 0，那么在整个周期内的输出都为 1，并且如果下一个周期新的比较值还是 0，则输出仍然保持为 1。这一点很重要，因为它保证了在没有任何短时脉冲波形干扰下产生占空比为 0～100% 的 PWM 脉冲。如果比较值大于周期寄存器中的值，则整个周期内的输出为 0，若二者相等，则在一个输入的定标时钟周期内输出为 1。

非对称 PWM 波形的一个特点是比较寄存器值的变化仅影响 PWM 脉冲的单边。

2）对称波形的产生

当定时器处于连续增/减计数模式时，可以产生一个对称波形，如图 6.8 所示。在该模式下，波形发生器的输出状态如下。

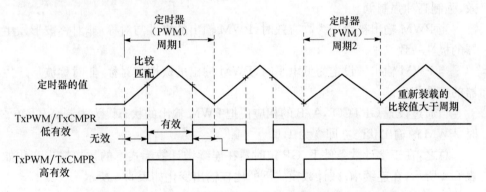

图 6.8　定时器在增/减计数模式下的比较/PWM 输出（＋为匹配点）

（1）开始计数前输出为 0。

（2）第一次比较匹配产生前保持不变。

（3）第一次比较匹配时跳转。

（4）第二次比较匹配前保持不变。

（5）第二次比较匹配时跳转。

（6）保持不变直到周期结束。

（7）一个周期结束后，如果没有第二个比较匹配且新的比较值不为 0，那么输出变为 0。

如果周期开始时比较值为 0，那么从周期的开始输出为 1 并且一直保持到第二次比较匹配。如果对于后半个周期比较值为 0，那么在第一次变化后，输出保持

1 直到周期结束。如果此后比较值仍为 0,那么输出不会变为 0,这也是为了能产生没有干扰的占空比为 0~100% 的 PWM 脉冲。如果前半个周期的比较值大于或等于周期寄存器的值,就不会产生第一次变化,然而在后半个周期,当一个比较匹配发生时,输出仍旧会跳转。这种输出的变化通常是由程序计算错误造成的,它将在周期结束时被纠正,因为除非下一个周期的比较值是 0,输出才被复位为 0,否则输出将保持为 1,这样会再次把波形发生器输出重新置为正确的状态。输出逻辑决定了所有输出引脚的有效状态。

可能读者在此会提出疑问,上述的非对称 PWM 波形和对称 PWM 波形区别在何处。单从输出 PWM 波形本身来看,并没有发现任何对称和不对称的特点。这里需要说明,以上的对称是指在单个周期内输出的 PWM 波形相对于每个 PWM 周期(即 GP 定时器的计数周期)中心对称,从图 6.7 和图 6.8 可以看出此特征。

3)输出逻辑

输出逻辑限定了波形发生器产生的最终 PWM 输出,以此来控制不同类型的功率器件。通过设置 GPTCONA/B 的相关位可将 PWM 输出设定为高有效、低有效、强制高和强制低。

当 PWM 输出被设定为高有效时,PWM 输出的极性与对称/非对称波形发生器的极性一致。

当 PWM 输出被设定为低电平时,PWM 输出的极性与对称/非对称波形发生器的极性相反。

当通过设置 GPTCONA/B 的相应位把 PWM 输出的状态设为强制高/低电平时,PWM 的输出状态立即变为 1/0。

总之,在正常计数条件下,GP 定时器在连续增计数模式下的比较输出变化如表 6.4 所示,在连续增/减计数模式下的比较输出变化如表 6.5 所示。

表 6.4 GP 定时器在连续增计数模式下的比较输出

一个周期中的时刻	比较输出的状态
比较匹配产生前	无效
比较匹配	设为有效
周期匹配	设为无效

表 6.5 GP 定时器在连续增/减计数模式下的比较输出

一个周期中的时刻	比较输出的状态
第一次比较匹配产生前	无效
第一次比较匹配	设为有效
第二次比较匹配	设为无效
第二次比较匹配后	无效

设置为运行意味着若是强制高则输出为高,若是强制低则输出为低;设置为不运行意义正好相反。

对称/非对称波形是根据定时器的计数模式和输出逻辑产生的,它也同样适用于比较单元。

当以下任一事件发生,所有 GP 定时器的 PWM 输出都会被置成高阻态。

- 通过软件将 GPTCONA/B[6]设为 0。
- $\overline{\text{PDPINT}x}$没有屏蔽时变为低电平。
- 产生任何一种复位事件。
- 通过软件将 TxCON[1]设为 0。

25. 有效/无效时间的计算

对于连续增计数模式,比较寄存器的值代表周期开始至第一次比较匹配产生之间的持续时间(无效阶段的时间长度),该持续时间等于定标输入时钟的周期乘以 TxCMPR 的值,因此有效阶段的时间长度(输出有效脉冲宽度)等于(TxPR)−(TxCMPR)+1 个定标输入时钟的周期。

对于连续增/减计数模式,在增计数和减计数时,比较寄存器可以有不同的值。有效阶段的时间长度(输出有效脉冲宽度)等于$(TxPR) - (TxCMPR)_{up} + (TxPR) - (TxCMPR)_{dn}$个定标输入时钟的周期,其中$(TxCMPR)_{up}$为增计数的比较值,$(TxCMPR)_{dn}$是减计数的比较值。

在增计数模式下,如果 TxCMPR 的值为 0 时,定时器的比较输出在整个周期内都有效。定时器在增/减计数模式下,如果$(TxCMPR)_{up}$为 0,定时器的比较输出在周期开始时有效,如果$(TxCMPR)_{dn}$同样为 0,定时器的比较输出保持有效直到周期结束。

在增计数模式下,若 TxCMPR 的值大于 TxPR 的值,那么有效阶段时间长度(输出有效脉冲宽度)为 0。对于增/减计数模式,若$(TxCMPR)_{up}$的值大于或等于(TxPR)的值,那么第一次跳变将会丢失;若$(TxCMPR)_{dn}$的值大于或等于(TxPR)的值,那么第二次变化也会丢失。在增/减计数模式下,若$(TxCMPR)_{up}$和$(TxCMPR)_{dn}$都大于(TxPR)的值,那么 GP 定时器在整个周期的比较输出都无效。

6.1.5　使用 GP 定时器产生 PWM 输出

每个 GP 定时器可以独立的作为一个 PWM 输出通道,因此 GP 定时器最多可以产生两个 PWM 输出。

1. PWM 操作

使用 GP 定时器产生 PWM 波形,可以选择连续增或连续增/减计数模式,选择连续增计数模式可以产生边沿触发或非对称 PWM 波形,而选择连续增/减计数模式可以产生中心式或对称 PWM 波形,可按照以下步骤设置 GP 定时器产生 PWM 操作。

(1) 根据所需 PWM 周期设置 TxPR。

(2) 设置 TxCON 以确定计数模式、时钟源并启动操作。

(3) 根据 PWM 脉冲的占空比计算得到的值用以装载 TxCMPR。

如果选择增计数模式来产生非对称 PWM 波形,PWM 周期除以定时器输入时钟的周期然后再减去 1 即可得到周期寄存器的值。如果选择连续增/减计数模式来产生对称 PWM 波形,PWM 周期除以 2 倍的定时器输入时钟周期即可得到寄存器的值。

定时器可以按照与前面例子相同的方法进行初始化。定时器在运行过程中,比较寄存器可以根据不同的占空比要求而不断调整比较值。

2. GP 定时器的复位

当任一复位事件发生时,将产生以下事件:

(1) 除了 GPTCONA/B 的计数方向指示位,GP 定时器寄存器的所有其他位全都被清 0,因此所有 GP 定时器的操作被禁止,计数方向指示位置 1。

(2) 所有的定时器中断标志清 0。

(3) 除了 $\overline{PDPINTx}$,所有的定时器中断屏蔽位清 0,因此除 $\overline{PDPINTx}$ 之外,所有 GP 定时器中断被屏蔽。

(4) GP 定时器所有的比较输出置为高阻态。

6.1.6 比较单元

在 EVA 模块中有 3 个全比较单元(1、2 和 3),在 EVB 模块中有 3 个全比较单元(4、5 和 6),每个比较单元有两个相应的 PWM 输出,比较单元的时钟基准由 GP 定时器 1(EVA)和 GP 定时器 3(EVB)提供。

每个 EV 模块中的比较单元包括:

(1) 3 个 16 位的比较寄存器(EVA 为 CMPR1、CMPR2 及 CMPR3,EVB 为 CMPR4、CMPR5 及 CMPR6),均带有相应的影子寄存器,可读/写。

(2) 1 个 16 位的比较控制寄存器(EVA 为 COMCONA,EVB 为 COM-CONB),可读/写。

(3) 1 个 16 位的方式控制寄存器(EVA 为 ACTRA,EVB 为 ACTRB),带相应的影子寄存器,可读/写。

(4) 6 个 PWM(带 3 态)输出(比较输出)引脚(EVA 为 PWMy,y=1,2,3,4,

5,6,EVB 为 PWMz,z=7,8,9,10,11,12)。

(5) 控制和中断逻辑。

比较单元的功能框图如图 6.9 所示。

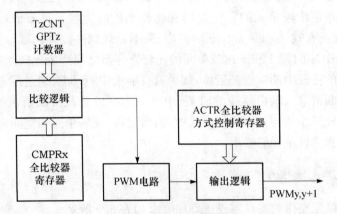

图 6.9 比较单元功能框图

(对于 EVA:x=1,2,3;y=1,3,5;z=1;对于 EVB:x=4,5,6;y=7,9,11;z=2)

比较单元和相应的 PWM 电路的时钟基准由 GP 定时器 1(EVA)和 GP 定时器 3(EVB)提供,当比较操作使能时,GP 定时器 1 和 3 可以工作于它的任何一种计数模式。比较输出同样有跳变产生。

1. 比较单元的输入/输出

输入至比较单元的信号包括:

(1) 来自控制寄存器的控制信号。

(2) GP 定时器 1/3(T1CNT/T3CNT)及其下溢和周期匹配信号。

(3) 复位信号。

比较单元的输出是一个比较匹配信号,若比较操作被使能,那么该匹配信号将置位中断标志,并引起与比较单元相联系的两个输出引脚电平的跳变。

2. 比较单元操作模式

比较单元的操作模式由 COMCONx 中的位来确定,这些位决定:

(1) 比较操作是否被使能。

(2) 比较输出是否被使能。

(3) 在何种情况下比较寄存器的值被影子寄存器的值替代。

(4) 空间向量 PWM 模式是否被使能。

下面描述 EVA 比较单元的操作,EVB 比较单元的操作是完全相同的,只是在 EVB 中使用了 GP 定时器 3 及寄存器 ACTRB。连续地将 GP 定时器 1 计数器的值与比较寄存器的值相比较,当有一个匹配产生时,就会在比较单元的两个输出上出现一个跳变,这个跳变根据方式控制寄存器(ACTRA)的位来进行。ACTRA 的位可以单独指定比较单元的每个输出在比较匹配时为触发高有效(toggle active high)或触发低有效(toggle active low)(如果不是强制高或强制低)。若比较操作被使能,当 GP 定时器 1 和该比较单元的比较寄存器之间产生比较匹配时,与比较单元相对应的比较中断标志被置位,如果没有屏蔽中断,那么通过标志位可以发出一个外部中断请求。输出跳变的时刻、中断标志的设置及中断请求的产生与 GP 定时器的比较操作相同。在比较模式中,输出逻辑、死区单元和空间向量 PWM 逻辑都可以改变比较单元的输出。

3. 比较单元操作的寄存器设置

对比较单元操作的寄存器设置顺序要求如表 6.6 所示。

表 6.6 比较单元操作的寄存器设置顺序要求

EVA	EVB
设置 T1PR	设置 T3PR
设置 ACTRA	设置 ACTRB
初始化 CMPRx	初始化 CMPRx
设置 COMCONA	设置 COMCONB
设置 T1CON	设置 T3CON

4. 比较单元寄存器

与比较单元及其 PWM 电路相关的寄存器地址如表 6.7 和表 6.8 所示,这些寄存器将在后文中详细讨论。

表 6.7 EVA 比较控制寄存器的地址

地　址	寄存器	名　称
7411h	COMCONA	比较控制寄存器
7413h	ACTRA	比较方式控制寄存器
7415h	DBTCONA	死区定时器控制寄存器
7417h	CMPR1	比较寄存器 1
7418h	CMPR2	比较寄存器 2
7419h	CMPR3	比较寄存器 3

表 6.8 EVB 比较控制寄存器的地址

地 址	寄存器	名 称
7511h	COMCONB	比较控制寄存器
7513h	ACTRB	比较方式控制寄存器
7515h	DBTCONB	死区定时器控制寄存器
7517h	CMPR4	比较寄存器 4
7518h	CMPR5	比较寄存器 5
7519h	CMPR6	比较寄存器 6

（1）比较控制寄存器。

比较单元的操作被比较控制寄存器（COMCONA 和 COMCONB）控制，其内容在 6.5.3 节详细给出，寄存器 COMCONA 和 COMCONB 可读/写。

（2）比较单元的中断。

在 EVxIFRA 和 EVxIFRB 中对每个比较单元都有一个可屏蔽中断标志位，假如比较操作被使能，在产生比较匹配一个时钟周期后，比较单元中的中断标志被置位，若此时没屏蔽外设中断，将产生一个外设中断请求。

（3）比较单元的复位。

当发生了任何复位事件时，所有与比较单元有关的寄存器位被复位至 0，所有比较单元的引脚被置为高阻态。

6.2 PWM 电 路

带有比较电路的脉冲宽度调制电路可以产生 6 个（每个 EV）带有可编程死区和输出极性的 PWM 输出通道。

6.2.1 有比较单元的 PWM 电路

EVA 的 PWM 电路功能模块如图 6.10 所示，包括以下几个功能单元：

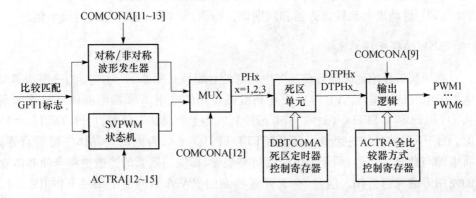

图 6.10 PWM 电路功能模块图

（1）非对称/对称波形发生器。

（2）可编程死区单元(DBU)。

（3）输出逻辑。

（4）空间向量(SV)PWM 状态机。

EVB 的 PWM 电路功能模块图与 EVA 相同，只是相应的设置寄存器发生变化。非对称/对称波形发生器的定时器是一样的。死区单元、逻辑输出、空间向量PWM 状态机和空间向量 PWM 技术将在后文讲述。

PWM 电路主要应用在电机控制和运动控制中，当产生脉冲宽度调制波形时，应该尽量减少 CPU 的开销和用户中断。带有比较单元的 PWM 和相关的 PWM电路由下面的控制寄存器控制：T1CON、COMCONA、ACTRA 和 DBTCONA(EVA)；T3CON、COMCONB、ACTRB 和 DBTCONB(EVB)。

1. 事件管理器的 PWM 产生

每个事件管理器模块(EVA 和 EVB)产生 PWM 波形的能力总结如下。

（1）5 个独立的 PWM 输出，其中 3 个由比较单元产生，另外两个由 GP 定时器的比较功能产生，再加上 3 个由比较单元产生的 PWM 互补输出。

（2）对于比较单元 PWM 输出对的可编程死区。

（3）最小为 1 个时钟周期的死区持续时间。

（4）最小为 1 个时钟周期的 PWM 脉冲宽度以及 1 个时钟周期的脉冲宽度增/减步长。

（5）最大 16 位的 PWM 分辨率。

（6）实时变化的 PWM 载波频率（双缓冲周期寄存器）。

（7）实时变化的 PWM 脉冲宽度（双缓冲比较寄存器）。

（8）功率驱动保护中断。

（9）可编程产生的非对称、对称和空间向量的 PWM 波形。

（10）自动重装比较寄存器和周期寄存器值，使 CPU 的开销时间最小化。

2. 可编程死区单元

这里简单介绍死区的特点及产生死区的必要性。图 6.11 为典型的三相功率放大器的电气结构图，V_a、V_b 和 V_c 是电机线圈使用的电压，6 个功率晶体三级管分别由 DTPHx 和 DTPHx_(x=a、b 和 c)控制。当上臂晶体三级管打开(DTPHx=1)时，要求下臂的晶体三级管必须关闭即 DTPHx_=0；否则两个晶体三极管直通，将电源与地直接连通，两个晶体管都将被烧毁，即使是短暂的连通也将会使晶体管的使用寿命大打折扣。但是，在无死区控制的 PWM 脉冲使用条件下，如图 6.12所示，以其中的 a 相为例，当 PWM 脉冲 DTPHa 和 DTPHa_同时发生跳变时，Q1

由关断变为导通,Q2 由导通变为关断,而实际上开关管从导通转为关断时,总会有一定的延时,这样就可能在一小段时间里面 Q1 和 Q2 都处于导通状态,这样是非常危险的。为了解决这个问题,通常要求上下管输入的 PWM 驱动波形要具有一定的死区时间,如图 6.13 所示。这样,上下桥臂中任何一个开关管从关断到导通都要经过 1 个死区时间的延时,也就是等到 Q1 完全关断时,Q2 才会导通,反过来也是一样。因此,是否采用死区控制 PWM 脉冲输出及其死区时间,由用户使用的具体电路来决定。在使用 IGBT 或 MOSFET 搭建的 H 桥功率放大电路时也存在上述问题。当然目前市面上有些集成的桥式电路将产生死区的功能放到了芯片中,这样就省去了用户的一些设计,如 APEX 公司生产的 SA57 等,不过其死区时间还是需要根据不同应用场合进行核算及设定。

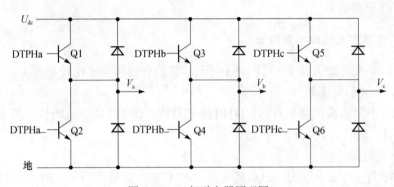

图 6.11 三相逆变器原理图

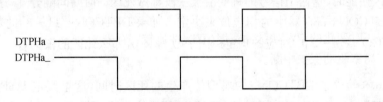

图 6.12 无死区控制的 DTPHa 脉冲波形

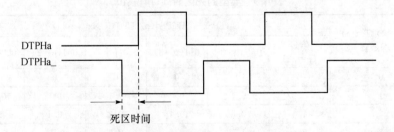

图 6.13 带死区控制的 DTPHa 脉冲波形

EVA 和 EVB 拥有自己的可编程死区单元 DBTCONA 和 DBTCONB,可编程死区单元的特点如下。

- 1 个 16 位的可读/写死区控制寄存器 DBTCONx。
- 1 个输入时钟预定标因子: $x/1, x/2, x/4, \cdots, x/32$。
- CPU 时钟输入。
- 3 个 4 位减计数定时器。
- 控制逻辑。

3. 死区定时器控制寄存器 A 和 B

死区单元的操作由死区定时器控制寄存器(DBTCONA 和 DBTCONB)控制,其内容在后面给出。

4. 死区单元的输入和输出

死区单元的输入是 PH1、PH2 和 PH3,它们分别来自于比较单元 1、2、3 的非对称/对称波形发生器。

死区单元的输出是 DTPH1、DTPH1_、DTPH2、DTPH2_、DTPH3、DTPH3_,它们与 PH1、PH2、PH3 分别对应。

1) 死区的产生

对于每一个输入信号 PHx,都会产生两个输出信号 DTPHx 和 DTPHx_,当比较单元和与它们相关的输出的死区被禁止时,这两个信号是相同的。当比较单元的死区使能时,这两个信号的跳变沿被一段称做死区的时间间隔分开,这个时间段由 DBTCONx 寄存器中的相应位来决定。如果 DBTCONx[11～8]的数是 m,且 DBTCONx[4～2]中对应的预定标因子数为 x/p,那么死区的值为(p×m)个时钟周期。

表 6.9 给出了 DBTCONx 中典型位产生的死区时间,这里假定 HSPCLK 的时钟周期为 25ns。图 6.14 是典型的死区功能模块和波形图。

表 6.9　典型的死区时间(单位:μs)

DBT3～DBT0(m) (DBTCONx[11～8])	DBTPS2～DBTPS0(p)(DBTCONx[4～2])					
	110,1×1 (p=32)	100(p=16)	011(p=8)	010(p=4)	001(p=2)	000(p=1)
0	0	0	0	0	0	0
1	0.8	0.4	0.2	0.1	0.05	0.025
2	1.6	0.8	0.4	0.2	0.1	0.05
3	2.4	1.2	0.6	0.3	0.15	0.075
4	3.2	1.6	0.8	0.4	0.2	0.1

续表

DBT3~DBT0(m) (DBTCONx[11~8])	DBTPS2~DBTPS0(p)(DBTCONx[4~2])					
	110,1×1 (p=32)	100(p=16)	011(p=8)	010(p=4)	001(p=2)	000(p=1)
5	4	2	1	0.5	0.25	0.125
6	4.8	2.4	1.2	0.6	0.3	0.15
7	5.6	2.8	1.4	0.7	0.35	0.175
8	6.4	3.2	1.6	0.8	0.4	0.2
9	7.2	3.6	1.8	0.9	0.45	0.225
A	8	4	2	1	0.5	0.25
B	8.8	4.4	2.2	1.1	0.55	0.275
C	9.6	4.8	2.4	1.2	0.6	0.3
D	10.4	5.2	2.6	1.3	0.65	0.325
E	11.2	5.6	2.8	1.4	0.7	0.35
F	12	6	3	1.5	0.75	0.375

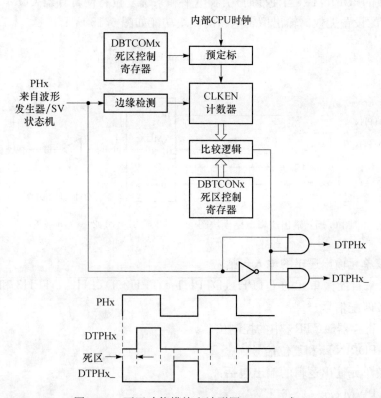

图 6.14　死区功能模块和波形图(x=1,2 或 3)

2) 死区单元的其他重要特点

设置死区是为了防止在任何操作条件下,每个单元产生的两路 PWM 信号同时打开被控功率桥的上下臂。当用户装载了一个比占空比周期大的死区值、占空比为 100% 或 0%,此时比较单元的死区被使能时,在周期结束时与比较单元相关的 PWM 输出不会处于无效状态。

5. 输出逻辑

输出逻辑电路决定了当比较匹配发生时,输出引脚 PWMx(x=1~12)的输出极性和需要执行的操作。与每个比较单元相关的输出可被规定为低有电平效、高电平有效、强制低或强制高,可以通过适当地配置 ACTR 寄存器来确定 PWM 输出的极性和操作。当下列任意事件发生时,所有的 PWM 输出引脚被置于高阻态。

- 软件清除 COMCONx[9]位。
- 当$\overline{\text{PDPINTx}}$没有屏蔽时,硬件将$\overline{\text{PDPINTx}}$拉为低电平。
- 产生任何复位事件。

有效的$\overline{\text{PDPINTx}}$(当使能时)引脚电平和系统复位将使寄存器 COMCONx 和 ACTRx 的设置无效。输出逻辑电路的模块功能如图 6.15 所示。

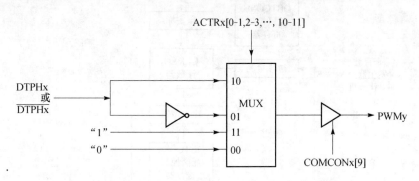

图 6.15　输出逻辑电路模块图(x=1,2 或 3;y=1,2,3,4,5 或 6)

比较单元输出逻辑的输入包括:

(1) 来自死区单元的 DTPH1、$\overline{\text{DTPH1}}$、DTPH2、$\overline{\text{DTPH2}}$、DTPH3 和$\overline{\text{DTPH3}}$以及比较匹配信号。

(2) 寄存器 ACTRx 中的控制位。

(3) $\overline{\text{PDPINTx}}$和复位信号。

比较单元输出逻辑的输出包括:

(1) PWMx,x=1~6(EVA)。

(2) PWMy,y=7~12(EVB)。

6.2.2　PWM 信号的产生

PWM 信号是一系列不同宽度脉冲组成的脉冲序列,这些脉冲分布在长度固定的周期内且每个周期只有一个脉冲,固定的周期即为 PWM(载波)周期,它的倒数称为 PWM(载波)频率,脉宽的调制根据不同的需求进行。

在电机控制系统中,PWM 信号用来控制打开和关闭功率放大器件的时间,以便将所需要的电流和能量传送给电机线圈,送给电机线圈的相电流的形状、频率和能量的大小控制着电机的转速和转矩。这样提供给电机的控制电流和电压都是调制信号,而且这个调制信号的频率比 PWM 载波频率要低。

1. PWM 信号的产生

为了产生 PWM 信号,定时器需要重复按照 PWM 周期进行计数,用一个比较寄存器来存放调制值。定时器计数器的值不断地与比较寄存器的值进行比较,当两个值相匹配时,相关输出产生从低电平到高电平(或从高电平到低电平)的跳变。当第二次匹配产生或周期结束时,相关引脚会产生另一个变化(从高到低或从低到高)。输出信号的变化时间由比较寄存器的值决定。这样,在每个周期中重复完成计数、匹配输出的过程,就产生了 PWM 信号。

另外再说一下关于死区的概念,如前所述,在很多电机、运动控制以及功率电子应用中,通常将两个功率器件的上下臂串联起来控制。上下被控的臂绝对不能同时导通,否则将会由于短路而击穿两个功率器件,因此需要一对不重叠的 PWM 输出正确地开启和关闭上下臂,即后一个功率器件的开启与前一个功率器件的关闭之间应存在一定的延时,所需的延迟时间由功率转换器的开关特性以及在具体应用中的负载特征所决定,这种延时就是死区。

2. 利用事件管理器产生 PWM 输出

使用 3 个比较单元中的任意一个,与 GP 定时器 1(EVA)、GP 定时器 3(EVB)、比较单元、死区单元和输出逻辑相结合都能产生一对死区和极性可编程的 PWM 输出。在每个 EV 模块中,与 3 个比较单元相关的 PWM 输出引脚有 6 个,这 6 个特定的 PWM 输出引脚可用于控制三相交流感应电机和直流无刷电机。由比较方式控制寄存器(ACTRx)所控制的多种输出方式能方便地控制广泛应用的开关磁阻电机和同步磁阻电机。PWM 电路还可用于控制其他类型的电机,如直流有刷电机和单轴或多轴的步进电机。如果需要,每个 GP 定时器的比较单元还可以产生另一路 PWM 输出。

3. 对称和非对称 PWM 的产生

EV 模块中每个比较单元都可以产生非对称和对称 PWM 波形。另外,使用

3 个比较单元可以产生 3 相对称空间向量 PWM 输出。使用 GP 定时器的比较单元产生 PWM 已经在 6.1.5 节中讲述过,下面主要讨论用比较单元产生 PWM 脉冲。

4. 产生 PWM 脉冲的寄存器设置

使用比较单元及其相关电路产生 3 种 PWM 波形中的任何一种,都需要对 EV 中相同的寄存器进行设置,包括以下步骤:

(1) 设置和装载 ACTRx。

(2) 如果使能死区功能,则设置和装载 DBTCONx。

(3) 初始化 CMPRx。

(4) 设置和装载 COMCONx。

(5) 设置和装载 T1CON(EVA)或 T3CON(EVB)来启动操作。

(6) 用计算的新值更新 CMPRx。

5. 非对称 PWM 波形的产生

边沿触发和非对称 PWM 信号的特点在于其调制信号不是关于 PWM 周期的中心对称的,如图 6.16 所示。脉冲的宽度只能从脉冲的一侧开始变化。

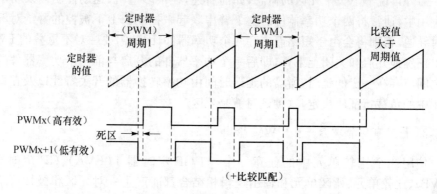

图 6.16 使用比较单元和 PWM 电路产生非对称 PWM 波形

GP 定时器 1 采用连续增计数模式来产生非对称 PWM 信号,周期寄存器装载与所需 PWM 载波周期相对应的值。设置 COMCONx 使能比较操作,选择相应的 PWM 引脚并使能为输出。如果需要设置死区,通过软件将所需的死区时间值写入寄存器 DBTCONx[11~8]的 DBT[3~0]位,作为 4 位死区定时器的周期,此时所有的 PWM 输出通道都使用这一个死区值。

通过软件正确设置寄存器 ACTRx 后,与比较单元相关的一个 PWM 输出引脚上将产生 PWM 信号,与此同时,另一个 PWM 输出引脚在 PWM 周期的开始、中间或结束处保持低电平(关闭)或高电平(开启)。这种用软件可灵活控制的 PWM 输出特别适用于开关磁阻电机的控制。

GP 定时器 1(或 GP 定时器 3)开始计数后,比较寄存器在执行每个 PWM 周期的过程中可重新写入新的比较值,从而改变 PWM 输出的占空比,起到调整控制功率器件的导通和关闭时间的作用。由于比较寄存器带有影子寄存器,所以在一个周期内的任何时候都可以将新的比较值写入比较寄存器。同样,可以随时向周期寄存器写入新的值,从而可以改变 PWM 的周期或强制改变 PWM 的输出方式。

6. 对称 PWM 波形的产生

如前所述,对称 PWM 波形的特点在于脉冲波形在周期内是关于 PWM 脉冲中心对称的。对称 PWM 波形与非对称 PWM 波形相比,具有的一个优点是:在每个 PWM 周期的开始和结束处有两个无效的等长时间区段,当使用正弦调制时,在交流电机(如感应电机、直流电机)的相电流中,对称 PWM 信号比非对称的 PWM 信号产生的谐波更小。图 6.17 给出了对称 PWM 波形的例子。

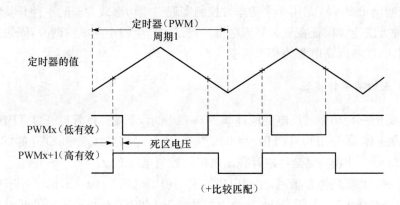

图 6.17　用比较单元和 PWM 电路产生的对称 PWM 波形(x＝1,3 或 5)

使用比较单元产生非对称 PWM 波形与产生对称 PWM 波形相似,唯一的区别在于前者需要将 GP 定时器 1(或 GP 定时器 3)设为连续增计数模式,而后者为连续增/减计数模式。

在对称 PWM 波形的一个周期内通常产生两次比较匹配,一次匹配在前半周期的递增计数期间,另一次匹配在后半周期的递减计数期间。一个新装载的比较值在后半周期匹配生效,这样可能提前或推迟 PWM 脉冲的第二个边沿的产生。这种 PWM 波形产生的特性可用以弥补在交流电机控制中由死区而引起的电流误差。

　　由于比较寄存器带有影子寄存器,在一个周期内的任何时候都可以装载新的值,同样,在一个周期的任意时刻,也可以将新值可写到周期寄存器和比较方式控制寄存器中,以改变 PWM 周期或强制改变 PWM 的输出方式。

　　7. PWM 双更新模式

　　28x 事件管理器支持"PWM 双更新模式",在这种操作模式下,PWM 的上升沿和下降沿都可以独立的进行调整。为能够支持这种功能,决定 PWM 脉冲边沿位置的比较寄存器中的值必须能够在 PWM 周期的开始和 PWM 周期的中间进行刷新。

　　28x 事件管理器的比较寄存器都带有缓冲,并支持 3 种装载/刷新(缓冲区内的数据变为有效)比较值模式,这些模式在早期的文档中被称为比较值重载条件。支持 PWM 双更新模式的重载条件是在下溢(PWM 周期开始)或期间(PWM 周期的中间)重载比较值。因此,可以利用这些条件实现 PWM 双更新模式。

6.2.3　空间向量 PWM

　　空间向量 PWM 是用 6 个功率管控制实现三相功率放大器的一种开关转换机制,这种方法能够保证在三相交流电机的绕组中产生较小的电流谐波,同采用正弦调制相比,能够提高电源的利用效率。

　　1. 三相功率转换器

　　典型的三相功率转换电路原理如图 6.11 所示,上端晶体管打开(DTPHx=1)时,下端晶体管关闭(DTPHx_ =0),则根据上臂(Q1、Q3 和 Q5)的状态,即 DTPHx(x=a,b,c),完全可以计算出电机的控值电压 U_{out}。

　　当一个上端晶体管导通,相应电机线圈的引脚电压 V_x(x=a,b,c)等于电源电压 U_{dc},当它截止时,电压为 0。三个上端晶体管 DTPHx(x=a,b,c)的开启和关闭状态共有 8 种组合方式,这 8 种组合方式与电机的线电压和相电压间的关系如表 6.10 所示。其中 a、b、c 分别代表 DTPHa、DTPHb 和 DTPHc。

表 6.10　三相功率转换器的转换模式

a	b	c	$V_{a0}(U_{dc})$	$V_{b0}(U_{dc})$	$V_{c0}(U_{dc})$	$V_{ab}(U_{dc})$	$V_{bc}(U_{dc})$	$V_{ca}(U_{dc})$
0	0	0	0	0	0	0	0	0
0	0	1	−1/3	−1/3	2/3	0	−1	1
0	1	0	−1/3	2/3	−1/3	−1	1	0
0	1	1	−2/3	1/3	1/3	−1	0	1
1	0	0	2/3	−1/3	−1/3	1	0	−1

续表

a	b	c	$V_{a0}(U_{dc})$	$V_{b0}(U_{dc})$	$V_{c0}(U_{dc})$	$V_{ab}(U_{dc})$	$V_{bc}(U_{dc})$	$V_{ca}(U_{dc})$
1	0	1	1/3	−2/3	1/3	1	−1	0
1	1	0	1/3	1/3	−2/3	0	1	−1
1	1	1	0	0	0	0	0	0

注:0 代表关闭;1 代表导通。

通过 d-q 坐标变换,将 8 种组合状态对应的相电压映射到 d-q 坐标平面,d-q 坐标变换实际上就是将(a,b,c)三个向量垂直映射到一个二维坐标(d-q 坐标)平面,这样就可以得到 6 个非零向量和两个零向量。6 个非零向量构成一个六边形,相邻向量之间的夹角为 60°,两个零向量处于原点。这 8 个向量就是基本空间向量,分别标记为 U_0、U_{60}、U_{120}、U_{180}、U_{240}、U_{300}、O_{000} 和 O_{111},对于提供给电机的电压 U_{out} 也可以做同样的变换。图 6.18 为各向量和期望电机电压 U_{out} 的投影。

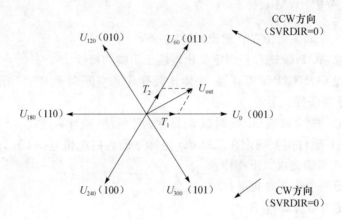

图 6.18　基本的空间向量和转换模式

图中,d-q 坐标的 d、q 轴分别对应交流电机定子的几何水平轴和垂直轴。

SVPWM 方法的实质就是通过功率模块的 6 个晶体管的 8 种状态近似产生电机的电压向量 U_{out}。

两个邻近的基本向量的二进制数值表示只差 1 位,也就是说当功率管开关的状态从 U_x 到 U_{x+60} 或从 U_{x+60} 到 U_x 时,仅有一个上臂晶体管动作,当零向量 O_{000} 和 O_{111} 作用时,对电机不产生控制电压。

2. 使用基本空间向量近似计算电机电压

任何时候,电机电压矢量 U_{out} 的映射都是 6 种矢量中的一种,因此对于任何 PWM 周期,可以根据相邻的两个矢量和来计算电机的电压 U_{out}:

$$U_{\text{out}} = T_1 U_{\text{x}} + T_2 U_{\text{x}+60} + T_0 (O_{000} \text{ 或 } O_{111})$$

式中，$T_0 = T_p - T_1 - T_2$，T_p 是 PWM 的载波周期。公式右边的第三部分即 T_0 $(O_{000}$ 或 $O_{111})$不会影响矢量和 U_{out}。U_{out} 的产生详情可参阅关于空间向量 PWM 和电机控制理论的相关文献。

以上的计算表明，为了将电压 U_{out} 施加到电机上，在 T_1 和 T_2 时间内，上臂晶体管的开关状态必须分别映射到 U_{x} 和 $U_{\text{x}+60}$ 向量，而零向量则有助于平衡晶体管的开关周期和功率消耗。

3. 事件管理器空间向量 PWM 波形产生

事件管理器模块内置的硬件电路可以大大简化产生对称空间向量 PWM 波形的操作，使用软件来产生空间向量 PWM 输出。

4. 空间向量 PWM 软件

为了产生空间向量 PWM 输出，软件必须：

(1) 配置 ACTRx 寄存器以定义比较输出引脚的极性。

(2) 配置 COMCONx 寄存器，使能比较操作和空间向量 PWM 模式，并设置 CMPRx 的重载条件为下溢。

(3) GP 定时器 1(或 GP 定时器 3)设置为连续增/减计数模式。

然后，用户软件需要确定在二维 d-q 坐标平面内的电机电压 U_{out}，分解 U_{out} 并在每个 PWM 周期完成以下操作：

(1) 确定两个相邻的向量 U_{x} 和 $U_{\text{x}+60}$。

(2) 确定参数 T_1、T_2 和 T_0。

(3) 将 U_{x} 对应的开关状态写到 ACTRx[14～12]位，并将 1 写入 ACTRx[15] 中，或将 $U_{\text{x}+60}$ 对应的开关状态写到 ACTRx[14～12]中，将 0 写入 ACTRx[15]中。

(4) 赋值 $T_1/2$ 给 CMPR1，$T_1/2 + T_2/2$ 给 CMPR2。

5. 空间向量 PWM 硬件

事件管理器中的空间向量 PWM 硬件通过以下操作完成一个空间向量 PWM 周期。

(1) 每个周期的开始，通过定义 ACTRx[14～12]将 PWM 输出设置为新的模式 U_{y}。

(2) 在递增计数过程中，当 CMPR1 和 GP 定时器 1 在 $T_1/2$ 处产生第一次比较匹配时，如果 ACTRx[15]位中的值为 1，将 PWM 输出设置为 $U_{\text{x}+60}$；如果 ACTRx[15]位中的值为 0，将 PWM 输出设置为 $U_{\text{y}}(U_{0\text{-}60} = U_{300}$、$U_{360+60} = U_{60})$。

（3）在递增计数过程中，当 CMPR2 和 GP 定时器 1 在 $T_1/2+T_2/2$ 处产生第二次比较匹配时，将 PWM 输出设置为 000 或 111 状态，它们与第二种状态存在 1 个位的区别。

（4）在递减计数过程中，当 CMPR2 和 GP 定时器 1 在 $T_1/2+T_2/2$ 处产生第一次匹配时，将 PWM 输出设置为第二种输出模式。

（5）在递减计数过程中，当 CMPR1 和 GP 定时器 1 在 $T_1/2$ 处产生第二次匹配时，将 PWM 输出置为第一种输出模式。

6. 空间向量 PWM 波形

空间向量 PWM 波形关于每个 PWM 周期的中心对称，因此也称之为对称空间向量 PWM 波形。图 6.19 是对称空间向量 PWM 波形的图例。

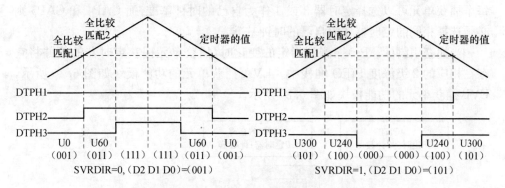

图 6.19　对称空间向量 PWM 波形

7. 未使用的比较寄存器

产生空间矢量 PWM 输出时仅使用两个比较寄存器（CMPR1 和 CMPR2），而第 3 个比较寄存器 CMPR3 也一直在和 GP 定时器 1 进行比较，当发生第一次比较匹配时，如果比较中断没有被屏蔽，相应的比较中断标志将置位并发出中断请求，因此，没有用于空间矢量 PWM 产生的 CMPR3 寄存器仍可用于其他定时事件的产生。另外，由于状态机引入额外延时，在空间矢量 PWM 模式中的比较输出跳变也被延时 1 个时钟周期。

8. 空间向量 PWM 的边界条件

在空间矢量 PWM 模式中，当两个比较寄存器 CMPR1 和 CMPR2 装入的值都是 0 时，三个比较输出全都变成无效。因此，在这种模式下，用户必须确保：(CMPR1)≤(CMPR2)≤(T1PR)，否则将产生不可预知的运行结果。

6.3　捕　获　单　元

捕获单元能够捕获到捕获单元外部引脚的跳变,一旦外部引脚出现跳变就会使能触发。事件管理器共计有 6 个捕获单元,每个事件管理器各有 3 个,其中捕获单元 1、2 和 3 是 EVA 的,捕获单元 4、5、和 6 是 EVB 的,每个捕获单元都有相应的捕获输入引脚。

6.3.1　捕获单元概述

EVA 中的每个捕获单元可以选择定时器 1 或 2 作为自己的时钟基准,而 CAP1 和 CAP2 则必须选择相同的定时器作为自己的时钟基准。同样,EVB 中的每个捕获单元可以选择定时器 3 或 4 作为自己的时钟基准,而 CAP4 和 CAP5 则必须选择相同的定时器作为自己的时钟基准。

当捕获引脚(CAPx)探测到指定的变化时,捕获单元捕获定时器的值并将它存在相应的 2 级深度 FIFO 堆栈中。EVA 捕获单元的功能模块如图 6.20 所示,EVB 捕获单元的功能模块如图 6.21 所示。

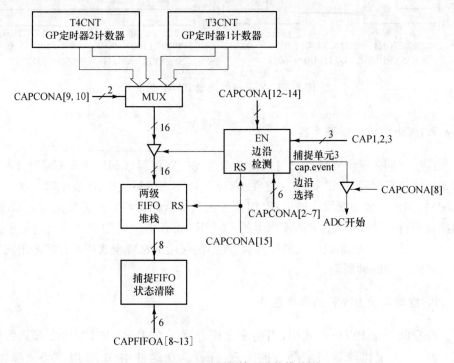

图 6.20　EVA 捕获单元功能模块图

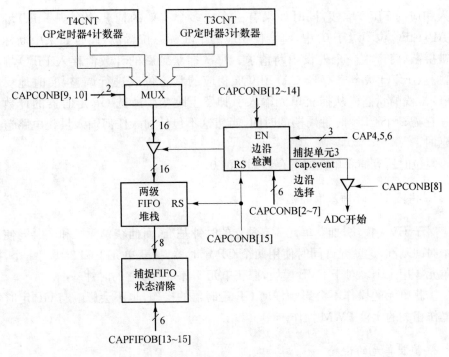

图 6.21　EVB 捕获单元功能模块图

捕获单元具有以下特点：

（1）1 个 16 位的捕获控制寄存器（EVA 的 CAPCONA 和 EVB 的 CAP-CONB），可读写。

（2）1 个 16 位的捕获 FIFO 状态寄存器（EVA 的 CAPFIFOA，EVB 的 CAPFIFOB）。

（3）可选 GP 定时器 1 或 2（EVA）和 GP 定时器 3 或 4（EVB）作为时钟基准。

（4）3 个 16 位 2 级深度 FIFO 堆栈，每个捕获单元一个。

（5）6 个施密特触发捕获输入引脚 CAP1～CAP6，每个输出单元一个输入引脚，所有的输入与 CPU 时钟同步；为了能捕获到变化，输入信号应该保持当前状态满足两个时钟上升沿。输入引脚 CAP1 和 CAP2（在 EVB 中是 CAP4 和 CAP5）也可以作为 QEP 电路的 QEP 输入。

（6）用户可以指定捕获何种形式的跳变（上升沿、下降沿或两个沿）。

（7）每个捕获单元 1 个（共 6 个）可屏蔽中断标志。

6.3.2　捕获单元的操作

捕获单元被使能后，输入引脚上的跳变将使所选择的 GP 定时器的计数值装入相应的 FIFO 堆栈,同时如果有一个或多个有效的捕获值存到 FIFO 堆栈(CAPxFIFO 位不等于 0)中,将会使相应的中断标志位置位,此时如果中断标志未被屏蔽,将产生一个外设中断请求。每次捕获到新的计数值存入 FIFO 堆栈时,捕获 FIFO 状态寄存器 CAPFIFOx 相应的状态位就进行调整,实时地反映 FIFO 堆栈的状态。从捕获单元输入引脚发生跳变到所选 GP 定时器的计数值被锁存需 2 个 CPU 时钟周期的时间,当然这不包括加入任何输入量化电路造成的延时。

复位时所有捕获单元的寄存器都被清 0。

1. 捕获单元时钟基准的选择

对于 EVA 模块,捕获单元 3 有独立的时钟基准,而捕获单元 1 和 2 共同使用一个时间基准,这就允许同时使用两个 GP 定时器,捕获单元 1 和 2 共用 1 个,捕获单元 3 用 1 个。对于 EVB 模块,捕获单元 6 有一个独立的时钟基准。

捕获单元的操作不会影响任何 GP 定时器的操作,也不会影响与 GP 定时器的操作相关的比较 PWM 操作。

2. 捕获单元的设置

为使捕获单元能够正常工作,必须进行如下的寄存器设置:
(1) 初始化 CAPFIFOx 寄存器并清除相应的状态位。
(2) 设置使用的 GP 定时器的工作模式。
(3) 如果需要,设置相关 GP 定时器的比较寄存器或周期寄存器。
(4) 适当的配置 CAPCONA 或 CAPCONB 寄存器。

6.3.3 捕获单元的 FIFO 堆栈

每个捕获单元都有一个专用的 2 级深度的 FIFO 堆栈,顶层堆栈由 CAPFIFO1、CAPFIFO2 和 CAPFIFO3(EVA)或 CAPFIFO4、CAPFIFO5 和 CAPFIFO6(EVB)组成。底层堆栈由 CAP1FBOT、CAP2FBOT 和 CAP3FBOT(EVA)或 CAP4FBOT、CAP5FBOT 和 CAP6FBOT(EVB)组成。所有 FIFO 堆栈的顶层堆栈寄存器是只读寄存器,它存放相应的捕获单元捕获到的最早的计数值,因此读取捕获单元 FIFO 堆栈时总是返回堆栈中最早的计数值。当读取 FIFO 堆栈的顶层寄存器的计数值时,堆栈底层寄存器的新计数值(如果有)将被压入顶层寄存器。

如果需要,也可以读取 FIFO 堆栈底层寄存器的值。如果 FIFO 状态位以前为 11 或 10,读取底层寄存器的值会引起 FIFO 状态位变为 01(有一个值);如果

FIFO 状态位以前为 01，读取底层寄存器的值会引起 FIFO 状态位变为 00（没有值）。

1. 第一次捕获

当捕获单元的输入引脚出现跳变时，捕获单元将使用的 GP 定时器的计数值写入空的 FIFO 堆栈的顶层寄存器，同时相应的状态位置为 01。如果在下一次捕获操作之前，读取了 FIFO 堆栈，则 FIFO 状态位被复位为 00。

2. 第二次捕获

如果在前一次捕获计数值被读取之前产生了另一次捕获，新捕获到的计数值送至底层的寄存器。同时，相应的寄存器状态位置为 10。如果在下一次捕获操作之前对 FIFO 堆栈进行了读操作，底层寄存器中新的计数值就会被压入顶层寄存器，同时相应的状态位被设置为 01。

第二次捕获使相应的捕获中断标志位置位，如果中断未被屏蔽，则产生一个外设中断请求。

3. 第三次捕获

如果捕获发生时，FIFO 堆栈已有捕获到的两个计数值，即之前产生了两次捕获且没有读出，则新的一次捕获即第三次捕获的到来将使得在顶层寄存器中最早的计数值被弹出并丢弃，而堆栈底层寄存器的值将被压入顶层寄存器中，新捕获到的计数值将被压入底层寄存器中，并且 FIFO 的状态位被设置为 11 以表明一个或更多旧的捕获计数值已被丢弃。同样，在未读出当前堆栈前新的捕获将产生相同的堆栈效应。

第三次捕获使相应的捕获中断标志位置位，如果中断未被屏蔽，则产生一个外设中断请求。

6.3.4　捕获单元的中断

当捕获单元完成一个捕获时，在 FIFO 中至少有一个有效的值（CAPxFIFO 位显示不等于 0 时）与之相对应，如果中断未被屏蔽，则中断标志位置位，产生一个外设中断请求。因此，如果使用了中断，则可用中断服务子程序读取到一对捕获的计数值。如果不希望使用中断，也可通过查询中断标志位或堆栈状态位来确定是否发生了两次捕获事件，若已发生两次捕获事件，则捕获到的计数值可以被读出。

6.3.5　QEP 电路

每个事件管理器模块都有一个 QEP 电路,如果 QEP 电路被使能,则可以对引脚 CAP1/QEP1 和 CAP2/QEP2(EVA)或 CAP4/QEP3 和 CAP5/QEP4(EVB)上的正交编码脉冲进行解码和计数。利用该计数功能并与计时功能相结合,QEP 电路与一个光电编码器连接后可用于测量旋转仪器的位置和速率信息。需要说明的是,由于 QEP 电路与捕获电路复用引脚,如果使能 QEP 电路,那么 CAP1/CAP2 和 CAP4/CAP5 引脚上的捕获功能将被禁止。

1. QEP 引脚

3 个 QEP 输入引脚同捕获单元 1、2、3(EVA)或 4、5、6(EVB)共用,外部接口引脚的具体功能由 CAPCONx 寄存器设置。

2. QEP 电路的时钟基准

GP 定时器 2 为 EVA(EVB 由 GP 定时器 4)的 QEP 电路提供基准时钟。GP 定时器作为 QEP 电路的基准时钟时,必须工作在定向增/减计数模式下。图 6.22 给出了 EVA 的 QEP 电路模块图,图 6.23 为 EVB 的 QEP 电路模块图。

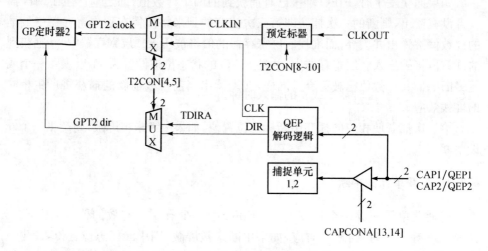

图 6.22　EVA 的 QEP 电路模块图

3. QEP 解码

QEP 是两个频率可变、有固定 1/4 周期相位差(即 90°)的脉冲序列。当电机

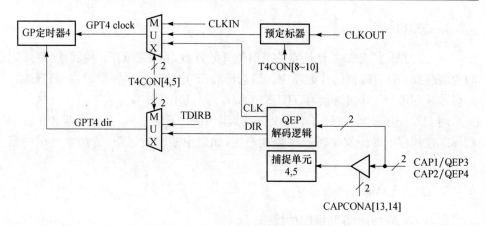

图 6.23　EVB 的 QEP 电路模块图

轴上的光电编码器产生 QEP 时,可以通过两路脉冲的先后次序确定电机的转动方向,并根据脉冲的个数和频率分别确定电机的角位置和角速度。

(1) QEP 电路。

EV 模块中 QEP 电路的方向检测逻辑确定两个正交编码脉冲中哪个的相位超前,然后产生一个方向信号作为 GP 定时器 2(或 4)的方向输入。如果 CAP1/QEP1(EVB 是 CAP4/QEP3)引脚的脉冲输入是相位超前脉冲序列,那么定时器就进行递增计数;相反,如果 CAP2/QEP2(EVB 是 CAP5/QEP4)引脚的脉冲输入是相位超前脉冲序列,则定时器进行递减计数。

QEP 电路对两组编码输入脉冲的上升沿和下降沿都进行计数,因此由 QEP 电路产生的 GP 定时器(2 或 4)的时钟频率是每个输入脉冲序列频率的 4 倍,这个正交时钟作为 GP 定时器 2 或 4 的输入时钟。

(2) QEP 解码实例。

图 6.24 是正交编码脉冲和解码后所得时钟及计数方向的例子。

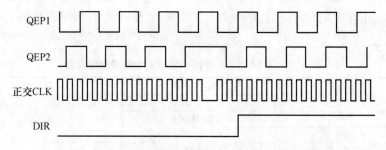

图 6.24　正交编码脉冲和解码后的时钟、计数方向

4. QEP 计数

GP 定时器 2(或 4)总是从它的当前值开始计数,在使能 QEP 模式前,将所需的值装载到 GP 定时器的计数器中。当选择 QEP 电路作为时钟源时,定时器的方向信号 TDIRA/B 和时钟信号 TCLKINA/B 将不起作用。

用 QEP 电路作为时钟,GP 定时器的周期中断、下溢中断、上溢中断和比较中断标志在相应的匹配发生时都将会被产生,如果中断未被屏蔽,将产生外设中断请求。

5. QEP 电路的寄存器设置

启动 EVA 中的 QEP 电路的操作:

(1) 根据需要将期望的值载入 GP 定时器 2 的计数器、周期和比较寄存器中。

(2) 设置 T2CON 寄存器使 GP 定时器 2 处于定向增/减计数模式,使用 QEP 电路作为时钟源并使能选用的 GP 定时器。

启动 EVB 中的 QEP 电路的操作:

(1) 根据需要将期望的值载入到 GP 定时器 4 的计数器、周期和比较寄存器中。

(2) 设置 T4CON 寄存器使 GP 定时器 4 处于定向增/减计数模式,使用 QEP 电路作为时钟源并使能选用的 GP 定时器。

6.4 事件管理器中断

本节将介绍事件管理器的中断结构并说明如何响应中断。

6.4.1 EV 中断概述

EV 的中断模块分成三组:A、B、C,每组都有相应的中断标志寄存器和中断屏蔽寄存器,如表 6.11 所示。如果在中断屏蔽寄存器 EVAIMRx(x=A,B 或 C)中相应的位为 0,则中断标志寄存器 EVAIFRx(x=A,B 或 C)中的标志位被屏蔽,将不会产生外设中断请求。同时每个 EV 中断组都有几个事件管理器外设中断请求。

表 6.11 中断标志寄存器和相应的中断屏蔽寄存器

标志寄存器	屏蔽寄存器	EV 模块
EVAIFRA	EVAIMRA	EVA
EVAIFRB	EVAIMRB	
EVAIFRC	EVAIMRC	
EVBIFRA	EVBIMRA	EVB
EVBIFRB	EVBIMRB	
EVBIFRC	EVBIMRC	

6.4.2　EV 中断请求和服务

当响应外设中断请求时,相应的外设中断向量由 PIE 控制器载入外设中断向量寄存器(PIVR)。载入 PIVR 的向量是被使能的挂起(未响应)事件中最高优先级的向量,通过中断服务程序(ISR)可以读取向量寄存器。表 6.12 和表 6.13 给出了事件管理器 A/B 的中断。

表 6.12　EVA 中断

组	中　断	组内优先级	向量(ID)①	描述/源	中断组
A	$\overline{\text{PDPINTA}}$	1(最高)	0020h	功率驱动保护中断 A	1
	CMP1INT	2	0021h	比较单元 1 比较中断	
	CMP2INT	3	0022h	比较单元 2 比较中断	
	CMP3INT	4	0023h	比较单元 3 比较中断	
A	T1PINT	5	0027h	定时器 1 周期中断	2
	T1CINT	6	0028h	定时器 1 比较中断	
	T1UFINT	7	0029h	定时器 1 下溢中断	
	T1OFINT	8	002Ah	定时器 1 上溢中断	
B	T2PINT	1	002Bh	定时器 2 周期中断	3
	T2CINT	2	002Ch	定时器 2 比较中断	
	T2UFINT	3	002Dh	定时器 2 下溢中断	
	T2OFINT	4	002Eh	定时器 1 上溢中断	
C	CAP1INT	1	0033h	捕获单元 1 中断	3
	CAP2INT	2	0034h	捕获单元 2 中断	
	CAP3INT	3(最低)	0035h	捕获单元 3 中断	

① DSP/BIOS 使用向量 ID。

表 6.13　EVB 中断

组	中　断	组内优先级	向量(ID)①	描述/源	中断组
A	$\overline{\text{PDPINTB}}$	1(最高)	0019h	功率驱动保护中断 B	1
	CMP4INT	2	0024h	比较单元 4 比较中断	
	CMP5INT	3	0025h	比较单元 5 比较中断	
	CMP6INT	4	0026h	比较单元 6 比较中断	
A	T3PINT	5	002Fh	定时器 3 周期中断	4
	T3CINT	6	0030h	定时器 3 比较中断	
	T3UFINT	7	0031h	定时器 3 下溢中断	
	T3OFINT	8	0032h	定时器 3 上溢中断	

续表

组	中　断	组内优先级	向量(ID)①	描述/源	中断组
B	T4PINT	1	0039h	定时器 4 周期中断	5
	T4CINT	2	003Ah	定时器 4 比较中断	
	T4UFINT	3	003Bh	定时器 4 下溢中断	
	T4OFINT	4	003Ch	定时器 4 上溢中断	
C	CAP4INT	1	0036h	捕获单元 4 中断	5
	CAP5INT	2	0037h	捕获单元 5 中断	
	CAP6INT	3(最低)	0038h	捕获单元 6 中断	

① DSP/BIOS 使用矢量 ID。

1. 中断的产生

当 EV 模块中有中断产生时,EV 中断标志寄存器相应的中断标志位被置位,如果标志位未被局部屏蔽(EVAIMRx 的相应位被置 1),外设中断扩展控制器将产生外围设备中断请求。中断产生的条件如表 6.14 所示。

表 6.14　中断产生的条件

中　断	产生的条件
下溢	当计数器的值为 0000h
上溢	当计数器的值为 FFFFh
比较	当计数器的值与比较寄存器值匹配
周期	当计数器的值与周期寄存器值匹配

2. 中断向量

当响应一个外设中断申请时,在所有被置位和使能的中断中,具有最高优先权的标志位的外设中断的矢量将被装载入 PIVR(这一切在 EV 的外围设备中断控制器中完成)。

注意:在外设寄存器中的中断标志必须通过在中断服务程序中使用软件写 1 到该位来完成清除该标志位的操作。如果不能够成功的清除该位,会导致将来产生相同中断时不发出中断请求。

6.5　事件管理器寄存器

本节将按照功能来分组介绍所有的事件管理器的寄存器。

6.5.1　寄存器概述

所有 EVA 寄存器列于表 6.2,所有 EVB 寄存器列于表 6.3。

6.5.2　定时器寄存器

定时器寄存器包括：

- 全局 GP 定时器控制寄存器 A(GPTCONA)，地址 7400h。
- 全局 GP 定时器控制寄存器 B(GPTCONB)，地址 7500h。
- 定时器 1 计数器寄存器(T1CNT)，地址 7401h。
- 定时器 1 比较寄存器(T1CMPR)，地址 7402h。
- 定时器 1 周期寄存器(T1PR)，地址 7403h。
- 定时器 2 计数器寄存器(T2CNT)，地址 7405h。
- 定时器 2 比较寄存器(T2CMPR)，地址 7406h。
- 定时器 2 周期寄存器(T2PR)，地址 7407h。
- 定时器 3 计数器寄存器(T3CNT)，地址 7501h。
- 定时器 3 比较寄存器(T3CMPR)，地址 7502h。
- 定时器 3 周期寄存器(T3PR)，地址 7503h。
- 定时器 4 计数器寄存器(T4CNT)，地址 7505h。
- 定时器 4 比较寄存器(T4CMPR)，地址 7506h。
- 定时器 4 周期寄存器(T4PR)，地址 7507h。
- 定时器 1 控制寄存器(T1CON)，地址 7404h。
- 定时器 2 控制寄存器(T2CON)，地址 7408h。
- 定时器 3 控制寄存器(T3CON)，地址 7504h。
- 定时器 4 控制寄存器(T4CON)，地址 7508h。

注意：所有寄存器都是各自独立的，因此要单独进行配置。

1. 定时器计数器寄存器

图 6.25 和表 6.15 给出了定时器计数器寄存器(TxCNT)的位及功能定义。

```
15                                                                    0
┌──────────────────────────────────────────────────────────────────┐
│                             TxCNT                                   │
└──────────────────────────────────────────────────────────────────┘
                             R/W-0
```

图 6.25　定时器计数器寄存器(TxCNT,x＝1,2,3,4)位定义

(R 代表可读,W 代表可写,-n 代表复位后的值;下同,不再给出)

表 6.15　定时器计数器寄存器功能定义

位	名　称	功能描述
15~0	TxCNT	定时器 x 计数器的当前值

2. 定时器比较寄存器

图 6.26 和表 6.16 给出了定时器比较寄存器(TxCMPR)的位及功能定义。

图 6.26 定时器比较寄存器(TxCMPR,x=1,2,3,4)位定义

表 6.16 定时器比较寄存器功能定义

位	名 称	功能描述
15~0	TxCMPR	定时器 x 计数的比较值

3. 定时器周期寄存器

图 6.27 和表 6.17 给出了定时器周期寄存器(TxPR)的位及功能定义。

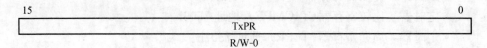

图 6.27 定时器周期寄存器(TxPR,x=1,2,3,4)位定义

表 6.17 定时器周期寄存器功能定义

位	名 称	功能描述
15~0	TxPR	定时器 x 计数的周期值

4. 定时器控制寄存器

单个 GP 定时器控制寄存器(TxCON)的位及功能定义如图 6.28 和表 6.18 所示。

15	14	13	12	11	10	9	8
Free	Soft	保留	TMODE1	TMODE0	TPS2	TPS1	TPS0
RW-0	RW-0	RW-0	RW-0	RW-0	RW-0	RW-0	RW-0

7	6	5	4	3	2	1	0
T2SWT1/T4SWT3(A)	TENABLE	TCLKS1	TCLKS0	TCLD1	TCLD0	TECMPR	SELT1PR/SELT3PR(A)
RW-0	RW-0	RW-0	RW-0	RW-0	RW-0	RW-0	RW-0

图 6.28 定时器控制寄存器(TxCON,x=1,2,3,4)位定义

(A) 在 T1CON 和 T3CON 中为保留位

表 6.18　定时器控制寄存器功能定义

位	名　　称	功能描述
15～14	Free,Soft	仿真控制位 0 0:仿真挂起则立即停止 0 1:仿真挂起则当前定时器周期结束后停止 1 0:仿真挂起不影响操作 1 1:仿真挂起不影响操作
13	保留	保留,读返回 0,写没有影响
12～11	TMODE1～TMODE0	计数模式选择 0 0:停止/保持 0 1:连续增/减计数模式 1 0:连续增计数模式 1 1:定向增/减计数模式
10～8	TPS2～TPS0	输入时钟预定标参数 0 0 0:x/1 0 0 1:x/2 0 1 0:x/4 0 1 1:x/8 1 0 0:x/16 1 0 1:x/32 1 1 0:x/64 1 1 1:x/128(x=HSPCLK)
7	T2SWT1/T4SWT3	T2SWT1 是 EVA 的定时器控制位,用于控制是否使用 GP 定时器 1 的使能位来启动定时器 2;在 T1CON 中为保留位 T4SWT3 是 EVB 的定时器控制位,用于控制是否使用 GP 定时器 3 的使能位来启动定时器 4;在 T3CON 中为保留位 0:使用自己的使能位(TENABLE) 1:使用 T1CON(EVA) 或 T3CON(EVB) 的使能位,忽略自己的使能位。
6	TENABLE	定时器使能位 0:禁止定时器操作,定时器被置为保持状态且预定标计数器复位 1:使能定时器操作
5～4	TCLKS1～TCLKS0	时钟源选择 0 0:内部时钟(如 HSPCLK) 0 1:外部时钟(如 TCLKINx) 1 0:保留 1 1:QEP 电路
3～2	TCLD1～TCLD0	定时器比较寄存器装载条件 0 0:当计数器值等于 0 0 1:当计数器值等于 0 或等于周期寄存器的值 1 0:立即 1 1:保留
1	TECMPR	定时器比较使能 0:禁止定时器比较操作 1:使能定时器比较操作

续表

位	名　称	功能描述
0	SELT1PR/SELT3PR	SELT1PR 是 EVA 的一个周期寄存器选择位,当 T2CON 的该位等于 1 时,定时器 2 和定时器 1 都使用定时器 1 的周期寄存器,而忽略定时器 2 的周期寄存器;T1CON 的该位为保留位 SELT3PR 是 EVB 的一个周期寄存器选择位,当 T4CON 的该位等于 1 时,定时器 4 和定时器 3 都使用定时器 3 的周期寄存器,而忽略定时器 4 的周期寄存器;T3CON 的该位为保留位 0:使用自己的周期寄存器 1:使用 T1PR(EVA)或 T3PR(EVB)的周期寄存器,忽略自己的周期寄存器

5. 全局 GP 定时器控制寄存器 A

全局 GP 定时器控制寄存器 A(GPTCONA)的位及功能定义如图 6.29 和表 6.19 所示。

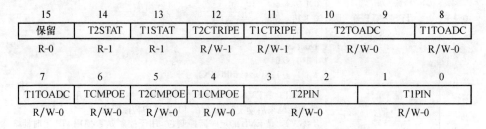

图 6.29　全局 GP 定时器控制寄存器 A 位定义

表 6.19　全局 GP 定时器控制寄存器 A 功能定义

位	名　称	功能描述
15	保留	保留,读返回 0,写没有影响
14	T2STAT	GP 定时器 2 的状态(只读) 0:递减计数 1:递增计数
13	T1STAT	GP 定时器 1 的状态(只读) 0:递减计数 1:递增计数
12	T2CTRIPE	T2CTRIP 使能位,用于使能或禁止定时器 2 的比较输出陷阱(T2CTRIP)必须在 EXTCONA[0]=1 时该位才有效,当 EXTCONA[0]=0 时,该位保留 0:禁止 T2CTRIP,则 T2CTRIP 不影响定时器 2 的比较输出、GPT-CONA[5]或 PDPINTA 标志 EVAIFRA[0] 1:使能 T2CTRIP,当 T2CTRIP 为低电平时,定时器 2 的比较输出变为高阻态,GPTCONA[5]变为 0,PDPINTA 标志(EVAIFRA[0])置 1

续表

位	名　称	功能描述
11	T1CTRIPE	T1CTRIP 使能位,用于使能或禁止定时器 1 的比较输出陷阱(T1CTRIP) 必须在 EXTCONA[0]=1 时该位才有效,当 EXTCONA[0]=0 时,该位 保留 0:禁止 T1CTRIP,则 T1CTRIP 不影响定时器 1 的比较输出、GPT- 　CONA[4]或 PDPINTA 标志(EVAIFRA[0]) 1:使能 T1CTRIP,当 T1CTRIP 为低电平时,定时器 1 的比较输出变 　为高阻态,GPTCONA[4]变为 0,PDPINTA 标志(EVAIFRA[0]) 　置 1
10~9	T2TOADC	使用定时器 2 事件启动 AD 转换 0 0:无事件启动 AD 转换即不启动 AD 转换 0 1:下溢中断启动 AD 转换 1 0:周期中断启动 AD 转换 1 1:比较器中断启动 AD 转换
8~7	T1TOADC	使用定时器 1 事件启动 AD 转换 0 0:无事件启动 AD 转换即不启动 AD 转换 0 1:下溢中断启动 AD 转换 1 0:周期中断启动 AD 转换 1 1:比较器中断启动 AD 转换
6	TCMPOE	定时器的比较输出使能,用于使能或禁止定时器的比较输出,但必须 在 EXTCONA[0]=0 时 TCMPOE 才有效,EXTCONA[0]=1 该位 保留 如果 TCMPOE 有效,则当 PDPINTA/T1CTRIP 为低电平且 EVAIMRA[0]=1 时,TCMPOE 复位为 0 0:定时器比较输出 T1/2PWM_T1/2CMPR 输出为高阻态 1:定时器比较输出 T1/2PWM_T1/2CMPR 由各自的定时器比较逻辑 　驱动
5	T2CMPOE	定时器 2 的比较输出使能,用于使能或禁止事件管理器的定时器 2 的 比较输出 T2PWM_T2CMPR,EXTCONA[0]=1 时 T2CMPOE 有效, EXTCONA[0]=0 时 T2CMPOE 保留 如果 T2CMPOE 有效,T2CTRIP 被使能且为低电平,则 T2CMPOE 复位为 0 0:定时器 2 比较输出 T2PWM_T2CMPR 为高阻态 1:定时器 2 比较输出 T2PWM_T2CMPR 由定时器 2 的比较逻辑驱动
4	T1CMPOE	定时器 1 的比较输出使能,用于使能或禁止事件管理器的定时器 1 的 比较输出 T1PWM_T1CMPR,EXTCONA[0]=1 时 T1CMPOE 有效, EXTCONA[0]=0 时 T1CMPOE 保留 如果 T1CMPOE 有效,T1CTRIP 被使能且为低电平,则 T1CMPOE 复位为 0 0:定时器 1 比较输出 T1PWM_T1CMPR 为高阻态 1:定时器 1 比较输出 T1PWM_T1CMPR 由定时器 1 的比较逻辑驱动

续表

位	名　称	功能描述
3～2	T2PIN	定时器 2 比较输出的极性 0 0：强制低 0 1：低有效 1 0：高有效 1 1：强制高
1～0	T1PIN	定时器 1 比较输出的极性 0 0：强制低 0 1：低有效 1 0：高有效 1 1：强制高

注：当 EXTCONA[0] 第一次置 1 时，GPTCON[12] 和 GPTCON[11] 默认为 1。

T1PWM_T1CMPR 和 T2PWM_T2CMPR 输出的使能和禁止受多种信号控制，由 EXTCONA[0] 的值来确定是选择 GPTCON[6] 和（EVAIMRA[0]/PDPINTA）来控制还是 GPTCON[4] 和 GPTCON[5] 来控制：

EXTCONA[0]=0，选择 GPTCON[6] 和（EVAIMRA[0]/PDPINTA）。

EXTCONA[0]=1，选择 GPTCON[4] 控制 T1PWM_T1CMPR 的输出，选择 GPTCON[5] 控制 T2PWM_T2CMPR 的输出。

在 240x 的设计中，$\overline{(EVAIMRA[0]}$/PDPINTA）代表 PDPINT 引脚到比较输出缓冲器的非同步通道。

6. 全局 GP 定时器控制寄存器 B

全局 GP 定时器控制寄存器 B（GPTCONB）的位及功能定义如图 6.30 和表 6.20 所示。

15	14	13	12	11	10	9	8
保留	T4STAT	T3STAT	T4CTRIPE	T3CTRIPE	T4TOADC		T3TOADC
R/W-0	R-0	R-1	R/W-1	R/W-1	R/W-1		R/W-0

7	6	5	4	3	2	1	0
T3TOADC	TCMPOE	T4CMPOE	T3CMPOE	T4PIN		T3PIN	
R/W-0	R/W-0	R/W-0	R/W-0	R/W-0		R/W-0	

图 6.30　全局 GP 定时器控制寄存器 B 位定义

表 6.20　全局 GP 定时控制寄存器 B 功能定义

位	名　称	功能描述
15	保留	保留，读返回 0，写没有影响
14	T4STAT	GP 定时器 4 的状态（只读） 0：递减计数 1：递增计数

续表

位	名　称	功能描述
13	T3STAT	GP 定时器 3 的状态(只读) 0:递减计数 1:递增计数
12	T4CTRIPE	T4CTRIP 使能位,用于使能或禁止定时器 4 的比较输出陷阱(T4CTRIP) 必须在 EXTCONB[0]=1 时该位才有效,当 EXTCONB[0]=0 时,该位保留 0:禁止 T4CTRIP,则 T4CTRIP 不影响定时器 4 的比较输出、GPT-CONB[5]或 PDPINTB 标志(EVBIFRA[0]) 1:使能 T4CTRIP,当 T4CTRIP 为低电平时,定时器 4 的比较输出变为高阻态,GPTCONB[5]变为 0,PDPINTB 标志(EVBIFRA[0])置 1
11	T3CTRIPE	T3CTRIP 使能位,用于使能或禁止定时器 3 的比较输出陷阱(T3CTRIP) 必须在 EXTCONB[0]=1 时该位才有效,当 EXTCONB[0]=0 时,该位保留 0:禁止 T3CTRIP,则 T3CTRIP 不影响定时器 3 的比较输出、GPT-CONB[4]或 PDPINTB 标志(EVBIFRA[0]) 1:使能 T3CTRIP,当 T3CTRIP 为低电平时,定时器 3 的比较输出变为高阻状态,GPTCONB[4]变为 0,PDPINTB 标志(EVBIFRA[0])置 1
10~9	T4TOADC	使用定时器 4 事件启动 AD 转换 0 0:无事件启动 AD 转换即不启动 AD 转换 0 1:下溢中断启动 AD 转换 1 0:周期中断启动 AD 转换 1 1:比较器中断启动 AD 转换
8~7	T3TOADC	使用定时器 3 事件启动 AD 转换 0 0:无事件启动 AD 转换即不启动 AD 转换 0 1:下溢中断启动 AD 转换 1 0:周期中断启动 AD 转换 1 1:比较器中断启动 AD 转换
6	TCMPOE	定时器的比较输出使能,如果$\overline{PDPINT}$x有效,该位置 0 0:禁止 GP 定时器比较输出,所有比较输出为高阻态 1:使能所有 GP 定时器比较输出
5	T4CMPOE	定时器 4 的比较输出使能,用于使能或禁止事件管理器的定时器 4 的比较输出 T4PWM_T4CMPR,EXTCONB[0]=1 时 T4CMPOE 有效,EXTCONB[0]=0 时 T4CMPOE 保留 如果 T4CMPOE 有效,T4CTRIP 被使能且为低电平,则 T4CMPOE 复位为 0 0:定时器 4 比较输出 T4PWM_T4CMPR 为高阻态 1:定时器 4 比较输出 T2PWM_T4CMPR 由定时器 4 的比较逻辑驱动

位	名　称	功能描述
4	T3CMPOE	定时器 3 的比较输出使能,用于使能或禁止事件管理器的定时器 3 的比较输出 T3PWM_T3CMPR,EXTCONB[0]＝1 时 T3CMPOE 有效,EXTCONB[0]＝0 时 T3CMPOE 保留 如果 T3CMPOE 有效,T3CTRIP 被使能且为低电平,则 T3CMPOE 复位为 0 0:定时器 3 比较输出 T3PWM_T3CMPR 为高阻态 1:定时器 3 比较输出 T3PWM_T3CMPR 由定时器 3 的比较逻辑驱动
3～2	T4PIN	定时器 4 比较输出的极性 0 0:强制低 0 1:低有效 1 0:高有效 1 1:强制高
1～0	T3PIN	定时器 3 比较输出的极性 0 0:强制低 0 1:低有效 1 0:高有效 1 1:强制高

6.5.3　比较寄存器

比较寄存器包括:

- 比较控制寄存器 A(COMCONA),地址 7411h。
- 比较控制寄存器 B(COMCONB),地址 7511h。
- 比较方式控制寄存器 A(ACTRA),地址 7413h。
- 比较方式控制寄存器 B(ACTRB),地址 7513h。
- 死区定时器控制寄存器 A(DBTCONA),地址 7415h。
- 死区定时器控制寄存器 B(DBTCONB),地址 7515h。

1. 比较控制寄存器 A

图 6.31 和表 6.21 给出了比较控制寄存器 A(COMCONA)的位及功能定义。

15	14	13	12	11	10	9	8
CENABLE	CLD1	CLD0	SVENABLE	ACTRLD1	ACTRLD0	FCMPOE	PDPINTA Status
R/W-0	R/W-0	R/W-0	R/W-0	R/W-0	R/W-0	R/W-0	R-0

7	6	5	4	3	2	1	0
FCMP3OE	FCMP2OE	FCMP1OE	保留		C3TRIPE	C2TRIPE	C1TRIPE
R/W-0	R/W-0	R/W-0	R-0		R/W-1	R/W-1	R/W-1

图 6.31　比较控制寄存器 A 位定义

(阴影位表明只有在 EXTCON[0]＝1,该位才被激活,寄存器 COMCONB 与此相同)

表 6.21　比较控制寄存器 A 功能定义

位	名　称	功能描述
15	CENABLE	比较器使能 0:禁止比较器操作,所有影子寄存器(CMPRx,ACTRB)变成透明的 1:使能比较器操作
14~13	CLD1~CLD0	比较器寄存器 CMPRx 重载条件 0 0:当 T3CNT=0(下溢) 0 1:当 T3CNT=0 或 T3CNT=T3PR(下溢或周期匹配) 1 0:立即 1 1:保留;结果不可预知
12	SVENABLE	空间矢量 PWM 模式使能 0:禁止空间向量 PWM 模式 1:使能空间向量 PWM 模式
11~10	ACTRLD1~ACTRLD0	方式控制寄存器重载条件 0 0:T3CNT=0(下溢) 0 1:当 T3CNT=0 或 T3CNT=T3PR(下溢或周期匹配) 1 0:立即 1 1:保留;结果不可预知
9	FCMPOE	全比较器输出使能,可以同时使能或禁止所有比较器的输出,只有当 EXTCONA[0]=0 时该位有效,当 EXTCONA[0]=1 时该位保留 如果 FCMPOE 有效,则当 PDPINTA/T1CTRIP 为低电平且 EVAIFRA[0]=1 时,FCMPOE 复位为 0 0:禁止全比较器输出,PWM1/2/3/4/5/6 都处于高阻态 1:使能全比较器输出,PWM1/2/3/4/5/6 由相应的比较逻辑控制
8	$\overline{\text{PDPINTA}}$ Status	反映引脚PDPINTA的当前状态
7	FCMP3OE	全比较器 3 输出使能,可使能或禁止全比较器 3 的输出 PWM5/6,只有当 EXTCONA[0]=1 时该位才有效,EXTCONA[0]=0 时该位保留 当 FCMP3OE 有效时,如果 C3TRIP 被使能且为低电平,则 FCMP3OE 复位为 0 0:禁止全比较器 3 输出,PWM5/6 处于高阻态 1:使能全比较器 3 输出,PWM5/6 由全比较器 3 的逻辑控制输出
6	FCMP2OE	全比较器 2 输出使能,可使能或禁止全比较器 2 的输出 PWM3/4,只有当 EXTCONA[0]=1 时该位才有效,EXTCONA[0]=0 时该位保留 当 FCMP2OE 有效时,如果 C2TRIP 被使能且为低电平,则 FCMP2OE 复位为 0 0:禁止全比较器 2 输出,PWM3/4 处于高阻态 1:使能全比较器 2 输出,PWM3/4 由全比较器 2 的逻辑控制输出

续表

位	名　称	功能描述
5	FCMP1OE	全比较器 1 输出使能,可使能或禁止全比较器 1 的输出 PWM1/2,只有当 EXTCONA[0]＝1 时该位才有效,EXTCONA[0]＝0 时该位保留 当 FCMP1OE 有效时,如果 C1TRIP 被使能且为低电平,则 FCMP1OE 复位为 0 0:禁止全比较器 1 输出,PWM1/2 处于高阻态 1:使能全比较器 1 输出,PWM1/2 由全比较器 1 的逻辑控制输出
4～3	保留	保留,读返回 0,写没有影响
2	C3TRIPE	C3TRIP 使能,可使能或禁止全比较器 3 陷阱(C3TRIP),只有当 EXTCONA[0]＝1 时该位有效,当 EXTCONA[0]＝0 时该位保留 0:C3TRIP 被禁止,C3TRIP 不影响全比较器 3 的输出、COMCONA[8] 或 PDPINTA 的标志(EVAIFRA[0]) 1:C3TRIP 被使能,当 C3TRIP 为低电平时,全比较器 3 的两个输出为高阻态、COMCONA[8]复位为 0、PDPINTA 的标志(EVAIFRA[0])为 1
1	C2TRIPE	C2TRIP 使能,可使能或禁止全比较器 2 陷阱(C2TRIP),只有当 EXTCONA[0]＝1 时该位有效,当 EXTCONA[0]＝0 时该位保留 0:C2TRIP 被禁止,C2TRIP 不影响全比较器 2 的输出,COMCONA[7] 或 PDPINTA 的标志(EVAIFRA[0]) 1:C2TRIP 被使能,当 C2TRIP 为低电平时,全比较器 2 的两个输出为高阻态、COMCONA[7]复位为 0、PDPINTA 的标志(EVAIFRA[0])为 1
0	C1TRIPE	C1TRIP 使能,可使能或禁止全比较器 1 陷阱(C1TRIP),只有当 EXTCONA[0]＝1 时该位有效,当 EXTCONA[0]＝0 时该位保留 0:C1TRIP 被禁止,C1TRIP 不影响全比较器 1 的输出、COMCONA[6] 或 PDPINTA 的标志(EVAIFRA[0]) 1:C1TRIP 被使能,当 C1TRIP 为低电平时,全比较器 1 的两个输出为高阻态、COMCONA[6]复位为 0、PDPINTA 的标志(EVAIFRA[0])为 1

2. 比较控制寄存器 B

图 6.32 和表 6.22 给出了比较控制寄存器 B(COMCONB)的位及功能定义。

15	14	13	12	11	10	9	8
CENABLE	CLD1	CLD0	SVENABLE	ACTRLD1	ACTRLD0	FCMPOE	PDPINTA Status
R/W-0	R/W-0	R/W-0	R/W-0	R/W-0	R/W-0	R/W-0	R-0

7	6	5	4	3	2	1	0
FCMP6OE	FCMP5OE	FCMP4OE	保留		C6TRIPE	C5TRIPE	C4TRIPE
R/W-0	R/W-0	R/W-0	R-0		R/W-1	R/W-1	R/W-1

图 6.32　比较控制寄存器 B 位定义

表 6.22　比较控制寄存器 B 功能定义

位	名　称	功能描述
15	CENABLE	比较器使能 0:禁止比较器操作,所有影子寄存器(CMPRx,ACTRB)变成透明的 1:使能比较器操作
14~13	CLD1~CLD0	比较器寄存器 CMPRx 重载条件 0 0:当 T3CNT=0(下溢) 0 1:当 T3CNT=0 或 T3CNT=T3PR(下溢或周期匹配) 1 0:立即 1 1:保留;结果不可预知
12	SVENABLE	空间矢量 PWM 模式使能 0:禁止空间向量 PWM 模式 1:使能空间向量 PWM 模式
11~10	ACTRLD1~ACTRLD0	方式控制寄存器重载条件 0 0:T3CNT=0(下溢) 0 1:当 T3CNT=0 或 T3CNT=T3PR(下溢或周期匹配) 1 0:立即 1 1:保留;结果不可预知
9	FCMPOE	全比较器输出使能,可以同时使能或禁止所有比较器的输出,只有当 EXTCONB[0]=0 时该位有效,当 EXTCONB[0]=1 时该位保留 如果 FCMPOE 有效,则当 PDPINTB/T3CTRIP 为低电平且 EVB-IFRA[0]=1 时,FCMPOE 复位为 0 0:禁止全比较器输出,PWM7/8/9/10/11/12 都处于高阻态 1:使能全比较器输出,PWM7/8/9/10/11/12 由相应的比较逻辑控制
8	PDPINTB Status	反映引脚PDPINTB的当前状态
7	FCMP6OE	全比较器 6 输出使能,可使能或禁止全比较器 6 的输出 PWM11/12,只有当 EXTCONB[0]=1 时该位才有效,EXTCONB[0]=0 时该位保留 当 FCMP6OE 有效时,如果 C6TRIP 被使能且为低电平,则 FCMP6OE 复位为 0 0:禁止全比较器 6 输出,PWM11/12 处于高阻态 1:使能全比较器 6 输出,PWM11/12 由全比较器 6 的逻辑控制输出
6	FCMP5OE	全比较器 5 输出使能,可使能或禁止全比较器 5 的输出 PWM9/10,只有当 EXTCONB[0]=1 时该位才有效,EXTCONB[0]=0 时该位保留 当 FCMP5OE 有效时,如果 C5TRIP 被使能且为低电平,则 FCMP5OE 复位为 0 0:禁止全比较器 5 输出,PWM9/10 处于高阻态 1:使能全比较器 5 输出,PWM9/10 由全比较器 5 的逻辑控制输出

续表

位	名　称	功能描述
5	FCMP4OE	全比较器 4 输出使能,可使能或禁止全比较器 4 的输出 PWM7/8,只有当 EXTCONB[0]=1 时该位才有效,EXTCONB[0]=0 时该位保留 当 FCMP4OE 有效时,如果 C4TRIP 被使能且为低电平,则 FCMP4OE 复位为 0。 0:禁止全比较器 4 输出,PWM7/8 处于高阻态 1:使能全比较器 4 输出,PWM7/8 由全比较器 4 的逻辑控制输出
4~3	保留	保留,读返回 0,写没有影响
2	C6TRIPE	C6TRIP 使能,可使能或禁止全比较器 6 陷阱(C6TRIP),只有当 EXTCONB[0]=1 时该位有效,当 EXTCONB[0]=0 时该位保留 0:C6TRIP 被禁止,C6TRIP 不影响全比较器 6 的输出、COMCONB[8] 或 PDPINTB 的标志(EVBIFRA[0]) 1:C6TRIP 被使能,当 C6TRIP 为低电平时,全比较器 6 的两个输出为高阻态、COMCONB[8] 复位为 0、PDPINTB 的标志(EVBIFRA[0])为 1
1	C5TRIPE	C5TRIP 使能,可使能或禁止全比较器 5 陷阱(C5TRIP),只有当 EXTCONB[0]=1 时该位有效,当 EXTCONB[0]=0 时该位保留 0:C5TRIP 被禁止,C5TRIP 不影响全比较器 5 的输出、COMCONB[7] 或 PDPINTB 的标志(EVBIFRA[0]) 1:C5TRIP 被使能,当 C5TRIP 为低电平时,全比较器 5 的两个输出为高阻态、COMCONB[7] 复位为 0、PDPINTB 的标志(EVBIFRA[0])为 1
0	C4TRIPE	C4TRIP 使能,可使能或禁止全比较器 4 陷阱(C4TRIP),只有当 EXTCONB[0]=1 时该位有效,当 EXTCONB[0]=0 时该位保留 0:C4TRIP 被禁止,C4TRIP 不影响全比较器 4 的输出、COMCONB[6] 或 PDPINTB 的标志(EVBIFRA[0]) 1:C4TRIP 被使能,当 C4TRIP 为低电平时,全比较器 4 的两个输出为高阻态、COMCONB[6] 复位为 0、PDPINTB 的标志(EVBIFRA[0])为 1

注:假如要将 CxTRIPE 位用做 GPIO 位,那么在 COMCONx 寄存器中必须禁止比较陷阱功能;否则,当 CxTRIPE/GPIO 位为低电平时,相应的 PWM 引脚可能会被无意驱动为高阻态。

3. 比较方式控制寄存器 A

在比较操作由 COMCONx[15]使能后,比较方式控制寄存器(ACTRA 和 ACTRB)控制着在一次比较事件中 6 个比较输出引脚 PWMx(对于 ACTRA, x=1~6;对于 ACTRB,x=7~12)的输出方式。ACTRA 和 ACTRB 采用双缓冲,其重新装载的条件由 COMCONx 寄存器中的位来指定;同时,ACTRA 和 ACTRB 寄存器中还包含空间向量 PWM 操作需要使用的 SVRDIR、D2、D1 和 D0 位。

图 6.33 和表 6.23 给出了比较方式控制寄存器 A 的位及功能定义。

15	14	13	12	11	10	9	8
SVRDIR	D2	D1	D0	CMP6ACT1	CMP6ACT0	CMP5ACT1	CMP5ACT0
RW-0	RW-0	RW-0	RW-0	RW-0	RW-0	RW-0	R-0

7	6	5	4	3	2	1	0
CMP4ACT1	CMP4ACT0	CMP3ACT1	CMP3ACT0	CMP2ACT1	CMP2ACT0	CMP1ACT1	CMP1ACT0
RW-0	RW-0	RW-0	RW-0	RW-0	RW-0	RW-0	RW-0

图 6.33　比较方式控制寄存器 A 位定义

表 6.23　比较方式控制寄存器 A 功能定义

位	名　　称	功能描述
15	SVRDIR	空间向量 PWM 旋转方向,只在产生 SVPWM 输出时使用 0:正向(CCW 逆时针) 1:负向(CW 顺时针)
14~12	D2~D0	基本空间向量位,只在产生 SVPWM 输出时使用
11~10	CMP6ACT1~ CMP6ACT0	比较输出引脚 6 的输出方式(CMP6) 0 0:强制低 0 1:低有效 1 0:高有效 1 1:强制高
9~8	CMP5ACT1~ CMP5ACT0	比较输出引脚 5 的输出方式(CMP5) 0 0:强制低 0 1:低有效 1 0:高有效 1 1:强制高
7~6	CMP4ACT1~ CMP4ACT0	比较输出引脚 4 的输出方式(CMP4) 0 0:强制低 0 1:低有效 1 0:高有效 1 1:强制高
5~4	CMP3ACT1~ CMP3ACT0	比较输出引脚 3 的输出方式(CMP3) 0 0:强制低 0 1:低有效 1 0:高有效 1 1:强制高
3~2	CMP2ACT1~ CMP2ACT0	比较输出引脚 2 的输出方式(CMP2) 0 0:强制低 0 1:低有效 1 0:高有效 1 1:强制高
1~0	CMP1ACT1~ CMP1ACT0	比较输出引脚 1 的输出方式(CMP1) 0 0:强制低 0 1:低有效 1 0:高有效 1 1:强制高

4. 比较方式控制寄存器 B

图 6.34 和表 6.24 给出了比较方式控制寄存器 B(ACTRB)的位及功能定义。

15	14	13	12	11	10	9	8
SVRDIR	D2	D1	D0	CMP12ACT1	CMP12ACT0	CMP11ACT1	CMP11ACT0
RW-0	RW-0	RW-0	RW-0	RW-0	RW-0	RW-0	R-0

7	6	5	4	3	2	1	0
CMP10ACT1	CMP10ACT0	CMP9ACT1	CMP9ACT0	CMP8ACT1	CMP8ACT0	CMP7ACT1	CMP7ACT0
RW-0	RW-0	RW-0	RW-0	RW-0	RW-0	RW-0	RW-0

图 6.34　比较方式控制寄存器 B 位定义

表 6.24　比较方式控制寄存器 B 功能定义

位	名　称	功能描述
15	SVRDIR	空间向量 PWM 旋转方向,只在产生 SVPWM 输出时使用 0:正向(CCW 逆时针) 1:负向(CW 顺时针)
14~12	D2~D0	基本空间向量位,只在产生 SVPWM 输出时使用
11~10	CMP12ACT1~ CMP12ACT0	比较输出引脚 12 的输出方式(CMP12) 0 0:强制低 0 1:低有效 1 0:高有效 1 1:强制高
9~8	CMP11ACT1~ CMP11ACT0	比较输出引脚 11 的输出方式(CMP11) 0 0:强制低 0 1:低有效 1 0:高有效 1 1:强制高
7~6	CMP10ACT1~ CMP10ACT0	比较输出引脚 10 的输出方式(CMP10) 0 0:强制低 0 1:低有效 1 0:高有效 1 1:强制高
5~4	CMP9ACT1~ CMP9ACT0	比较输出引脚 9 的输出方式(CMP9) 0 0:强制低 0 1:低有效 1 0:高有效 1 1:强制高

续表

位	名　称	功能描述
3～2	CMP8ACT1～ CMP8ACT0	比较输出引脚 8 的输出方式(CMP8) 0 0:强制低 0 1:低有效 1 0:高有效 1 1:强制高
1～0	CMP7ACT1～ CMP7ACT0	比较输出引脚 7 的输出方式(CMP7) 0 0:强制低 0 1:低有效 1 0:高有效 1 1:强制高

5. 死区定时器控制寄存器 A

图 6.35 和表 6.25 给出了死区定时器控制寄存器 A(DBTCONA)的位及功能定义。

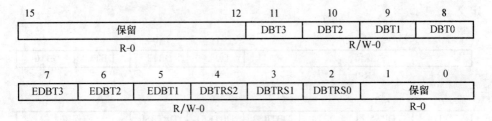

图 6.35　死区定时器控制寄存器 A 位定义

表 6.25　死区定时器控制寄存器 A 功能定义

位	名　称	功能描述
15～12	保留	保留,读返回 0,写没有影响
11～8	DBT3(MSB)～ DBT0(LSB)	死区定时器周期,这 4 位定义了 3 个 4 位死区定时器的周期值,其详细值请参见表 6.9
7	EDBT3	死区定时器 3 使能位,对应比较单元 3 的 PWM5 和 PWM6 引脚 0:禁止 1:使能
6	EDBT2	死区定时器 2 使能位,对应比较单元 2 的 PWM3 和 PWM4 引脚 0:禁止 1:使能

续表

位	名　称	功能描述
5	EDBT1	死区定时器 1 使能位,对应比较单元 1 的 PWM1 和 PWM2 引脚 0:禁止 1:使能
4～2	DBTPS2～DBTPS0	死区定时器预定标因子(x 为 CPU 的时钟频率) 0 0 0:x/1 0 0 1:x/2 0 1 0:x/4 0 1 1:x/8 1 0 0:x/16 1 0 1:x/32 1 1 0:x/32 1 1 1:x/32
1～0	保留	保留,读返回 0,写没有影响

6. 死区定时器控制寄存器 B

图 6.36 和表 6.26 给出了死区定时器控制寄存器 B(DBTCONB)的位及功能定义。

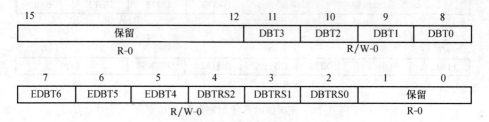

图 6.36　死区定时器控制寄存器 B 位定义

表 6.26　死区定时器控制寄存器 B 功能定义

位	名　称	功能描述
15～12	保留	保留,读返回 0,写没有影响
11～8	DBT3(MSB)～DBT0(LSB)	死区定时器周期,这 4 位定义了 3 个 4 位死区定时器的周期值,其详细值请参见表 6.9
7	EDBT6	死区定时器 6 使能位,对应比较单元 6 的 PWM11 和 PWM12 引脚 0:禁止 1:使能
6	EDBT5	死区定时器 5 使能位,对应比较单元 5 的 PWM9 和 PWM10 引脚 0:禁止 1:使能

续表

位	名　称	功能描述
5	EDBT4	死区定时器 4 使能位,对应比较单元 4 的 PWM7 和 PWM8 引脚 0:禁止 1:使能
4~2	DBTPS2~DBTPS0	死区定时器预定标因子(x 为 CPU 的时钟频率) 0 0 0:x/1 0 0 1:x/2 0 1 0:x/4 0 1 1:x/8 1 0 0:x/16 1 0 1:x/32 1 1 0:x/32 1 1 1:x/32
1~0	保留	保留,读返回 0,写没有影响

6.5.4　捕获单元寄存器

捕获单元寄存器包括:

- 捕获控制寄存器 A(CAPCONA),地址 7420h。
- 捕获控制寄存器 B(CAPCONB),地址 7520h。
- 捕获 FIFO 状态寄存器 A(CAPFIFOA),地址 7422h。
- 捕获 FIFO 状态寄存器 B(CAPFIFOB),地址 7522h。

捕获单元的操作由 4 个 16 位控制寄存器(CAPCONA/B 和 CAPFIFOA/B)控制。因为捕获电路可由任一定时器提供时间基准,所以定时器控制寄存器 TxCON(x＝1,2,3,4)实际也控制捕获单元的操作。另外,CAPCONA/B 也可控制 QEP 电路的操作。

1. 捕获控制寄存器 A

图 6.37 和表 6.27 给出了捕获控制寄存器 A(CAPCONA)的位及功能定义。

15	14	13	12	11	10	9	8
CAPRES	CAP12EN		CAP3EN	保留	CAP3TSEL	CAP12TSEL	CAP3TOADC
RW-0	RW-0		RW-0	RW-0	RW-0	RW-0	RW-0

7	6	5	4	3	2	1	0
CAP1EDGE		CAP2EDGE		CAP3EDGE		保留	
RW-0		RW-0		RW-0		RW-0	

图 6.37　捕获控制寄存器 A 位定义

表 6.27　捕获控制寄存器 A 功能定义

位	名　称	功能描述
15	CAPRES	捕获单元复位,读总返回 0 0:将所有捕获单元的寄存器清 0,QEP 电路清 0 1:无操作
14~13	CAP12EN	捕获单元 1 和 2 使能 00:禁止捕获单元 1 和 2,FIFO 堆栈保留原内容 01:使能捕获单元 1 和 2 10:保留 11:保留
12	CAP3EN	捕获单元 3 使能 0:禁止捕获单元 3,FIFO 堆栈保留原内容 1:使能捕获单元 3
11	保留	保留,读返回 0,写没有影响
10	CAP3TSEL	捕获单元 3 的 GP 定时器选择 0:选择 GP 定时器 2 1:选择 GP 定时器 1
9	CAP12TSEL	捕获单元 1、2 的 GP 定时器选择 0:选择 GP 定时器 2 1:选择 GP 定时器 1
8	CAP3TOADC	捕获单元 3 的事件来启动 ADC 0:无操作 1:当 CAP3INT 标志置位时启动 ADC
7~6	CAP1EDGE	捕获单元 1 的边沿检测控制 00:不检测 01:检测上升沿 10:检测下降沿 11:两个边沿都检测
5~4	CAP2EDGE	捕获单元 2 的边沿检测控制 00:不检测 01:检测上升沿 10:检测下降沿 11:两个边沿都检测
3~2	CAP3EDGE	捕获单元 3 的边沿检测控制 00:不检测 01:检测上升沿 10:检测下降沿 11:两个边沿都检测
1~0	保留	保留,读返回 0,写没有影响

2. 捕获控制寄存器 B

图 6.38 和表 6.28 给出了捕获控制寄存器 B(CAPCONB)的位及功能定义。

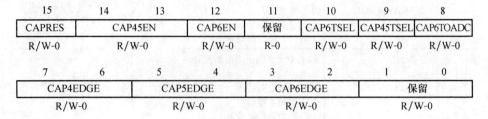

图 6.38 捕获控制寄存器 B 位定义

表 6.28 捕获控制寄存器 B 功能定义

位	名 称	功能描述
15	CAPRES	该位不作为寄存器位使用,向该位写 0 会将捕获单元的所有寄存器清 0 0:将所有捕获单元的寄存器清 0,QEP 电路清 0 1:无操作
14~13	CAP45EN	捕获单元 4 和 5 使能 00:禁止捕获单元 4 和 5,FIFO 堆栈保留原内容 01:使能捕获单元 4 和 5 10:保留 11:保留
12	CAP6EN	捕获单元 6 使能 0:禁止捕获单元 6,FIFO 堆栈保留原内容 1:使能捕获单元 6
11	保留	保留,读返回 0,写没有影响
10	CAP6TSEL	捕获单元 6 的 GP 定时器选择 0:选择 GP 定时器 4 1:选择 GP 定时器 3
9	CAP45TSEL	捕获单元 4、5 的 GP 定时器选择 0:选择 GP 定时器 4 1:选择 GP 定时器 3
8	CAP6TOADC	捕获单元 6 的事件来启动 ADC 0:无操作 1:当 CAP3INT 标志置位时启动 ADC
7~6	CAP4EDGE	捕获单元 4 的边沿检测控制 00:不检测 01:检测上升沿 10:检测下降沿 11:两个边沿都检测

续表

位	名　称	功能描述
5~4	CAP5EDGE	捕获单元 5 的边沿检测控制 0 0：不检测 0 1：检测上升沿 1 0：检测下降沿 1 1：两个边沿都检测
3~2	CAP6EDGE	捕获单元 6 的边沿检测控制 0 0：不检测 0 1：检测上升沿 1 0：检测下降沿 1 1：两个边沿都检测
1~0	保留	保留，读返回 0，写没有影响

3. 捕获 FIFO 状态寄存器 A

捕获 FIFO 状态寄存器 A(CAPFIFOA)包含捕获单元中 3 个 FIFO 堆栈的状态位，CAPFIFOA 每个位的定义及其功能如图 6.39 和表 6.29 所示。如果在 CAPnFIFO 状态位因捕获事件发生而进行刷新的同时执行向状态位写操作，则首先执行写操作。

向 CAPFIFOx 寄存器的写操作可用于编程测试。例如，写 01 到 CAPnFIFO 状态位，则 EV 模块会认为 FIFO 中已经有一个数值，在随后每次 FIFO 获得新的值时，都会产生一个捕获单元中断。

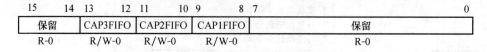

图 6.39　捕获 FIFO 状态寄存器 A 位定义

表 6.29　捕获 FIFO 状态寄存器 A 功能定义

位	名　称	功能描述
15~14	保留	保留，读返回 0，写没有影响
13~12	CAP3FIFO	CAP3FIFO 状态 0 0：空 0 1：有 1 个数值 1 0：有 2 个数值 1 1：有 2 个数值并且又捕获到另一个数值，第一个数值被丢弃
11~10	CAP2FIFO	CAP2FIFO 状态 0 0：空 0 1：有 1 个数值 1 0：有 2 个数值 1 1：有 2 个数值并且又捕获到另一个数值，第一个数值被丢弃

续表

位	名　称	功能描述
9~8	CAP1FIFO	CAP1FIFO 状态 0 0:空 0 1:有 1 个数值 1 0:有 2 个数值 1 1:有 2 个数值并且又捕获到另一个数值,第一个数值被丢弃
7~0	保留	保留,读返回 0,写没有影响

4. 捕获 FIFO 状态寄存器 B

捕获 FIFO 状态寄存器 B(CAPFIFOB)的状态位及其操作与 CAPFIFOA 完全相同,如图 6.40 和表 6.30 所示。

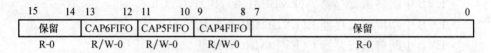

15	14 13	12 11	10 9	8 7	0
保留	CAP6FIFO	CAP5FIFO	CAP4FIFO	保留	
R-0	R/W-0	R/W-0	R/W-0	R-0	

图 6.40　捕获 FIFO 状态寄存器 B 位定义

表 6.30　捕获 FIFO 状态寄存器 B 功能定义

位	名　称	功能描述
15~14	保留	保留,读返回 0,写没有影响
13~12	CAP6FIFO	CAP6FIFO 状态 0 0:空 0 1:有 1 个数值 1 0:有 2 个数值 1 1:有 2 个数值并且又捕获到另一个数值,第一个数值被丢弃
11~10	CAP5FIFO	CAP5FIFO 状态 0 0:空 0 1:有 1 个数值 1 0:有 2 个数值 1 1:有 2 个数值并且又捕获到另一个数值,第一个数值被丢弃
9~8	CAP4FIFO	CAP4FIFO 状态 0 0:空 0 1:有 1 个数值 1 0:有 2 个数值 1 1:有 2 个数值并且又捕获到另一个数值,第一个数值被丢弃
7~0	保留	保留,读返回 0,写没有影响

6.5.5　EV 中断寄存器

　　EV 中断寄存器包括：
- EVA 中断标志寄存器 A(EVAIFRA)，地址 742Fh。
- EVA 中断标志寄存器 B(EVAIFRB)，地址 7430h。
- EVA 中断标志寄存器 C(EVAIFRC)，地址 7431h。
- EVA 中断屏蔽寄存器 A(EVAIMRA)，地址 742Ch。
- EVA 中断屏蔽寄存器 B(EVAIMRB)，地址 742Dh。
- EVA 中断屏蔽寄存器 C(EVAIMRC)，地址 742Eh。
- EVB 中断标志寄存器 A(EVBIFRA)，地址 752Fh。
- EVB 中断标志寄存器 B(EVBIFRB)，地址 7530h。
- EVB 中断标志寄存器 C(EVBIFRC)，地址 7531h。
- EVB 中断屏蔽寄存器 A(EVBIMRA)，地址 752Ch。
- EVB 中断屏蔽寄存器 B(EVBIMRB)，地址 752Dh。
- EVB 中断屏蔽寄存器 C(EVBIMRC)，地址 752Eh。

　　所有的中断寄存器都可被看做 16 位存储器映射寄存器，寄存器中的保留位用软件进行读操作时都返回 0，写操作没有影响。由于 EVxIFRy(x 为 A、B,y 为 A、B、C)为可读寄存器，当中断被屏蔽时，可以通过软件查询 EVxIFRy 的相应位来监测是否有中断事件产生。

　　1. EVA 中断标志寄存器 A

　　图 6.41 和表 6.31 给出了 EVA 中断标志寄存器 A(EVAIFRA)的位及功能定义。

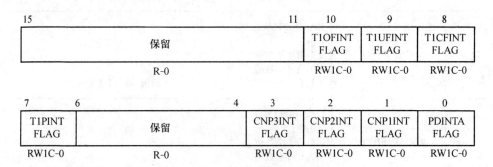

图 6.41　EVA 中断标志寄存器 A 位定义
(R 代表可读，W1C 代表写 1 清除该位，-0 代表复位后的值；下同，不再给出)

表 6.31　EVA 中断标志寄存器 A 功能定义

位	名　称	功能描述
15~11	保留	保留,读返回 0,写没有影响
10	T1OFINT FLAG	GP 定时器 1 上溢中断标志 读　0:标志被复位 　　　1:标志被置位 写　0:没有影响 　　　1:复位标志
9	T1UFINT FLAG	GP 定时器 1 下溢中断标志 读　0:标志被复位 　　　1:标志被置位 写　0:没有影响 　　　1:复位标志
8	T1CINT FLAG	GP 定时器 1 比较中断标志 读　0:标志被复位 　　　1:标志被置位 写　0:没有影响 　　　1:复位标志
7	T1PINT FLAG	GP 定时器 1 周期中断标志 读　0:标志被复位 　　　1:标志被置位 写　0:没有影响 　　　1:复位标志
6~4	保留	保留,读返回 0,写没有影响
3	CMP3INT FLAG	比较器 3 中断标志 读　0:标志被复位 　　　1:标志被置位 写　0:没有影响 　　　1:复位标志
2	CMP2INT FLAG	比较器 2 中断标志 读　0:标志被复位 　　　1:标志被置位 写　0:没有影响 　　　1:复位标志
1	CMP1INT FLAG	比较器 1 中断标志 读　0:标志被复位 　　　1:标志被置位 写　0:没有影响 　　　1:复位标志
0	PDPINTA FLAG	功率驱动保护中断 A 标志,该位的定义和 EXTCONA[0] 的设置有关: 当 EXTCONA[0]=0 时其定义和 240x 相同;当 EXTCONA[0]=1 时, 当任何比较陷阱被使能且为低电平时该位被置 1 读　0:标志被复位 　　　1:标志被置位 写　0:没有影响 　　　1:复位标志

2. EVA 中断标志寄存器 B

图 6.42 和表 6.32 给出了 EVA 中断标志寄存器 B(EVAIFRB)的位及功能定义。

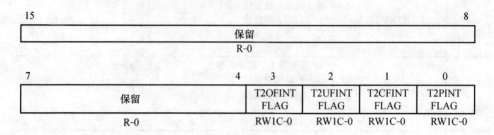

图 6.42　EVA 中断标志寄存器 B 位定义

表 6.32　EVA 中断标志寄存器 B 功能定义

位	名　称	功能描述
15～4	保留	保留,读返回 0,写没有影响
3	T2OFINT FLAG	GP 定时器 2 上溢中断标志 读　0:标志被复位 　　1:标志被置位 写　0:没有影响 　　1:复位标志
2	T2UFINT FLAG	GP 定时器 2 下溢中断标志 读　0:标志被复位 　　1:标志被置位 写　0:没有影响 　　1:复位标志
1	T2CINT FLAG	GP 定时器 2 比较中断标志 读　0:标志被复位 　　1:标志被置位 写　0:没有影响 　　1:复位标志
0	T2PINT FLAG	GP 定时器 2 周期中断标志 读　0:标志被复位 　　1:标志被置位 写　0:没有影响 　　1:复位标志

3. EVA 中断标志寄存器 C

图 6.43 和表 6.33 给出了 EVA 中断标志寄存器 C(EVAIFRC)的位及功能定义。

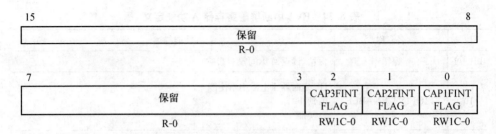

15					8
保留					
R-0					

7			3	2	1	0
保留				CAP3FINT FLAG	CAP2FINT FLAG	CAP1FINT FLAG
R-0				RW1C-0	RW1C-0	RW1C-0

图 6.43　EVA 中断标志寄存器 C 位定义

表 6.33　EVA 中断标志寄存器 C 功能定义

位	名　称	功能描述
15～3	保留	保留,读返回 0,写没有影响
2	CAP3INT FLAG	捕获单元 3 中断标志 读　0:标志被复位 　　 1:标志被置位 写　0:没有影响 　　 1:复位标志
1	CAP2INT FLAG	捕获单元 2 中断标志 读　0:标志被复位 　　 1:标志被置位 写　0:没有影响 　　 1:复位标志
0	CAP1INT FLAG	捕获单元 1 中断标志 读　0:标志被复位 　　 1:标志被置位 写　0:没有影响 　　 1:复位标志

4. EVA 中断屏蔽寄存器 A

图 6.44 和表 6.34 给出了 EVA 中断屏蔽寄存器 A(EVAIMRA)的位及功能定义。

15			11	10	9	8
保留				T1OINT ENABLE	T1UINT ENABLE	T1CINT ENABLE
R/W-0				R/W-0	R/W-0	R/W-0

7	6		4	3	2	1	0
T1PINT ENABLE	保留			CMP3INT ENABLE	CMP2INT ENABLE	CMP1INT ENABLE	PDPINTA ENABLE
R/W-0	R-0			R/W-0	R/W-0	R/W-0	R/W-1

图 6.44　EVA 中断屏蔽寄存器 A 位定义

表 6.34　EVA 中断屏蔽寄存器 A 功能定义

位	名　称	功能描述
15～11	保留	保留,读返回 0,写没有影响
10	T1OFINT ENABLE	GP 定时器 1 上溢中断使能 0:禁止 1:使能
9	T1UFINT ENABLE	GP 定时器 1 下溢中断使能 0:禁止 1:使能
8	T1CINT ENABLE	GP 定时器 1 比较中断使能 0:禁止 1:使能
7	T1PINT ENABLE	GP 定时器 1 周期中断使能 0:禁止 1:使能
6～4	保留	保留,读返回 0,写没有影响
3	CMP3INT ENABLE	捕获单元 3 中断使能 0:禁止 1:使能
2	CMP2INT ENABLE	捕获单元 2 中断使能 0:禁止 1:使能
1	CMP1INT ENABLE	捕获单元 1 中断使能 0:禁止 1:使能
0	PDPINTA ENABLE	功率驱动保护中断 A 使能,该位的定义和 EXTCONA[0]的设置有关;当 EXTCONA[0]=0 时其定义和 240x 相同,即该位使能/禁止功率驱动保护中断和从功率驱动保护中断引脚到比较器输出缓冲器的直接通道;当 EXTCONA[0]=1 时,该位仅作为功率驱动保护中断的使能/禁止位 0:禁止 1:使能

5. EVA 中断屏蔽寄存器 B

图 6.45 和表 6.35 给出了 EVA 中断屏蔽寄存器 B(EVAIMRB)的位及功能定义。

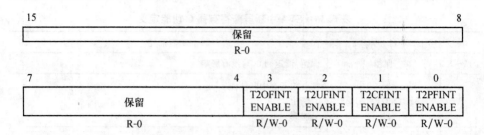

图 6.45　EVA 中断屏蔽寄存器 B 位定义

表 6.35　EVA 中断屏蔽寄存器 B 功能定义

位	名　称	功能描述
15~4	保留	保留,读返回 0,写没有影响
3	T2OFINT ENABLE	GP 定时器 2 上溢中断使能 0:禁止 1:使能
2	T2UFINT ENABLE	GP 定时器 2 下溢中断使能 0:禁止 1:使能
1	T2CINT ENABLE	GP 定时器 2 比较中断使能 0:禁止 1:使能
0	T2PINT ENABLE	GP 定时器 2 周期中断使能 0:禁止 1:使能

6. EVA 中断屏蔽寄存器 C

图 6.46 和表 6.36 给出了 EVA 中断屏蔽寄存器 C(EVAIMRC)的位及功能定义。

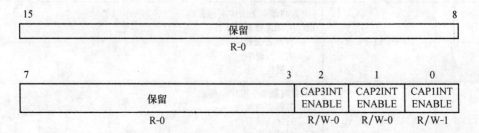

图 6.46　EVA 中断屏蔽寄存器 C 位定义

表 6.36　EVA 中断屏蔽寄存器 C 功能定义

位	名　称	功能描述
15～3	保留	保留,读返回 0,写没有影响
2	CAP3INT ENABLE	捕获单元 3 中断使能 0:禁止 1:使能
1	CAP2INT ENABLE	捕获单元 2 中断使能 0:禁止 1:使能
0	CAP1INT ENABLE	捕获单元 1 中断使能 0:禁止 1:使能

7. EVB 中断标志寄存器 A

图 6.47 和表 6.37 给出了 EVB 中断标志寄存器 A(EVBIFRA)的位及功能定义。

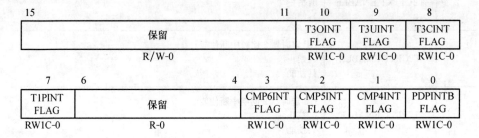

15					11	10	9	8
保留						T3OINT FLAG	T3UINT FLAG	T3CINT FLAG
R/W-0						RW1C-0	RW1C-0	RW1C-0

7	6			4	3	2	1	0
T1PINT FLAG	保留				CMP6INT FLAG	CMP5INT FLAG	CMP4INT FLAG	PDPINTB FLAG
RW1C-0	R-0				RW1C-0	RW1C-0	RW1C-0	RW1C-0

图 6.47　EVB 中断标志寄存器 A 位定义

表 6.37　EVB 中断标志寄存器 A 功能定义

位	名　称	功能描述
15～11	保留	保留,读返回 0,写没有影响
10	T3OFINT FLAG	GP 定时器 3 上溢中断标志 读　0:标志被复位 　　1:标志被置位 写　0:没有影响 　　1:复位标志
9	T3UFINT FLAG	GP 定时器 3 下溢中断标志 读　0:标志被复位 　　1:标志被置位 写　0:没有影响 　　1:复位标志

位	名　称	功能描述
8	T3CINT FLAG	GP 定时器 3 比较中断标志 读　0:标志被复位 　　1:标志被置位 写　0:没有影响 　　1 复位标志
7	T3PINT FLAG	GP 定时器 3 周期中断标志 读　0:标志被复位 　　1:标志被置位 写　0:没有影响 　　1:复位标志
6~4	保留	保留,读返回 0,写没有影响
3	CMP6INT FLAG	比较器 6 中断标志 读　0:标志被复位 　　1:标志被置位 写　0:没有影响 　　1:复位标志
2	CMP5INT FLAG	比较器 5 中断标志 读　0:标志被复位 　　1:标志被置位 写　0:没有影响 　　1:复位标志
1	CMP4INT FLAG	比较器 4 中断标志 读　0:标志被复位 　　1:标志被置位 写　0:没有影响 　　1:复位标志
0	PDPINTB FLAG	功率驱动保护中断 B 标志,该位的定义和 EXTCONB[0]的设置有关: 当 EXTCONB[0]=0 时其定义和 240x 相同;当 EXTCONB[0]=1 时,当任何比较陷阱被使能且为低电平时该位被置 1 读　0:标志被复位 　　1:标志被置位 写　0:没有影响 　　1:复位标志

8. EVB 中断标志寄存器 B

图 6.48 和表 6.38 给出了 EVB 中断标志寄存器 B(EVBIFRB)的位及功能定义。

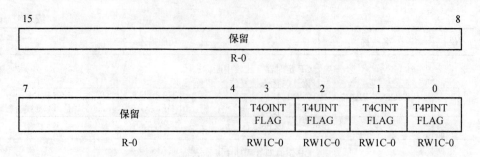

图 6.48　EVB 中断标志寄存器 B 位定义

表 6.38　EVB 中断标志寄存器 B 功能定义

位	名　称	功能描述
15~4	保留	保留,读返回 0,写没有影响
3	T4OFINT FLAG	GP 定时器 4 上溢中断标志 读　0:标志被复位 　　1:标志被置位 写　0:没有影响 　　1:复位标志
2	T4UFINT FLAG	GP 定时器 4 下溢中断标志 读　0:标志被复位 　　1:标志被置位 写　0:没有影响 　　1:复位标志
1	T4CINT FLAG	GP 定时器 4 比较中断标志 读　0:标志被复位 　　1:标志被置位 写　0:没有影响 　　1:复位标志
0	T4PINT FLAG	GP 定时器 4 周期中断标志 读　0:标志被复位 　　1:标志被置位 写　0:没有影响 　　1:复位标志

9. EVB 中断标志寄存器 C

图 6.49 和表 6.39 给出了 EVB 中断标志寄存器 C(EVBIFRC)的位及功能定义。

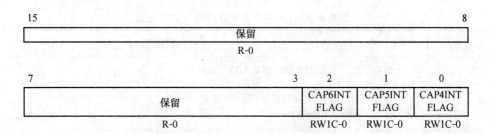

图 6.49　EVB 中断标志寄存器 C 位定义

表 6.39　EVB 中断标志寄存器 C 功能定义

位	名　称	功能描述
15～3	保留	保留,读返回 0,写没有影响
2	CAP6INT FLAG	捕获单元 6 中断标志 读　0:标志被复位 　　1:标志被置位 写　0:没有影响 　　1:复位标志
1	CAP5INT FLAG	捕获单元 5 中断标志 读　0:标志被复位 　　1:标志被置位 写　0:没有影响 　　1:复位标志
0	CAP4INT FLAG	捕获单元 4 中断标志 读　0:标志被复位 　　1:标志被置位 写　0:没有影响 　　1:复位标志

10. EVB 中断屏蔽寄存器 A

图 6.50 和表 6.40 给出了 EVB 中断屏蔽寄存器 A(EVBIMRA)的位及功能定义。

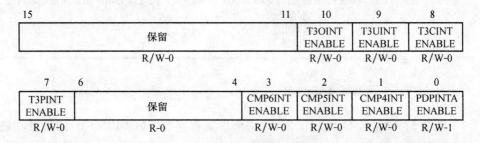

图 6.50　EVB 中断屏蔽寄存器 A 位定义

表 6.40　EVB 中断屏蔽寄存器 A 功能定义

位	名　称	功能描述
15～11	保留	保留,读返回 0,写没有影响
10	T3OFINT ENABLE	GP 定时器 3 上溢中断使能 0:禁止 1:使能
9	T3UFINT ENABLE	GP 定时器 3 下溢中断使能 0:禁止 1:使能
8	T3CINT ENABLE	GP 定时器 3 比较中断使能 0:禁止 1:使能
7	T3PINT ENABLE	GP 定时器 3 周期中断使能 0:禁止 1:使能
6～4	保留	保留,读返回 0,写没有影响
3	CMP6INT ENABLE	捕获单元 6 中断使能 0:禁止 1:使能
2	CMP5INT ENABLE	捕获单元 5 中断使能 0:禁止 1:使能
1	CMP4INT ENABLE	捕获单元 4 中断使能 0:禁止 1:使能
0	PDPINTB ENABLE	功率驱动保护中断 B 使能,该位的定义和 EXTCONB[0]的设置有关: 当 EXTCONB[0]=0 时其定义和 240x 相同,即该位使能/禁止功率驱动保护中断和从功率驱动保护中断引脚到比较器输出缓冲器的直接通道;当 EXTCONB[0]=1 时,该位仅作为功率驱动保护中断的使能/禁止位 0:禁止 1:使能

11. EVB 中断屏蔽寄存器 B

图 6.51 和表 6.41 给出了 EVB 中断屏蔽寄存器 B(EVBIMRB)的位及功能定义。

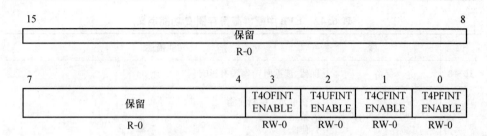

图 6.51　EVB 中断屏蔽寄存器 B 位定义

表 6.41　EVB 中断屏蔽寄存器 B 功能定义

位	名　称	功能描述
15~4	保留	保留,读返回 0,写没有影响
3	T4OFINT ENABLE	GP 定时器 4 上溢中断使能 0:禁止 1:使能
2	T4UFINT ENABLE	GP 定时器 4 下溢中断使能 0:禁止 1:使能
1	T4CINT ENABLE	GP 定时器 4 比较中断使能 0:禁止 1:使能
0	T4PINT ENABLE	GP 定时器 4 周期中断使能 0:禁止 1:使能

12. EVB 中断屏蔽寄存器 C

图 6.52 和表 6.42 给出了 EVB 中断屏蔽寄存器 C(EVBIMRC)的位及功能定义。

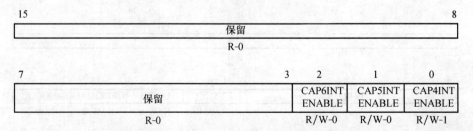

图 6.52　EVB 中断屏蔽寄存器 C 位定义

表 6.42   EVB 中断屏蔽寄存器 C 功能定义

位	名　称	功能描述
15～3	保留	保留,读返回 0,写没有影响
2	CAP6INT ENABLE	捕获单元 6 中断使能 0:禁止 1:使能
1	CAP5INT ENABLE	捕获单元 5 中断使能 0:禁止 1:使能
0	CAP4INT ENABLE	捕获单元 4 中断使能 0:禁止 1:使能

6.5.6　EV 扩展控制寄存器

EV 扩展控制寄存器包括:

- EV 扩展控制寄存器 A(EXTCONA),地址 7409h。
- EV 扩展控制寄存器 B(EXTCONB),地址 7509h。

EXTCONA 和 EXTCONB 为扩展控制寄存器,用以使能和禁止附加/调整(F281x 的 EV 增强特性)的功能,要求 EXTCONx 必须与 240x 的 EV 兼容。在默认状态下,所有的附加/调整功能都被设为禁止,只有在作为增强特性功能时使能。EXTCONA 和 EXTCONB 两个控制寄存器的位定义及其功能相同,只是分别控制 EVA 和 EVB。

1. EV 扩展控制寄存器 A

图 6.53 和表 6.43 给出了 EV 扩展控制寄存器 A(EXTCONA)的位及功能定义。

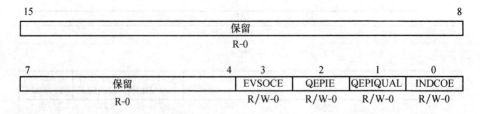

图 6.53   EV 扩展控制寄存器 A 位定义

表 6.43　EV 扩展控制寄存器 A 功能定义

位	名　称	功能描述
15～4	保留	保留,读返回 0,写没有影响
3	EVSOCE	EV 启动转换输出使能,该位使能/禁止 EV 的 ADC 启动转换输出 (EVASOC,当被使能后,在选定的 EV 启动 ADC 转换的事件发生时产生 32×HSPCLK 的负脉冲(低有效)。这位不影响 EVTOADC 信号输入 ADC 模块作为可选的启动转换触发信号 0:禁止 $\overline{\text{EVSOC}}$ 输出,EVSOC 处于高阻态 1:使能 EVSOC 输出
2	QEPIE	QEP 索引使能,该位使能/禁止 CAP3_QEPI1 作为索引输入。当被使能后,CAP3_QEPI1 可以导致作为 QEP 计数器的定时器复位 0:禁止 CAP3_QEPI1 作为索引输入,CAP3_QEPI1 的电平跳变不影响作为 QEP 计数器的定时器 1:使能 CAP3_QEPI1 作为索引输入,当 CAP3_QEPI1 上的信号从 0 变到 1(EXTCONA[1]＝0)或该信号从 0 变到 1 再加上 CAP1_QEP1 和 CAP2_QEP2 都为高(EXTCONA[1]＝1)时,都会使作为 QEP 计数器的定时器复位
1	QEPIQUAL	CAP3_QEPI1 索引量化模式,该位打开或关闭 QEP 的索引量化 0:CAP3_QEPI1 量化模式关闭,允许 CAP3_QEPI1 经过量化器而不受影响 1:CAP3_QEPI1 量化模式打开,只有当 CAP1_QEP1 和 CAP2_QEP2 都为高时,才允许 0 到 1 的跳变通过量化器;否则量化器的输出保持为低
0	INDCOE	独立比较输出使能模式,当该位置 1 时,允许比较输出独立的被使能/禁止 0:禁止比较输出独立使能模式,定时器 1 和 2 的比较输出通过 GPT-CONA[6]同时被使能或禁止,全比较单元 1、2 和 3 的输出通过 GPTCONA[9]同时被使能或禁止,寄存器位 GPTCONA[12,11,5,4]和 COMCONA[7～5,2～0]保留不用,EVAIFRA[0]同时使能/禁止所有的比较输出,EVAIMRA[0]同时使能/禁止功率驱动保护中断和 PDPINTA 信号的直接通道 1:使能比较输出独立使能模式,比较输出分别通过 GPTCONA[5,4]和 COMCONA[7～5]单独被使能或禁止,比较陷阱分别通过 GPT-CONA[12,11]和 COMCONA[2～0]被使能或禁止,GPTCONA[6]和 COMCONA[9]保留不用;当任何一个陷阱输入被使能且为低时,EVAIFRA[0]被置位为 1,EVAIMRA[0]仅控制中断的使能/禁止

2. EV 扩展控制寄存器 B

图 6.54 和表 6.44 给出了 EV 扩展控制寄存器 B(EXTCONB)的位及功能定义。

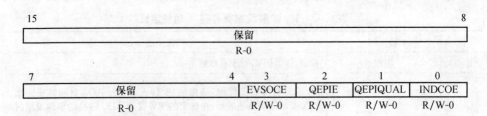

图 6.54　EV 扩展控制寄存器 B 位定义

表 6.44　EV 扩展控制寄存器 B 功能定义

位	名　称	功能描述
15～4	保留	保留,读返回 0,写没有影响
3	EVSOCE	EV 启动转换输出使能,该位使能/禁止 EV 的 ADC 启动转换输出(EVBSOC)。当被使能后,在选定的 EV 启动 ADC 转换的事件发生时产生 32×HSPCLK 的负脉冲(低有效)。这位不影响 EVTOADC 信号输入 ADC 模块作为可选的启动转换触发信号 0:禁止$\overline{EVSOC}$输出,$\overline{EVSOC}$处于高阻态 1:使能$\overline{EVSOC}$输出
2	QEPIE	QEP 索引使能,该位使能/禁止 CAP6_QEPI2 作为索引输入。当被使能后,CAP6_QEPI2 可以导致作为 QEP 计数器的定时器复位 0:禁止 CAP6_QEPI2 作为索引输入,CAP6_QEPI2 的电平跳变不影响作为 QEP 计数器的定时器 1:使能 CAP6_QEPI2 作为索引输入,当 CAP6_QEPI2 上的信号从 0 变到 1(EXTCONB[1]=0)或该信号从 0 变到 1 再加上 CAP4_QEP3 和 CAP5_QEP4 都为高(EXTCONB[1]=1)时,都会使作为 QEP 计数器的定时器复位
1	QEPIQUAL	CAP6_QEPI2 索引量化模式,该位打开或关闭 QEP 的索引量化 0:CAP6_QEPI2 量化模式关闭,允许 CAP6_QEPI2 经过量化器而不受影响 1:CAP6_QEPI2 量化模式打开,只有当 CAP4_QEP3 和 CAP5_QEP4 都为高时,才允许 0 到 1 的跳变通过量化器;否则量化器的输出保持为低
0	INDCOE	独立比较输出使能模式,当该位置 1 时,允许比较输出独立的被使能/禁止 0:禁止比较输出独立使能模式,定时器 3 和 4 的比较输出通过 GPT-CONB[6]同时被使能或禁止,全比较单元 4、5 和 6 的输出通过 GPTCONB[9]同时被使能或禁止,寄存器位 GPTCONB[12,11,5,4] 和 COMCONB[7～5,2～0]保留不用,EVBIFRA[0]同时使能/禁止所有的比较输出,EVBIMRA[0]同时使能/禁止功率驱动保护中断和$\overline{PDPINTB}$信号的直接通道 1:使能比较输出独立使能模式,比较输出分别通过 GPTCONB[5,4] 和 COMCONB[7～5]单独被使能或禁止,比较陷阱分别通过 GPT-CONB[12,11]和 COMCONB[2～0]被使能或禁止,GPTCONB[6] 和 COMCONB[9]保留不用;当任何一个陷阱输入被使能且为低时,EVBIFRA[0]被置位为 1,EVBIMRA[0]仅控制中断的使能/禁止

6.5.7 寄存器位设置与 240x 的区别

这里说的区别是指相对于 240x 已有的相应寄存器的变化,下面只针对 EVA 进行说明,同样的变化也出现在 EVB 中,其中包括了增加 EXTCONx 控制寄存器,即每个 EV 模块都增加了一个 EXTCONx 寄存器,一个在 EVA 中,另一个在 EVB 中。

寄存器的变化如表 6.45 所示,表中只列出了变化的位,其他位都与 240x EV 中的设置相,可详见本章中各自的寄存器完整位的描述。

表 6.45　寄存器位的变化

位		名　称	功能描述
TxCON 寄存器位变化	5～4	TCLK(1,0)	时钟源选择 0 0:内部时钟(如 HSPCLK) 0 1:外部时钟(如 TCLKINx) 1 0:保留 1 1:QEP 电路 变化后,定时器 1 和 2(同样的,定时器 3 和 4)可使用 QEP 电路作为时钟源。
GPTCON 寄存器位变化	12	T2CTRIPE	T2CTRIP 使能位,用于使能或禁止定时器 2 的比较输出陷阱(T2CTRIP)必须在 EXTCONA[0]=1 时该位才有效;当 EXTCONA[0]=0 时,该位保留 0:禁止 T2CTRIP,则 T2CTRIP 不影响定时器 2 的比较输出、GPTCONA[5]或 PDPINTA 标志(EVAIFRA[0]) 1:使能 T2CTRIP,当 T2CTRIP 为低电平时,定时器 2 的比较输出变为高阻态,GPTCONA[5]变为 0,PDPINTA 标志(EVAIFRA[0])置 1
	11	T1CTRIPE	T1CTRIP 使能位,用于使能或禁止定时器 1 的比较输出陷阱(T1CTRIP)必须在 EXTCONA[0]=1 时该位才有效;当 EXTCONA[0]=0 时,该位保留 0:禁止 T1CTRIP,则 T1CTRIP 不影响定时器 1 的比较输出、GPTCONA[4]或 PDPINTA 标志(EVAIFRA[0]) 1:使能 T1CTRIP,当 T1CTRIP 为低电平时,定时器 1 的比较输出变为高阻状态,GPTCONA[4]变为 0,PDPINTA 标志(EVAIFRA[0])置 1
	6	TCMPOE	定时器的比较输出使能,用于使能或禁止定时器的比较输出,但必须在 EXTCONA[0]=0 时 TCMPOE 才有效,EXTCONA[0]=1 该位保留 如果 TCMPOE 有效,则当 PDPINTA/T1CTRIP 为低电平且 EVAIMRA[0]=1 时,TCMPOE 复位为 0 0:定时器比较输出 T1/2PWM_T1/2CMPR 输出为高阻态 1:定时器比较输出 T1/2PWM_T1/2CMPR 由各自的定时器比较逻辑驱动

续表

位		名 称	功能描述
GPTCON 寄存器位变化	5	T2CMPOE	定时器 2 的比较输出使能,用于使能或禁止事件管理器的定时器 2 的比较输出 T2PWM_T2CMPR,当 EXT-CONA[0]=1 时 T2CMPOE 有效,EXTCONA[0]=0 时 T2CMPOE 保留 如果 T2CMPOE 有效,T2CTRIP 被使能且为低电平,则 T2CMPOE 复位为 0 0:定时器 2 比较输出 T2PWM_T2CMPR 为高阻态 1:定时器 2 比较输出 T2PWM_T2CMPR 由定时器 2 的比较逻辑驱动
	4	T1CMPOE	定时器 1 的比较输出使能,用于使能或禁止事件管理器的定时器 1 的比较输出 T1PWM_T1CMPR,当 EXT-CONA[0]=1 时 T1CMPOE 有效,EXTCONA[0]=0 时 T1CMPOE 保留 如果 T1CMPOE 有效,T1CTRIP 被使能且为低电平,则 T1CMPOE 复位为 0 0:定时器 1 比较输出 T1PWM_T1CMPR 为高阻状态 1:定时器 1 比较输出 T1PWM_T1CMPR 由定时器 1 的比较逻辑驱动
COMCON 寄存器位变化	9	FCMPOE	全比较器输出使能,可以同时使能或禁止所有比较器的输出,只有当 EXTCONA[0]=0 时该位有效,当 EXT-CONA[0]=1 时该位保留 如果 FCMPOE 有效,则当 PDPINTA/T1CTRIP 为低电平且 EVAIFRA[0]=1 时,FCMPOE 复位为 0 0:禁止全比较器输出,PWM1/2/3/4/5/6 都处于高阻态 1:使能全比较器输出,PWM1/2/3/4/5/6 由相应的比较逻辑控制
	8	PDPINTA̅ Status	反映引脚PDPINTA的当前状态
	7	FCMP3OE	全比较器 3 输出使能,可使能或禁止全比较器 3 的输出 PWM5/6,只有当 EXTCONA[0]=1 时该位才有效,EXTCONA[0]=0 时该位保留 当 FCMP3OE 有效时,如果 C3TRIP 被使能且为低电平,则 FCMP3OE 复位为 0 0:禁止全比较器 3 输出,PWM5/6 处于高阻态 1:使能全比较器 3 输出,PWM5/6 由全比较器 3 的逻辑控制输出
	6	FCMP2OE	全比较器 2 输出使能,可使能或禁止全比较器 2 的输出 PWM3/4,只有当 EXTCONA[0]=1 时该位才有效,EXTCONA[0]=0 时该位保留 当 FCMP2OE 有效时,如果 C2TRIP 被使能且为低电平,则 FCMP2OE 复位为 0 0:禁止全比较器 2 输出,PWM3/4 处于高阻态 1:使能全比较器 2 输出,PWM3/4 由全比较器 2 的逻辑控制输出

续表

位		名　称	功能描述
	5	FCMP1OE	全比较器 1 输出使能,可使能或禁止全比较器 1 的输出 PWM1/2,只有当 EXTCONA[0]＝1 时该位才有效,EXTCONA[0]＝0 时该位保留 当 FCMP1OE 有效时,如果 C1TRIP 被使能且为低电平,则 FCMP1OE 复位为 0 0:禁止全比较器 1 输出,PWM1/2 处于高阻态 1:使能全比较器 1 输出,PWM1/2 由全比较器 1 的逻辑控制输出
COMCON 寄存器位变化	4～3	保留	保留,读返回 0,写没有影响
	2	C3TRIPE	C3TRIP 使能,可使能或禁止全比较器 3 陷阱 (C3TRIP),只有当 EXTCONA[0]＝1 时该位有效,当 EXTCONA[0]＝0 时该位保留 0:C3TRIP 被禁止,C3TRIP 不影响全比较器 3 的输出、COMCONA[8]或 PDPINTA 的标志(EVAIFRA[0]) 1:C3TRIP 被使能,当 C3TRIP 为低电平时,全比较器 3 的两个输出为高阻态、COMCONA[8]复位为 0、PDPINTA 的标志(EVAIFRA[0])为 1
	1	C2TRIPE	C2TRIP 使能,可使能或禁止全比较器 2 陷阱 (C2TRIP),只有当 EXTCONA[0]＝1 时该位有效,当 EXTCONA[0]＝0 时该位保留 0:C2TRIP 被禁止,C2TRIP 不影响全比较器 2 的输出、COMCONA[7]或 PDPINTA 的标志(EVAIFRA[0]) 1:C2TRIP 被使能,当 C2TRIP 为低电平时,全比较器 2 的两个输出为高阻态、COMCONA[7]复位为 0、PDPINTA 的标志(EVAIFRA[0])为 1
	0	C1TRIPE	C1TRIP 使能,可使能或禁止全比较器 1 陷阱 (C1TRIP),只有当 EXTCONA[0]＝1 时该位有效,当 EXTCONA[0]＝0 时该位保留 0:C1TRIP 被禁止,C1TRIP 不影响全比较器 1 的输出、COMCONA[6]或 PDPINTA 的标志(EVAIFRA[0]) 1:C1TRIP 被使能,当 C1TRIP 为低电平时,全比较器 1 的两个输出为高阻态、COMCONA[6]复位为 0、PDPINTA 的标志(EVAIFRA[0])为 1
CAPCON 寄存器位变化	14～13	CAP12EN	捕获单元 1 和 2 使能 0 0:禁止捕获单元 1 和 2,FIFO 堆栈保留原内容 0 1:使能捕获单元 1 和 2 1 0:保留 1 1:保留 240x 用户指南的早期版本中错误地认为 CAPCON[14,13] 也控制着 QEP 电路的使能和禁止

续表

位		名　称	功能描述
EVIFRA 寄存器 位变化	0	PDPINTA FLAG	功率驱动保护中断 A 标志,该位的定义和 EXTCONA[0] 设置有关:EXTCONA[0]=0 时,其定义和 240x 相同; EXTCONA[0]=1 时,当任何比较陷阱被使能且为低电 平时该位被置 1 读　0:标志被复位 　　　1:标志被置位 写　0:没有影响 　　　1:复位标志
EVIMRA 寄存器 位变化	0	PDPINTA ENABLE	功率驱动保护中断 A 使能,该位的定义和 EXTCONA[0] 设置有关:当 EXTCONA[0]=0 时其定义和 240x 相 同,即该位使能/禁止功率驱动保护中断和从功率驱 动保护中断引脚到比较器输出缓冲器的直接通道;当 EXTCONA[0]=1 时,该位仅作为功率驱动保护中断的 使能/禁止位 0:禁止 1:使能

　　需要说明的是,EXTCONx 相对于 240x 是一个新添加的扩展控制寄存器,用来使能和禁止附加/调整(F281x 的 EV 增强特性)的功能,因此其所有的位描述也都是新的,详见图 6.53、图 6.54 和表 6.43、表 6.44 内容,这里不再给出。图 6.55、表 6.46 和图 6.56、表 6.47 给出了用 EXTCONx 寄存器进行高组态(Hi-Z)控制时各位的逻辑关系。

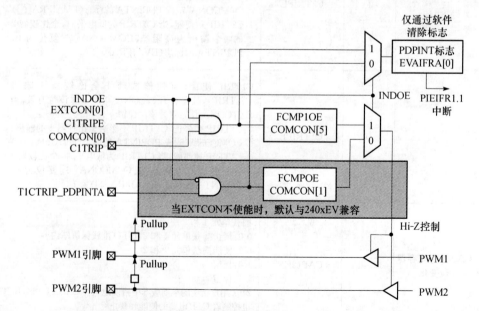

图 6.55　寄存器 EXTCONx 进行 PWM 高组态(Hi-Z)控制逻辑图
(该图只是高组态控制的逻辑图,并不代表具体器件的实际电路,图 6.56 同)

表 6.46　寄存器 EXTCONx 进行 PWM 高组态(Hi-Z)控制关系表

控制顺序	INDOE	C1TRIPE	C1TRIP 引脚	FCMP1OE 位	PDPINT 标志	Hi-Z 控制	PWMx
单个 PWMx 控制的 EXTCONx 位使能	1	1	1	1	0	1	PWM 信号
C1TRIP 引脚 的低电平①	1	1	⎍	—	—	—	—
FCMP1OE 清 0 使能 Hi-Z 模式	1	1	1	0	1	0	Hi-Z
FCMP1OE 置 1 清除 Hi-Z 模式	1	1	1	1	1	1	PWM 信号

注:表中阴影单元是由 T1CTRIP 引脚的低电平脉冲引起的变化。

FCMPOE:当 EXTCON[0]即 INDCOE=0 时,在与 240x 的 EV 兼容模式下有效,它是控制所有 PWM
对的高组态模式的一个位,对于 EVA,PWM 对包括 PWM1/2、PWM3/4、PWM5/6、
T1/T2PWM。

FCMP1OE:当 EXTCON[0]即 INDCOE=1 时,在 F281x EV 的增强特性模式下有效,此时该位仅控制
PWM1/2 的高阻态模式,而由 FCMP2OE 和 FCMP3OE 控制着 PWM3/4 和 PWM5/6 的高
阻态模式。在与之相应的 EVB 寄存器设置中有相同的 PWM 高阻态模式。

T1CTRIP_PDPINTA 陷阱控制拥有通往 PWM 高阻控制缓冲区和 FCMPOE 位控制逻辑的直接控制通
道,而 C1TRIP/C2TRIP/C3TRIP 引脚没有通往高阻缓冲区的直接控制通道,它们都需要通过各自的
FCMPxOE 位来实现。

① 其脉宽基于该引脚的输入量化器。

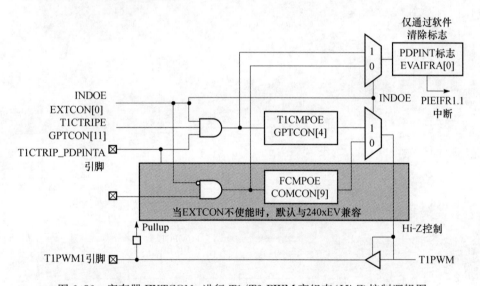

图 6.56　寄存器 EXTCONx 进行 T1/T2 PWM 高组态(Hi-Z)控制逻辑图

表 6.47　寄存器 EXTCONx 进行 T1/T2 PWM 高组态(Hi-Z)控制关系表

控制顺序	INDOE	T1CTRIPE	T1CTRIP 引脚	T1CMPOE 位	PDPINT 标志	Hi-Z 控制	PWMx
单个 PWMx 控制的 EXTCONx 位使能	1	1	1	1	0	1	T1PWM 信号

续表

控制顺序	INDOE	T1CTRIPE	T1CTRIP 引脚	T1CMPOE 位	PDPINT 标志	Hi-Z 控制	PWMx
T1CTRIP 引脚低电平①	1	1	⊓ (低电平脉冲)	—	—	—	—
T1CMPOE 清 0 使能 Hi-Z 模式	1	1	1	0	1	0	高组态
T1CMPOE 置 1 清除 Hi-Z 模式	1	1	1	1	0	1	T1PWM 信号

注：表中阴影单元是由 T1CTRIP 引脚的低电平脉冲引起的变化。

FCMPOE：当 EXTCON[0] 即 INDCOE＝0 时，在与 240x 的 EV 兼容模式下有效，它是控制所有 PWM 对的高组态模式的一个位，对于 EVA，PWM 对包括 PWM1/2、PWM3/4、PWM5/6、T1/T2PWM。

FCMP1OE：当 EXTCON[0] 即 INDCOE＝1 时，在 F281x EV 的增强特性模式下有效，此时该位仅控制 T1PWM 引脚的高阻态模式，而 T2PWM 引脚的高阻态模式由 T2CMPOE 控制。在与之相应的 EVB 寄存器设置中有相同的 T3PWM/T4PWM 高阻态模式。

① 其脉宽基于该引脚的输入量化器。

第7章　TMS320F281x 串行通信接口模块

串行通信接口(SCI)是一个双线的异步串口,一般看做 UART。SCI 模块支持与 CPU 采用非返回至 0(non-return-to-zero,NRZ)标准格式的异步外围设备之间的数字通信。SCI 的接收器和发送器各具有一个 16 级深度的 FIFO,这样可以减少空头的服务。它们还各有其独立的使能位和终端位,可以在半双工通信中进行独立的操作,或在全双工通信中同时进行操作。

为了确保数据的完整性,SCI 检查所接受数据的中断检测、极性、溢出和帧错误。位速率可通过编程一个 16 位的波特率改变寄存器而改变。

28x SCI 特性与 240x SCI 相比,有若干个增强之处,关于这些特性的说明参见7.2 节。

7.1　增强型 SCI 模块概述

SCI 与 CPU 的接口界面如图 7.1 所示,SCI 模块的特点如下。

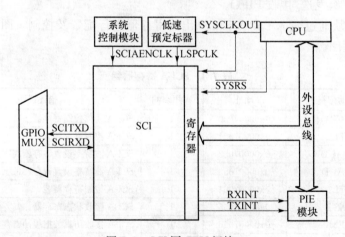

图 7.1　SCI 同 CPU 间接口

(1) 两个外部引脚。
- SCITXD:SCI 发送输出引脚。
- SCIRXD:SCI 接收输入引脚。
(2) 波特率可通过编程达到 64K 不同的数率。

（3）数据字格式。

· 一个起始位。

· 数据长度可通过编程在 1～8 位内可选。

· 可供选择的偶/奇/非极性位。

· 一个或两个结束位。

（4）4 个错误检测标志：极性、溢出、帧和中断检测。

（5）两个唤醒多处理器模式：空闲线和地址位。

（6）半双工或全双工模式。

（7）双缓冲接收和发送功能。

（8）发送器和接收器可通过带有状态标志的中断驱动或者圆滑算法完成操作。

（9）独立的发送器中断使能位和接收器终端使能位（除了 BRKDT）。

（10）NRZ 格式。

（11）13 个 SCI 模块控制寄存器，位于开始地址为 7050H 的控制寄存器结构中。这个模块中所有的寄存器都是 8 位寄存器。当一个寄存器被访问时，寄存器数据位于低 8 位，高 8 位为 0，因此把数据写入高 8 位是无效的。

增强型 SCI 模块的特点如下。

（1）自动波特率检测硬件逻辑。

（2）16 级发送/接收 FIFO。

SCI 模块通过表 7.1 和表 7.2 列出的寄存器进行配置及控制。图 7.2 为 SCI 模块结构框图。

表 7.1　SCI-A 寄存器组

寄存器助记符	地址	占用空间	描述说明
SCICCR	0x00007050	1	SCI-A 通信控制寄存器
SCICTL1	0x00007051	1	SCI-A 控制寄存器 1
SCIHBAUD	0x00007052	1	SCI-A 波特率设置寄存器高字节
SCILBAUD	0x00007053	1	SCI-A 波特率设置寄存器低字节
SCICTL2	0x00007054	1	SCI-A 控制寄存器 2
SCIRXST	0x00007055	1	SCI-A 接收状态寄存器
SCIRXEMU	0x00007056	1	SCI-A 接收仿真数据缓冲寄存器
SCIRXBUF	0x00007057	1	SCI-A 接收数据缓冲寄存器
SCITXBUF	0x00007059	1	SCI-A 发送数据缓冲寄存器
SCIFFTX	0x0000705A	1	SCI-A FIFO 发送寄存器
SCIFFRX	0x0000705B	1	SCI-A FIFO 接收寄存器
SCIFFCT	0x0000705C	1	SCI-A FIFO 控制寄存器
SCIPRI	0x0000705F	1	SCI-A 极性控制寄存器

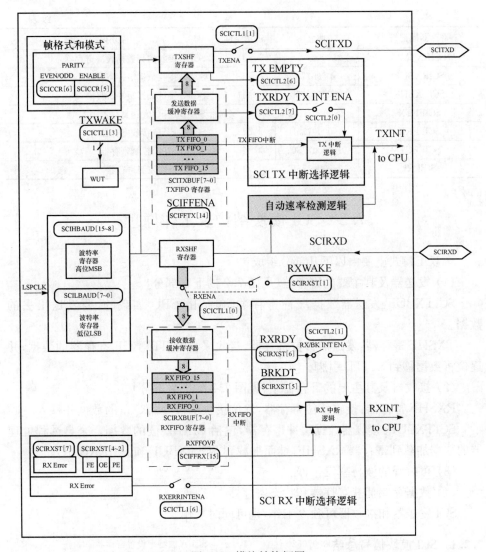

图 7.2　模块结构框图

表 7.2　SCI-B 寄存器组

寄存器助记符	地址	占用空间	描述说明
SCICCR	0x00007750	1	SCI-B 通信控制寄存器
SCICTL1	0x00007751	1	SCI-B 控制寄存器 1
SCIHBAUD	0x00007752	1	SCI-B 波特率设置寄存器高字节
SCILBAUD	0x00007753	1	SCI-B 波特率设置寄存器低字节
SCICTL2	0x00007754	1	SCI-B 控制寄存器 2
SCIRXST	0x00007755	1	SCI-B 接收状态寄存器

寄存器助记符	地址	占用空间	描述说明
SCIRXEMU	0x00007756	1	SCI-B 接收仿真数据缓冲寄存器
SCIRXBUF	0x00007757	1	SCI-B 接收数据缓冲寄存器
SCITXBUF	0x00007759	1	SCI-B 发送数据缓冲寄存器
SCIFFTX	0x0000775A	1	SCI-B FIFO 发送寄存器
SCIFFRX	0x0000775B	1	SCI-B FIFO 接收寄存器
SCIFFCT	0x0000775C	1	SCI-B FIFO 控制寄存器
SCIPRI	0x0000775F	1	SCI-B 极性控制寄存器

7.2　SCI 模块结构及工作原理

全双工模式主要由以下几部分组成:

(1) 发送器及其主要的寄存器(见图 7.2 的上半部分)。

SCITXBUF:发送器数据缓冲寄存器,包括由 CPU 加载的、要发送出去的数据。

TXSHF 寄存器:发送器移位寄存器,接收来自 SCITXBUF 寄存器的数据,并逐位将数据移到 SCITD 引脚。

(2) 接收器及其主要的寄存器组(见图 7.2 的下半部分)。

RXSHF 寄存器:接收移位寄存器,逐位接收来自 SCIRXD 的数据并移入。

SCITXBUF:接收器数据缓冲寄存器,包括 CPU 要读的数据。来自远程处理器的数据加载到寄存器 RXSHF,继而加载到 SCITXBUF 和 SCIRXEMU。

(3) 可编程的波特率发生器。

(4) 数据存储捕获寄存器和状态寄存器。

SCI 发送器和接收器可独立工作,也可同时工作。

7.2.1　SCI 模块信号总结

SCI 模块的信号有外部信号、控制信号和中断信号 3 种,如表 7.3 所示。

表 7.3　SCI 模块的信号

信号名称		描述说明
外部信号	SCIRXD	SCI 异步串口接收数据
	SCITXD	SCI 异步串口发送数据
控制信号	波特率时钟	LSPCLK 预定标时钟
中断信号	TXINT	发送中断
	RXINT	接收中断

7.2.2　多处理器和异步处理模式

SCI 有两个多处理器通信协议:空闲线多处理器模式(参见 7.2.5 节)和地址位多处理器模式(参见 7.2.6 节)。这些协议允许在多个处理器之间传送有效数据。

SCI 提供了通用的异步接收器/发送器通信模式,以便与许多普通的外设相互通信。异步模式需要两条线与许多标准的设备(如使用 RS-232-C 格式的终端和打印机)连接。数据发送的特点包括:

(1) 1 个起始位。

(2) 0~8 个数据位。

(3) 1 个偶/奇/非极性位。

(4) 1~2 个结束位。

7.2.3　SCI 可编程数据格式

SCI 包括接收和发送数据两部分,采用 NRZ 数据格式。NRZ 数据格式包括:

(1) 1 个起始位。

(2) 0~8 个数据位。

(3) 1 个偶/奇/非极性位。

(4) 1~2 个结束位。

(5) 1 个用于区别数据和地址的特殊位(只用于地址位模式)。

数据的基本单元是一个字节,从长度上看是 1~8 位。数据的每个字符规定为 1 个起始位、1~2 个结束位,可选的极性位以及地址位的格式。带有格式信息的每 1 个数据字符称为一帧,如图 7.3 所示。

图 7.3　典型的 SCI 数据帧格式

为了对数据格式编程,要使用 SCICCR 寄存器。使用 SCICCR 对数据格式进行编程的位如表 7.4 所示。

表 7.4　使用 SCICCR 对数据格式编程

位	名　称	功　能
2～0	SCI CHAR2～0	选择字长度 1～8 位
5	PARITY ENABLE	1:使能奇偶校验功能 0:取消该功能
6	EVEN/ODD PARITY	如何使能奇偶校验 0:选择偶校验 1:选择奇校验
7	STOP BITS	确定发送停止位 0:一位停止位 1:两位停止位

7.2.4　SCI 多处理器通信

多处理器通信格式允许一个处理器在同一串行线上有效地向其他处理器放送数据块。一条串行线上每次只能有一次输出,也就是说,串行线上在同一时间只有一个"讲话者"。

地址字节(Address-Byte):发送端发送信息块的第一个字节包含一个地址位,所有的接收端都要读这个地址位。只有具有正确地址的接收端才可以被紧随在地址字节后面的数字字节打断。如果地址是错误的,接收端不会被中断,直到下一个地址字节出现。

休眠位(SLEEP):串行线上所有的处理器将为 SCI SLEEP 置 1,这样当地址位被检测时,这些处理器才能被中断。当处理器对地址块(该地址块与由应用软件设置的 CPU 设备地址相当)进行读操作时,程序必须对休眠位 SLEEP 清 0,以使能 SCI,使之接收每一个数据字节时都可以产生一个中断。

尽管休眠位为 1 时接收端仍然工作,但是不会对 RXRDY、RXINT 或者接收端任何一个错误状态位置 1,除非地址字节被检测到,而且在接收到的该帧中地址位是 1(应用于地址位模式)。SCI 不能改变休眠位,必须通过软件去改变该位。

1. 识别地址字节

当使用多处理器模式时,每个处理器分别识别一个地址字节。例如:
(1) 在空闲线模式中,地址字节之前有一个安静空间,这种工作模式没有额外的地址/数据位,而且当处理长度在 10 个字节以上的数据块时比地址位模式更有效。空闲线模式应用于典型的非多处理器 SCI 模式。
(2) 在地址位模式中,每一个字节中加入了额外的一位(一个地址位),以便于区分地址与数据。因为这种模式不像空闲线模式,数据块之间不用等待,所以该模式处理一些小的数据块更有效。然而,当传送速度比较高时,由于程序的执行速度不够快,在传输流中不可避免地会出现 10 个位的空闲。

2. 控制 SCI TX 和 RX 的特性

多处理器模式是一个软件模式,通过位 ADDR/IDLEMODE(SCICCR 位 3)进行选择。这两种模式都需要使用 TXWAKE 标志位(SCICTL1 位 3)、RXWAKE 标志位(SCIRXST 位 1)以及 SLEEP 标志位(SCICTL1 位 2),控制 SCI 的发送器和接收器的特性。

3. 接收顺序

在这两个多处理器模式中,接收顺序如下:

(1) 在接收地址块时,SCI 端口唤醒,并请求一个中断(位 1RX/BK INT ENA-OFSCICTL2 请求一个中断),该端口读取这个块的第一帧,在该帧中包含目的地址。

(2) 程序流程通过中断被加载,并检查所接收的地址。该地址字节与存储在存储器中的设备地址字节相比较。

(3) 如果比较结果表明该块与设备 CPU 相适应,CPU 就对休眠位 SLEEP 清0,读取该块的剩余内容;否则,程序流程退出,休眠位 SLEEP 置 1,但在下一个块到来时不会接收任何中断。

7.2.5　空闲线多处理器模式

在空闲线多处理器模式(ADDR/IDLE MODE BIT＝0)中,块与块之间有一段空闲时间,这段空闲时间比块中的帧间距要长。如果一帧之后有一段 10 个位或者更长的空闲时间,就表明一个新块的开始。一位的时间可以直接根据波特率计算出来(每秒的位数)。空闲线多处理器通信格式如图 7.4 所示(ADDR/IDLE MODE 位是 SCICCR 的第 3 位)。

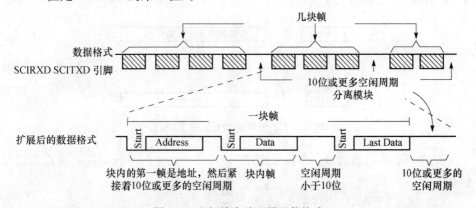

图 7.4　空闲线多处理器通信格式

1. 空闲线模式步骤

空闲线模式的工作步骤如下：
（1）接收到块启动信号后，启动 SCI。
（2）处理器识别下一个 SCI 中断。
（3）中断服务程序把接收的地址（该地址是由远程发送器发送的）当做自己的地址。
（4）此时，如果 CPU 被寻址，服务程序对休眠位清除，并接收数据块的其他部分。
（5）此时，如果 CPU 不被寻址，服务程序对休眠位置位，在这种情况下 CPU 不会被中断，将继续执行主程序，直到启动下一个块的检测。

2. 块启动信号

发送块启动信号有两种方式：
方式 1：通过对前一数据最后一帧的发送与下一数据块地址帧的发送之间的时间延长，可以很从容地产生一段 10 位或者更长时间的空闲时间。
方式 2：SCI 端口在写入 SCITXBUF 寄存器之前，首先对位 TXWAKE（SCICTL1，第 3 位）置 1，这就会产生一个 11 位的空闲时间。在该方式中，串行通信线的空闲时间就达到了所必需的标准（在对 TXWAKE 进行置位之后，发送地址之前，要把一个任意的字节写入 SCITXBUF，以发送空闲时间）。

3. 唤醒临时标志（WUT）

与 WUT 相关的是 TXWAKE 位。WUT 是一个内部标志，用 TXWAKE 进行双缓冲。当 TXSHF 从 SCITXBUF 上加载时，WUT 从 TXWAKE 上加载，位 TXWAKE 清 0，如图 7.5 所示。

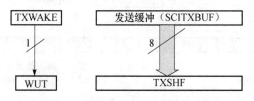

图 7.5　双缓冲的 WUT 和 TXSHF

发送一个块启动信号。在块发送序列中，发送完整的一帧时间的块启动信号包括：
（1）向 TXWAKE 位写 1。

（2）向 SCITBUF 寄存器中写入一个数据字（不管任何内容）以发送一个块启动信号（当块启动信号发送出去时，所写入的第一个数据字被阻止，之后该字忽略）。当 TXSHF 空闲时，SCITBUF 的内容移入 TXSHF，TXWAKE 的值移入 WUT，之后位 TXWAKE 清 0。

由于位 TXWAKE 置 1，前一帧的最后一个结束位之后所发送的 11 位空闲周期就取代了开始位、数据位以及极性位。

（3）向 SCITXBUF 写入一个新的地址。

一个内容并不十分重要的数据字首先要写入 SCITXBUF 寄存器，以至于 TXWAKE 位的值可以移入 WUT。之后，该数据字移入 TXSHF 寄存器，再次写入 SCITXBUF（或者 TXWAKE），因为 TXSHF 和 WUT 都是双缓冲的。

4. 接收器工作

位 SLEEP 不会对接收器的工作产生影响，但接收器不置位 RXRDY 和错误状态位，且在地址帧被检测到之前不会发出接收中断的请求。

7.2.6　地址位多处理器模式

在地址位协议中（ADDR/IDLE MODE 位＝1），每一帧中有一个特殊位——地址位，该位紧随在最后一个数据位之后。在块的第一帧中，地址位置 1；在其他的帧中，该位清 0。空闲周期操作与这种模式不相关，如图 7.6 所示。

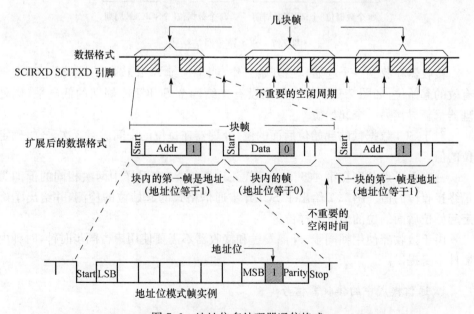

图 7.6　地址位多处理器通信格式

位 TXWAKE 的值被置于地址位中。在发送过程中,当 SCITXBUF 寄存器和位 TXWAKE 分别被加载到 TXSHF 寄存器和 WUT 中时,TXWAKE 复位为 0,WUT 变成当前帧中地址位的值,因此发送一个地址要经过这样的过程:

(1) 位 TXWAKE 置 1,将确切的地址值写入 SCITXBUF 寄存器。当地址值传送到 TXSHF 寄存器后并移出时,该地址位置 1,表明在串行连接上的其他处理器在读地址。

(2) TXSHF 和 WUT 被加载后,将地址写入 SCITXBUF 和 TXWAKE。

(3) 将位 TXWAKE 置 0,以发送该块的其他非地址帧。

7.2.7　SCI 通信格式

SCI 异步通信格式使用半双工或全双工通信方式。在该模式下,SCI 的数据帧包括 1 个起始位、1~8 位的数据位、1 个可选的奇偶校验位和 1~2 个停止位,如图 7.7 所示,每个数据位占用 8 个 SCICLK 时钟周期。

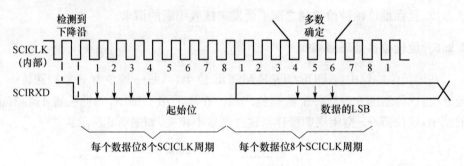

图 7.7　SCI 异步通信格式

接收器在收到一个起始位后开始工作,四个连续 SCICLK 周期的低电平表示有效的起始位,如图 7.7 所示。如果没有连续四个 SCICLK 周期的低电平,则处理器重新寻找另一个起始位。

对于 SCI 数据帧的起始位后面的位,处理器在每位的中间进行 3 次采样,确定位的值。

三次采样点分别在第 4、5、6 个 SCICLK 周期,三次采样中两次相同的值即为最终接收位的值。图 7.7 给出了 SCI 异步通信格式的起始位的检测,并给出了确定起始位后面的位的值的采样位置。

由于接收器使用帧同步,外部发送和接收器不需要使用串行同步时钟,时钟由器件本身提供。

1. 通信模式中的接收器信号

图 7.8 描述了假设满足下列条件时,接收器信号时序的一个例子:

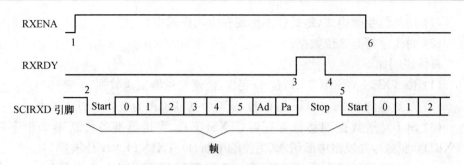

图 7.8　通信格式中的 SCI RX 信号

（1）地址位唤醒模式（地址位不出现在空闲模式中）。

（2）每个字符有 6 位数据。

具体说明如下：

（1）标志位 RXENA（SCICTL1，位 0）变为高，使能接收器接收数据。

（2）数据到达 SCIRXD 引脚后，检测起始位。

（3）数据从 RXSHF 寄存器移位到接收缓冲寄存器（SCIRXBUF），产生一个中断申请，标志位 RXRDY（SCIRXST，位 6）变高表示已接收一个新字符。

（4）程序读 SCIRXBUF 寄存器，标志位 RXRDY 自动被清除。

（5）数据的下一字节到达 SCIRXD 引脚时，检测启动位，然后清除。

（6）位 RXENA 变为低，禁止接收器接收数据。继续向 RXSHF 装载数据，但不移入接收缓冲寄存器。

2. 通信模式中的发送器信号

图 7.9 描述了假设满足下列条件时，发送器信号时序的一个例子：

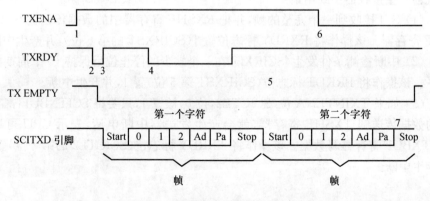

图 7.9　通信模式中 SCI TX 信号

(1) 地址位唤醒模式(地址位不出现在空闲模式中)。

(2) 每个字符有 3 位数据。

具体说明如下:

(1) 位 TXENA(SCICTL1,位 1)变高,使能发送器发送数据。

(2) 写数据到 SCITXBUF 寄存器,从而发送器不再为空,TXRDY 变低。

(3) SCI 发送数据到移位寄存器(TXSHF)。发送器准备传送第 2 个字符 (TXRDY 变高),并发出中断请求(为使能中断,位 TXINTENA 必须置 1)。

(4) 在 TXRDY 变高后,程序写第二个字符到 SCITXBUF 寄存器(在第二个 字节写入 SCITXBUF 后,TXRDY 又变低)。

(5) 发送完第一个字符,开始将第二个字符移位到寄存器 TXSHF。

(6) 位 TXENA 变低,禁止发送器发送数据。SCI 结束当前字符的发送。

(7) 第二个字符发送完成,发送器变空准备发送下一个字符。

7.2.8 SCI 中断

SCI 接收器和发送器可以使用中断进行控制,SCICTL2 寄存器有一个标志位 (TXRDY)用来指示有效的中断条件,SCIRXST 寄存器有两个中断标志位 (RXRDY 和 BRKDT),以及 RX ERROR 中断标志位(该中断标志是 FE、OE 和 PE 的逻辑或)。发送器和接收器有独立的中断使能位,当中断使能位被屏蔽时将 不会产生中断,但条件标志位仍保持有效,反映了发送和接收状态。

SCI 有独立的接收器和发送器中断向量,同时可以设置发送器和接收器中断 的优先级。当 RX 和 TX 中断申请设置相同的优先级时,接收器总是比发送器具 有更高的优先级,这样可以减少接收超时错误。

如果 RX/BK INTENA 位(SCICTL2 的第 1 位)被置 1,当发生下列情况之一 时就会产生接收器中断申请:

(1) SCI 接收到一个完整的帧,并把 RXSHF 寄存器中的数据传送到 SCIRX-BUF 寄存器。该操作将 RXRDY 标志位置 1(SCIRXST 的第 6 位),并产生中断。

(2) 中断检测条件发生(SCIRXD)在一个缺少的停止位后保持 10 个周期的低 电平。该操作将 BRKDT 标志位(SCIRXST 第 5 位)置 1,并产生中断。

(3) 如果 TXINTENA 位(SCICTL2,位 0)被置 1,只要将 SCITXBUF 寄存器 中的数据传送到 TXSHF 寄存器,就会产生发送器中断申请,表示 CPU 可以向 SCITXBUF 寄存器写数据。该操作将 TXRDY 标志位(SCICTL2 的第 7 位)置 1, 并产生中断。

RXRDY 和 BRKDT 位通过 RX/BKINTENA 位(SCICTL2,位 1)控制,从而产生中断。RX ERROR 位产生中断,受 RXERRINTENA 位(SCICTL1,位 6)的控制。

7.2.9　SCI 波特率计算

内部产生的串行时钟由低速外设时钟 LSPCLK 频率和波特率选择寄存器确定。在器件时钟频率确定的情况下,SCI 使用 16 位的波特率选择寄存器设置 SCI 的波特率,因此 SCI 可以采用 64K 种波特率进行通信,表 7.5 为不同配置时的波特率选择。

表 7.5　异步波特率寄存器值(对于常见的 SCI 的位速率)

LSPCLK 时钟频率 37.5MHz			
理想波特率	BRR	精确波特率	误差/%
2400	1592(7A0h)	2400	0
4800	976(3D0h)	4798	−0.04
9600	487(1E7h)	9606	−0.06
19200	243(F3h)	19211	0.06
38400	121(79h)	38422	0.06

SCI 波特率由下列公式计算:

$$SCI\ 异步波特率 = LSPCLK/[8 \times (BRR + 1)]$$

因此

$$BRR = LSPCLK/(8 \times SCI\ 异步波特率) - 1$$

注意,上述公式只有在 $1 \leqslant BRR \leqslant 65535$ 时才成立;如果 $BRR = 0$,则

$$SCI\ 异步波特率 = LSPCLK/16$$

其中,BRR 的值是 16 位波特率选择寄存器内的值。

7.2.10　SCI 增强特性

C28x 的 SCI 接口支持自动波特率检测和发送/接收 FIFO 操作。

1. SCI FIFO 描述

(1) 复位:在上电复位时,SCI 工作在标准 SCI 模式,禁止 FIFO 功能。FIFO

的寄存器 SCIFFTX、SCIFFRX 和 SCIFFCT 都被禁止。

（2）标准 SCI：标准 F24x SCI 模式，TXINT/RXINT 中断作为 SCI 的中断源。

（3）FIFO 使能：通过将 SCIFFTX 寄存器中的 SCIFFEN 位置 1，使能 FIFO 模式。在任何操作状态下 SCIRST 都可以复位 FIFO 模式。

（4）寄存器有效：所有 SCI 寄存器和 SCI FIFO 寄存器（SCIFFTX、SCIFFRX 和 SCIFFCT）有效。

（5）中断：FIFO 模式有两个中断，一个是发送 FIFO 中断 TXINT，另一个是接收 FIFO 中断 RXINT。FIFO 接收、接收错误和接收 FIFO 溢出共用 RXINT 中断。标准 SCI 的 TXINT 将被禁止，该中断将作为 SCI 发送 FIFO 中断使用。

（6）缓冲：发送和接收缓冲器增加了两个 16 级的 FIFO，发送 FIFO 寄存器是 8 位宽，接收 FIFO 寄存器是 10 位宽。标准 SCI 的一个字的发送缓冲器作为发送 FIFO 和移位寄存器间的发送缓冲器。只有移位寄存器的最后一位被移出后，一个字的发送缓冲才从发送 FIFO 装载。在使能 FIFO 后，经过一个可选择的延迟（SCIFFCT），TXSHF 被直接装载而不使用 TXBUF。

（7）延迟的发送：FIFO 中的数据传送到发送移位寄存器的速率是可编程的，可以通过 SCIFFCT 寄存器的位 FFTXDLY［7～0］设置发送数据间的延迟。FFTXDLY［7～0］确定延迟的 SCI 波特率时钟周期数，8 位寄存器可以定义 0 个波特率时钟周期的最小延迟到 256 个波特率时钟周期的最大延迟。当使用 0 延迟时，SCI 模块的 FIFO 数据移出时数据之间没有延时，一位紧接一位地从 FIFO 移出，实现数据的连续发送。当选择 256 个波特率时钟周期的延迟时，SCI 模块工作在最大延迟模式，FIFO 移出的每个数据字之间有 256 个波特率时钟周期的延迟。在慢速 SCI/UART 的通信时，可编程延迟可以减少 CPU 对 SCI 通信的开销。

（8）FIFO 状态位：发送和接收 FIFO 都有状态位 TXFFST 或 RXFFST（位 12～0），这些状态位显示当前 FIFO 内有用数据的个数。当发送 FIFO 复位位 TXFIFO 和接收复位位 RXFIFO 将 FIFO 指针复位为 0 时，状态位清零。一旦这些位被设置为 1，则 FIFO 从开始运行。

（9）可编程的中断级：发送和接收 FIFO 都能产生 CPU 中断，只要发送 FIFO 状态位 TXFFST（位 12～8）与中断触发优先级位 TXFFIL（位 4～0）相匹配，就能产生一个中断触发，从而为 SCI 的发送和接收提供了一个可编程的中断触发逻辑。接收 FIFO 的默认触发优先级为 0x11111，发送 FIFO 的默认触发优先级为 0x00000。图 7.10 和表 7.6 给出了在 FIFO 或非 FIFO 模式下 SCI 中断的操作和配置。

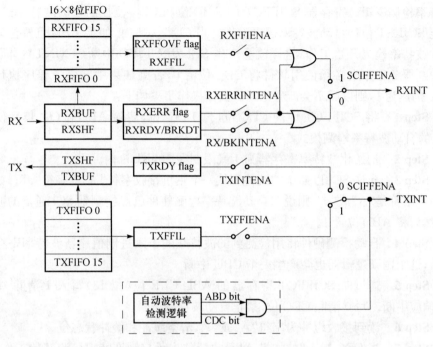

图 7.10　SCI FIFO 中断标志和使能逻辑位

表 7.6　SCI 中断标志位

FIFO 选择	SCI 中断源	中断标志	中断使能	FIFO 使能 SCIFFENA	中断线
不带 FIFO 的 SCI	接收错误	RXERR	RXERRINTENA	0	RNINT
	接收中断	BRKDT	RX/BKINTENA	0	RNINT
	数据接收	RXRDY	RX/BKINTENA	0	RNINT
	发送空内容	TXRDY	TXINTENA	0	RNINT
带有 FIFO 的 SCI	接收错误和接收中断	RXERR	RXERRINTENA	1	RNINT
	FIFO 接收	RXFFIL	RXFFIENA	1	RNINT
	发送内容空	TXFFIL	TXFFIENA	1	TNINT
自动波特率	自动波特率检测	ABD	无关	x	TNINT

注:RXERR 能由 BRKDT、FE、OE 和 PE 标志位置位。在 FIFO 模式下,BRKDT 中断仅仅通过 RXERR 标志位产生。

FIFO 模式,在延迟后,TXSHF 被直接装入,不使用 TXBUF。

2. SCI 自动波特率

大多数 SCI 模块硬件不支持自动波特率检测。一般情况下,嵌入式控制器的 SCI 时钟由 PLL 提供,系统工作后会改变 PLL 复位时的工作状态,这样很难支持自动波特率检测功能。而在 F2812 处理器上,增强功能的 SCI 模块硬件支持自动波特率检测逻辑。寄存器 SCIFFCT 的 ABD 位和 CDC 位控制自动波特率逻辑，使能 SCIRST 位使自动波特率逻辑工作。当 CDC 为 1 时，如果 ABD 也置位表示自动波特率检测开始工作，这样就会产生 SCI 发送 FIFO 中断（TXINT）。同时，在中断服务程序中必须使用软件将 CDC 位清 0，否则如果中断服务程序执行完 CDC 仍然为 1，则以后不会产生中断。具体操作步骤如下：

Step 1　将 SCIFFCT 中的 CDC 位（位 13）置位，清除 ABD 位（位 15），使能 SCI 的自动波特率检测模式。

Step 2　初始化波特率寄存器为 1 或限制在 500Kbps 内。

Step 3　允许 SCI 以期望的波特率从一个主机接收字符"A"或字符"a"。如果第一个字符是"A"或"a"，则说明自动波特率检测硬件已经检测到 SCI 通信的波特率，然后将 ABD 位置 1。

Step 4　自动检测硬件将用检测到的波特率的十六进制值刷新波特率寄存器的值，这个刷新逻辑器也会产生一个 CPU 中断。

Step 5　通过向 SCIFFCT 寄存器的 ABD CLR 位（位 13）写入 1 清除 ADB 位，响应中断。写 0 清除 CDC 位，禁止自动波特率逻辑。

Step 6　读到接收缓冲为字符"A"或"a"，清空缓冲和缓冲状态位。

Step 7　当 CDC 为 1 时，如果 ABD 也置位表示自动波特率检测开始工作，这样就会产生 SCI 发送 FIFO 中断（TXINT），同时在中断服务程序中必须使用软件将 CDC 位清 0。

7.3　SCI 的寄存器

在使用 SCI 串口通信时，可以使用软件设置 SCI 的各种功能。通过设置相应的控制位初始化所需的 SCI 通信格式，包括操作模式和协议、波特率、字符长度、奇偶检验位或无校验、停止位的个数、中断优先级和中断使能等。

7.3.1　SCI 模块寄存器概述

SCI 通过表 7.7 和表 7.8 中的寄存器实现控制和访问。

表 7.7　SCI-A 寄存器组

寄存器助记符	地　　址	占用空间	描述说明
SCICCR	0x00007050	1	SCI-A 通信控制寄存器
SCICTL1	0x00007051	1	SCI-A 控制寄存器 1
SCIHBAUD	0x00007052	1	SCI-A 波特率设置寄存器高字节
SCILBAUD	0x00007053	1	SCI-A 波特率设置寄存器低字节
SCICTL2	0x00007054	1	SCI-A 控制寄存器 2

续表

寄存器助记符	地　址	占用空间	描述说明
SCIRXST	0x00007055	1	SCI-A 接收状态寄存器
SCIRXEMU	0x00007056	1	SCI-A 接收仿真数据缓冲寄存器
SCIRXBUF	0x00007057	1	SCI-A 接收数据缓冲寄存器
SCITXBUF	0x00007059	1	SCI-A 发送数据缓冲寄存器
SCIFFTX	0x0000705A	1	SCI-A FIFO 发送寄存器
SCIFFRX	0x0000705B	1	SCI-A FIFO 接收寄存器
SCIFFCT	0x0000705C	1	SCI-A FIFO 控制寄存器
SCIPRI	0x0000705F	1	SCI-A 极性控制寄存器

表 7.8　SCIB 寄存器组

寄存器助记符	地　址	占用空间	描述说明
SCICCR	0x00007750	1	SCI-B 通信控制寄存器
SCICTL1	0x00007751	1	SCI-B 控制寄存器 1
SCIHBAUD	0x00007752	1	SCI-B 波特率设置寄存器高字节
SCILBAUD	0x00007753	1	SCI-B 波特率设置寄存器低字节
SCICTL2	0x00007754	1	SCI-B 控制寄存器 2
SCIRXST	0x00007755	1	SCI-B 接收状态寄存器
SCIRXEMU	0x00007756	1	SCI-B 接收仿真数据缓冲寄存器
SCIRXBUF	0x00007757	1	SCI-B 接收数据缓冲寄存器
SCITXBUF	0x00007759	1	SCI-B 发送数据缓冲寄存器
SCIFFTX	0x0000775A	1	SCI-B FIFO 发送寄存器
SCIFFRX	0x0000775B	1	SCI-B FIFO 接收寄存器
SCIFFCT	0x0000775C	1	SCI-B FIFO 控制寄存器
SCIPRI	0x0000775F	1	SCI-B 极性控制寄存器

7.3.2　SCI 通信控制寄存器

SCI 通信控制寄存器（SCICCR）定义了 SCI 使用的字符格式、协议和通信模式，如图 7.11 和表 7.9 所示。

7	6	5	4	3	2	1	0
STOP BITS	EVEN/ODD PARITY	PARITY ENABLE	LOOPBACK ENA	ADDR/IDLE MODE	SCICHAR2	SCICHAR1	SCICHAR0
R/W-0	R/W-0	R/W-0	R/W-0	R/W-0	R/W-0	R/W-0	R/W-0

图 7.11　SCI 通信控制寄存器地址（7050h）
（R 代表可读，W 代表可写，-n 代表复位后的值；下同，不再给出）

表7.9　SCI 通信控制寄存器功能描述

位	名　称	功能说明
7	STOP BITS	SCI 停止位的个数,该位决定了发送的停止位的个数,接收器仅对一个停止位检查 0:一个停止位 1:两个停止位
6	EVEN/ODD PARITY	奇偶校验选择位,如果 PARITY ENABLE 位(SCICCR[5])被置位,则 PARITY(位 6)确定采用奇校验还是偶校验(在发送和接收的字符中奇偶校验位的位数都是 1 位) 0:奇校验 1:偶校验
5	PARITY ENABLE	SCI 奇偶校验使能位,该位使能或禁止奇偶校验功能。如果 SCI 处于地址位多处理器模式(设置这个寄存器的第 3 位),则地址位包含在奇偶校验计算中(如果奇偶校验是使能的)。对于少于 8 位的字符,剩余无用的位由于没有奇偶校验计算而应被屏蔽 0:奇偶校验禁止。在发送期间,没有奇偶位产生或在接收期间不检查奇偶校验位 1:奇偶校验使能
4	LOOPBACKENA	自测试模式使能位,该位使能自测试模式,这时发送引脚与接收引脚在系统内部连接在一起 0:自测试模式禁止 1:自测试模式使能
3	ADDR/IDLE MODE	SCI 多处理模式控制位,该位选择一种多处理器协议。由于使用了 SLEEP 和 TXWAKE 功能(分别是 SCICTL1[2,3]),多处理器通信同其他的通信模式有所不同。由于地址位模式在帧中增加了一个附加位,空闲线模式通常用于正常通信。空闲线模式没有增加这个附加位,同典型的 RS-232 通信兼容 0:空闲位模式协议选择 1:地址位模式协议选择
2～0	SCICHAR2～ SCICHAR0	字符长度控制位,这些位选择了 SCI 的字符长度(1～8 位)。少于 8 位的字符在 SCIRXBUF 和 SCIRXEMU 中是右对齐,且在 SCIRXBUF 中前面的位填 0;SCITXBUF 前面的位不需要填 0 CHAR2　CHAR1　CHAR0　字符长度/bits 0　　　0　　　0　　　1 0　　　0　　　1　　　2 0　　　1　　　0　　　3 0　　　1　　　1　　　4 1　　　0　　　0　　　5 1　　　0　　　1　　　6 1　　　1　　　0　　　7 1　　　1　　　1　　　8

7.3.3　SCI 控制寄存器 1

SCI 控制寄存器 1(SCICTL1)控制接收/发送使能、TXWAKE 和 SLEEP 功能以及 SCI 软件复位,如图 7.12 和表 7.10 所示。

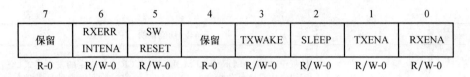

7	6	5	4	3	2	1	0
保留	RXERR INTENA	SW RESET	保留	TXWAKE	SLEEP	TXENA	RXENA
R-0	R/W-0	R/W-0	R-0	R/W-0	R/W-0	R/W-0	R/W-0

图 7.12　SCI 控制寄存器 1(地址 7051h)

表 7.10　控制寄存器 1 功能描述

位	名　称	功能说明
7	保留	保留读返回 0,写没有影响
6	RXERR INTENA	接收错误中断使能位,如果由于产生错误而置位了接收错误位(SCIRXST,位 7),则置位该位使能一个接收错误中断 0:禁止接收错误中断 1:使能接收错误中断
5	SW RESET	软件复位位(低有效),将 0 写入该位,初始化 SCI 状态机和操作标志位(寄存器 SCICTL2 和 SCIRXST)至复位状态,软件复位并不影响其他任何配置位;直至将 1 写入软件复位位,所有起作用的逻辑都保持确定的复位状态,因此系统复位后,应将该位置 1 以重新使能 SCI 在检测到一个接收器间断后(BRKDT 标志位,SCIRXST[5])后清除该位 SW RESET 影响 SCI 的操作标志位,但是它既不影响配置位也不恢复复位值。一旦产生 SW RESET,直到该位停止,标志位一直被冻结的 SW RESET 影响 SCI 的操作标志位如下: 　SCI 标志　　　　寄存器位　　　　SW RESET 复位后的值 　TXRDY　　　　SCICTL2,bit 7　　　　1 　TX EMPTY　　　SCICTL2,bit 6　　　　1 　RXWAKE　　　SCIRXST,bit 1　　　　0 　PE　　　　　　SCIRXST,bit 2　　　　0 　OE　　　　　　SCIRXST,bit 3　　　　0 　FE　　　　　　SCIRXST,bit 4　　　　0 　BRKDT　　　　SCIRXST,bit 5　　　　0 　RXRDY　　　　SCIRXST,bit 6　　　　0 　RX ERROR　　　SCIRXST,bit 7　　　　0
4	保留	保留,读返回 0,写没有影响
3	TXWAKE	发送器唤醒方式选择,MODE 位(SCICCR[3])设置的发送模式(空闲模式或地址位模式),TXWAKE 位控制数据发送特征的选择 0:发送特征不被选择 在空闲线模式下:写 1 到 TXWAKE,然后写数据到 SCITXBUF 寄存器以产生一个 11 数据位的空闲周期 在地址位模式下:写 1 到 TXWAKE,然后写数据到 SCITXBUF 寄存器以设置地址位为格式为 1。TXWAKE 位不由 SW RESET 位(SCICTL1[5])清除,而是由一个系统复位或发送到 WUT 标志位的 TXWAKE 清除 1:根据通信模式(空闲线模式或地址线模式)的不同选择发送特征

续表

位	名　　称	功能说明
2	SLEEP	休眠位,根据 ADDR/IDLEMODE(SCICCR[3])确定的发送模式(空闲线模式或地址位模式),TXWAKE 位控制数据发送特征的选择。在多处理器配置中,该位控制接收器睡眠功能。清除该位唤醒 SCI。当 SLEEP 位被置位时,接收器仍可操作;然而除非地址位字节被检测到,否则操作不会更新接收器缓冲准备位(SCIRXST[6]:RXRDY)或错误状态位(SCIRXST[5~2]:BRKDT、FE、OE 和 PE)。当地址位字节被检测到时,SLEEP 位不会被清除 0:禁止睡眠模式 1:使能睡眠模式
1	TXENA	发送使能位,只有当 TXENA 被置位时,数据才会通过 SCITXD 引脚发送。如果复位,当所有已经写入 SCITXBUF 的数据被发送后,发送就停止 0:禁止发送 1:使能发送
0	RXENA	接收使能位,从 SCIRXD 引脚上接收数据传送到接收移位寄存器,然后传到接收缓冲器。该位使能或禁止接收器的工作(发送到缓冲器)。清除 RXENA,停止将接收到的字符传送到两个接收缓冲器,并停止产生接收中断。但是接收移位寄存器仍然能继续装配字符。因此,如果在接收一个字符过程中 RXENA 被置位,完整的字符将会被发送到接收缓冲寄存器 SCIRXEMU 和 SCIRXBUF 中 0:禁止接收到的字符发送到 SCIRXEMU 和 SCIRXBUF 1:接收到的字符传送到 SCIRXEMU 和 SCIRXBUF

7.3.4　SCI 波特率选择寄存器

在 SCI 波特率选择寄存器(SCIHBAUD 和 SCILBAUD)中的值确定 SCI 的波特率,如图 7.13、图 7.14 和表 7.11 所示。

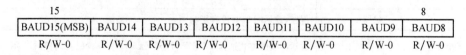

15							8
BAUD15(MSB)	BAUD14	BAUD13	BAUD12	BAUD11	BAUD10	BAUD9	BAUD8
R/W-0	R/W-0	R/W-0	R/W-0	R/W-0	R/W-0	R/W-0	R/W-0

图 7.13　波特率选择最高有效字节寄存器(SCIHBAUD,地址 7052h)

7							0
BAUD7	BAUD6	BAUD5	BAUD4	BAUD3	BAUD2	BAUD1	BAUD0(LSB)
R/W-0	R/W-0	R/W-0	R/W-0	R/W-0	R/W-0	R/W-0	R/W-0

图 7.14　波特率选择最低有效字节寄存器(SCILBAUD,地址 7053h)

表 7.11　波特率寄存器功能描述

位	名　称	功能说明
15～0	BAUD15～BAUD0	16 位波特率选择寄存器 SCIHBAUD（高字节）和 SCILBAUD（低字节），连接在一起构成 16 位波特率设置寄存器 BRR 内部产生的串行时钟由低速外设时钟（LSPCLK）和两个波特率选择寄存器确定。SCI 使用这些寄存器的 16 位值选择 64K 种串行时钟速率中的一种作为通信模式 SCI 波特率的公式计算，请参见 7.2.9 节

7.3.5　SCI 控制寄存器 2

SCI 控制寄存器 2（SCICTL2）控制使能接收准备好、间断检测、发送准备中断、发送器准备好及空标志，如图 7.15 和表 7.12 所示。

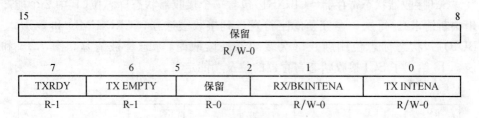

图 7.15　SCI 控制寄存器 2（地址 7054h）

表 7.12　SCI 控制寄存器 2 各位的功能

位	名　称	功能说明
15～8	保留	保留
7	TXRDY	发送缓冲寄存器准备好标志位，当 TXRDY 置位时，表示发送数据缓冲寄存器（SCITXBUF）已经准备好接收另一个字符。向 SCITXBUF 写数据自动清除 TXRDY 位。当 TXRDY 置位时，若中断使能位 TXINTENA 置位，将会产生一个发送中断请求。使能 SW RESET 位或系统复位可以使 TXRDY 置位 0：SCITXBUF 满 1：SCITXBUF 准备好接收下一个字符
6	TX EMPTY	发送器空标志位，该标志位的值显示了发送器的缓冲寄存器（SCITXBUF）和移位寄存器（TXSHF）的内容。一个有效的 SW RESET 或系统复位使该位置位。该位不会引起中断请求 0：发送器缓冲寄存器或移位寄存器或两者都装入数据 1：发送器缓冲寄存器和移位寄存器都是空的
5～2	保留	保留读返回 0，写没有影响

续表

位	名　称	功能说明
1	RX/BKINTENA	接收缓冲器/间断中断使能位,该位控制由于 RXRDY 标志位或 BRKDT 标志位置位引起的中断请求,但是 RX/BKINTENA 并不能阻止 RX/BK INT 置位 0:禁止 RXRDY/BRKDT 中断 1:使能 RXRDY/BRKDT 中断
0	TXINTENA	SCITXBUF 寄存器中断使能位,该位控制由 TXRDY 标志位置位引起的中断请求,但是它并不能阻止 TXRDY 被置位(被置位表示寄存器 SCITXBUF 准备接收下一个字符) 0:禁止 TXRDY 中断 1:使能 TXRDY 中断

7.3.6　SCI 接收器状态寄存器

SCI 接收器状态寄存器(SCIRXST)包含 7 个接收器状态标志位(其中 2 个能产生中断请求)。每次一个完整的字符发送到接收缓冲器(SCIRXEMU 和 SCIRX-BUF)后,状态标志位刷新。每次缓冲器被读取时,标志位被清除。图 7.16 和表 7.13 给出了 SCI 接收状态寄存器的位及功能定义。

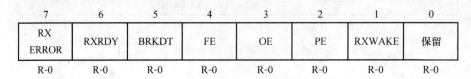

7	6	5	4	3	2	1	0
RX ERROR	RXRDY	BRKDT	FE	OE	PE	RXWAKE	保留
R-0	R-0	R-0	R-0	R-0	R-0	R-0	R-0

图 7.16　SCI 接收状态寄存器地址(7055h)

表 7.13　SCI 接收状态寄存器功能描述

位	名　称	功能说明
7	RX ERROR	接收器错误标志位,该标志位说明在接收状态寄存器中有一位错误标志位被置位。RX ERROR 是间断检测、帧错误、超时和奇偶错误使能标志位(位 5~2:BRKDT、FE、OE、PE)的逻辑或 如果 RX ERR INT ENA 位(SCICTL1[6])被置位,则该位上的一个 1 将会引起一个中断。在中断服务子程序中可以使用该位进行快速错误条件检测。错误标志位不能被直接清除,它由一个有效的 SW RESET 或者系统复位来清除 0:无错误标志设置 1:错误标志设置
6	RXRDY	接收器准备好标志位,当准备好从 SCIRXBUF 寄存器中读一个新的字符时,接收器置位接收器准备好标志位,并且如果 RX/BK INT ENA 位(SCICTL2[1])是 1,则产生接收器中断。读取 SCIRXBUF 寄存器、有效的 SW RESET 或者系统复位都可以清除 RXRDY 0:在 SCIRXBUF 中没有新的字符 1:准备好从 SCIRXBUF 中读取字符

续表

位	名 称	功能说明
5	BRKDT	间断检测标志位,当满足间断条件时,SCI 将置位该位。从丢失第一个停止位开始,如果 SCI 接收数据线路(SCIRXD)连续保持至少 10 位低电平,则产生一个间断条件。如果 RX/BK INT ENA 位为 1,则间断的发生会引发产生一个接收中断,但这不会引起重新装载接收缓冲器。即使接收 SLEEP 被置位为 1,也能发生一个 BRKDT 中断。有效的 SW RESET 或者系统复位可以清除 BRKDT。在检测到一个间断后,接收字符并不能清除该位。为了接收更多的字符,必须通过触发 SW RESET 位或者系统复位来复位 SCI 0:没有产生间断条件 1:间断条件发生
4	FE	帧错误标志位,当检测不到一个期望的停止位时,SCI 就置位该位。仅检测第一个停止位。丢失停止位表明没有能够和起始位同步,且字符帧发生了错误。有效的 SW RESET 或系统复位将清除 FE 位 0:没有检测到帧错误 1:检测到帧错误
3	OE	超时错误标志位,在前一个字符被 CPU 或 DMAC 完全读走前,当字符被发送到 SCIRXEMU 和 SCIRXBUF 时,SCI 就置位该位。前一个字符将会被覆盖或丢失。有效的 SW RESET 或系统复位将复位该标志位 0:没有检测到超时错误 1:检测到超时错误
2	PE	奇偶校验错误标志位,当接收的字符中 1 的数量和它的奇偶校验位之间不匹配时,该标志位被置位。在计算时地址位被包括在内。如果奇偶校验的产生和检测没有被使能,则 PE 标志位被禁止且读做 0。有效的 SW RESET 或系统复位将复位该标志位 0:没有检测到奇偶校验错误 1:检测到奇偶校验错误
1	RXWAKE	接收器唤醒检测标志位,当该标志位为 1 时,表示检测到了接收器唤醒的条件。在地址位多处理器模式中(SCICCR[3]=1),RXWAKE 反映了 SCIRXBUF 中的字符的地址位的值;在空闲线多处理器模式,如果 SCIRXD 被检测为空闲状态,则 RXWAKE 被置位。RXWAKE 是一个只读标志位,它由以下条件来清除: (1)地址位传送到 SCIRXBUF 后传送第一个字节 (2)读 SCIRXBUF (3)有效的 SW RESET (4)系统复位
0	保留	保留,读返回 0,写操作没有影响

7.3.7 接收数据缓冲寄存器

接收的数据从 RXSHF 传送到接收数据缓冲寄存器(SCIRXEMU 和 SCIRX-BUF)。当传送完成后,RXRDY 标志位(位 SCIRXST[6])置位,表示接收的数据可以被读取。两个寄存器存放着相同的数据;两个寄存器有各自的地址,但物理上不是独立的缓冲器。它们的唯一区别在于读 SCIRXEMU 操作不清除 RXRDY 标志位,而读 SCIRXBUF 操作清除该标志位。

1. 仿真数据缓冲器

由于 MSCIRXEMU 读取接收到的数据而不用清除 RXRDY 标志位,SCIRX-EMU 寄存器主要用于仿真器。系统复位清除 SCIRXEMU。在窗口观察 SCIRX-BUF 寄存器时使用该寄存器。物理上 SCIRXEMU 是不可用的,它仅仅是在不清除 RXRDY 标志位的情况下访问 SCIRXBUF 寄存器的一个不同的地址空间。其功能定义如图 7.17 所示。

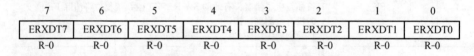

7	6	5	4	3	2	1	0
ERXDT7	ERXDT6	ERXDT5	ERXDT4	ERXDT3	ERXDT2	ERXDT1	ERXDT0
R-0	R-0	R-0	R-0	R-0	R-0	R-0	R-0

图 7.17 仿真数据缓冲器(SCIRXEMU,地址 7056h)

2. 接收数据缓冲器

在当前接收的数据从 RXSHF 移位到接收缓冲器时,RXRDY 标志位置位,数据准备好被读取。如果 RX/BK INT ENA 位(SCICTL2[1])置位,移位将产生一个中断。当读取 SCIRXBUF 时,RXRDY 标志位被复位。系统复位清除 SCIRX-BUF。SCIRXBUF 的位及功能描述如图 7.18 和表 7.14 所示。

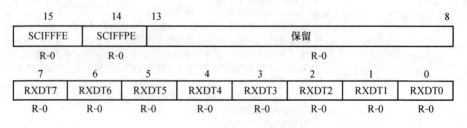

15	14	13					8
SCIFFFE	SCIFFPE	保留					
R-0	R-0	R-0					

7	6	5	4	3	2	1	0
RXDT7	RXDT6	RXDT5	RXDT4	RXDT3	RXDT2	RXDT1	RXDT0
R-0	R-0	R-0	R-0	R-0	R-0	R-0	R-0

图 7.18 SCIRXBUF 寄存器

表 7.14 SCIRXBUF 寄存器功能描述

位	名　称	功能说明
15	SCIFFFE	SCI FIFO 帧错误标志位,该位与在 FIFO 顶部的字符有关 1:当接收字符时,产生帧错误 0:当接收字符时,没有产生帧错误

续表

位	名　称	功能说明
14	SCIFFPE	FIFO 奇偶校验错误位,该位与 FIFO 顶部的字符有关 1:当接收字符时,产生奇偶校验错误 0:当接收字符时,有产生奇偶校验错误
13~8	保留	保留
7~0	RXDT7~RXDT0	接收字符位

7.3.8 SCI 发送数据缓冲寄存器

将要发送的数据写入 SCI 发送数据缓冲寄存器(SCITXBUF)中。由于小于 8 位长度的字符的左侧位被忽略,发送数据必须右侧对齐。数据从该寄存器移到 TXSHF 发送移位寄存器置位 TXRDY 标志位(SCICTL2[7]),这表明 SCITX-BUF 已准备好接收下一数据。如果置位 TX INT ENA 位(SCICTL2[0]),则该数据发送也会产生一个中断。图 7.19 为发送数据缓冲寄存器。

7	6	5	4	3	2	1	0
TXDT7	TXDT6	TXDT5	TXDT4	TXDT3	TXDT2	TXDT1	TXDT0

图 7.19　SCI 发送数据缓冲寄存器(地址 7059h)

7.3.9 SCI FIFO 寄存器

1. SCI FIFO 发送寄存器

图 7.20 给出了 SCI FIFO 发送寄存器(SCIFFTX)各位的分配情况,表 7.15 描述了 SCI FIFO 发送寄存器(SCIFFTX)各位的功能定义。

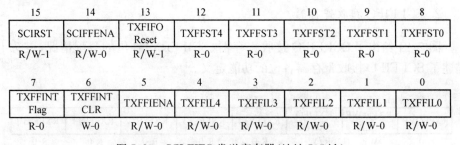

15	14	13	12	11	10	9	8
SCIRST	SCIFFENA	TXFIFO Reset	TXFFST4	TXFFST3	TXFFST2	TXFFST1	TXFFST0
R/W-1	R/W-0	R/W-1	R-0	R-0	R-0	R-0	R-0

7	6	5	4	3	2	1	0
TXFFINT Flag	TXFFINT CLR	TXFFIENA	TXFFIL4	TXFFIL3	TXFFIL2	TXFFIL1	TXFFIL0
R-0	W-0	R/W-0	R/W-0	R/W-0	R/W-0	R/W-0	R/W-0

图 7.20　SCI FIFO 发送寄存器(地址 705Ah)

表 7.15　SCI FIFO 发送寄存器的位功能描述

位	名　称	功能说明
15	SCIRST	0:写 0 复位 SCI 发送和接收通道。SCI FIFO 寄存器配置位将保留 1:SCI FIFO 可以恢复发送或接收。即便是工作在自动波特率逻辑, 　　SCIRST 也应该为 1

续表

位	名　称	功能说明
14	SCIFFENA	0:禁止 SCI FIFO 增强功能,且 FIFO 处于复位状态 1:使能 SCI FIFO 增强功能
13	TXFIFO Reset	复位 0:复位 FIFO 指针为 0,保持在复位状态 1:重新使能发送 FIFO 操作
12~8	TXFFST4~TXFFST0	00000:发送 FIFO 是空的 00001:发送 FIFO 有 1 个字 00010:发送 FIFO 有 2 个字 00011:发送 FIFO 有 3 个字 ⋮ 10000:发送 FIFO 有 16 个字
7	TXFFINT Flag	0:没有产生 TXFIFO 中断,只读位 1:产生了 TXFIFO 中断,只读位
6	TXFFINT CLR	0:写 0 对 TXFIFINT 标志位没有影响,读取返回 0 1:写 1 清除 Bit7 的 TXFFINT 标志位
5	TXFFIENA	0:基于 TXFFIVL 匹配(小于或等于)的 TX FIFO 中断被禁止 1:基于 TXFFIVL 匹配(小于或等于)的 TX FIFO 中断使能
4~0	TXFFIL4~TXFFIL0	发送 FIFO 中断级别位。当 FIFO 状态位(TXFFST4~TXFFST0)和 FIFO 级别位(TXFFIL4~TXFFIL0)匹配小于或等于时,发送 FIFO 将产生中断 缺省值:0x00000

2. SCI FIFO 接收寄存器

图 7.21 给出了 SCI FIFO 接收寄存器(SCIFFRX)各位的分配情况,表 7.16 描述了 SCI FIFO 接收寄存器各位的功能定义。

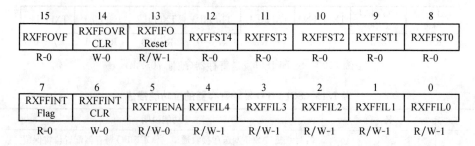

图 7.21　SCI FIFO 接收寄存器(地址 705Bh)

表 7.16　SCI FIFO 接收寄存器的各位的功能

位	名　称	功能说明
15	RXFFOVF	0:接收 FIFO 没有溢出,只读位 1:接收 FIFO 溢出,只读位。多于 16 个字接收到 FIFO,且第一个接收到的字丢失 这将作为标志位,但它本身不能产生中断。当接收中断有效时,该种状况就会产生,接收中断应处理这种标志状况
14	RXFFOVF CLR	0:写 0 对 RXFFOVF 标志位无影响,读返回 0 1:写 1 清除 Bit15 中的 RXFFOVF 标志位
13	RXFIFO Reset	复位 0:复位 FIFO 指针为 0,保持在复位状态 1:重新使能发送 FIFO 操作
12～8	RXFFST4～RXFFST0	00000:接收 FIFO 是空的 00001:接收 FIFO 有 1 个字 00010:接收 FIFO 有 2 个字 00011:接收 FIFO 有 3 个字 ⋮ 10000:接收 FIFO 有 16 个字
7	RXFFINT Flag	0:没有产生 RXFIFO 中断,只读位 1:产生了 RXFIFO 中断,只读位
6	RXFFINT CLR	0:写 0 对 RXFIFINT 标志位没有影响,读取返回 0 1:写 1 清除 Bit7 的 RXFFINT 标志位
5	RXFFIENA	0:基于 RXFFIVL 匹配(小于或等于)的 RX FIFO 中断被禁止 1:基于 RXFFIVL 匹配(小于或等于)的 RX FIFO 中断使能
4～0	RXFFIL4～RXFFIL0	接收 FIFO 中断级别位。当 FIFO 状态位(RXFFST4～RXFFST0)和 FIFO 级别位(RXFFIL4～RXFFIL0)匹配(如大于或等于)时,接收 FIFO 产生中断。这些位复位后的缺省值为 11111。这将避免频繁的中断,复位后,作为接收 FIFO 在大多数时间里是空的

3. SCI FIFO 控制寄存器

图 7.22 给出了 SCI FIFO 控制寄存器(SCIFFCT)各位的分配情况,表 7.17 描述了 SCI FIFO 控制寄存器各位的功能定义。

15	14	13	12				8
ABD	ABD CLR	CDC	保留				
R-0	W-0	R/W-0	R-0				

7	6	5	4	3	2	1	0
FFTXDLY7	FFTXDLY6	FFTXDLY5	FFTXDLY4	FFTXDLY3	FFTXDLY2	FFTXDLY1	FFTXDLY0
R/W-0	R/W-0	R/W-0	R/W-0	R/W-0	R/W-0	R/W-0	R/W-0

图 7.22　SCI FIFO 控制寄存器(地址 705Ch)

表 7.17　SCI FIFO 控制寄存器 SCIFFCT 功能描述

位	名　称	功能说明
15	ABD	自动波特率检测（ABD）位 0：自动波特率检测未完成，没有成功接收"A"、"a"字符 1：自动波特率硬件在 SCI 接收寄存器检测到"A"或"a"字符，完成了自动检测 只有在 CDC 位置位时，使能自动波特率检测位才能工作
14	ABD CLR	ABD 清除位 0：写 0 对 ABD 标志位没有影响，读返回 0 1：写 1 清除 Bit15 中的 ABD 标志位
13	CDC	CDC 校准 A-检测位 0：禁止自动波特率校验 1：使能自动波特率校验
12～8	保留	保留
7～0	FFTXDLY7～ FFTXDLY0	这些位定义了每个从 FIFO 发送缓冲器到发送移位寄存器发送间的延迟。延迟以 SCI 串行波特率时钟的个数定义。8 位寄存器可以定义最小 0 周期延迟，最大 256 波特率时钟周期延迟 在 FIFO 模式中，在移位寄存器完成最后一位的移位后，移位寄存器和 FIFO 间的缓冲器（TXBUF）应该填满。在发送器到数据流之间的传送必须有延迟。在 FIFO 模式中，TXBUF 不应被作为一个附加级别的缓冲器。在标准的 UARTS 中，延迟的发送特征有助于在没有 RTS/CTS 的控制下建立一个自动传输方案

7.3.10　SCI 优先级控制寄存器

　　图 7.23 给出了 SCI 优先级控制寄存器（SCIPRI）各位的分配情况，表 7.18 描述了 SCI 优先级控制寄存器各位的功能定义。

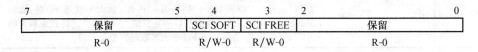

図 7.23　SCI 优先权控制寄存器（地址 705Fh）

表 7.18　SCI 优先级控制寄存器各位功能描述

位	名　称	功能说明
7～5	保留	保留，读返回 0，写没有影响
4～3	SCI SOFT SCI FREE	这些位确定了当发生仿真挂起时（如调试器遇到一个断点）执行哪些操作。无论外设在执行什么操作（运行模式）或处于停止模式时，它都能继续执行；一旦当前的操作（当前的接收/发送序列）完成，它可以立即停止 　　SOFT　　　FREE 　　　0　　　　　0　　　　在中断挂起状态下立即停止 　　　1　　　　　0　　　　在停止前，完成当前的接收/发送序列 　　　x　　　　　1　　　　空转
2～0	保留	保留，读返回 0，写没有影响

第8章 TMS320F281x 串行外围接口模块

TMS320F281x 系列芯片的串行外围接口(SPI)是一个高速的同步串行输入/输出端口,它的数据长度(15~16位)和通信速率是可编程的,SPI 接口一般用于DSP 控制器与外部外设之间或者 DSP 控制器与另一个控制器之间进行通信。典型的应用包括使用移位寄存器、显示驱动器和模数转换器(ADC)等设备完成外部I/O 或外设扩展。SPI 的主从模式能够支持多种设备的通信。F281x 系列芯片的SPI 端口支持一个16级的发送和接收 FIFO,以节省 CPU 的资源。

8.1 SPI 模块概述

SPI 与 CPU 的接口如图 8.1 所示,具有如下功能和特性:

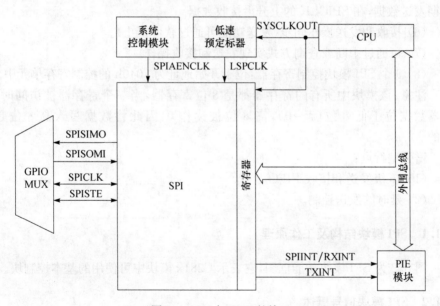

图 8.1 SPI 与 CPU 的接口

(1) 4 个外部引脚。

• SPISOMI:SPI 从模式输出/主模式输入引脚。

• SIPISIMO：SPI 从模式输入/主模式输出引脚。

• SPISTE：SPI 从模式发送使能引脚。

• SPICLK：SPI 串行时钟引脚。

注：如果不使用 SPI 模块，这 4 个引脚都可用作 GPIO。

（2）两种工作模式：主工作模式和从工作模式。

（3）波特率：125 种不同的可编程速率。能够使用的最小波特率受到 I/O 缓冲器最小速度的限制，这些缓冲器是使用在 SPI 引脚上的 I/O 缓冲器。

（4）数据字长度：可编程的 1～16 个数据长度。

（5）4 种时钟模式（由时钟极性位和时钟相位位控制）。

• 无相位延时的下降沿：SPICLK 高有效，SPI 在 SPICLK 的下降沿发送数据，在 SPICLK 的上升沿接收数据。

• 有相位延时的下降沿：SPICLK 高有效，SPI 在 SPICLK 的下降沿之前的半周期发送数据，在 SPICLK 的下降沿接收数据。

• 无相位延时的上升沿：SPICLK 低有效，SPI 在 SPICLK 的上升沿发送数据，在 SPICLK 的下降沿接收数据。

• 有相位延时的上升沿：SPICLK 低有效，SPI 在 SPICLK 的下降沿之前的半周期发送数据，在 SPICLK 的上升沿接收数据。

（6）接收和发送操作同步（发送功能可通过软件禁止）。

（7）可通过中断或查询方式实现发送和接收操作。

（8）9 个 SPI 模块控制寄存器：位于开始地址为 7040h 的控制寄存单元中。

注意：该模块中所有的寄存器都是 8 位寄存器，当一个寄存器被访问时，寄存器数据位于低 8 位（7～0），高 8 位被读作 0，因此将数据写入高 8 位是无效的。

增强型特点：

（1）16 级发送和接收 FIFO。

（2）延时的发送控制。

8.1.1　SPI 模块结构及工作原理

图 8.2 为 SPI 模块功能框图，它表示 C281x 模块中可使用的基本控制块。

8.1.2　SPI 模块信号概述

SPI 模块的信号有外部信号、控制信号和中断信号 3 种，如表 8.1 所示。

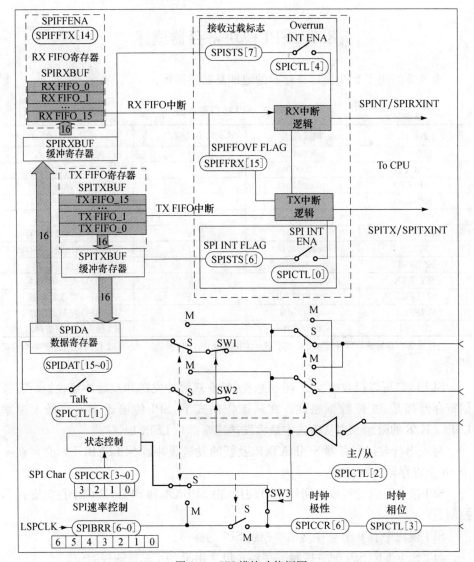

图 8.2　SPI 模块功能框图

表 8.1　SPI 模块的信号

信号名称		说　明
外部信号	SPICLK	SPI 时钟
	SPISIMO	SPI 从模式输入,主模式输出
	SPISOMI	SPI 从模式输出,主模式输入
	SPISTE	SPI 从模式发送使能(可选)
控制信号	SPI Clock Rate	LSPCLK
中断信号	SPIRXINT	非 FIFO 模式中发送和接收中断
	SPITXINT	在 FIFO 模式中发送中断(FIFO 模式中)

8.2　SPI 模块寄存器概述

表 8.2 列出了 SPI 接口寄存器的地址及功能描述。

表 8.2　SPI 接口寄存器

名　称	地址范围	大小(16 位)	功能描述
SPICCR	0x00007040	1	SPI 配置控制寄存器
SPICTL	0x00007041	1	SPI 操作控制寄存器
SPIST	0x00007042	1	SPI 状态寄存器
SPIBRR	0x00007044	1	SPI 波特率控制寄存器
SPIEMU	0x00007046	1	SPI 仿真缓冲寄存器
SPIRXBUF	0x00007047	1	SPI 串行输入缓冲寄存器
SPITXBUF	0x00007048	1	SPI 串行输出缓冲寄存器
SPIDAT	0x00007049	1	SPI 串行数据寄存器
SPIFFTX	0x0000704A	1	SPI FIFO 发送寄存器
SPIFFRX	0x0000704B	1	SPI FIFO 接收寄存器
SPIFFCT	0x0000704C	1	SPI FIFO 控制寄存器
SPIPRI	0x0000704F	1	SPI 优先级控制寄存器

注:这些寄存器被映射到外设帧 2 空间。这个空间只允许 16 位的访问,使用 32 位的访问会产生不确定的结果。

SPI 接口可以接收或发送 16 位数据,带有双缓冲发送和双缓冲接收。所有数据寄存器都是 16 位数据格式。在从工作模式下,SPI 传输速率不受最大速率 LSPCLK/8 的限制。主从模式中最大发送速率都是 LSPCLK/4。

写入串行数据寄存器 SPIDAT(以及新的发送缓冲器 SPITXBUF),必须在一个 16 位寄存器内左对齐。

SPI 接口可以配置成为通用 I/O 使用,由 SPIPC1 和 SPIPC2 两个控制寄存器控制。

SPI 模块中有 9 个寄存器用来控制 SPI 的操作:

(1) SPICCR(SPI 配置控制寄存器):包含用于 SPI 配置的控制位。

• SPI 模块软件复位。

• SPICLK 极性选择。

• 4 个 SPI 字符长度控制位。

(2) SPICTL(SPI 操作控制寄存器):包含用于数据发送的控制位。

• 2 个 SPI 中断使能位。

• SPICLK 极性选择。

• 工作模式(主/从)。

• 数据发送使能。

（3）SPISTS（SPI 状态寄存器）：包含 2 个接收缓冲状态位和 1 个发送缓冲状态位。

- 接收器溢出。
- SPI 中断标志。
- 发送缓冲区满标志。

（4）SPIBRR（SPI 波特率控制寄存器）：包含确定传输速率的 7 位波特率控制位。

（5）SPIRXEMU（SPI 接收仿真缓冲寄存器）：包含接收的数据，该寄存器仅用于仿真，正常操作使用 SPIRXBUF。

（6）SPIRXBUF（SPI 串行接收缓冲寄存器）：包含接收的数据。

（7）SPITXBUF（SPI 串行发送缓冲寄存器）：包含下一个将要被发送的字符。

（8）SPIDAT（SPI 串行数据寄存器）：包含 SPI 要发送的数据，作为发送/接收移位寄存器使用。写入 SPIDAT 的数据根据 SPICLK 的时序循环移出。对于从 SPI 中移出的每一位，来自接收数据流的位被移入另一个移位寄存器。

（9）SPIPRI（SPI 优先级控制寄存器）：包含中断优先级控制位，当程序挂起时确定 XDS 仿真器的操作。

8.3　SPI　操　作

本节主要介绍 SPI 接口的操作，包括 SPI 的工作模式说明、中断、数据格式、时钟源的初始化以及典型的数据传输时序等。

图 8.3 为两个控制器（主控制器和从控制器）之间典型的通信连接以及所使

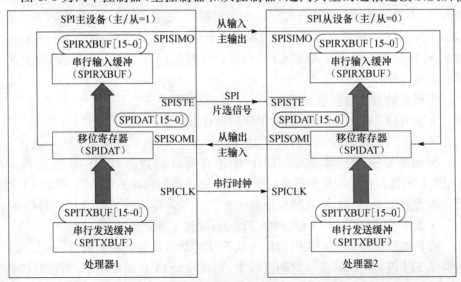

图 8.3　SPI 主控制器和从控制器的连接

用的功能模块框图。

　　主控制器通过发出 SPICLK 信号来启动数据传输。对于主控制器和从控制器,数据都是在 SPICLK 的时钟沿移出移位寄存器,并在相反的时钟沿锁存到移位寄存器。如果 CLOCK PHASE 位(SPICTL[3])为高电平,则在 SPICLK 跳变前的半个周期发送和接收数据。因此,这两个控制器能同时发送和接收数据,应用软件判断数据是否有意义。SPI 接口有 3 种可以使用的数据发送方式:

　　• 主控制器发送数据,从控制器发送无意义数据。
　　• 主控制器发送数据,从控制器发送数据。
　　• 主控制器发送无意义数据,从控制器发送数据。

　　由于主控制器控制 SPICLK 信号,它可以在任何时刻启动数据发送。但是需要通过软件确定主控制器如何检测从控制器何时准备好发送数据。

　　SPI 接口有主和从两种工作模式,通过 MASTER/SLAVE(SPICTL[2])位来选择工作模式以及 SPICLK 信号源。

　　1) 主工作模式

　　在主模式中(MASTER/SLAVE=1),SPI 通过 SPICLK 引脚为整个串行通信网络提供时钟。数据从 SPISIMO 引脚输出,并锁存 SPISOMI 引脚上输入的数据。

　　SPIBRR 寄存器决定通信网络中发送和接收数据的传输速率,通过 SPIBRR 寄存器可以配置 126 种不同的数据传输速率。

　　通过写数据到 SPIDAT 或 SPITXBUF 寄存器来启动 SPISIMO 引脚上的数据发送,首先发送的是最高有效位(MSB)。同时,接收的数据通过 SPISOMI 引脚移入 SPIDAT 的最低有效位。当选择的位数全部发送结束后,接收到的数据被传输到 SPIRXBUF 寄存器,以备 CPU 读取。数据在 SPIRXBUF 寄存器中采用右对齐的方式存储。

　　当设定数量的数据位通过 SPIDAT 移位后,则会发生下列事件:

　　• SPIDAT 中的内容传输到 SPIRXBUF 寄存器中。
　　• SPI INT FLAG(SPISTS[6])位置 1。
　　• 如果发送缓冲器 SPITXBUF 中还有有效的数据(SPISTS 寄存器中的 TXBUF FULL 位标示是否存在有效数据),则这个数据将被传送到 SPIDAT 寄存器并被发送出去;否则,所有数据位移出 SPIDAT 寄存器后,SPICLK 时钟停止。
　　• 如果 SPI INT ENA 位(SPICTL[0])被置 1,则产生中断。

　　在典型应用中,$\overline{SPISTE}$引脚作为从 SPI 控制器的片选控制信号,在主 SPI 设备同从 SPI 设备之间传送信息的过程中,要将$\overline{SPISTE}$置成低电平;当数据传送完毕后,将该引脚置高。

2) 从工作模式

在从模式中(MASTER/SLAVE＝0),SPISOMI 引脚为数据输出引脚,SPISIMO 引脚为数据输入引脚。SPICLK 引脚为串行移位时钟的输入,该时钟由网络主控制器提供,传输速率也由该时钟决定。SPICLK 输入频率应不超过 CLKOUT 的四分频。

当从 SPI 设备检测到来自网络主控制器的 SPICLK 信号的合适时钟边沿时,已经写入 SPIDAT 或 SPITXBUF 寄存器的数据被发送到网络上。要发送字符的所有位都移出 SPIDAT 寄存器后,写入 SPITXBUF 寄存器的数据将会传送到 SPIDAT 寄存器。如果向 SPITXBUF 写入数据时没有数据发送,数据将立即传送到 SPIDAT 寄存器。为了能够接收数据,从 SPI 设备等待网络主控制器发送 SPICLK 信号,然后将 SPISIMO 引脚上的数据移入 SPIDAT 寄存器中。如果从控制器同时也发送数据,且 SPITXBUF 还没有装载数据,则必须在 SPICLK 信号开始前把数据写入 SPITXBUF 或 SPIDAT 寄存器。

如果 TALK 位(SPICTL[1])被清零,则数据发送被禁止,且输出引脚(SPISOMI)处于高阻态。如果在发送数据期间将 TALK 位(SPICTL[1])清零,即使 SPISOMI 引脚被强制置成高阻态,则当前的字符传输仍然能够完成。这样可以保证 SPI 设备能够正确的接收输入数据。TALK 位允许在网络上有许多个从 SPI 设备,但在某一时刻只能有一个从设备来驱动 SPISOMI。

SPISTE引脚用作从动选择引脚,当该引脚为低电平时,允许从 SPI 设备向串行总线发送数据;当该引脚为高电平时,从 SPI 串行移位寄存器将停止工作,串行输出引脚被置成高阻态。在同一网络上可以连接多个从 SPI 设备,但同一时刻只能有一个从设备起作用。

8.4　SPI 中　断

本节主要介绍 SPI 中断的控制位,包括初始化中断、数据格式、时钟控制、设定初值和数据传输。

8.4.1　SPI 中断控制位

初始化 SPI 中断有 5 个控制位,包括:
- SPI 中断使能位 SPI INT ENA(SPICTL[0])。
- SPI 中断标志位 SPI INT FLAG(SPISTS[6])。
- 溢出中断使能位 OVERRUN INT ENA(SPICTL[4])。
- 接收器溢出标志位 RECEIVER OVERRUN FLAG(SPISTS[7])。

• SPI 优先级控制位 SPI PRIORITY(SPIPRI[6])。

(1) SPI 中断使能位 SPI INT ENA(SPICTL[0]):当 SPI 中断使能位置位且中断条件满足时,产生相应的中断。

0:禁止 SPI 中断。

1:使能 SPI 中断。

(2) SPI 中断标志位 SPI INT FLAG(SPISTS[6]):该状态标志位表示在 SPI 接收缓冲器中已经存放了字符,能够被读取。当整个字符移入或移出 SPIDAT 寄存器时,SPI 中断标志位(SPISTS[6])被置位,此时如果 SPI 中断被使能,则产生一个中断。中断标志保持置位状态,直到下列事件发生时才被清除:

• 中断确认(不同于 C240)。

• CPU 读取 SPIRXBUF 寄存器(读 SPIRXEMU 寄存器不清除 SPI 中断标志位)。

• 使用 IDLE 指令使芯片进入 IDLE2 或 HALT 模式。

• 软件清除 SPI SW RESET 位(SPICCR[7])。

• 产生系统复位。

当 SPI 中断标志位被置位时,一个字符被放入 SPIRXBUF 寄存器中,且准备读取。如果 CPU 在接收到下一个完整字符后没有读取该字符,则新的字符将写入 SPIRXBUF 寄存器中,且接收溢出标志位(SPISTS[7])置位。

(3) 溢出中断使能位 OVERRUN INT ENA(SPICTL[4]):当接收器溢出标志位被硬件置位时,设置溢出中断使能位允许产生中断确认。中断由 SPISTS[7]位和 SPI 中断标志位(SPISTS[6])共享同一个中断向量。

0:禁止接收器溢出标志位中断。

1:使能接收器溢出标志位中断。

(4) 接收器溢出标志位 RECEIVER OVERRUN FLAG(SPISTS[7]):在前一个接收的字符被读取之前,又接收到一个新的字符存储到 SPIRXBUF 寄存器时,将会使接收器溢出标志位置位。接收器溢出标志位必须由软件清除。

8.4.2　数据格式

在数据字符中,SPICCR[3～0]这 4 个控制位指定字符的位数(1～16)。状态控制逻辑根据 SPICCR[3～0]的值计数接收和发送字符的位数,从而确定何时处理完一个数据,下列情况适用于少于 16 位的数据:

• 当数据写入 SPIDAT 和 SPITXBUF 寄存器时,必须左对齐。

• 数据从 SPIRXBUF 寄存器读取时,必须右对齐。

• SPIRXBUF 中包含了最新接收到的数据,且是右对齐,以及已移位到左边的上次留下的位,如例 8.1 所示。

例 8.1　从 SPIRXBUF 中位的发送条件如下（数据格式见图 8.4）：

(1) 发送数据长度=1 位（在 SPICCR[3~0]中指定的）。

(2) SPIDAT 的当前值为 737Bh。

图 8.4　SPI 通信数据格式实例

（如果 SPISOMI 引脚上的电平为高，则 x=1；如果 SPISOMI 引脚上的电平

为低，则 x=0；主动模式是假设的）

8.4.3　波特率和时钟设置

SPI 模块支持 125 种不同的波特率和 4 种不同的时钟方式。当 SPI 工作在主模式时，SPICLK 引脚为通信网络提供时钟；当 SPI 工作在从模式时，SPICLK 引脚接收外部时钟信号。

(1) 在从模式下，SPI 时钟的 SPICLK 引脚使用外部时钟源，而且要求该时钟信号的频率不能大于 CPU 时钟的 1/4。

(2) 在主模式下，SPICLK 引脚向网络输出时钟，且该时钟频率不能大于 LSPCLK 频率的 1/4。

1. 波特率的确定

下面给出 SPI 波特率的计算方法。

当 SPIBRR=3~127 时：

$$SPI \text{ 波特率} = LSPCLK/(SPIBRR + 1)$$

当 SPIBRR=0~2 时：

$$SPI \text{ 波特率} = LSPCLK/4$$

其中，LSPCLK 为 DSP 的低速外设时钟频率；SPIBRR 为在主动 SPI 模块 SPIBRR 的值。

要确定 SPIBRR 需要设置的值，用户必须知道 DSP 的系统时钟（LSPCLK）频率和用户希望使用的通信波特率。

例如，最大波特率的计算方法：最大 SPI 波特率＝LSPCLK/4＝(40×10^6)/4

$=10 \times 10^6$ bps。

2. SPI 时钟模式

CLOCK POLARITY 位(SPICCR[6])和 CLOCK PHASE 位(SPICTL[3])控制着 SPICLK 上的四种不同的时钟模式:CLOCK POLARITY 位选择时钟有效沿为上升沿还是下降沿,CLOCK PHASE 位选择时钟的 1/2 周期延迟。四种不同时钟方式如下:

• 无相位延时的下降沿:SPICLK 为高有效。在 SPICLK 信号的下降沿发送数据,在 SPICLK 信号的上升沿接收数据。

• 有相位延时的下降沿:SPICLK 为高有效。在 SPICLK 信号的下降沿之前的半个周期发送数据,在 SPICLK 信号的下降沿接收数据。

• 无相位延迟的上升沿:SPICLK 为低有效。在 SPICLK 信号的上升沿发送数据,在 SPICLK 信号的下降沿接收数据。

• 有相位延迟的上升沿:SPICLK 为低有效。在 SPICLK 信号的下降沿之前的半个周期发送数据,在 SPICLK 信号的上升沿接收数据。

对于 SPI 时钟控制方式的部分设置如表 8.3 所示,其时钟格式如图 8.5 所示。

表 8.3 SPI 时钟控制方式选择向导

SPICLK 时钟方式	时钟极性选择位(SPICCR[6])	时钟相位控制位(SPICTL[3])
无相位延迟的上升沿	0	0
有相位延迟的上升沿	0	1
无相位延时的下降沿	1	0
有相位延时的下降沿	1	1

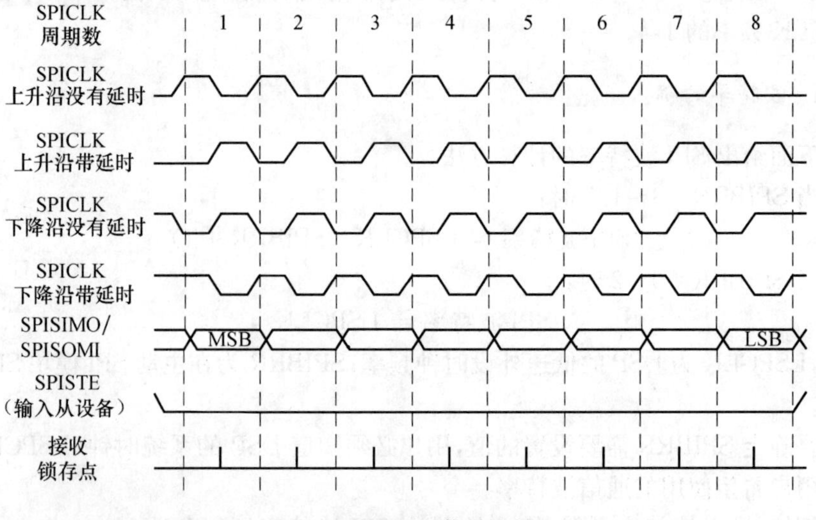

图 8.5 SPICLK 信号选择

对于 SPI,当(SPIBRR＋1)为偶数时,SPICLK 是对称的(占控比 50％);当(SPIBRR＋1)值为奇数且 SPIBRR 的值大于 3 时,SPICLK 是不对称的。当 CLOCK POLARITY 位清 0 时,SPICLK 的低脉冲比它的高脉冲长一个系统时钟;当 CLOCK POLARITY 置 1 时,SPICLK 的高脉冲比它的低脉冲长一个系统时钟。如图 8.6 所示。

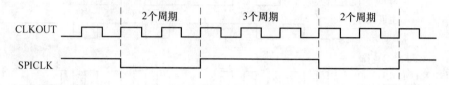

图 8.6　(BRR＋1)为奇数(BRR＞3)且 CLOCK POLARITY＝1 时 SPICLK-CLKOUT 特性

8.4.4　复位的初始化

当系统复位时,SPI 外设模块进入下列缺省配置状态:
- 该单元被配置作为从模式(MASTER/SLAVE＝0)。
- 禁止发送功能(TALK＝0)。
- 在 SPICLK 信号的下降沿输入的数据被锁存。
- 字符长度设定为 1 位。
- 禁止 SPI 中断。
- SPIDAT 中的数据复位为 0000h。
- SPI 模块引脚功能被配置为通用的输入(在 I/O 复用控制寄存器 B (MCRB)中配置)。

要改变 SPI 配置,需完成以下操作:
- 清零 SPI SW RESET 位(SPICCR[7]),以迫使 SPI 进入复位状态。
- 初始化 SPI 的配置,包括数据格式、波特率、工作模式和引脚功能等。
- 设置 SPI SW RESET 位为 1,使 SPI 退出复位状态。
- 写数据到 SPIDAT 或 SPITXBUF(启动了主模式通信过程)。
- 数据传输结束后(SPISTS[6]＝1),读取 SPIRXBUF 来决定接收什么数据。

在初始化 SPI 过程中,为了防止产生不必要和不期望的事件,在使初始化值改变前清除 SPI SW RESET 位(SPICCR[7]),然后在初始化完成后设置该位。在通信过程中,不要改变 SPI 的设置。

注意:当通信进程正在进行时,不要改变 SPI 的配置。

8.4.5　数据传输实例

如图 8.7 所示的时序图,描述了使用对称的 SPICLK 信号时,两个 SPI 设备之间实现 5 位字符的数据传输。

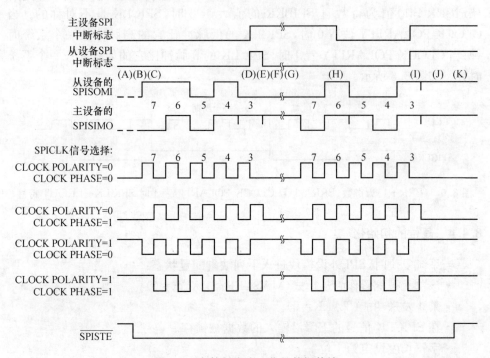

图 8.7　字符长度为 5 位的数据传输

注:该图仅适用于 8 位的 SPI,不适用于采用了 16 位的 C24x 系列芯片,该图只用于说明

(A) 从控制器将 0D0h 写入 SPIDAT,并等待主控制器移出数据;(B) 主控制器将从控制器的$\overline{\text{SPISTE}}$引脚拉低;(C) 主控制器将 058h 写入 SPIDAT 来启动发送过程;(D) 第一字节发送完成,设置中断标志;(E) 从控制器从它的 SPIRXBUF(右对齐)寄存器中读 0Bh;(F) 从控制器将 04Ch 写入 SPIDAT 且等待主控制器移出数据;(G) 主控制器将 06Ch 写入 SPIDAT 来启动发送过程;(H) 主控制器从 SPIRXBUF(右对齐)寄存器中读 01Ah;(I) 第二个字节发送完成,设置中断标志位;(J) 主、从控制器分别从各自的 SPIRXBUF 寄存器中读 89h 和 8Dh;在用户软件屏蔽了未使用的位后,主、从控制器分别接收 09h 和 0Dh;(K) 主控制器将从控制器的$\overline{\text{SPISTE}}$引脚的电平置高

使用非对称的 SPICLK 的时序图(见图 8.6)具有与图 8.7 相似的性质,但有一点除外:在低脉冲期间(CLOCK POLARITY = 0)或高脉冲期间(CLOCK POLARITY＝1),采用非对称的 SPICLK 的数据发送每一位时要延长一个 CLK-OUT 周期。

8.5　SPI FIFO 描述

下面介绍 FIFO 的特点,会对 SPI FIFO 的编程有帮助。

(1) 复位:在上电复位时,SPI 工作在标准 SPI 模式,禁止 FIFO 功能,FIFO 的寄存器 SPIFFTX、SPIFFRX 和 SPIFFCT 不起作用。

(2) 标准 SPI:标准的 240xSPI 模式,工作时将在 SPIINT/SPIRXINT 作为中断源。

(3) 模式改变:通过将 SPIFFTX 寄存器中的 SPIFFEN 的位置为 1,使能 FIFO 模式。SPIRST 能在操作的任一阶段复位 FIFO 模式。

(4) Active 寄存器:所有的 SPI 寄存器和 SPI FIFO 寄存器 SPIFFTX、SPIFFRX 和 SPIFFCT 将有效。

(5) 中断:FIFO 模式有两个中断,一个用于发送 FIFO、SPITXINT,另一个用于接收 FIFO、SPIINT/SPIRXINT。对于 SPI FIFO 接收,当 SPI FIFO 接收信息时,产生接收错误或者接收 FIFO 溢出都会产生 SPIINT/SPIRXINT 中断;对于标准 SPI 的发送和接收,唯一的 SPIINT 将被禁止且这个中断将服务于 SPI 接收 FIFO 中断。

(6) 缓冲器:发送和接收缓冲器使用两个 16×16 位的 FIFO,标准 SPI 功能的一个字的发送缓冲器作为在发送 FIFO 和移位寄存器间的一个发送缓冲器。移位寄存器的最后一位被移出后,这个一字发送缓冲器将从发送 FIFO 装载。

(7) 延时发送:FIFO 中的发送字发送到发送移位寄存器的速率是可编程的。SPIFFCT[7~0](FFTXDLY7~FFTXDLY0)定义了在两个字发送间的延时。这个延时以 SPI 串行时钟周期的数量来定义。该 8 位寄存器可以定义最小 0 个串行时钟周期的延迟和最大 256 个串行时钟周期的延时。0 时钟周期延时的 SPI 模块能将 FIFO 字一位紧接一位地移位,连续发送数据;256 个时钟周期延迟的 SPI 模块能在最大延迟模式下发送数据,每个 FIFO 字的移位间隔 256 个 SPI 时钟周期的延时。该可编程延时的特点,使得 SPI 接口可以同许多速率较慢的 SPI 外设(如 EEPROMs、ADC、DAC 等)方便的直接连接。

(8) FIFO 状态位:发送和接收 FIFO 都有状态位 TXFFST 或 RXFFST(位 12~0),状态位定义任何时刻在 FIFO 中可获得的字的数量。当 FIFO 发送复位位 TXFIFO 和接收复位位 RXFIFO 被设置为 1 时,将使 FIFO 指针指向 0。一旦这两个复位位被清除为 0,则 FIFO 将重新开始操作。

(9) 可编程的中断级别:发送和接收都能产生 CPU 中断。一旦发送 FIFO 状态位 TXFFST(位 12~8)和中断触发级别位 TXFFIL(位 4~0)匹配,就会触发中断。这给 SPI 的发送和接收提供了一个可编程的中断触发器。接收 FIFO 的触发级别位的缺省值是 0x11111,发送 FIFO 的触发级别位的缺省值是 0x00000。

SPI FIFO 中断标志及使能逻辑生成如图 8.8 和表 8.4 所示。

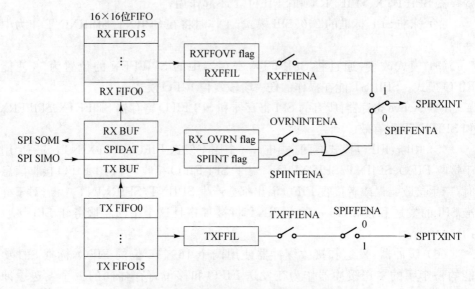

图 8.8　SPI FIFO 中断标志和使能逻辑

表 8.4　SPI 中断标志模式

FIFO 选项	SPI 中断源	中断标志	中断使能	FIFO 使能 SCIFFENA	中断线
SPI 不使用 FIFO	接收超时	RXOVRN	OVRNINTENA	0	SPIRXINT①
	接收数据	SPIINT	SPIINTENA	0	SPIRXINT①
	发送空	SPIINT	SPIINTENA	0	SPIRXINT①
SPI FIFO 模式	FIFO 接收	RXFFIL	RXFFIENA	1	SPIRXINT①
	发送空	TXFFIL	TXFFIENA	1	SPITXINT①

① 在非 FIFO 模式,SPIRXINT 与在 240x 系列芯片中的 SPIINT 中断是相同的。

8.6　SPI 寄存器和通信时序波形

本节主要介绍 SPI 接口的寄存器、位定义以及通信时序波形。

8.6.1　SPI 控制寄存器

SPI 是通过控制寄存器文件中的寄存器进行控制和访问的。

1. SPI 配置控制寄存器

图 8.9 给出了 SPI 配置控制寄存器(SPICCR)各位的分配情况,表 8.5 描述了

SPI 配置控制寄存器各位的功能描述,表 8.6 为字符长度控制定义。SPI 配置控制
寄存器地址:7040h。

7	6	5	4	3	2	1	0
SPI SW Reset	CLOCK POLARITY	保留	SPILBK	SPI CHAR3	SPI CHAR2	SPI CHAR1	SPI CHAR0
R/W-0	R/W-0	R-0	R-0	R/W-0	R/W-0	R/W-0	R/W-0

图 8.9　SPI 配置控制寄存器

(R 代表可读,W 代表可写,-n 代表复位后的值;下同,不再给出)

表 8.5　SPI 配置控制寄存器功能描述

位	名　称	功能描述
7	SPI SW Reset	SPI 软件复位位。当改变配置时,用户在改变配置前应把该位清除,并在恢复操作前设置该位 0:初始化 SPI 操作标志位到复位条件。特别的,接收器超时位(SPISTS[7])、SPI 中断标志位(SPISTS[6])和 TXBUF FULL 标志位(SPISTS[5])被清除;SPI 配置保持不变。如果该模块作为主控制器使用,则 SPICLK 信号输出返回它的无效级别 1:SPI 准备发送或接收下一个字符。当 SPI SW Reset 位是 0 时,一个写入发送器的字符在该位被设置时将不会被移出。一个新的字符必须写入串行数据寄存器中
6	CLOCK POLARITY	移位时钟极性位,该位控制 SPICLK 信号的极性。CLOCK POLARITY 和 CLOCK PHASE(SPICTL[3])控制在 SPICLK 引脚上的 4 种时钟控制方式,详见 8.4.3 节中的 SPI 时钟模式 0:数据在上升沿输出且在下降沿输入。当无 SPI 数据发送时,SPICLK 就处于低电平。输入和输出数据所依靠的时钟相位位(SPICTL[3])的值如下 • CLOCK PHASE=0:数据在 SPICLK 信号的上升沿输出;输入数据被锁存在 SPICLK 信号的下降沿 • CLOCK PHASE=1:数据在 SPICLK 信号的第一个上升沿前的半个周期和随后的 SPICLK 信号的下降沿输出;输入信号被锁存在 SPICLK 信号的上升沿 1:数据在下降沿输出且在上升沿输入。当无 SPI 数据发送时,SPICLK 处于高阻态。输入和输出数据所依靠的时钟相位位(SPICTL[3])的值如下 • CLOCK PHASE=0:数据在 SPICLK 信号的下降沿输出;输入数据被锁存在 SPICLK 信号的上升沿 • CLOCK PHASE=1:数据在 SPICLK 信号第一个下降沿之前的半个周期和接下来的上升沿输出;输入数据被锁存在 SPICLK 信号的下降沿
5	保留	读返回 0,写无效
4	SPILBK	SPI 回送位,回送模式在芯片测试期间允许模块进行确认。这种模式只在 SPI 的主控制方式中有效 0:SPI 自测试模式禁止,复位后的默认值 1:SPI 自测试模式使能,SIMO/SOMI 线路被内部连接在一起,用于模块自测
3~0	SPI CHAR3~ SPI CHAR0	字符长度控制位 3~0,这 4 位决定了在一个移动排序期间作为单字符移入或移出的位的数量

表 8.6　字符长度控制位值

SPI CHAR3	SPI CHAR2	SPI CHAR1	SPI CHAR0	字符长度
0	0	0	0	1
0	0	0	1	2
0	0	1	0	3
0	0	1	1	4
0	1	0	0	5
0	1	0	1	6
0	1	1	0	7
0	1	1	1	8
1	0	0	0	9
1	0	0	1	10
1	0	1	0	11
1	0	1	1	12
1	1	0	0	13
1	1	0	1	14
1	1	1	0	15
1	1	1	1	16

2. SPI 操作控制寄存器

　　SPI 操作控制寄存器(SPICTL)控制数据发送,SPI 产生中断、SPICLK 相位和操作模式(主或从模式)。图 8.10 为 SPI 操作控制寄存器的各位分配情况,表 8.7 为 SPI 操作控制寄存器的各位的功能描述。SPI 操作控制寄存器地址:7041h。

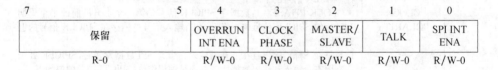

7		5	4	3	2	1	0
保留			OVERRUN INT ENA	CLOCK PHASE	MASTER/ SLAVE	TALK	SPI INT ENA
R-0			R/W-0	R/W-0	R/W-0	R/W-0	R/W-0

图 8.10　SPI 操作控制寄存器

表 8.7　SPI 操作控制寄存器功能定义

位	名　称	功能描述
7~5	保留	读返回 0,写无效
4	OVERRUN INT ENA	溢出中断使能 当接收溢出标志位(SPISTS[7])被硬件设置时,就设置该位引起一个中断产生。由接收溢出标志位和 SPI 中断标志位产生的中断共享同一中断向量 1:使能接收溢出标志位(SPISTS[7])中断 0:禁止接收溢出标志位(SPISTS[7])中断

续表

位	名　称	功能描述
3	CLOCK PHASE	SPI 时钟相位选择,控制 SPI 信号的相位。时钟相位位和时钟极性位(SPI-CCR[6])屏蔽 4 种可能的时钟控制方式。当时钟相位高电平时,无论 SPI 处于主或从模式,在 SPIDAT 被写入且 SPICLK 信号的第一个边沿,SPI 处理准备好的数据的第一位 1:SPICLK 信号延迟半个周期,极性由时钟极性位决定 0:正常的 SPI 时钟方式,依靠于时钟极性位
2	MASTER/SLAVE	SPI 网络模式控制,该位决定 SPI 网络是主动还是从动。在复位初始化期间,SPI 自动地配置为网络从动模式 1:SPI 配置为主动模式 0:SPI 配置为从动模式
1	TALK	主动/从动发送使能,该位能通过放置串行数据输出在高阻态以禁止数据发送(主动或从动)。如果该位在一个发送期间是禁止的,则发送移位寄存器继续运作直到先前的字符被移出。当 TALK 位禁止时,SPI 仍能接收字符且更新状态位。TALK 位由系统复位清除(禁止) 1:使能发送。对于 4 引脚选项,保证使能接收器的 SPISTE 引脚 0:禁止发送 • 从动模式操作:如果不事先配置为通用 I/O 引脚,SPISOMI 引脚将会被置于高阻态 • 主动模式操作:如果不事先配置为通用 I/O 引脚,SPISOMO 引脚将会被置于高阻态。
0	SPI INT ENA	SPI 中断使能位,该位控制 SPI 产生发送/接收中断的能力。SPI 中断标志位(SPISTS[6])不受该位影响 1:使能中断 0:禁止中断

3. SPI 状态寄存器

图 8.11 给出了 SPI 状态寄存器(SPISTS)的各位分配情况,表 8.8 为 SPI 状态寄存器各位的功能描述。SPI 状态寄存器地址:7042h。

7	6	5	4				0
RECEIVER OVERRUN FLAG	SPI INT FLAG	TX BUF FULL FLAG	保留				
R/C-0	R/C-0	R/C-0	R-0				

图 8.11　SPI 状态寄存器

(SPI 接收溢出标志位(位 7)和 SPI 中断标志位(位 6)共用同一个中断矢量;向位 5～7 写入 0 不会影响这些位的值)

表 8.8　SPI 状态寄存器功能定义

位	名　称	功能描述
7	RECEIVER OVERRUN FLAG	SPI 接收溢出标志位,该位为只读只清除标志位。在前一个字符从缓冲器读出之前又完成一个接收或发送操作,则 SPI 硬件将设置该位。该位显示最后接收到的字符已被覆盖写入,并因此而丢失(在先前的字符被用户应用读出之前,SPIRXBUF 被 SPI 模块覆盖写入时)。如果这个溢出中断使能位(SPICTL[4])被置为高,则该位每次被设置时 SPI 就发生一次中断请求 该位由下列操作之一清除: • 写 1 到该位 • 写 0 到 SPI SW RESET 位 • 复位系统 如果 OVERRUN INT ENA 位(SPICTL[4])被设置,则 SPI 仅仅在第一次 RECEIVER OVERRUN FLAG 置位时产生一个中断。如果该位已被设置,则后来的溢出将不会请求另外的中断。这意味着为了允许新的溢出中断请求,在每次溢出事件发生时用户必须通过写 1 到 SPISTS[7]位清除该位。换句话说,如果 RECEIVER OVERRUN FLAG 位由中断服务子程序保留设置(未被清除),则当中断服务子程序退出时,另一个溢出中断将不会立即产生。无论如何,在中断服务子程序期间应清除 RECEIVER OVERRUN FLAG 位,因为 RECEIVER OVERRUN FLAG 位和 SPI INT FLAG 位(SPISTS[6])共用同样的中断向量。在接收下一个数据时这将减少任何可能的疑问
6	SPI INT FLAG	SPI 中断标志位,该位是一个只读标志位。SPI 硬件设置该位是为了显示它已完成发送或接收最后一位且准备下一步操作。在该位被设置的同时,已接收的数据被放入接收器缓冲器中。如果 SPI 中断使能位(SPICTL[0])被设置,这个标志位会引起一个请求中断。该位由下列三种方法之一清除: • 读 SPIRXBUF 寄存器 • 写 0 到 SPI SW RESET 位(SPICCR[7]) • 复位系统
5	TX BUF FULL FLAG	发送缓冲器满标志位 当一个数据写入 SPI 发送缓冲器满标志位 SPITXBUF 时,该只读被设置为 1。在数据被自动地装入 SPODAT 中且当先前的数据移出完成时,该位会被清除。该位复位时被清除
4~0	保留	读返回 0,写无效

4. SPI 波特率寄存器

图 8.12 为 SPI 波特率寄存器(SPIBRR)各位的分配情况,表 8.9 为 SPI 波特率寄存器各位的功能描述。SPI 波特率寄存器地址:7044h。

7	6	5	4	3	2	1	0
保留	SPI BIT RATE6	SPI BIT RATE5	SPI BIT RATE4	SPI BIT RATE3	SPI BIT RATE2	SPI BIT RATE1	SPI BIT RATE0
R-0	RW-0	RW-0	RW-0	RW-0	RW-0	RW-0	RW-0

图 8.12　SPI 波特率寄存器

表 8.9　SPI 波特率寄存器功能描述

位	名　称	功能描述
7	保留	读返回 0,写无效
6	SPI BIT RATE6~ SPI BIT RATE0	SPI 波特率控制位 如果 SPI 处于网络主动模式,则这些位决定了位发送率。共有 125 种数据发送率可供选择(对于 CPU 时钟 LSPCLK 的每一功能)。在每一 SPICLK 周期一个数据位被移位(SPICLK 是在 SPICLK 引脚的波特率时钟输出) 如果 SPI 处于网络从动模式,模块在 SPICLK 引脚上从网络从动器接收一个时钟信号,因此这些位对 SPICLK 信号无影响。来自从动器的输入时钟的频率不应超过 SPI 模块 SPICLK 信号的 1/4。在主动模式下,SPI 时钟由 SPI 产生且在 SPICLK 引脚上输出。SPI 波特率由下列公式决定: • 当 SPIBRR=3~127 时: $$SPIBRR 波特率 = LSPCLK/(SPIBRR+1)$$ • 当 SPIBRR=0~2 时: $$SPI 波特率 = LSPCLK/4$$ 其中,LSPCLK=CPU 时钟频率×设备低速外围时钟;SPIBRR=主机 SPI 模块 SPIBRR 的值

5. SPI 仿真缓冲寄存器

SPI 仿真缓冲寄存器(SPIRXEMU)包含接收到的数据。读 SPIRXEMU 寄存器不会清除 SPI INT FLAG 位(SPISTS[6])。这不是一个真正的寄存器,而是来自 SPIRXBUF 寄存器的内容且在没有清除 SPI INT FLAG 位的情况下能被仿真器读的伪地址。SPI 仿真缓冲寄存器各位的定义及功能描述如图 8.13 和表 8.10 所示。SPI 仿真缓冲寄存器地址:7046h。

15	14	13	12	11	10	9	8
ERXB15	ERXB14	ERXB13	ERXB12	ERXB11	ERXB10	ERXB9	ERXB8
R-0	R-0	R-0	R-0	R-0	R-0	R-0	R-0

7	6	5	4	3	2	1	0
ERXB7	ERXB6	ERXB5	ERXB4	ERXB3	ERXB2	ERXB1	ERXB0
R-0	R-0	R-0	R-0	R-0	R-0	R-0	R-0

图 8.13　SPI 仿真缓冲寄存器

表 8.10　SPI 仿真缓冲寄存器功能描述

位	名　称	功能描述
15~0	ERXB15~ERXB0	仿真缓冲器接收数据位。SPIRXEMU 寄存器功能几乎等同于 SPIRX-BUF 寄存器的功能,除了读 SPIRXEMU 时不清除 SPI INT FLAG 位(SPISTS[6])之外。一旦 SPIDAT 收到完整的数据,这个数据就被发送到 SPIRXEMU 寄存器和 SPIRXBUF 寄存器,在这两个地方数据能读出。与此同时,SPI INT FLAG 位被设置。这个镜子寄存器被创造以支持仿真。读 SPIRXBUF 寄存器清除 SPI INT FLAG 位(SPISTS[6])。在仿真器的正常操作下,读控制寄存器以不断的显示屏上更新这些寄存器的内容。创建 SPIRXEMU 使仿真器能读这些寄存器且更新在显示屏幕上的内容。读 SPIRXEMU 不会清除 SPI INT FLAG 位,但是读 SPIRXBUF 会清除该位。换句话说,SPIRXEMU 使仿真器以更准确地仿真 SPI 的正确的操作。推荐用户在正常的仿真运行模式下观察 SPIRXEMU

6. SPI 接收缓冲寄存器

　　SPI 接收缓冲寄存器(SPIRXBUF)包含有接收到的数据,读 SPIRXBUF 会清除 SPI INT FLAG 位(SPISTS[6])。SPI 接收缓冲寄存器各位的定义及功能描述如图 8.14 和表 8.11 所示。SPI 接收缓冲寄存器地址:7047h。

15	14	13	12	11	10	9	8
RXB15	RXB14	RXB13	RXB12	RXB11	RXB10	RXB9	RXB8
R-0	R-0	R-0	R-0	R-0	R-0	R-0	R-0

7	6	5	4	3	2	1	0
RXB7	RXB6	RXB5	RXB4	RXB3	RXB2	RXB1	RXB0
R-0	R-0	R-0	R-0	R-0	R-0	R-0	R-0

图 8.14　SPI 接收缓冲寄存器

表 8.11　SPI 接收缓冲寄存器功能描述

位	名　称	功能描述
15~0	RXB15~RXB0	接收数据位。一旦 SPIDAT 接收到完整的数据,数据就被发送到 SPIRXBUF 寄存器,在这个寄存器中数据可被读出。与此同时,SPI INT FLAG 位(SPISTS[6])被设置。因为数据首选被移入 SPI 模块最有效的位,所以在寄存器它被右对齐储存

7. SPI 发送缓冲寄存器

　　SPI 发送缓冲寄存器(SPITXBUF)存储下一个数据是为了发送,向该寄存器写入数据会设置 TXBUF FULL FLAG 位(SPISTS[5])。当目前的数据发送结束时,寄存器的内容会自动地装入 SPIDAT 中且 TXBUF FULL FLAG 位被清除。如果当前没有发送,写到该位的数据将会传送到 SPIDAT 寄存器中且 TXBUF FULL FLAG 位不被设置。

在主动模式下,如果当前发送没有被激活,则向该位写入数据将启动发送,同时数据被写入 SPIDAT 寄存器中。SPI 发送缓冲寄存器各位的定义及功能描述如图 8.15 和表 8.12 所示。SPI 发送缓冲寄存器地址:7048h。

15	14	13	12	11	10	9	8
TXB15	TXB14	TXB13	TXB12	TXB11	TXB10	TXB9	TXB8
R/W-0	R/W-0	R/W-0	R/W-0	R/W-0	R/W-0	R/W-0	R/W-0

7	6	5	4	3	2	1	0
TXB7	TXB6	TXB5	TXB4	TXB3	TXB2	TXB1	TXB0
R/W-0	R/W-0	R/W-0	R/W-0	R/W-0	R/W-0	R/W-0	R/W-0

图 8.15　SPI 发送缓冲寄存器

表 8.12　SPI 发送缓冲寄存器功能描述

位	名　称	功能描述
15~0	TXB15~TXB0	发送数据缓冲位。在这里存储准备发送的下一个数据。当目前的数据发送完成后,如果 TXBUF FULL FLAG 位被设置,则该寄存器的内容自动地被发送到 SPIDAT 寄存器中,且 TXBUF FULL FLAG 位被设置注意:向 SPITXBUF 中写人的数据必须是左对齐的

8. SPI 数据寄存器

SPI 数据寄存器(SPIDAT)是发送/接收移位寄存器。写入 SPIDAT 寄存器的数据在连续的 SPICLK 周期中被移出(MSB,即最高位)。对于移出 SPI 的每一位(MSB),将有一位移到移位寄存器的最低位 LSB。SPI 数据寄存器各位的定义及功能描述如图 8.16 和表 8.13 所示,SPI 数据寄存器地址:7049h。

15	14	13	12	11	10	9	8
SDAT15	SDAT14	SDAT13	SDAT12	SDAT11	SDAT10	SDAT9	SDAT8
R/W-0	R/W-0	R/W-0	R/W-0	R/W-0	R/W-0	R/W-0	R/W-0

7	6	5	4	3	2	1	0
SDAT7	SDAT6	SDAT5	SDAT4	SDAT3	SDAT2	SDAT1	SDAT0
R/W-0	R/W-0	R/W-0	R/W-0	R/W-0	R/W-0	R/W-0	R/W-0

图 8.16　SPI 数据寄存器

表 8.13　SPI 数据寄存器功能描述

位	名　称	功能描述
15~0	SDAT15~SDAT0	串行数据位。写入 SPIDAT 的操作执行以下两个功能： • 如果 TALK 位（SPICTL[1]）被设置，则该寄存器提供了将被输出到串行输出引脚的数据 • 当 SPI 处于主动工作方式时，数据发送开始。在开始一个发送时，参看在 SPI 配置控制寄存器中 CLOCK POLARITY 位（SPICCR[6]）的描述 在主动模式下，将伪数据写入 SPIDAT 中用以启动接收器的排序。因为硬件不支持少于 16 位的数据进行对齐处理，所以要发送的数据必须先进行左对齐，而接收到的数据则用右对齐方式读出

9. SPI FIFO 发送、接收及控制寄存器

图 8.17 和表 8.14 为 SPI FIFO 发送寄存器（SPIFFTX）各位的定义及功能描述。SPIFFTX 寄存器地址：704Ah。

15	14	13	12	11	10	9	8
SPIRST	SPIFFENA	TXFIFO Reset	TXFFST4	TXFFST3	TXFFST2	TXFFST1	TXFFST0
R/W-1	R/W-0	R/W-1	R-0	R-0	R-0	R-0	R-0

7	6	5	4	3	2	1	0
TXFFINT FLAG	TXFFINT CLR	TXFFIENA	TXFFIL4	TXFFIL3	TXFFIL2	TXFFIL1	TXFFIL0
R/W-0	W-0	R/W-0	R/W-0	R/W-0	R/W-0	R/W-0	R/W-0

图 8.17　SPIFFTX 寄存器

表 8.14　SPIFFTX 寄存器功能描述

位	名　称	功能描述
15	SPIRST	0：写 0 复位 SPI 发送和接收通道，SPI FIFO 寄存器配置位将被保持 1：SPI FIFO 能重新开始发送或接收。对 SPI 的控制寄存器位没有影响
14	SPIFFENA	0：SPI FIFO 增强被禁止，且 FIFO 处于复位状态 1：SPI FIFO 增强被使能
13	TXFIFO Reset	0：写 0 复位 FIFO 指针为 0，且保持在复位状态 1：重新使能发送 FIFO 操作
8~12	TXFFST4~ TXFFST0	0 0 0 0 0：发送 FIFO 是空的 0 0 0 0 1：发送 FIFO 有 1 个字 0 0 0 1 0：发送 FIFO 有 2 个字 0 0 0 1 1：发送 FIFO 有 3 个字 ⋮ 1 0 0 0 0：发送 FIFO 有 16 个字

续表

位	名　称	功能描述
7	TXFFINT FLAG	0：TXFIFO 是未发生的中断，只读位 1：TXFIFO 是已发生的中断，只读位
6	TXFFINT CLR	0：写 0 对 TXFIFINT 标志位无影响，读位结果为 0 1：写 1 清除 TXFFINT 标志的第 7 位
5	TXFFIENA	0：基于 TXFFIVL 匹配(少于或等于)的 TX FIFO 中断将被禁止 1：基于 TXFFIVL 匹配(少于或等于)的 TX FIFO 中断将被使能
4～0	TXFFIL4～ TXFFIL0	发送 FIFO 中断级别位。当 FIFO 状态位(TXFFST4～TXFFST0)和 FIFO 级别位(TXFFIL4～TXFFIL0)匹配(少于或等于)时，发送 FIFO 将产生中断缺省值为 0x00000

　　图 8.18 和表 8.15 为 SPI FIFO 接收寄存器(SPIFFTX)各位的定义及功能描述。SPIFFRX 寄存器地址：704Bh。

15	14	13	12	11	10	9	8
RXFFPVF FLAG	RXFFOVF CLR	RXFIFO Reset	RXFFST4	RXFFST3	RXFFST2	RXFFST1	RXFFST0
R-0	W-0	R/W-1	R-0	R-0	R-0	R-0	R-0

7	6	5	4	3	2	1	0
RXFFINT FLAG	RXFFINT CLR	RXFFIENA	RXFFIL4	RXFFIL3	RXFFIL2	RXFFIL1	RXFFIL0
R-0	W-0	R/W-1	R/W-1	R/W-1	R/W-1	R/W-1	R/W-1

图 8.18　SPIFFRX 寄存器

表 8.15　SPIFFRX 寄存器功能描述

位	名　称	功能描述
15	RXFFOVF FLAG	0：接收 FIFO 未溢出，只读位 1：接收 FIFO 已溢出，只读位。大于 16 位的数据接收到 FIFO，且先接收到的数据丢失了
14	RXFFOVF CLR	0：写 0 对 RDFFOVF 标志位无影响，读位结果为 0 1：写 1 清除 RXFFOVF 标志的第 15 位
13	RXFIFO Reset	0：写 0 复位 FIFO 指针为 0，且保持在复位状态 1：重新使能发送 FIFO 操作
12～8	RXFFST4～ RXFFST0	0 0 0 0 0：接收 FIFO 是空的 0 0 0 0 1：接收 FIFO 有 1 个字 0 0 0 1 0：接收 FIFO 有 2 个字 0 0 0 1 1：接收 FIFO 有 3 个字 ⋮ 1 0 0 0 0：接收 FIFO 有 16 个字

续表

位	名　称	功能描述
7	RXFFINT FLAG	0:RXFIFO 是未产生的中断,只读位 1:RXFIFO 是已产生的中断,只读位
6	RXFFINT CLR	0:写 0 对 RXFIFINT 标志位无影响,读位结果为 0 1:写 1 清除 RXFFINT 标志的第 7 位
5	RXFFIENA	0:基于 RXFFIVL 匹配的 RX FIFO 中断将被禁止 1:基于 RXFFIVL 匹配的 RX FIFO 中断将被使能
4~0	RXFFIL4~ RXFFIL0	接收 FIFO 中断级别位。当 FIFO 状态位(RXFFST4~RXFFST0)和 FIFO 级别位(RXFFIL4~RXFFIL0)匹配(大于或等于)时,接收 FIFO 将产生中断。这将避免频繁的中断,复位后,作为接收 FIFO 大多数时间是空的

图 8.19 和表 8.16 为 SPI FIFO 控制寄存器(SPIFFCT)各位的定义及功能描述。SPIFFCT 寄存器的地址:704Ch。

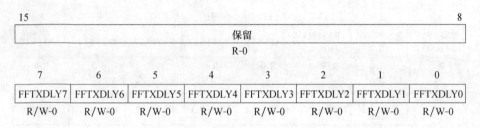

图 8.19　SPIFFCT 寄存器

表 8.16　SPIFFCT 寄存器功能定义

位	名　称	功能描述
15~8	保留	保留
7~0	FFTXDLY7~ FFTXDLY0	FIFO 发送延时位,这些位决定了每一个从 FIFO 发送缓冲器到发送移位寄存器间的延迟。这个延迟决定于 SPI 串行时钟周期的数量。该 8 位寄存器可以定义最小为 0 串行时钟周期的延迟和最大为 256 串行时钟周期的延迟 在 FIFO 模式下,只有在移位寄存器完成了最后一位的操作后,移位寄存器和 FIFO 之间的缓冲器(TXBUF)才能被加载。这要求在发送器和数据流之间传递延迟。在 FIFO 模式下,TXBUF 不应作为一个附加级别的缓冲器

10. SPI 优先级控制寄存器

图 8.20 和表 8.17 为 SPI 优先级控制寄存器(SPIPRI)各位的定义及功能描述。SPI 优先级控制寄存器地址:704Fh。

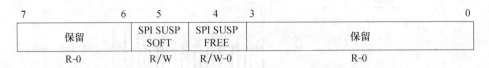

7		6	5	4	3		0
保留			SPI SUSP SOFT	SPI SUSP FREE	保留		
R-0			R/W	R/W-0	R-0		

图 8.20　SPI 优先级控制寄存器

表 8.17　SPI 优先级控制寄存器的功能描述

位	名　称	功能描述
7～6	保留	读返回 0,写无效
5～4	SPI SUSP SOFT SPI SUSP FREE	这两位决定了在一个仿真悬空产生时(如调试器遇到一个断点时)会发生什么事件 无论外设正处于什么状态(自由运行模式)它都能继续运行;如果处于停止模式,它也能立即停止或在完成当前的操作(当前的接收/发送序列)后停止 0 0:当 TSPEND 被确认后,发送操作将在位流中途停止。一旦没有系统复位且 TSUSPEND 被断定,则在 DDATBUF 中悬空位的剩余值将被移位。例如,如果 SPIDAT 已移位 8 位中的 3 位,通信将会冻结在这里。然而,如果在没有复位 SPI 的情况下,TSUSPEND 稍后被断定,SPI 将从它曾停止的地方开始发送且从那一点发送 8 位。SCI 的操作是与此不同的 1 0:标准 SPI 模式下,在移位寄存器和缓冲器发送数据后停止,即在 TXBUF 和 SPIDAT 为空后停止。在 FIFO 模式下,在移位寄存器和缓冲器发送数据后停止,即在 TX FIFO 和 SPIDAT 为空后停止 x 1:自由运行,除非悬空,否则将继续 SPI 操作
3～0	保留	读返回 0,写无效

8.6.2　SPI 实例波形

　　CLOCK POLARITY＝0,CLOCK PHASE＝0(所有的数据发送在上升沿,无延迟时钟,低电平无效),如图 8.21 所示。

　　CLOCK POLARITY＝0,CLOCK PHASE＝1(所有的数据发送都在上升沿,但是延迟了半个时钟周期,低电平无效),如图 8.22 所示。

　　CLOCK POLARITY＝1,CLOCK PHASE＝0(所有的数据发送都在下降沿,高电平无效),如图 8.23 所示。

　　CLOCK POLARITY＝1,CLOCK PHASE＝1(所有的数据发送都在下降沿,但是延迟了半个时钟周期,高电平无效),如图 8.24 所示。

　　$\overline{\text{SPISTE}}$在主动模式下的动作(在 16 位数据传送过程中,主设备的$\overline{\text{SPISTE}}$为低电平),如图 8.25 所示。

　　$\overline{\text{SPISTE}}$在从模式中的动作(在 16 位数据传送过程中,从设备的$\overline{\text{SPISTE}}$为低电平),如图 8.26 所示。

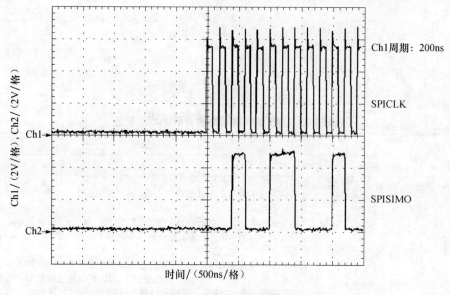

图 8.21　SPI 通信波形图

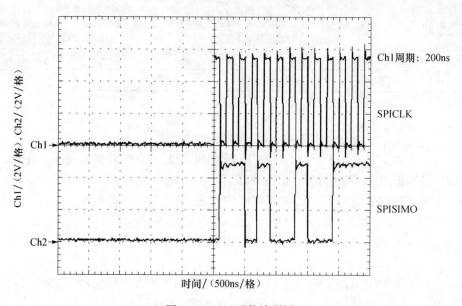

图 8.22　SPI 通信波形图

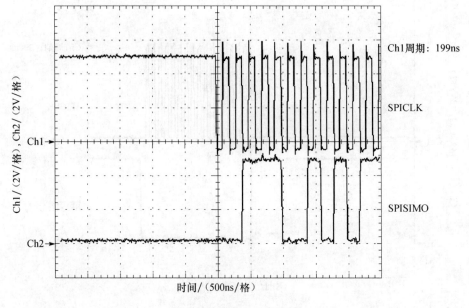

图 8.23　SPI 通信波形图

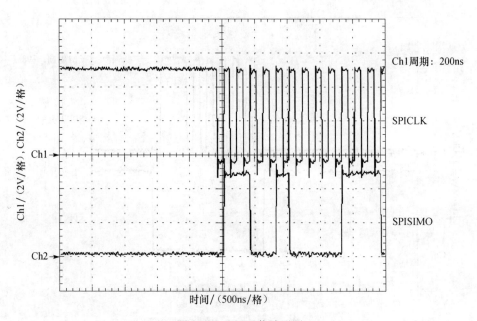

图 8.24　SPI 通信波形图

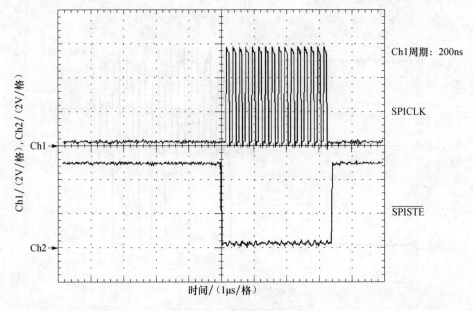

图 8.25　SPI 通信波形图

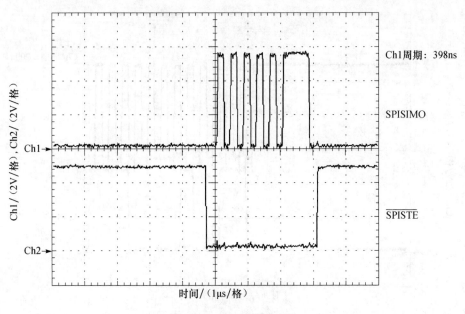

图 8.26　SPI 通信波形图

8.7 SPI 应用实例

AD7890 是美国 Analog Devices 公司于 20 世纪 90 年代末推出的一款 8 通道 12 位串行 A/D 转换器。其主要性能特征包括：A/D 转换时间较快(9.5μs)；功耗较低(最大 50mW,休眠状态下 75μW)；信噪比较高(大于 70dB)；总谐波失真小(不大于 78dB)；内置跟踪/保持放大器、片上参考电压；具有高速、灵活的串行接口等。

AD7890 的内部功能框图和外部时钟读写时序如图 8.27 和图 8.28 所示,与 F2812 硬件连接如图 8.29 所示。

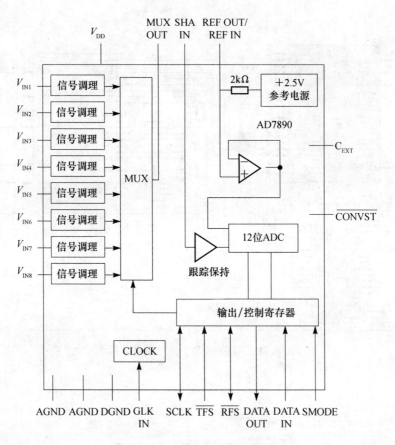

图 8.27 AD7890 的内部结构框图

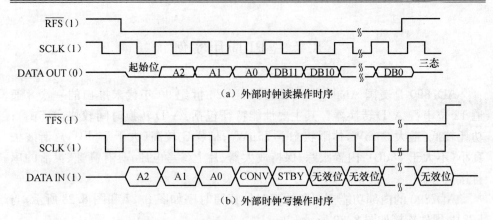

图 8.28　AD7890 的外部时钟读写操作时序

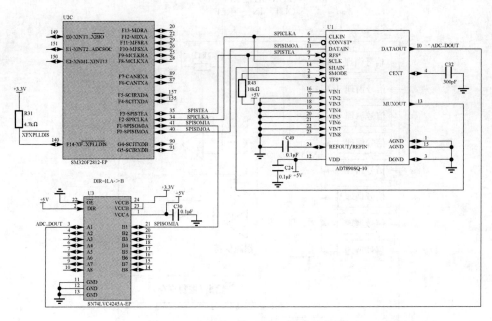

图 8.29　AD7890 与 F2812 硬件连接图

第 9 章　TMS320F281x eCAN 总线模块

控制器局域网(controller area network,CAN)属于现场总线的范畴,是一种有效支持分布式控制系统的串行通信网络。20 世纪 80 年代,德国博世(Bosch)公司为解决汽车控制系统的部件之间以及控制系统与测试设备之间的数据交换而开发的一种串行数据通信协议,这就是 CAN 总线。

随着 CAN 总线在各个行业和领域的广泛应用,对其通信格式标准化也提出了更严格的要求。1991 年,CAN 总线技术规范(Version2.0)制定并发布。该技术规范共包括 A 和 B 两个部分。其中 2.0A 给出了 CAN 总线报文标准格式,而 2.0B 给出了标准的和扩展的两种格式。美国汽车工程学会(SAE)在 2000 年提出了 J1939 协议,此后该协议成为了货车和客车中控制器局域网的通用标准。

F281x 系列 DSP 集成了增强型 CAN 总线通信接口,该接口与 CAN2.0B 标准接口完全兼容。带有 32 个完全可配置邮箱和定时邮递功能的增强型 CAN 总线模块,能够实现灵活稳定的串行通信接口。

9.1　CAN　总　线

9.1.1　CAN 总线的发展

CAN 总线是一种多主总线,通信介质可以是双绞线、同轴电缆或光导纤维,通信速率可达 1Mbps,通信距离可达 10km。当信号传输距离达到 10km 时,CAN 总线仍可提供高达 50Kbps 的数据传输速率。由于 CAN 总线具有很高的实时性能和应用范围,从位速率最高可达 1Mbps 的高速网络到低成本多线路的 50Kbps 网络都可以任意搭配。CAN 总线具有较高的通信速率,较强的纠错能力,支持差分收发,并具有较远的传输距离,可以作为现场总线应用于电磁噪声比较大的场合。

由于 CAN 总线独特的设计思想和高可靠性,越来越受到人们的重视并成为广泛认可的总线标准,并逐渐成为汽车领域最基本的控制网络,广泛应用于火车、机器人、楼宇控制、机械制造、数字机床、自动化仪表、医疗器械、航空业、工业控制、安全防护等领域。

C28x 系列 DSP 集成了增强型 CAN 总线通信接口,该接口与 CAN2.0B 标准接口完全兼容,带有 32 个完全可配置邮箱和定时邮递(time-stamping)功能的增强型 CAN 总线模块,能够实现灵活稳定的串行通信接口。

9.1.2　CAN 总线相关概念和特征说明

下面对 CAN 总线协议的媒体访问控制子层的一些概念和特征做如下说明。

(1) 报文(message):总线上的报文以不同报文格式发送,但长度受到限制。当总线空闲时,任何一个网络上的节点都可以发送报文。

(2) 信息路由(information routing):在 CAN 总线中,节点不使用任何关于系统配置的报文,如站地址,由接收节点根据报文本身特征判断是否接收这帧信息。因此,系统扩展时,不用对应用层以及任何节点的软件和硬件作改变,可以直接在 CAN 总线中增加节点。

(3) 标识符(identifier):要传送的报文有特征标识符(是数据帧和远程帧的一个域),它给出的不是目标节点地址,而是这个报文本身的特征。信息以广播方式在网络上发送,所有节点都可以接收到。节点通过标识符判定是否接收这帧信息。

(4) 数据一致性应确保报文在 CAN 总线中同时被所有节点接收或同时不接收,这是配合错误处理和再同步功能实现的。

(5) 位传输速率不同的 CAN 总线系统速率不同,但在一个给定的系统里,位传输速率是唯一的,并且是固定的。

(6) 优先权:由发送数据的报文中的标识符决定报文占用总线的优先权。标识符越小,优先权越高。

(7) 远程数据请求(remote data request):通过发送远程帧,需要数据的节点请求另一节点发送相应的数据。回应节点传送的数据帧与请求数据的远程帧由相同的标识符命名。

(8) 仲裁(arbitration):只要总线空闲,任何节点都可以向总线发送报文。如果有两个或两个以上的节点同时发送报文,就会引起总线访问碰撞。通过使用标识符的逐位仲裁可以解决这个碰撞。仲裁的机制确保了报文和时间均不损失。当具有相同标识符的数据帧和远程帧同时发送时,数据帧优先于远程帧。在仲裁期间,每一个发送器都对发送位的电平与被监控的总线电平进行比较。如果电平相同,则这个单元可以继续发送,如果发送的是"隐性"电平而监视到的是"显性"电平,那么这个单元就失去了仲裁,必须退出发送状态。

(9) 总线状态:总线有"显性"和"隐性"两个状态,"显性"对应逻辑"0","隐性"对应逻辑"1"。"显性"状态和"隐性"状态与为"显性"状态,所以两个节点同时分别发送"0"和"1"时,总线上呈现"0"。CAN 总线采用二进制不归零(NRZ)编码方式,因此总线上不是"0",就是"1"。

（10）故障界定（confinement）：CAN 总线节点能区分瞬时扰动引起的故障和永久性故障。故障节点会被关闭。

（11）应答接收节点对正确接收的报文给出应答，对不一致报文进行标记。

（12）CAN 总线通信距离最大是 10km（设速率为 5Kbps），或最大通信速率为 1Mbps（设通信距离为 40m）。

（13）CAN 总线上的节点数可达 110 个。通信介质可在双绞线、同轴电缆、光纤中选择。

（14）报文是短帧结构，短的传送时间使其受干扰概率低，CAN 总线有很好的效验机制，这些都保证了 CAN 总线通信的可靠性。

9.1.3　CAN 总线特点

CAN 总线一个最大的特点就是废除了采用传统物理地址模式传送数据，即不采用站地址编码，而是对通信数据块进行编码，每个消息有自己的标识符来识别总线上的节点，使网络上的节点个数在理论上不受限制。标识符主要有两个功能：消息滤波和消息优先级确定。利用标识符节点可以确定是否接收总线上传送的消息，当有多个节点（2 个或更多个）同时需要传送数据时，根据标识符确定消息的优先级。总线访问采用多主模式，本质上也是一种 CSMA/CD 方式，网络上任意节点均可以在任意时刻主动地向网络上的其他节点发送信息，而不分主从，所有节点都可以作为主节点占用总线，节点之间有优先级之分，通信方式更加灵活。

CAN 总线相对于 Ethernet 具有非破坏性位仲裁技术，避免总线冲突，可以保证在产生总线冲突的情况下，具有更高优先级的消息没有被延时传输，大大节省总线冲突仲裁时间，在重负荷下表现出良好的性能。

CAN 总线的物理长度受系统通信速率的要求影响具有严格的限制。CAN 总线直接通信距离最远可达 10km（传输速率为 5Kbps），最高通信速率可达 1Mbps（传输距离为 40m）。

CAN 总线采用多主串行通信协议，具有高级别的安全性，可以有效的支持分布式控制和实时控制。

CAN 总线数据链路层采用短帧结构，每一帧为 8 个字节，易于纠错，另外 8 个字节不会占用总线时间过长，从而提高了总线对于新的数据帧的响应时间，保证了通信的实时性。但另一方面，CAN 总线不适合高数据吞吐率类型的信息传输，如实时图像处理。

CAN 协议支持四种不同类型的帧格式：

（1）数据帧（Data）：将数据从发送器传输到接收器。

（2）远程帧（Remote）：节点发出远程帧，请求发送具有同一标识符的数据帧。

（3）错误帧（Error）：任何节点检测到总线错误就发出错误帧。

（4）过载帧（Overload）：用于相邻数据帧或远程帧之间提供附加的延时。

CAN 总线的拓扑结构是一个典型的串行总线的结构形式。CAN 总线中一个节点发送信息，多个节点接收信息；采用的是一种广播式的存取工作方式。与其他网络不同，在 CAN 总的通信协议中，没有节点地址的概念，也没有任何与节点地址相关的信息存在，它支持的是基于报文的工作方式。也就是说，CAN 总线面向的是数据而不是节点，因此加入或撤销节点设备都不会影响网络的工作，十分适用于控制系统要求快速、可靠、简明的特点。

9.1.4 CAN 总线的协议层

CAN 总线协议层如图 9.1 所示。

Layer7	应用层
Layer6	表示层（void）
Layer5	会话层（void）
Layer4	传输层（void）
Layer3	网络层（void）
Layer2	数据链路层
Layer1	物理层

图 9.1　CAN 总线协议层

CAN 总线是一个开放的系统，CAN 总线标准遵循 ISO 的 OSI 七层模式，而 CAN 的基本协议只有物理层协议和数据链路层协议。CAN 总线的核心技术是其 MAC 应用协议，主要解决数据冲突的 CSMA/AC 协议。CAN 总线一般应用于小型的现场控制网络中，如果协议的结构过于复杂，网络的信息传输速率势必减慢。因此，CAN 总线只用了 7 层模型中的 3 层：物理层、数据链路层和应用层，其他 4 层协议一般由软件实现。

1. Layer1：物理层

（1）差分双绞线。

（2）IC 集成发送和接收器。

（3）可采用光线传输。

（4）可选的编码格式：PWM、NRZ、曼彻斯特编码。

物理层协议作为网络中的最低层协议，在不同节点之间，根据它们的电气属性进行每位实际的传输。它定义信号怎样进行发送，涉及位定时、位编码解码及同步的描述。物理层主要划分为三个部分：

（1）物理信令（physical signaling，PLS）用于实现与位表示、定时和同步相关的功能。

（2）物理媒体附属装置（PMA）实现总线发送与接收的功能电路，并且可提供总线故障检测方法。

（3）媒体相关接口（MDI）用来实现物理媒体和 MAU 之间的机械和电气接口。

2. Layer2：数据链路层

按照 IEEE802.2 和 IEEE802.3 标准，数据链路层又可划分为逻辑链路控制（logic link control，LLC）与媒体访问控制（medium access control，MAC）两个部分。

（1）LLC 子层：主要负责帧接收滤波、超载通知和恢复管理。

① 帧接收滤波：确定接收哪一个报文，在 LLC 子层上开始的帧跃变是独立的，其自身操作与先前的帧跃变无关。帧内容由标识符命名，标识符并不能指明帧的目的地，但可以描述数据的含义，每个接收器通过帧接收滤波确定此帧是否与其有关。

② 超载通知：如果接收器内部条件要求延迟下一个数据帧或者远程帧，则通过 LLC 子层开始发送超载帧。

③ 恢复管理：在发送期间，对于丢失仲裁或被错误干扰的帧，LLC 子层具有自动重发功能。在发送成功前，帧发送服务不被用户认可。

（2）MAC 子层：传送规则，即控制帧结构、执行仲裁、错误检测、出错标定和故障界定。它是 CAN 总线协议的核心，它把接收到的报文提供给 LLC 子层，并接收来自 LLC 子层的报文。MAC 子层的功能由 IEEE802.3 中规定的功能模块描述，按功能可以将其分为完全独立工作的两个部分，即发送部分和接收部分。

① 发送功能主要包括：发送数据封装；CRC 循环计算；发送媒体访问管理；MAC 帧串行化；在丢失仲裁情况下，退出仲裁并转入接收方式；构造出错帧并开始发送。

② 接收功能主要包括：接收媒体访问管理以及接收数据卸装。

3. Layer7：应用层

（1）工业标准和汽车应用有细微区别。

（2）为通信、网络管理和实时操作系统提供接口。

9.1.5　CAN 总线的物理连接

CAN 总线的通信线路由两根导线组成，分别为 CAN_H 和 CAN_L。网络中所有的节点都挂接在该总线上，并且都通过这两根导线交换数据。总线上某一时刻显现的数值由两根导线上电压 CAN_H 和 CAN_L 的差值表示。该差分电压 V_{diff} 可表示"显性"和"隐性"两种互补的逻辑数值。在 CAN 总线标准通信协议中规定"显性"表示逻辑"0"，而"隐性"则表示逻辑"1"。

　　当在总线上出现"显性"位和"隐性"位同时发送时,节点发送驱动电路的设计使得总线数值表现为"显性"。在总线空闲位期间,总线表现"隐性"状态。"显性"状态改写"隐性"状态启动发送并进行各节点之间的同步。

　　CAN 总线的物理连接关系和电平特性分别如图 9.2 和图 9.3 所示。为使不同的 CAN 总线节点的电平符合高速 CAN 总线的电平特性,在各个节点和 CAN 总线之间可以增加 CAN 的电平转换器件,实现不同电平节点的完全兼容,如图 9.4 所示。

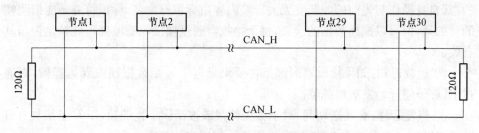

图 9.2　CAN 总线上节点的物理连接关系

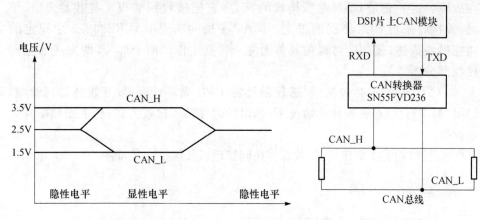

图 9.3　高速 CAN 总线电平特性　　　　图 9.4　CAN 总线模块及驱动

9.1.6　CAN 总线的仲裁

　　CAN 总线采用"载波检测,多主掌控/冲突避免"(CSMA/CA)的通信模式。这种总线仲裁方式允许总线上任何节点都有机会获取总线控制权并向外发送数据。同一时刻有多个节点要求发送数据而产生总线冲突,CAN 总线可以实时检测总线冲突并进行仲裁,使得具有高优先级的数据不受任何损失地传输。

当总线处于空闲状态呈隐性电平(电压为高)时,任何节点都可以向总线发送显性电平(电压为低)作为帧的开始,如果 1 个以上节点同时发送就会产生总线竞争。

CAN 总线解决竞争的办法类似于以太网的 CSMA/CD(carrier sense multiple access with collision detection)方法,CSMA/CD 总线访问流程如图 9.5 所示。

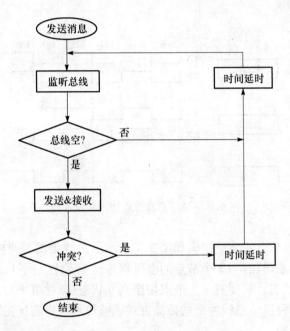

图 9.5　以太网的 CSMA/CD 总线访问流程

CAN 总线做了改进并采用 CSMA/CA(carrier sense multiple access with collision avoidance)访问总线,按位对标识符进行仲裁。各节点在向总线发送电平的同时,也对总线上的电平进行读取,并与自身发送的电平进行比较。如果电平相同则继续发送下一位;如果电平不同则停止发送退出总线竞争。剩余节点继续上述过程,直到总线上仅剩余 1 个节点发送的电平,总线竞争结束,优先级高的节点获得总线控制权。CAN 总线之所以不采用以太网使用的延时避免冲突,主要是为了保证具有更高优先级的节点能够完整地实时传输,而且 CSMA/CA 可以有效避免冲突。

CAN 总线节点访问总线过程如图 9.6 所示。节点 M 和节点 N 的标识符的第 10、9、8 位电平相同,因此两个节点侦听到的信息和各自发送的信息相同。节点 N 的第 7 位发送了一个"1",但接收到的消息却是"0",说明有更高优先级的节点占用总线发送消息。节点 N 会退出发送处于单纯侦听方式而不发送数据。

节点 M 成功发送仲裁位而获得总线控制权,继而发送全部消息。总线中的信号持续跟踪,最后获得总线控制权发出的报文,本例中节点 M 的报文将被跟踪。这种非破坏性位仲裁方法的优点在于在网络最终确定哪个节点被传送前,报文的起始部分已经在网络中传输了,因此具有高优先级的节点的数据传输没有任何延迟。在获得总线控制权的节点发送数据过程中,其他节点不会在总线再次空闲之前发送报文。

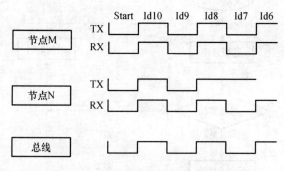

图 9.6　CAN 总线节点访问总线过程

CAN 总线上节点的电平逻辑如图 9.7 所示。总线上的节点电平对于总线电平而言是与的关系,只有当 3 个节点的电压都等于 1(隐性电平),总线才会保持在 V_{CC}(隐性电平)状态。只要有 1 个节点切换到 0 状态(显性电平),总线就会被强制在显性状态。这种避免总线冲突的仲裁方式能够使具有更高优先级的消息没有延迟地占用总线传输。

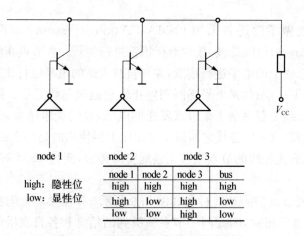

图 9.7　CAN 总线上节点的电平逻辑

9.1.7　CAN 总线的通信错误

在 CAN 总线中存在 5 种错误类型。

(1) 位错误(bit-error):向总线送出一位的某个节点同时监视总线,当监视到总线位的电平与送出的电平不同时,则在该位检测到一个位错误。简单地说,所发送的位值与所监视的位值不相符合,即出现位错误。但是,在仲裁区的填充位流期间或应答间隙送出隐性位而检测到显性位时,不认为是错误位;送出认可错误标注的发送器,在检测到显性位时也不认为是错误位。

(2) 位填充错误(bit-stuff-error):如果在使用位填充法进行编码的信息中,当出现了第 6 个连续相同的位电平时,将检测到一个填充错误(结束帧除外)。

(3) 循环冗余校验错误(CRC-error):和接收到的 CRC 校验不匹配。

(4) 形式错误(form-error):当一个固定形式的位场含有 1 个或多个非法位,则检测到一个形式错误(接收器的帧末尾最后一位期间的显性位不被当做帧错误)。

(5) 应答错误(acknowledgement-error):在应答间隙发送器没有检测到显性位时,则由它检测出一个应答错误。

在一个节点检测到一个错误之后,所有其他节点由此检测到错误条件,并与此同时开始发送错误标志。因此,“显性”位的序列导致一个结果,这个结果就是把个别节点发送的不同的错误标志叠加在一起。这个序列的总长度最小为 6 个位,最大为 12 个位。

9.1.8　CAN 总线数据格式

CAN 总线协议规定在报文传输过程中,发出报文的单元称为该报文的发送器。该单元在总线空闲或丢失总线仲裁之前恒为发送器。如果一个单元不是报文发送器,并且总线不处于空闲状态,则该单元为接收器。对于报文的发送和接收,其实际有效时刻是不同的:就发送器而言,如果到该帧的结束一直没出错,则报文有效;如果报文受损,将允许按照优先权顺序自动重发送。为了能与其他报文进行总线访问竞争,总线一旦空闲,重发送立即开始。而对于接收器而言,如果直到帧结束的最后一位前一直未出错,则报文有效。

CAN 总线通信有两种硬件和两个版本的数据格式。应用类型分为基本型(BASIC-CAN)和完全型(FULL-CAN)。所有新的处理器内部嵌入的 CAN 总线模块都支持这两种操作模式。

基本型主要有以下特点:

• MCU 内核和 CAN 总线模块采用闭环连接方式。

- 有 1 个发送缓冲和 2 个接收缓冲。
- 需要使用软件选择需要的消息。

完全型主要有以下特点：

- 提供消息服务。
- 对输入消息进行更大范围的滤波。
- 邮箱允许用户设置。
- 邮箱的存储区以及邮箱的大小与具体芯片有关。
- 先进的错误识别功能。

数据格式类型分为标准 CAN(CAN2.0A 版本)和扩展 CAN(CAN2.0B 版本)，主要区别在于标识符域的长度不同，标准帧有 11 位的标识符，扩展帧有 29 位的标识符。CAN 总线的标准数据帧的长度为 44～108 位标准数据帧还可以插入 23 位填充位，因此标准数据帧最长为 131 位；扩展数据帧的长度是 64～128 位，扩展数据帧可以插入 28 位填充位，因此扩展数据帧的长度最长为 156 位。

数据帧格式见图 9.8。

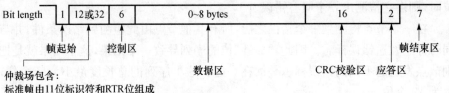

仲裁场包含：
标准帧由11位标识符和RTR位组成
扩展帧由29位标识符、SRR位、IDE位和RTR位组成
其中，RTR为远程发送请求；SRR为替代远程帧；IDE为标识符扩展

图 9.8　CAN 数据帧格式

CAN 总线消息主要由帧起始(Start bit)、仲裁区(Arbitration field)、控制区(Control bits) 数据区(Data field)、CRC 校验区(CRC bits)、应答区(Acknowledge)以及帧结束区(End)构成，各区主要情况如下。

（1）帧起始：标志数据帧和远程帧的起始，仅由一个"显性"位组成。

（2）仲裁场：定义消息的优先级，标识符表示消息的逻辑地址。

① 标准帧 CAN2.0A：仲裁场由 11 位标识符和 RTR 位组成。识别符位由 ID-28 到 ID-18。

② 扩展帧 CAN2.0B：仲裁场由 29 位标识符、SRR 位、IDE 位、RTR 位组成。识别符由 ID-28 到 ID-0。

（3）控制区：

① 标准格式：帧包括数据长度代码、IDE 位及保留位 r0。

② 扩展格式:帧包括数据长度代码和两个保留位:r1 和 r0。其保留位必须发送为显性,但是接收器认可"显性"和"隐性"位的组合。

(4) 数据区:最大 8 个字节的消息;0 字节数据也被允许,即允许不包含数据帧的帧存在。

(5) CRC 校验区:包含一个由 CRC 多项式产生的校验和。

(6) 应答区:应答间隙(ACK SLOT)和应答界定符(ACK DELIMITER)。当接收器正确地接收到有效的报文时,接收器就会在应答间隙(ACK SLOT)期间(发送 ACK 信号)向发送器发送一"显性"位以示应答。

(7) 帧结束区:包含应答、错误信息、消息结束。

具体地说,数据帧包括起始位、标识符、远程传输请求、标志扩展等,所有相关的仲裁、数据、CRC 校验以及帧结束构成了完整的 CAN 总线消息帧,各部分的具体含义如下。

(1) Start bit:起始位(1 位),标识一个消息的开始。只在总线空闲时才允许站开始发送(信号),所有总线模块必须同步于在总线空闲时间的下降沿。

(2) Identifier bits:标识符(标准帧 CAN2.0A 为 11 位,扩展帧 CAN2.0B 为 29 位),标识消息名称和优先级。数值越低优先级越高。

(3) RTR:远程发送请求(1 位)。如果 RTR=1(隐性),表示帧内无有效数据,请求接收端发送数据(数据帧显性,远程帧隐性)。

(4) IDE:标识符扩展(1 位)。如果 IDE=1,则采用扩展帧传送数据。

(5) r0:保留(1 位)。

(6) CDL:数据长度编码(4 位)。数据帧长度允许的数据字节数为 0~8,其他长度数值不允许使用。

(7) DATA:消息数据(0~8 字节)。

(8) CRC:循环冗余校验码(15 位),冗余校验。只检测错误无校正。

(9) ACK:应答(2 位)。每个接收到无错消息的接收者,必须先在应答间隔(ACK SLOT)传输一个应答位。

(10) EOF:帧结束(7 位=1,隐性)。5 个隐位之后自动一个填充位。

(11) IFS:内部帧空间(3 位=1,隐性),用于把数据帧或远程帧与当前帧分离。只有扩展模式有该位。

(12) SRR:替代远程帧(1 位=1,隐性)。它在扩展格式的标准帧 RTR 位位置,因此代替标准帧的 RTR。

(13) r1:保留(1 位)。

9.1.9　CAN 总线通信接口硬件电路

典型的 CAN 总线通信接口硬件电路原理图如图 9.9 所示。F2812 片内配置有增强型 CAN 总线通信模块,因此 DSP 只需要通过一个 CAN 总线收发器 SN65HVD230 即可与总线连接,实现数据通信。TXD 和 RXD 接 F2812 的 CAN 引脚,CANH 和 CANL 接外部 CAN 总线。在传输线两端并联一个 120Ω 的匹配电阻,以克服长线效应,减小通信介质中信号的反射。

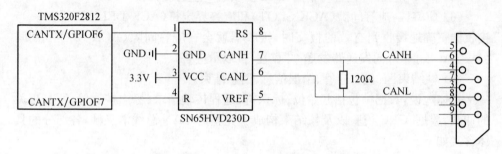

图 9.9   典型的 CAN 总线通信接口硬件电路原理图

9.2   eCAN 模块介绍

eCAN 模块是一种片上增强型控制器,其性能较之已有的 DSP 内嵌 CAN 控制器有较大的提高,而且数据传输更加灵活方便。数据量更大、可靠性更高、功能更加完备。随着 F2812 的大量推广使用,基于 DSP 的 CAN 总线通信方式将得到广泛的应用。

eCAN 模块是 F281x DSP 片上的增强型 CAN 控制器,其性能较之已有的 DSP 内嵌 CAN 控制器有较大的提高,为 CPU 提供完整的 CAN 协议,减少通信时 CPU 的开销,数据传输更灵活方便,数据量更大、可靠性更高、功能更完备。随着 F281x 的大量推广使用,基于 eCAN 的 CAN 总线通信方式将得到广泛的应用。

9.2.1   eCAN 模块特点

F281x 的 eCAN 模块主要具有如下特点。

(1) 支持兼容的 CAN2.0B 总线协议。

(2) 最高支持 1Mbps 的总线通信速率。

(3) 低功耗模式。

(4) 可编程总线唤醒功能。

(5) 自动应答远程请求消息。

(6) 在仲裁或错误丢失消息时,自动重发。

（7）可以通过特定的消息同 32 位定时邮递计数器同步。

（8）自测试模式，在该模式下，提供"空闲"的应答信号，因此不需要其他节点提供应答信号，方便系统测试。

9.2.2　eCAN 模块增强特性

eCAN 模块是 TI 新一代 32 位高级 CAN 控制器，它完全兼容 CAN2.0B 总线协议，可以在有干扰的环境里使用上述协议与其他控制器串行通信。下面介绍 eCAN 模块的增强特性。

（1）增加了邮箱数量，并且所有邮箱都具有独立的接收屏蔽寄存器。F2812 有多达 32 个邮箱，其所占用的 512 字节 RAM 都可以配置为发送或接收邮箱，且都有一个可编程的接收屏蔽寄存器。因而其数据传输更加方便灵活、信息量大大增加。

（2）eCAN 是一个 32 位的高级 CAN 控制器。其控制寄存器的状态寄存器必须以 32 位方式访问，而接收屏蔽、时间标识寄存器、超时寄存器和邮箱所在的 CAN 范围则可以以 8 位、16 位和 32 位方式访问。

（3）时间标识：eCAN 模块应用一个全速运行的 32 位定时器（LNT）来获得接收或者发送一个信息（有效的 CAN 数据帧）的时间。当一个接收信息被保存或被发送时，定时器的内容将写入相应邮箱的时间标识寄存器（MOTS）里，这样就可获得接收或发送一个信息的时间。当邮箱成功发送或接收一个信息时，LNT 寄存器被清除。因此，可以通过使用邮箱来实现网络的全局时间同步。

（4）超时功能：为了确定所有的信息都能在预定的时间里送出或接收，每个邮箱都有它自己的超时寄存器（MOTS）。如果一个信息没有在超时寄存器设定的时间内完成发送或接收，其超时状态寄存器里将设置一个标志位，并据此判断是否超时。

以上这些增强特性使得 F2812 在进行 CAN 通信时，其数据传输更加方便灵活、数据量更大、功能更完备。

9.3　eCAN 控制器结构及内存映射

9.3.1　eCAN 控制器结构

eCAN 控制器的内部结构是 32 位的，如图 9.10 所示。它主要由以下几部分构成：

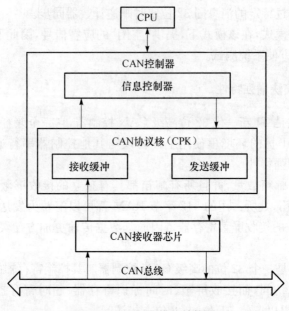

图 9.10   eCAN 模块结构图

(1) CAN 协议内核(CPK);

(2) 消息控制器;

(3) 存储器管理单元(MMU),包括 CPU 接口、接收控制单元(接收滤波)和定时器管理单元;

(4) 可以存储 32 个消息的邮箱存储器;

(5) 控制和状态寄存器。

CAN 协议内核接收到有效的消息后,消息控制器的接收控制单元确定是否将接收到的消息存储到邮箱存储器中。接收控制单元检查消息的状态、标识符和所有消息对象的滤波,确定相应邮箱的位置,接收到的消息经过接收滤波后存放到第一个邮箱。如果接收控制单元不能找到存放接收消息的有效地址,接收到的消息将会被丢弃。一个标准格式的消息由 11 位标识符、一个控制域和最多 8 字节的数据构成。

当需要发送消息时,消息控制器将要发送的消息传送到 CPK 的发送缓冲,以便在下一个总线空闲状态开始发送该信息。当有多个消息需要发送时,消息控制器将准备发送消息中优先级最高的传送到 CPK。如果两个邮箱有同样的优先级,首先发送邮箱编号大的邮箱内存放的消息。

定时器管理单元包括一个定时邮递计数器和一个所有接收或发送消息的定时标识。当在定时周期内没有接收或发送消息(超时)时,将产生一个超时中断。仅在增强型 CAN 总线中有定时邮递功能,标准 CAN 总线没有这种工作模式。

如果开始数据传输,则相应控制寄存器中的传送请求位必须置位,设置好后不需要 CPU 参与传送过程和传送过程中的错误处理。如果一个邮箱配置为接收消息,CPU 使用读指令读取数据寄存器。邮箱还可以配置成中断模式,在每完成消息发送或接收时向 CPU 发出中断。

标准 CAN 控制器(SCC)模式是增强型 CAN 的一种简化功能,在这种模式下,只能使用 16 个邮箱(邮箱 0~15),而且不支持定时邮递功能,可以使用的接受滤波器数也会减少。默认情况下,CAN 接口工作在标准模式,CAN 总线的工作模式可以通过 SCB 位(CAVMC[13])来选择:完全功能的增强型 CAN 模式或标准 CAN 模式。

9.3.2 eCAN 模块的内存映射

eCAN 模块具有两个存储映射,分别映射到 F28x 存储器中的不同地址段。第一个地址段用于访问控制寄存器、状态寄存器、接收屏蔽、时标寄存器和信息对象的超时寄存器。对控制和状态寄存器的访问限制为 32 位宽。本地的接收屏蔽、时标寄存器和超时寄存器可以被访问 8 位、16 位和 32 位宽。第二个地址段用于访问邮箱,存储器访问可以为 8 位、16 位和 32 位宽。图 9.11 即为使用了 512 字节位地址空间的存储器映射。

通过一个 RAM 执行信息存储,RAM 可以被 CAN 控制器或 CPU 访问。CPU 通过修改 RAM 中各个邮箱或附加寄存器来实现对 CAN 控制器的控制。各个存储单元中的内容用于执行接收过滤、信息传输和中断处理等功能。在 eCAN 中的邮箱模块提供 32 个信息邮箱,每个信息邮箱由 8 个字节数据长度、一个 29 位标识符和几个控制位组成。每个邮箱可以配置为发送或接收,并且每个邮箱具有自己的接收屏蔽。

F28x 系列 DSP 具有两个 eCAN 模块,即 eCAN-A 和 eCAN-B,其存储器映射地址范围分别为 6000h~61FFh 和 6200h~63FFh。eCAN-A 的存储器映射如图 9.11 所示。

9.3.3 eCAN 模块的控制和状态寄存器

eCAN 模块的寄存器以及其对应的地址见表 9.1,eCAN 寄存器对应 32 位宽的存储单元,这些寄存器映射到外设帧 1。标准的 CAN 控制器模式(SCC 模式)是一个减少了部分功能的 eCAN 模式。在该模式下,只有 16 个邮箱(邮箱 0~15)可用,时标特征在该模式下不可用,并且可获得的接收屏蔽数量也相应减少。SCC 模式为默认模式,可以使用 CANMC 寄存器的第 13 位(SCB)来设置 SCC 模式或全部特征的 eCAN 模式。

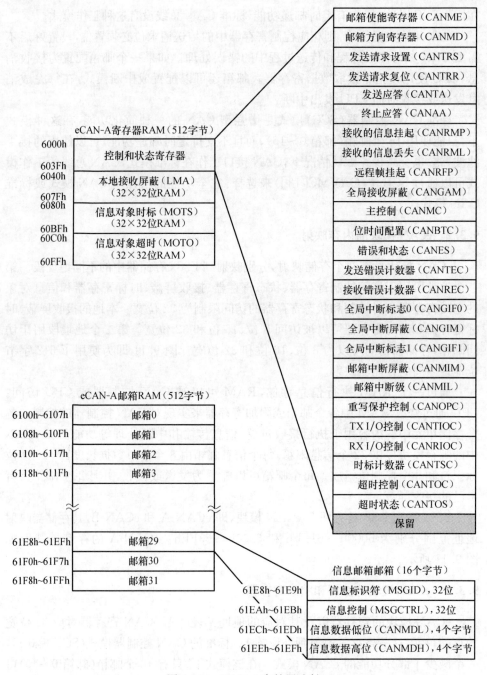

图 9.11　eCAN-A 存储器映射

表 9.1　eCAN 模块的寄存器以及其对应的地址

寄存器	eCAN-A 地址	eCAN-A 地址	大小(32 位)	描　　述
CANME	0x6000	0x6200	1	邮箱使能寄存器
CANMD	0x6002	0x6202	1	邮箱方向寄存器
CANTRS	0x6004	0x6204	1	发送请求设置
CANTRR	0x6006	0x6206	1	发送请求复位
CANTA	0x6008	0x6208	1	发送应答
CANAA	0x600A	0x620A	1	终止应答
CANRMP	0x600C	0x620C	1	接收的信息挂起
CANRML	0x600E	0x620E	1	接收的信息丢失
CANRFP	0x6010	0x6210	1	远程帧挂起
CANGAM	0x6012	0x6212	1	全局接收屏蔽
CANMC	0x6014	0x6214	1	主控制
CANBTC	0x6016	0x6216	1	位时间配置
CANES	0x6018	0x6218	1	错误和状态
CANTEC	0x601A	0x621A	1	发送错误计数器
CANREC	0x601C	0x621C	1	接收错误计数器
CANGIF0	0x601E	0x621E	1	全局中断标志 0
CANGIM	0x6020	0x6220	1	全局中断屏蔽
CANGIF1	0x6022	0x6222	1	全局中断标志 1
CANMIM	0x6024	0x6224	1	邮箱中断屏蔽
CANMIL	0x6026	0x6226	1	邮箱中断级
CANOPC	0x6028	0x6228	1	重写保护控制
CANTIOC	0x602A	0x622A	1	TX I/O 控制
CANRIOC	0x602C	0x622C	1	RX I/O 控制
CANTSC	0x602E	0x622E	1	时标计数器(在 SCC 模式中保留)
CANTOC	0x6030	0x6230	1	超时控制(在 SCC 模式中保留)
CANTOS	0x6032	0x6232	1	超时状态(在 SCC 模式中保留)

对控制和状态寄存器只允许 32 位寻址,邮箱 RAM 则无此限制。

1. 邮箱使能寄存器

图 9.12 和表 9.2 给出了邮箱使能寄存器(CANME)各位的定义及功能描述。

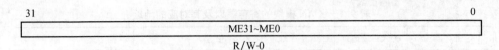

图 9.12　邮箱使能寄存器

(R 代表可读,W 代表可写,-n 代表复位后的值;下同,不再给出)

表 9.2　邮箱使能寄存器功能描述

位	名　称	功能描述
31~0	ME31~ME0	邮箱使能控制位,上电后,所有在 CANME 中的位被清除。被屏蔽掉的邮箱映射的存储空间可以当做一般寄存器使用 1:CAN 模块中相应的邮箱被使能,在写标识符之前必须将所有的邮箱屏蔽。如果相应的 CANME 位置位,将不能对消息对象的标识符进行写操作 0:相关的邮箱 RAM 区域被屏蔽,但其映射的存储空间可以作为一般存储器使用

2. 邮箱方向寄存器

图 9.13 和表 9.3 给出了邮箱方向寄存器(CANMD)各位的定义及功能描述。

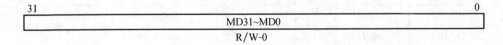

图 9.13　邮箱方向寄存器

表 9.3　邮箱方向寄存器功能描述

位	名　称	功能描述
31~0	MD31~MD0	邮箱方向控制位,上电后,所有位清零 0:配置为发送邮箱 1:配置为接收邮箱

3. 发送请求置位寄存器

当邮箱 n 准备发送时,CPU 将 TRS[n]置 1,开始发送。发送请求置位寄存器(CANTRS)一般通过 CPU 置位,通过 CAN 模块的逻辑复位。CAN 模块可以为远程帧请求置位这些位。如果邮箱配置成接收寄存器,除非接收邮箱用来处理远程帧，否则相应的 CANTRS 位将不起作用，如果 RTR 位置位，接收邮箱的 TRS[n] 将不会被忽略。因此，如果 RTR 位和 TRS[n]都被置位，接收邮箱可以发送一个远程帧。一旦远程帧被发送出去，CAN 模块将相应的 TRS[n]清零。如果 CPU 和 CAN 模块同时改变某一个控制位，CPU 要将相应的位置位，而 CAN 模块要将该位清零，则该位被置位。

CANTRS[n]置位，对应的消息 n 将被发送出去。几个发送请求设置位可以同时置位，所有 TRS 位被置位的消息都可以轮流地发送出去，首先从优先级最高的开始(邮箱编号最高的具有最高的优先级)，除非 TPL 位由其他的设置。CPU 写 1 到 CANTRS 位，使相应的位被置位，写 0 没有影响。上电后各个位默认值为 0。发送请求置位寄存器各位的定义及功能描述如图 9.14 和表 9.4 所示。

31～0
TRS31~TRS0
RS-0

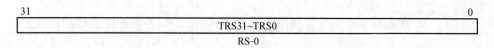

图 9.14　发送请求置位寄存器

表 9.4　发送请求置位寄存器功能描述

位	名　称	功能描述
31～0	TRS31～TRS0	发送请求置位 0:TRS 置位发送邮箱中的消息，所有循环发送的消息的 TRS 位可以同时置位 1:没有操作

4. 发送请求复位寄存器

图 9.15 和表 9.5 给出了发送请求复位寄存器(CANTRR)各位的定义及功能描述。

31～0
TRR31~TRR0
RS-0

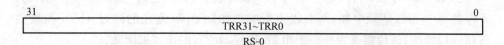

图 9.15　发送请求复位寄存器

表 9.5　发送请求复位寄存器功能定义

位	名　称	功能描述
31～0	TRR31～TRR0	发送请求复位 0:没有操作 1:TRRn 置位取消发送请求

发送请求复位寄存器中的位只能通过 CPU 进行置位操作,通过内部逻辑将其复位。当发送消息成功或者放弃时,该寄存器的相应位将复位。当 CAN 模块要清除寄存器中的位时,CPU 要对它置位,则相应的位将置位。

如果通过 TRS 已经初始化相应的位,但当前没有对消息进行处理,并且相应的 TRR[n]置位,则会取消相应的传输请求;如果当前正在处理相应的消息,由于发送成功或者由于在 CAN 总线上检测到错误等原因退出传输,相应的位将被置位;如果发送退出,相应的状态位(AA31～AA0)被置位;如果发送成功,状态位 TA31～TA0 将被置位。发送请求状态复位信号可以从 TRS31～TRS0 中读取,通过 CPU 写 1,将 CANTRR 寄存器中的位置 1。

5. 发送响应寄存器

图 9.16 和表 9.6 给出了发送响应寄存器(CANTA)各位的定义和功能描述。

31　　　　0

TA31~TA0

RC-0

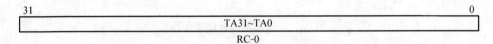

图 9.16　发送响应寄存器

表 9.6　发送响应寄存器功能描述

位	名 称	功能描述
31～0	TA31～TA0	发送响应位 0:消息没有被发送出去 1:如果邮箱 n 中的消息成功发送出去,寄存器第 n 位将置位

如果成功发送邮箱 n 中的消息,TA[n]将置位。如果 CANMIM 寄存器中相应的中断屏蔽位被置位,则 GMIF0/GMIF1(GIF0[15]/GIF1[15])也会被置位。GMIF0/GMIF1 位表示有中断产生。

CPU 可以向 CANTA 寄存器写 1,将其复位。如果已经产生中断,向 CANTA 寄存器写 1,可以清除中断,写 0 没有影响。如果 CPU 复位的同时,CAN 模块要将相同位置位,该位将被置位。上电后,寄存器所有的位都被清除。

6. 响应失败寄存器

图 9.17 和表 9.7 给出了响应失败寄存器(CANAA)各位的定义和功能描述。

31　　　　0

AA31~AA0

RC-0

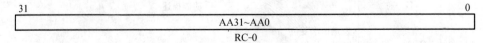

图 9.17　响应失败寄存器

表 9.7　响应失败寄存器功能描述

位	名　称	功能描述
31~0	AA31~AA0	响应失败位 0:消息成功发送 1:如果邮箱 n 中的消息发送失败,寄存器 AA[n]将置位

如果邮箱 n 中的消息发送失败,AA[n]将置位,AAIF(GIF[14])也被置位,如果相应的中断被使能将会产生中断。CPU 写 1 可以使 AA[n]复位,写 0 没有影响。

如果 CPU 复位的同时,CAN 模块要将相同位置位,则该位将被置位。上电后,寄存器所有的位都被清除。

7. 接收消息挂起寄存器

图 9.18 和表 9.8 给出了接收消息挂起寄存器(CANRMP)各位的定义和功能描述。

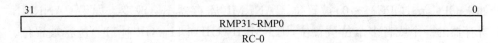

RC-0

图 9.18　接收消息挂起寄存器

表 9.8　接收消息挂起寄存器功能描述

位	名　称	功能描述
31~0	RMP31~RMP0	接收消息挂起位 0:邮箱内没有消息 1:如果邮箱 n 中包含接收到的消息,寄存器 RMP[n]将置位

如果接收到的消息存储到邮箱 n 中,则 RMP[n]将被置位。该寄存器只能通过 CPU 复位,内部逻辑置位。如果 OPC[n](OPC31~0)位被清除,新接收的消息将会把先存储的消息覆盖掉,否则检查下一个 ID 匹配的邮箱。在这种情况下,RML[n]的状态位将被置位。向寄存器 CANRMP 的基地址写 1,将 CANRMP 和 CANRML 的位清除。如果 CPU 复位的同时,CAN 模块要将相同位置位,该位被置位。如果在 CANMIM 寄存器中相应的中断屏蔽位被置位,则 CANRMP 寄存器响应的位会对 GMIF0/GMIF1(GIF0[15]/GIF1[15])置位,GMIF0/GMIF1 位触发中断。

8. 接收消息丢失寄存器

图 9.19 和表 9.9 给出了接收消息丢失挂起寄存器(CANRML)各位的定义和

功能描述。

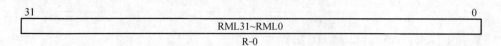

图 9.19　接收消息丢失挂起寄存器

表 9.9　接收消息丢失挂起寄存器功能描述

位	名　称	功能描述
31～0	RML31～RML0	接收消息丢失位 0：邮箱内没有消息丢失 1：新接收的消息将覆盖邮箱中没有读取的消息

如果邮箱中存放的消息被新接收到的消息覆盖,则寄存器 CANRML 相应的位将置位。这些位只通过 CPU 复位,内部逻辑置位。向 CANRMP 相应的位写1,清除该位。如果 CPU 复位的同时,CAN 模块要将相同位置位,则该位将置位。如果 OPC[n](OPC31～0)被置位,CANRML 寄存器不会改变。如果 CANRML 寄存器的一个或者多个位被置位,则 RMLIF(GIF0[11]/GIF1[11])位将被置位。如果 RMLIM 位置位,则表示产生中断。

9. 远程帧挂起寄存器

图 9.20 和表 9.10 给出了远程帧挂起寄存器(CANRFP)各位的定义和功能描述。

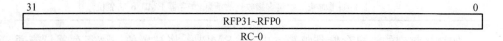

图 9.20　远程帧挂起寄存器

表 9.10　远程帧挂起寄存器功能描述

位	名　称	功能描述
31～0	RFP31～RFP0	远程帧挂起寄存器:对于接收邮箱,如果接收到远程帧,则 RFP[n]置位,TRS[n]无影响;对于发送邮箱,如果接收到远程帧,则 RFP[n]置位,并且邮箱的 AAM 值为 1,TRS[n]也置位。邮箱 ID 号必须与远程帧的 ID 号匹配 0：CAN 模块没有收到远程帧,CPU 清除该寄存器 1：CAN 模块接收到远程帧

只要 CAN 模块接收到远程帧请求,远程帧挂起寄存器相应的 RFP[n]位将被置位。如果已经有远程帧存放到接收邮箱(AAM=0、MD=1),RFP[n]就不会置位。

为防止自动应答邮箱响应远程帧请求,CPU 必须通过对发送请求复位 TRR[n]位置位,清除 RFP[n]标志位和 TPS[n]位。如果 CPU 复位的同时,CAN 模块要将相同位置位,则该位无法被置位。CPU 不能中断正在处理的远程帧。

如果接收到远程帧(接收消息有 RTR(MCF[4]=1),CAN 模块使用适当的滤波器,按邮箱序号由高到低的顺序比较所有邮箱的标识符,标识符匹配的消息对象(该消息对象对应的邮箱配置为发送邮箱且消息对象的 AAM(MID[29])被置位)作为被发送的消息对象(TRS[n]置位)。

如果标志符匹配且相应的邮箱配置为发送邮箱,而邮箱的 AAM 位没有置位,则该消息将不会被接收。在发送邮箱中找到匹配的标识符之前,不会再进行比较。

如果标识符匹配且消息对象配置为接收邮箱,则将该消息作为数据帧处理,相应的接收消息挂起寄存器(CANRMP)相应位置位,然后 CPU 必须确定如何处理这种情况。

如果 CPU 需要改变已配置为远程帧邮箱内的数据,则必须先设置邮箱编号,并改变 MCR 的数据请求位(CDR(MC[8])),然后 CPU 可以访问并清除 CDR 位,通知 eCAN 模块已经完成了访问。除非 CDR 位被清除,否则不允许邮箱发送消息。因此,CPU 清除 CDR 位后,最新的消息就被发送出去。

要改变邮箱中的标识符,必须先屏蔽邮箱(ME[n]=0)。

如果 CPU 要从其他节点获取数据,就要配置邮箱为接收邮箱,并将 TRS 置位。在这种情况下,eCAN 模块发送一个远程帧请求,并在发送请求的同一个邮箱中接收数据帧。因此,对于远程帧请求只要一个邮箱就可以了。需要注意,CPU 必须将 RTR(MCF[4])置位,使能远程帧传输。一旦远程帧被发送,邮箱的 TRS 位将被 CAN 模块清除,在这种情况下,邮箱 TAn 不会被置位。

消息对象 n 的操作由 MD[n](MD31~0)、AAM(MID[29])和 RTR(MCF[4])配置。根据不同的操作要求进行不同的配置,主要有以下四种配置情况:

(1) 发送消息对象只能发送消息;

(2) 接收消息对象只能接收消息;

(3) 请求消息对象可以发送远程请求帧,等待相应的数据帧;

(4) 只要接收到相应标识符的远程请求帧,应答消息对象就可以发送数据帧。

10. 全局接收屏蔽寄存器

图 9.21 和表 9.11 给出了全局接收屏蔽寄存器(CANGAM)各位的定义和功能描述。

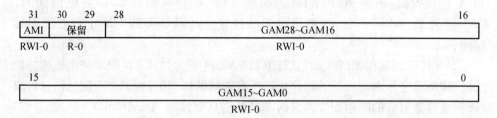

图 9.21　全局接收屏蔽寄存器

(R 代表可读,WI 代表仅在初始化模式下可写,-n 代表复位后的值;下同,不再给出)

表 9.11　全局接收屏蔽寄存器功能描述

位	名　称	功能描述
31	AMI	接收屏蔽标志扩展位 1:可以接收标准帧和扩展帧。在扩展帧模式下,29 位的标识符都存放在邮箱中,全局接收屏蔽寄存器的 29 位全部用来进行滤波;在标准模式下,只使用前 11 位标识符和全局接收屏蔽功能 接收邮箱的 IDE 位不起作用,而且会被发送消息的 IDE 位覆盖。为了接收到消息,必须满足滤波的规定,用来比较的位的数量是发送消息 IDE 的值的函数 0:邮箱中存放的标志符扩展位确定接收哪些消息,接收邮箱 IDE 位决定比较位的长度,不使用滤波。为了能接收到消息,MSGID 对应位必须位对位匹配
30~29	保留	读不确定,写没有影响
28~0	GAM28~GAM0	全局接收屏蔽,这些位允许接收到消息的任何标识符被屏蔽。接收到的标识符相应的位可以接收 0 或 1(无关),接收到的标识符的位的值必须与 MSGID 寄存器中相应的标识符的位匹配

在标准 CAN 模式下,CAN 模块使用全局接收屏蔽功能,如果相应邮箱 AME (MID[30])置位,则全局屏蔽用于邮箱 6~15。接收到的消息只存储于第一个标识符匹配的邮箱内。

11. 主控寄存器

主控寄存器(CANMC)用于 CAN 模块的设置,CANMC 寄存器的某些位采用 EALLOW 保护。该寄存器只支持 32 位读写操作,各位定义和功能描述如图 9.22 和表 9.12 所示。

31						17	16
保留							SUSP
R-0							R/W-0

15	14	13	12	11	10	9	8
MBCC	TCC	SCB	CCR	PDR	DBO	WUBA	CDR
R/WP-0	SP-x	R/WP-0	R/WP-1	R/WP-0	R/WP-0	R/WP-0	R/WP-0

7	6	5	4				0
ABO	STM	SRES	MBNR				
R/WP-0	R/WP-0	R/S-0	R/W-0				

图 9.22 主控寄存器

(R 代表读操作,WP 代表只能在 EALLOW 模式下完成写操作,S 代表只能在 EALLOW
模式下置 1,-n 代表复位后的值,x=不确定数)

表 9.12 主控寄存器功能描述

位	名 称	功能描述
31~17	保留	读不确定,写没有影响
16	SUSP	SUSPEND,该位决定了控制 CAN 模块在仿真挂起 SUSPEND(如断点、单步执行等)模式下的操作 1:FREE 模式。在 SUSPEND 模式下,外设继续运行,节点正常参与 CAN 通信(发送响应、产生错误帧,接收/发送数据) 0:SOFT 模式。在 SUSPEND 模式下,当前的消息发送完毕,关闭外设
15	MBCC	邮箱定时邮递计数器清零,在标准 CAN 模式下,该位保留且受 EALLOW 保护 1:成功发送或邮箱 16 接收到消息后,邮箱定时邮递计数器复位清零 0:邮箱定时邮递计数器不复位
14	TCC	邮箱定时邮递计数器最高位 MSB 清零位,在标准 CAN 模式下,该位保留且受 EALLOW 保护 1:邮箱定时邮递计数器最高位 MSB 复位清零,一个时钟周期后,TCC 位由内部逻辑清零 0:邮箱定时邮递计数器不变
13	SCB	标准 CAN 模式兼容控制位,在标准 CAN 模式下,该位保留且受 EALLOW 保护 1:选择 eCAN 模式 0:eCAN 工作在标准模式,只有邮箱 0~15 可用
12	CCR	改变配置请求,该位受 EALLOW 保护 1:CPU 请求向在标准 CAN 模式下的配置寄存器 CANBTC 和接受屏蔽寄存器(CANGAM、LAM0 和 LAM3)写配置信息。该位置 1 后,在对 CANBTC 寄存器进行操作之前,CPU 必须等到 CANES 寄存器的 CCE 标志为 1。在总线静止状态下,如果 ABO 没有置 1,CCR 位也会被置 1。可以通过清除此位退出 BO 状态 0:CPU 请求正常操作。只有在配置寄存器 CANBTTC 被配置为允许的值后才可以实现该操作。必须经过总线静止恢复顺序后,才可脱离总线禁止状态

续表

位	名 称	功能描述
11	PDR	掉电模式请求,从低功耗模式唤醒后,eCAN 模块自动清除该位,受 EAL-LOW 保护 1:请求局部掉电模式 0:部请求局部掉电模式(正常操作模式) 注:如果邮箱的 TRS[n]置位,然后立即将 PDR 置位,CAN 模块将不发送数据帧就进入低功耗模式(LPM),这主要是因为将要发送的数据传送到发送缓冲的邮箱 RAM 中大约需要 80 个 CPU 周期。因此,应用程序必须保证挂起的发送全部完成后,写 PDR 位,TA[n]位可以保证完成发送
10	DBO	数字字节顺序,选择消息数据区字节的排列次序,受 EALLOW 保护 1:首先接收或发送数据的最低有效位 0:首先接收或发送数据的最高有效位
9	WUBA	总线唤醒位,该位 EALLOW 保护 1:检测到任何总线工作状态,退出低功耗模式 0:只有向 PDR 位写 0 时,才退出低功耗模式
8	CDR	改变数据区请求,该位允许快速刷新数据消息 1:CPU 请求向由 MBNR4～MBNR0(MC[4～0])确定的邮箱数据区写数据,CPU 访问邮箱完成后,必须将 CDR 位清零。CDR 等于 1 时,不会发送邮箱里的内容,在从邮箱中读取数据然后写到发送缓冲的前后,由状态机检测该位 注:一旦 TRS 置位,使用 CDR 位改变邮箱中的数据,这样会导致 CAN 模块只能发送旧的数据,而不能发送新的数据。为了避免发生这种情况,使用 TRR[n]位,并重新置 TRR[n]位,将发送复位,这样就可以发送新的数据 0:CPU 请求正常操作
7	ABO	自动总线连接位,该位受 EALLOW 保护 1:在总线脱离状态下,检测到 128×11 隐性位后,模块将自动恢复总线的连接状态 0:在总线脱离状态下,只有在检测到 128×11 连续的隐性位并且已经清除 CCR 位后才跳出
6	STM	自测度模式使能位,该位受 EALLOW 保护 1:模块工作在自测度模式。在这种工作模式下,CAN 模块产生自己的应答信号(ACK),因此模块不连接到总线上也可以使能操作。消息不发送,但读回的数据存放在相应的邮箱里。接收帧的 MSGID 不保存到 MBR 中的 STR 0:没有响应
5	SRES	模块软件复位,该位只能进行写操作,读操作结果总是 0 1:进行写操作,导致模块软件复位(除保护寄存器外的所有参数复位到默认值);邮箱的内容和错误计数器不变;取消挂起和正在发送的操作,且不扰乱通信 0:没有影响
4～0	MBNR4～MBNR0	邮箱编号 1:MBNR4 只有在 eCAN 模式下才使用,在标准模式保留 0:邮箱的编号,CPU 请求向其数据区写数据,该区域与 CDR 结合使用

12. 位定时配置寄存器

图 9.23 和表 9.13 给出了位定时配置寄存器(CANBTC)各位的定义和功能描述。

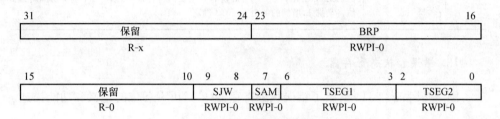

图 9.23　位定时配置寄存器

表 9.13　位定时配置寄存器功能描述

位	名　称	功能描述
31~24	保留	保留
23~16	BRP	通信波特率预设置,该位确定通信速率的预定标值,TQ 值定义为 $$TQ = (BRP+1)/SYSCLK$$ 其中,SYSCLK 为 CAN 模块的系统时钟,BRP 为预定标值。当 CAN 模块访问时,该值自动加 1,增加的值由 BRP(BRP+1)确定,BRP1~256 可编程
15~10	保留	保留
9~8	SJW	同步跳转宽度控制位,当 CAN 通信节点重新同步时,SJW 表示定义了一个通信位可以延长或缩短的 TQ 值的数量。SJW 可以在 1~4 内进行调整 SJW 定义了同步跳转宽度的寄存器值,当 CAN 模块访问时,该值自动加 1。增加的值由 SJW 确定
7	SAM	数据采样次数设置,该参数设置 CAN 模块确定 CAN 总线数据的采样次数,当 SAM 置位时,CAN 模块对总线上的每位数据进行 3 次采样,其中多数的值作为最终的结果 1:CAN 模块采样 3 次,以多数为准。只有 BRP>4 时,才选用 3 次采样模式 0:CAN 模块在每个采样点只采 1 次
6~3	TSEG1	时间段 1,CAN 总线上一位占用时间长度由参数 TSEG1、TSEG2 和 BRP 确定,所有 CAN 总线上的控制器必须有相同的通信波特率和位宽度。不同时钟频率的控制器必须通过上述参数调整波特率和位占用时间长度 TSEG1 的长度以 TQ 为单位,TSEG1 是 PROP_SEG 和 PHASE_SEG1 之和: $$TSEG1 = PROP\_SEG + PHASE\_SEG1$$ 其中,PROP_SEG 和 PHASE_SEG1 是以 TQ 为单位的两段长度 TSEG1(CANBTC[6~3])确定时间段 1 的寄存器值,当 CAN 模块访问时该值自动加 1,增加的值由 TSEG1 确定 TSEG1 的值必须大于或等于 TSEG2 和 IPT 的值

续表

位	名　称	功能描述
2~0	TSEG2	时间段 2,TSEG2 以 TQ 为单位定义 PHASE_SEG2 的长度,TSEG2 在 1~8 个 TQ 范围内可编程,TSEG2 必须小于或等于 TSEG1,大于或等于 IPT TSEG2(CANBTC[2~0])确定时间段 2 的寄存器值,当 CAN 模块访问时该值自动加 1,增加的值由 TSEG2 确定

13. 错误和状态寄存器

图 9.24 和表 9.14 给出了错误状态寄存器(CANES)各位的定义和功能描述。

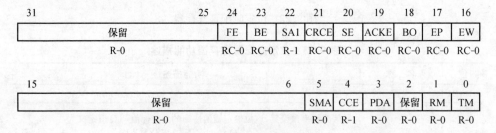

图 9.24　错误状态寄存器

表 9.14　错误状态寄存器功能描述

位	名　称	功能描述
31~25	保留	读不确定,写没有影响
24	FE	格式错误标志位 1:在总线上产生了格式错误,即在总线上一个或多个固定格式区有错误电平 0:没有格式错误,CAN 模块可以正常的发送或接收数据
23	BE	位错误标志 1:在仲裁区域发送过程中,接收的位和发送的位不匹配。发送的是显性位而接收的是隐性位 0:没有检测到位错误
22	SA1	显性位阻塞错误,软硬件复位或总线关闭后 SA1 总是 1,在总线上检测到隐性位时,该位清零 1:CAN 模块没有检测到隐性位 0:CAN 模块检测到隐性位
21	CRCE	CRC 错误 1:CAN 模块接收到 CRC 错误 0:CAN 模块没有接收到 CRC 错误
20	SE	填充错误 1:存在填充错误 0:不存在填充错误

续表

位	名　称	功能描述
19	ACKE	应答错误 1:CAN 模块没有接收到应答信号 0:所有消息都被正确响应
18	BO	总线关闭状态 1:在总线处于关闭状态过程中或不能发送/接收消息而产生错误,当传输错误计数器(CANTEC)达到上限 256 时,在 CAN 总线上产生不正常的错误。可以将自动恢复总线位(ABO,CANMC[7])置位或接收到 128×11 个隐性位后退出总线关闭状态,一旦总线状态恢复,错误计数器将清零 0:正常操作
17	EP	消极错误状态 1:CAN 模块处于消极错误模式,CANTEC 达到 128 0:CAN 模块未处于消极错误模式
16	EW	警告状态 1:其中一个错误计数器(CANREC 或 CANTC)计数达到警告级别 96 0:两个错误计数器都小于 96
15~6	保留	保留
5	SMA	挂起模式应答 1:模块处于挂起模式 0:模块不处于挂起模式
4	CCE	改变数据区请求,该位允许快速更新数据消息 1:CPU 请求向由 MBNR4~MBNC0(MC[4~0])表示的邮箱数据区写数据。在 CPU 访问邮箱完成后,必须将 CDR 位清除。CDR 置位时,CAN 模块不会发送邮箱里的内容。在从邮箱中读取数据然将其存储到发送缓冲器,由状态机检测该位 0:CPU 请求正常操作
3	PDA	掉电模式响应位 1:CAN 模块已进入掉电模式 0:正常操作
2	保留	保留
1	RM	接收模式,该位反映了无论邮箱的配置如何,CAN 模块实际正在进行的操作 1:CAN 模块正在接收消息 0:CAN 模块不是正在接收消息
0	TM	发送模式,该位反映了无论邮箱的配置如何,CAN 模块实际正在进行的操作 1:CAN 模块正在发送消息 0:CAN 模块不是正在发送消息

　　错误状态寄存器和错误计数寄存器描述了 CAN 模块的错误状态。错误状态寄存器中包含了 CAN 模块的实际状态、总线上的错误标识以及错误状态标识。CAN 模块的错误状态采用特殊的机制存储错误状态标识信息,如果其中一个错误标识置位,其他所有错误标识将锁定在当前的错误状态。为了刷新 CANES 寄存器的值,必须向置位的错误标识位写 1 才能响应。这种机制允许使用软件区分产生的第一个错误和联带的错误。

　　14. 错误计数寄存器

　　CAN 模块由两个错误计数器:发送错误计数器(CANTEC)(见图 9.25)和接收错误计数器(CANREC)(见图 9.26),CPU 可以读取计数器内的值。根据 CAN2.0 协议规范,两个计数器都可以递增或递减计数。

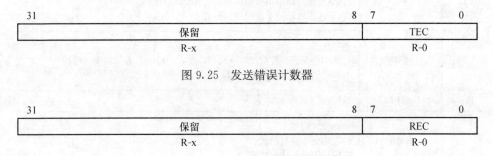

图 9.25　发送错误计数器

图 9.26　接收错误计数器

　　达到或超过错误上限 128 时,接收错误计数器将不会增加。当正确地接收到一个消息后,计数器重新置数,值在 119~127。一旦总线关闭,发送错误计数器不再起作用,而接收错误计数将用做其他功能。

　　总线关闭后,接收错误计数器清零,然后总线上每出现 11 个连续的隐性位接收错误计数器就加 1。当计数器值达到 128 时,如果 ABO(MC[7])等于 1,模块将自动恢复到总线开启状态,所有内部标识重新置位,错误计数器清零。CAN 初始完毕,退出初始模式后,错误计数器清零。

　　15. 中断寄存器

　　CAN 模块的中断由中断标志寄存器、中断屏蔽寄存器和邮箱中断优先级寄存器控制。这些寄存器描述如下。

　　(1) 全局中断标志寄存器(CANGIF0/CANGIF1)。

　　CPU 通过这两个全局存器来辨别中断源(见图 9.27 和图 9.28)。如果满足了相应的中断条件,中断标志位将被置位。全局中断标志根据 CANGIM 寄存器 GIL 位的设置置位。如果该位置 1,则全局中断置位 CANGIF1 中的中断标志位;

否则置位 CANGIF0 中的中断标志位。这条规则也适合中断标志 AAIF 和 RMLIF。

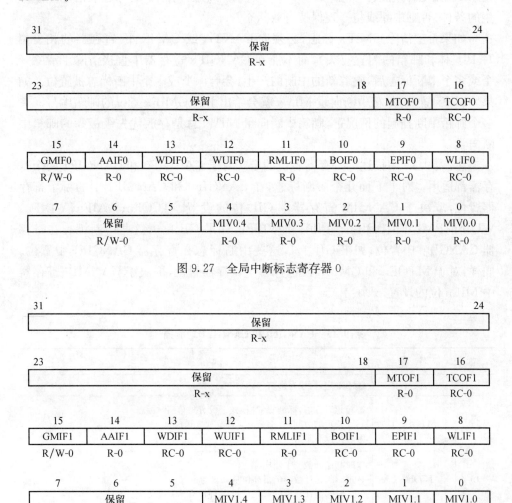

图 9.27　全局中断标志寄存器 0

图 9.28　全局中断标志寄存器 1

下列位的置位和 CANGIM 寄存器响应的中断屏蔽位没有关系:

MTOFn	WDIFn	BOIFn
TCOFn	WUIFn	EPIFn
AAIFn	RMLIFn	WLIFn

对于任何邮箱,只有 CANMIM 寄存器中的邮箱中断屏蔽位置位时,GMIFn 才会置位。

　　当相应的中断屏蔽位置位时,如果所有中断标志被清除,有新的中断被置位,则中断输出线将有效。除非 CPU 写 1 到中断标志位清除中断标志或清除中断产生的条件,否则中断线将一直保持有效状态。

　　如果希望清除 GMIFx 标志,必须向 CANTA 或 CANRMP 寄存器的相关位写 1(具体和邮箱的配置有关),而不能在 CANGIFx 寄存器中直接清除。清除一个或多个中断标志后,随着新的中断的产生,会有一个或多个中断标志被置位。如果 GMIFx 置位,邮箱中断向量 MIVx 就会给出引起 GMIFx 置位的邮箱编号。在多个邮箱中断挂起的情况下,邮箱中断向量 MIVx 总是存放优先级最高的邮箱中断向量。

　　注:表 9.15 中描述的寄存器各位的定义对于 CANGIF0 和 CANGIF1 两个寄存器都适用。对于下面几个中断标志,在 CANGIF0 和 CANGIF1 中的哪个寄存器置位,取决于 CANGIM 寄存器中 GIL 位的设置。TCOFn、AAIFn、WDIFn、WUIFn、RMLIFn、BOIFn、EPIFn 和 WLIFn,如果 GIL＝0,这些中断标志在寄存器 CANGIF0 中置位;如果 GIL＝1,这些中断标志在寄存器 CANGIF1 中置位。同样,对于 MTOFn 和 GMIFn 位选择哪个寄存器置位,取决于 CANMIL 寄存器中 MILn 位的设置。

表 9.15　CANGIF0 和 CANGIF1 功能描述

位	名　称	功能描述
31～18	保留	读不确定,写没有影响
17	MTOF0/1	邮箱超时标志,标准 CAN 模式下没有邮箱超时标志 1:在特定的时间内,邮箱没有接收或发送消息 0:邮箱没有超时
16	TCOF0/1	定时邮递计数器上溢出标志位 1:定时邮递计数器的最高位从 0 变为 1 0:定时邮递计数器的最高位是 0,即没有从 0 变为 1
15	GMIF0/1	全局邮箱中断标志,只有当 CANMIM 寄存器的邮箱中断屏蔽位置位,该位才会被置位 1:有一个邮箱接收或发送消息成功 0:没有消息发送或接收
14	AAIF0/1	中止应答中断标志 1:发送传输请求被中止 0:没有发送被中止
13	WDIF0/WDIF1	拒绝写中断标志 1:CPU 对邮箱进行写操作没有成功 0:CPU 成功的完成了对邮箱写操作

续表

位	名　称	功能描述
12	WUIF0/WUIF1	唤醒中断标志 1:在局部掉电过程中,该位表示模块已经退出睡眠模式 0:模块处于睡眠模式或正常操作
11	RMLIF0/1	接收消息丢失中断标志 1:至少有一个接收邮箱产生了上溢出,并且 MILn 寄存器响应的位被清除 0:没有消息丢失
10	BOIF0/BOIF1	总线关闭中断标志 1:CAN 模块处于总线关闭模式 0:CAN 模块处于总线有效模式
9	EPIF0/EPIF1	消极错误中断标志 1:CAN 模块已经进入消极错误模式 0:CAN 模块没有进入消极错误模式
8	WLIF0/WLIF1	警告级中断标志 1:至少有一个 0:没有错误计数器达到了警告级别
7~5	保留	读不确定,写没有影响
4~0	MIV0.4~MIV0.0 MIV1.4~MIV1.0	邮箱中断向量,在标准 CAN 模式只有位 3~0 有效 中断向量给出了使全局邮箱中断标志置位的邮箱编号。除非对应的 MIFn 被清除或者有更高优先级的邮箱产生中断,否则中断向量一直保持不变。在 32 个邮箱中,邮箱 31 拥有最高的优先级。在标准 CAN 模式,邮箱 15 拥有最高的优先级,邮箱 16~31 无效。如果在 TA/RMP 寄存器中没有标志位置位,并且 GMIF1 或 GMIF0 被清除,则邮箱中断向量不确定

（2）全局中断屏蔽寄存器（CANGIM）。

中断屏蔽寄存器和中断标志寄存器的建立方法基本相同。如果有一个位置位,将会使能相应的中断。该寄存器 EALLOW 保护。图 9.29 和表 9.16 给出了全局中断屏蔽寄存器的功能分配和功能描述。

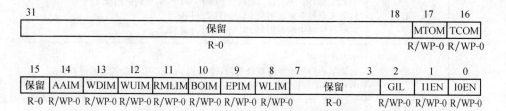

图 9.29　全局中断屏蔽寄存器

表 9.16　全局中断屏蔽寄存器功能描述

位	名　称	功能描述
31~18	保留	读不确定,写没有影响
17	MTOM	邮箱超时中断屏蔽 1:使能 0:屏蔽
16	TCOM	定时邮递计数器上溢出屏蔽 1:使能 0:屏蔽
15	保留	读不确定,写没有影响
14	AAIM	中止应答中断屏蔽 1:使能 0:屏蔽
13	WDIM	拒绝写中断屏蔽 1:使能 0:屏蔽
12	WUIM	唤醒中断屏蔽 1:使能 0:屏蔽
11	RMLIM	接收消息丢失中断屏蔽 1:使能 0:屏蔽
10	BOIM	总线关闭中断屏蔽 1:使能 0:屏蔽
9	EPIM	消极错误中断屏蔽 1:使能 0:屏蔽
8	WLIM	警告级中断屏蔽 1:使能 0:屏蔽
7~3	保留	读不确定,写没有影响
2	GIL	TCOF、WDIF、WUIF、BOIF、EPIF 和 WLIF 的全局中断级 1:所有全局中断映射到 ECAN1INT 中断线上 0:所有全局中断映射到 ECAN0INT 中断线上
1	I1EN	中断 1 使能 1:如果相应的中断屏蔽位置位,使能 ECAN1INT 中断线上的所有中断 0:ECAN1INT 中断线上的所有中断被屏蔽
0	I0EN	中断 0 使能 1:如果相应的中断屏蔽位置位,使能 ECAN0INT 中断线上的所有中断 0:ECAN0INT 中断线所有中断被屏蔽

在 CANMIM 寄存器中每个邮箱都有屏蔽位,因此 GMIF 在 CANGIM 中没有相应的屏蔽位。

（3）邮箱中断屏蔽寄存器(CANMIM)。

每个邮箱都有一个中断标志,根据邮箱的配置不同,可以是接收中断标志也可以是发送中断标志。邮箱中断屏蔽寄存器(见图 9.30 和表 9.17)用来屏蔽使能邮箱的中断。该寄存器受 EALLOW 保护。

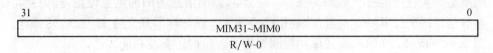

图 9.30　邮箱中断屏蔽寄存器

表 9.17　邮箱中断屏蔽寄存器功能描述

位	名　称	功能描述
31～0	MIM31～MIM0	邮箱中断屏蔽 上电后,所有中断屏蔽位被清零,屏蔽所有中断。这些位允许每个邮箱中断被独立使能 1:邮箱中断使能。如果消息被成功发送或消息没有任何错误的被接收,都会产生中断 0:邮箱中断被屏蔽

（4）邮箱中断级别寄存器(CANMIL)。

32 个邮箱中的任何一个都可以被初始化,使得向两个中断线中的一个产生中断。选择哪一个中断线,取决于邮箱中断级别寄存器(见图 9.31 和表 9.18)的设置。如果 MIL[n]=0,中断产生在 ECAN0INT 上;如果 MIL[n]=1,中断产生在 ECAN1INT 上。AAIFx 和 RMLIFx 两个中断也一样。

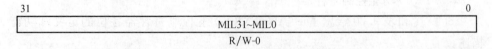

图 9.31　邮箱中断级别寄存器

表 9.18　邮箱中断级别寄存器功能描述

位	名　称	功能描述
31～0	MIL31～MIL0	邮箱中断级别,任何一个邮箱的中断级别都可以独立的选择 1:邮箱中断产生在 ECAN1INT 上 0:邮箱中断产生在 ECAN0INT 上

16. 覆盖保护控制寄存器

如果有邮箱 n 满足上溢条件（RMP[n]置 1，并且新接收到的消息也是邮箱 n
的），新的消息如何存放，取决于覆盖保护控制寄存器（CANOPC）的设置。如果相
应的 OPC[n]被置 1，则原来的消息受保护不能被新的消息覆盖，因此会检测下一
个 ID 号匹配的邮箱。如果没有找到新的 ID 号匹配的邮箱，该消息将会被丢掉同
时不会产生任何通报。如果 OPC[n]等于零，新的消息将旧的消息覆盖，同时会将
接收消息丢失位 RML[n]置位，通报已经覆盖。该寄存器只支持 32 位读/写操作。
图 9.32 和表 9.19 给出覆盖保护控制寄存器各位的定义及功能描述。

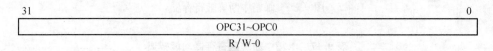

图 9.32　覆盖保护控制寄存器

表 9.19　覆盖保护控制寄存器的功能描述

位	名　称	功能描述
31～0	OPC31～OPC0	覆盖保护控制位 1：如果 OPC[n]＝1，则邮箱中原有信息受保护，不会被新的消息覆盖 0：如果 OPC[n]＝0，则新的消息将邮箱中旧的消息覆盖

17. eCAN I/O 控制寄存器

CANTX 和 CANRX 引脚作为 CAN 的通信接口引脚，通过 eCAN I/O 控制寄
存器（CANTIOC 和 CANRIOC）控制。如果想把 CANTX 和 CANRX 引脚作为通
用 I/O 使用，GPFMUX 寄存器的位 6 和位 7 必须清零。

（1）TXIO 功能控制寄存器（CANTIOC）。

图 9.33 和表 9.20 给出了 eCAN TXIO 功能控制寄存器各位的定义和功能
描述。

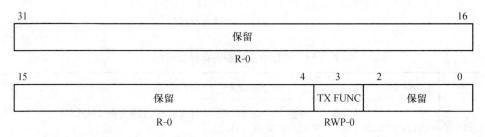

图 9.33　TXIO 功能控制寄存器

表 9.20 TXIO 功能控制寄存器功能描述

位	名　称	功能描述
31～4	保留	读不确定,写没有影响
3	TXFUNC	作为 CAN 模块的功能使用,必须置 1 1:CANTX 引脚作为 CAN 模块的发送引脚 0:保留
2～0	保留	保留

（2）RXIO 功能控制寄存器（CANRIOC）。

图 9.34 和表 9.21 给出了 eCAN RXIO 功能控制寄存器各位的定义和功能描述。

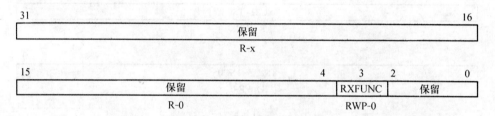

图 9.34 RXIO 功能控制寄存器

表 9.21 RXIO 功能控制寄存器功能描述

位	名　称	功能描述
31～4	保留	读不确定,写没有影响
3	RXFUNC	作为 CAN 模块的功能使用,必须置 1 1:CANRX 引脚作为 CAN 模块的接收引脚 0:保留
2～0	保留	保留

18. 定时器管理单元

eCAN 采用几个功能监测发送/接收消息时的时序。在 eCAN 中有一个独立的状态机处理时序控制功能。相对于 CAN 的状态机,该状态机的优先级要低,因此时序控制功能可能会因正在运行的操作而被延时。

1）定时邮递功能

为确定消息在哪一时刻发送或接收,模块使用一个 32 位的定时器（TSC）。当消息存储或发送时,将定时器的内容存储到相应邮箱的定时邮递寄存器中。定时器的时钟采用 CAN 总线的位时钟。在初始化模式,睡眠或挂起模式下,定时器停止工作。上电后定时器清零。向 TCC（CANMC[16]）写 1 可以使 TSC 寄存器清零。当邮箱 16 成功接收或发送一个消息时,TSC 寄存器也清零,该功能需要设置 MSCC 位(CANMC[15])进行使能。因此,可以使用邮箱 16 实现通信网络的全局时序同步。CPU 也可以读/写该寄存器。

TSC 计数上溢中断标志(TCOFn,CANGIFn[16])可以检测计数器的上溢,当 TSC 计数器的最高位由 0 变为 1 时,产生上溢。因此 CPU 有足够的时间来处理这种状况。

(1) 定时邮递计数器(CANTSC)。定时邮递计数寄存器(见图 9.35 和表 9.22)存放定时邮递计数器的计数值,它使用的是 CAN 总线上的时钟。例如,CAN 总线的通信若为 1Mbps,则 CANTSC 每个 1μs 增加 1。

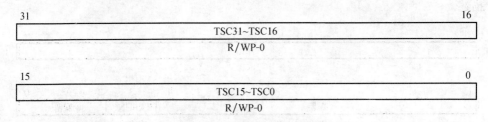

图 9.35　定时邮递计数寄存器

表 9.22　定时邮递计数寄存器功能描述

位	名　称	功能描述
31~0	TSC31~TSC0	定时邮递计数寄存器,局部网络定时器的值用于定时邮递和超时功能

(2) 消息目标定时邮递寄存器(MOTS)。当邮箱成功发送或接收数据时,消息目标定时邮递寄存器(见图 9.36 和表 9.23)用于存放 TSC 的值。每个邮箱都有自己的 MOTS 寄存器。

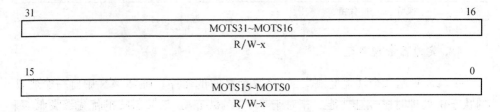

图 9.36　消息目标定时邮递寄存器

表 9.23　消息目标定时邮递寄存器功能描述

位	名　称	功能描述
31~0	MOTS31~MOTS0	消息目标定时邮递寄存器,当邮箱成功发送或接收数据时,消息目标定时邮递寄存器用于存放 TSC 的值

2) 超时功能

为保证所有消息在预定周期内成功地发送或接收,每个邮箱都有自己的超时寄存器。如果消息没有在超时寄存器规定的时间内成功发送或接收,TOC 寄存器中相应的 TOC[n] 将会置位,在超时状态寄存器(TOS)中相应的位也会置位。对于发送邮箱,无论是否成功发送消息或中止发送请求,当 TOC[n] 位被清除或相应的 TRS[n] 位被清除,TOS[n] 标志将被清除;对于接收邮箱,当相应的 TOC[n] 被清除,TOS[n] 就会被清除。消息目标超时寄存器(MOTO)作为 RAM 使用。状态机扫描所有 MOTO 寄存器,并与 TSC 计数器比较。如果 TSC 寄存器的值大于或等于 MOTO 寄存器的值,相应的 TRS 和 TOC[n] 以及 TOS[n] 位被置位。因为所有 MOTO 寄存器按顺序进行扫描,所以在 TOS[n] 位置位前会有一定的延时。

(1) 消息目标超时寄存器(MOTO)(见图 9.37 和表 9.24)保存 TSC 的超时值,每个邮箱都有自己的 MOTO 寄存器。

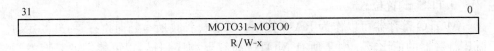

图 9.37　消息目标超时寄存器

表 9.24　消息目标超时寄存器功能描述

位	名　称	功能描述
31~0	MOTO31~MOTO0	消息目标超时寄存器,用于保存实际发送或接收消息的 TSC 的限制值

(2) 超时控制寄存器(TOC)如图 9.38 和表 9.25 所示。

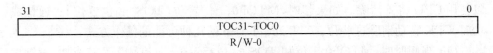

图 9.38　超时控制寄存器

表 9.25　超时控制寄存器功能描述

位	名　称	功能描述
31~0	TOC31~TOC0	超时控制寄存器 1:必须通过 CPU 将 TOC[n] 位置位,使能邮箱 n 的超时功能。在将 TOC[n] 置位前,要将与 TSC 相关的超时值装入相应的 MOTO 寄存器 0:超时功能屏蔽,TOS[n] 位从不置位

(3) 超时状态寄存器(TOS),用于存放邮箱超时的状态信息,如图 9.39 和表 9.26 所示。

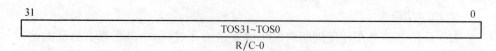

图 9.39　超时状态寄存器

表 9.26　超时状态寄存器功能描述

位	名　称	功能描述
31～0	TOS31～TOS0	超时状态寄存器 1:邮箱 n 超时,TSC 寄存器中的值大于或等于相应邮箱的超时寄存器的值,TOC[n]置位 0:没有超时产生,或者邮箱超时功能被屏蔽

当同时满足下列三个条件时,TOS[n]被置位:

- TSC 的值大于或等于 MOTO[n]寄存器内的值;
- TOC[n]置位;
- TRS[n]置位。

MOTO 寄存器可以作为 RAM 使用。状态机扫描所有超时寄存器,并与定时邮寄计数器的值比较。由于所有 MOTO 寄存器顺序扫描,很可能即便是有发送邮箱超时而 TOS[n]也没有置位。在状态机扫描 MOTO 寄存器之前邮箱已经成功发送消息并清除 TRS[n],发送邮箱超时而 TOS[n]也没有置位这种情况是有可能发生的。对于接收邮箱同样如此。在这种情况下,在状态机扫描邮箱超时寄存器时使 RMP[n]位置位。然而,在 MOTO 寄存器指定时间之前接收邮箱可能不能接收消息。

3) MTOF0/1 位的操作及使用

MTOF0/1 位在发送或接收时被 CPK 自动清除(TOS[n]也清除),用户也可以使用 CPU 将其清除。如果超时,MTOF0/1 位置位(TOS[n]也置位)。通信成功时,CPK 自动清除这些位。MTOF0/1 有下列几种可能的操作方式:

(1) 当超时时,MTOF0/1 位和 TOS[n]位都置位,通信最终没有成功,没有发出或接收到帧,同时会产生一个中断。应用程序需要处理这些情况,最终将 MTOF0/1 位和 TOS[n]位清零。

(2) 当超时时,MTOF0/1 位和 TOS[n]位都置位,但通信最终成功了,发送或接收到了帧,CPK 自动清除 MTOF0/1 和 TOS[n]位。在 PIE 模块中已经有了中断发生的纪录,因此还会产生一个中断。当中断服务程序扫描 GIF 寄存器时,并不能检查到 MTOF0/1 被置位,这只是一个没有实际意义的中断。应用程序中断程序只要返回主程序即可。

(3) 当超时时,MTOF0/1 位和 TOS[n]位都置位,执行和超时有关的中断服务程序时通信成功了。对于这种情况要谨慎处理。如果在产生中断和中断服务子程序要执行校正操作期间,邮箱发送出了信息,就不应重新发送。处理这种情况的一种方法就是使用 GSR 寄存器中的 TM/RM 位。TM/RM 位能够反映出当前 CPK 是否正在发送或接收消息。如果确定正在发送或接收消息,应用代码应该等到通信结束后再重新检查 TOS[n]。如果通信还是没有成功,则应用程序应完成校正操作。

19. 邮箱构成

每个邮箱都是由下面四个 32 位寄存器构成。

(1) MSGID:存储消息 ID。

(2) MSGCTRL:定义字节数、发送极性和远程帧。

(3) MDL:4 字节的数据。

(4) MDH:4 字节的数据。

1) 消息标识寄存器(MSGID)

消息标识寄存器包含消息 ID 和其他邮箱的控制位,如图 9.40 和表 9.27 所示。

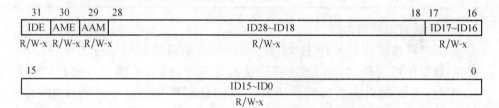

图 9.40　消息标识寄存器

表 9.27　消息标识寄存器功能描述

位	名　称	功能描述
31	IDE	标识扩展位,其特性根据 AMI 位的值改变 当 AMI＝1 时: (1) 接收邮箱的 IDE 位不起作用;接收邮箱的 IDE 位被发送消息的 IDE 覆盖 (2) 为能够接收到消息,必须符合滤波的规定 (3) 比较位的数目是发送消息的 IDE 值的一个函数 当 AMI＝0 时: (1) 接收邮箱的 IDE 位决定比较位的数目 (2) 不使用滤波,为能够接收到消息,MSGID 必须各位都匹配 (3) 比较位的数目是发送消息的 IDE 值的一个函数 注:IDE 位的定义根据 AMI 位的值改变 当 AMI＝1 时: IDE＝1:接收到的消息有扩展标识 IDE＝0:接收到的消息有标准标识 当 AMI＝0 时: IDE＝1:要接收的消息必须有扩展标识 IDE＝0:要接收的消息必须有标准标识

续表

位	名　称	功能描述
30	AME	接收屏蔽使能位,只有在接收邮箱中才使用。不能设成自动应答邮箱(AAM[n]=1,MD[n]=0),否则邮箱的操作将不能确定。消息接收不能调整该位 1:使用相应的接收屏蔽使能位 0:不使用接收屏蔽使能位,所有标识位必须和接收到的消息匹配
29	AAM	自动应答模式位,只有在发送邮箱中才使用。对于接收邮箱该位没有影响:邮箱总是配置为标准接收操作。消息接收不会调整该位 1:自动应答模式。如果接收到匹配的远程帧请求,CAN 模块通过发送邮箱中的内容应答远程帧请求 0:标准发送模式。邮箱不能应答远程请求。接收到远程帧请求对消息邮箱并没有影响
28～0	ID28～ID0	消息标识 1:标准消息标识模式,如果 IDE 位(MID[31])等于 0,消息标识存放在 ID28～ID18。在这种情况下,ID17～ID0 没有意义 0:扩展消息标识模式,如果 IDE 位(MID[31])等于 1,消息标识存放在 ID28～ID0

2) CPU 对邮箱的访问

如果邮箱被屏蔽(ME[n](ME31～0)=0),则只能对标识符进行写操作。在访问数据区域过程中,当 CAN 模块读取数据时,CPU 不能改变邮箱中的数据。因此,接收邮箱的数据区时不能对其进行写操作。对于发送邮箱,如果 TRS(TRS31～0)或 TRR(TRR31～0)被置位,访问一般会被拒绝。在这种情况下,会产生一个中断。要访问这些邮箱,则在访问邮箱数据之前将 CDR(MC[8])置位。CPU 访问完成后,CPU 必须向 CDR 标志写 0 将其清零。在读取邮箱前后,CAN 模块要检查这个标志位。如果检查过程中发现 CDR 标志置位,CAN 模块将不能发送消息,继续查找其他的发送请求。CDR 置位可以停止产生拒绝写中断(WDI)。

3) 消息控制寄存器

对于发送邮箱,消息控制寄存器(MSGCTRL)(见图 9.41 和表 9.28)确定要发送的字节数和发送的极性,同时确定远程帧的操作。

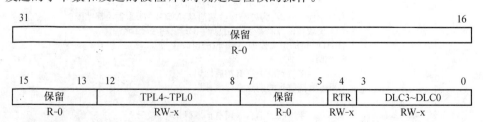

图 9.41　消息控制寄存器

表 9.28　消息控制寄存器功能定义

位	名　称	功能描述
31～13	保留	保留
12～8	TPL4～TPL0	发送优先级,这 5 位定义邮箱相对于其他 31 个邮箱的优先级,数越大优先级就越高。当两个邮箱有同样的优先级时,发送邮箱编号大的邮箱的消息。TPL 只对发送邮箱有效。在标准 CAN 模式下,TPL 不使用
7～5	保留	保留
4	RTR	远程发送请求位 1:对于接收邮箱:如果 TRS 置位,远程帧发送并且相应的数据帧在相同邮箱中接收。一旦远程帧发送,CAN 将邮箱的 TRS 位清零 对于发送邮箱:如果 TRS 置位,远程帧发送,但相应的数据帧必须在其他邮箱接收 0:没有远程帧请求
3～0	DLC3～DLC0	数据长度代码,这 4 位确定发送或接收数据的字节数。0～8 有效,不允许 9～15 的数

需要注意的是:

(1) MSGCTRLn 必须初始化为 0。作为 CAN 模块初始化的一部分,在初始化各种区域之前,必须将 MSGCTRLn 寄存器的所有位初始化为 0。

(2) 如果邮箱 n 配置成发送模式寄存器(MD[n])(MD31～0)=0)或者邮箱被屏蔽,MCF[n]只能写。

4) 消息数据寄存器(MDL、MDH)

CAN 总线消息的数据区域有 8 个字节,DBO(MC[10])的设置决定数据的字节排放次序。在 CAN 总线上传送数据,先从字节 0 开始。

(1) DBO(MC[10])=1,存储或读取数据从 CANMDL 寄存器的最低字节开始,在 CANMDH 寄存器的最高字节结束。

(2) DBO(MC[10])=0,存储或读取数据从 CANMDL 寄存器的最高字节开始,在 CANMDH 寄存器的最低字节结束。

只有当邮箱配置位发送邮箱(MD[n])(MD31～0)=0)或邮箱屏蔽(ME[n])(ME31～0)=0)时,MDL[n]和 MDH[n]才能进行写操作。如果 TRS[n](TRS31～0)=1,寄存器 MDL[n]和 MDH[n]不能进行写操作,除非 CDR(MC[8])=1 且 MBNR(MC[4～0])设置为 n。这些设置对于消息目标配置成应答模式(AAM(MID[29])=1)的情况也适用。消息数据寄存器各位的定义如图 9.42～图 9.45 所示。

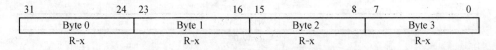

31		24	23		16	15		8	7		0
	Byte 0			Byte 1			Byte 2			Byte 3	
	R-x			R-x			R-x			R-x	

图 9.42　消息数据低寄存器(MDL),DBO=0

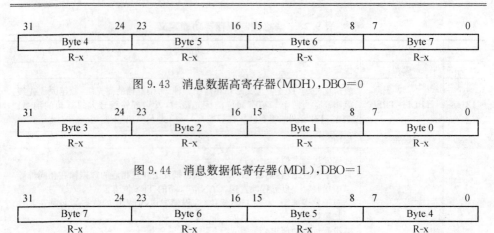

图 9.43　消息数据高寄存器(MDH),DBO=0

图 9.44　消息数据低寄存器(MDL),DBO=1

图 9.45　消息数据高寄存器(MDH),DBO=1

20. 接收滤波器

接收消息的标识符首先和邮箱的消息标识符进行比较,然后使用适当的接收屏蔽将不需要比较的标识符屏蔽。在兼容的标准 CAN 模式下,对于邮箱 6～15 使用全局接收屏蔽寄存器(GAM)。按照匹配标识符,接收的消息存放在邮箱编号最高的邮箱中。如果在邮箱 6～15 中没有标识符匹配的邮箱,则接收消息和邮箱 5～3 的标识符进行比较,然后是 2～0。邮箱 5～3 使用 SCC 寄存器的局部接收屏蔽滤波器 LAM(3),邮箱 2～0 使用 SCC 寄存器的局部接收屏蔽寄存器 LAM(0),具体应用请参考局部接收屏蔽寄存器。要调整标准 CAN 模式的全局接收屏蔽寄存器(CANGAM)和两个局部接收屏蔽寄存器,必须将 CAN 模块设置在初始化模式。eCAN 每个邮箱都有自己的局部接收屏蔽寄存器,LAM(0)～LAM(31)。在 eCAN 模式没有全局接收屏蔽寄存器,因此对于滤波的操作,还要根据 CAN 模块的工作模式进行适当的调整。局部接收滤波允许用户局部屏蔽输入消息的标识符。在 SCC 模式下,局部接收屏蔽寄存器 LAM(0)(见图 9.46 和表 9.29)为邮箱 2～0 使用;局部接收屏蔽寄存器 LAM(3)为邮箱 5～3 使用。邮箱 6～15 使用全局接收屏蔽寄存器(CANGAM)。

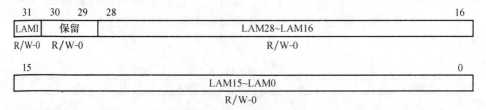

图 9.46　局部接收屏蔽寄存器

表 9.29 局部接收屏蔽寄存器功能描述

位	名 称	功能描述
31	LAMI	局部接收屏蔽标识符扩展位 1:可以接收标准帧或扩展帧。在扩展帧模式,29 位的扩展标识符都存在邮箱中,同时局部接收屏蔽寄存器的所有 29 位都用来滤波;在标准帧模式,只有前 11 位标识符(位 28~18)和局部接收屏蔽被使用 0:标识扩展符存放在由将要受到的消息确定的邮箱中
30~29	保留	读不确定,写没有影响
28~0	LAM28~LAM0	这些位使能输入消息的任何标识符的屏蔽 1:接收一个接收到的标识符相应的位 0 或 1(无关) 0:接收到的标识符的位的值必须同 MSGID 寄存器中相应位匹配

　　SCC 模式下,硬件或软件复位后,CANGAM 复位清零。eCAN 模式复位,LAM 寄存器不进行调整。在 eCAN 模式,每个邮箱(0~31)都有自己的局部接收屏蔽 LAM(0)~LAM(31)。任何一个输入的消息存放在标识符匹配的邮箱编号最高的邮箱中。

9.4　CAN 模块初始化

　　在使用 CAN 模块之前必须进行初始化,并且只有 CAN 模块工作在初始化模式下才能进行初始化。图 9.47 给出了 CAN 模块的初始化流程。

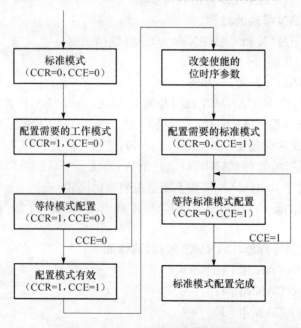

图 9.47　CAN 模块初始化流程图

进入/退出初始化模式:初始化模式和正常操作模式之间的转换是通过 CAN 网络同步实现的。即在 CAN 控制器改变工作模式之前,要检测总线空闲序列(等于 11 接收位),如果产生占用总线错误,CAN 控制器将不能检测到总线空闲状态,也就不能完成模式切换。将 CCR(CANMC[12])置 1,使 CAN 模块工作在初始化模式。而且只有 CCE(CANES[4])=1 时才能执行初始化操作。完成上述设置后,CAN 模块的配置寄存器才能够完成写操作。

标准 CAN 模式:为了能够调整全局接收屏蔽寄存器(CANGAM)和两个局部接收屏蔽寄存器 LAM(0)和 LAM(3),CAN 模块也需要工作在初始化模式。通过将 CCR(CANMC[12])清零,可以使 CAN 模块处于工作模式,硬件复位后,模块就会进入初始化模式。如果 CANBTC 寄存器的值为 0,或者为初始值,CAN 模块将一直工作在初始化模式。也就是当清除 CCR 位时,CCE(CANES[4])位保持 1。

9.4.1　CAN 模块的配置步骤

在 CAN 模块正常操作及初始化之前,必须使能模块的时钟,可以通过寄存器 PCLKCR 的 14 位使能/屏蔽 CAN 模块的时钟。在不使用 CAN 模块时,通过该位屏蔽 CAN 模块的时钟可以降低功耗。该位不能控制 CAN 模块的低功耗模式,同其他外设一样,复位后 CAN 模块的时钟被屏蔽。模块时钟配置一般在处理器初始化中完成。配置 CAN 模块采用下列步骤:

(1) 使能 CAN 模块的时钟。

(2) 设置 CANTX 和 CANRX 作为 CAN 通信引脚:

• 写 CANTIOC[3~0]=0x08。

• 写 CANRIOC[3~0]=0x08。

(3) 复位后,CCR(CANMC[12])位和 CCE(CANES[4])位置 1,允许用户配置位时间配置寄存器(CANBTC)。如果 CCE 置 1(CANES[4]=1),则进行下一步;否则,将 CCR 位置 1(CANMC[12]=1),然后等待直到 CCE 置 1。

(4) 使用适当的值对 CANBTC 进行配置,确认 TSEG1 和 TSEG2 不等于 0。如果两个值都等于 0,则 CAN 模块不能退出初始化模式。

(5) 对于标准 CAN 模式,对接收屏蔽寄存器编程,如写 LAM(3)=0x3C0000。

(6) 对主控制寄存器(CANMC)编程,具体如下:

• 清除 CCR(CANMC[12])=0。

• 清除 PDR(CANMC[11])=0。

• 清除 DBO(CANMC[10])=0。

• 清除 WUBA(CANMC[9])=0。

- 清除 CDR(CANMC[8])=0。
- 清除 ABO(CANMC[7])=0。
- 清除 STM(CANMC[6])=0。
- 清除 SRES(CANMC[5])=0。
- 清除 MBNR(CANMC[4~0])=0。

(7) 将 MSGCTRLn 寄存器的所有位清零进行初始化。

(8) 检查 CCE 是否被清零(CANES[4]=0),如果被清零,则表明 CAN 模块已经配置完成。

9.4.2　CAN 位时间配置

CAN 协议规范将位时间(bit-timing)分成四个不同的时间段,如图 9.48 所示。

图 9.48　CAN 位时间长度

(1) SYNC_SEG:该段用来同步总线上的各节点,在段内需要一个边沿。该段总是一个时间因子(time quantum,TQ)。

(2) PROP_SEG:该段用来补偿网络内的物理延时。它是信号在总线上传播的时间和的 2 倍,输入比较延时和输出驱动延时。该段在 1~8TQ 可编程。

(3) PHASE_SEG1:该项用来补偿上升沿相位错误,在 1~8TQ 可编程,并且可以被重新同步延长。

(4) PHASE_SEG2:该项用来补偿下降沿相位错误,在 2~8TQ 可编程,并且可以被重新同步缩短。

在 eCAN 模式下,CAN 总线上位的长度由参数 TSEG1(BTC[6~3]),TSEG2(BTC[2~0])和 BRP(BTC[23~16])确定。CAN 协议定义 PROP_SEG 和 PHASE_SEG1 结合构成 TSEG1;TSEG2 定义了 PHASE_SEG2 时间段的长度。IPT(信息处理时间)相当于位读取操作所需要的时间,IPT 等于 2 倍 TQ。

在确定位时间段时,必须满足下列位时间选择规则:

- TSEG1$_{(min)}$≥TSEG2。
- TSEG1≥IPT,TSEG1≥6TQ(IPT 为信息处理时间)。
- IPT≤TSEG2≤8TQ。
- IPT＝3/BRP(较接近 3/BRP 的整数值作为 IPT 的结果)。
- 1TQ≤SJWmin[4TQ,TSEG2](SJW 为同步跳转宽度)。
- 为使用三次采样模式,必须选择 BRP≥5。

注:可以通过设置 SJW 加长 TSEG1 或缩短 TSEG2。

9.4.3　CAN 总线通信波特率的计算

波特率是通过每秒传输的位数来描述的:

$$波特率 = \frac{SYSCLK}{BRP \times Bit\_time}$$

其中,Bit_time(位时间)是每位的时间因子(TQ)数;SYSCLK 是 CAN 模块的系统时钟频率,与 CPU 的时钟频率相同;BRP 是 BRPreg＋1(BTC[23～16])的二进制值。Bit_time(位时间)定义如下:

$$Bit\_time = (TSEG1reg + 1) + (TSEG2reg + 1) + 1$$

9.4.4　SYSCLK＝150MHz 时位配置

表 9.30 给出了采样点为 80％,位时间 BT＝15 时,BRP 不同配置的通信波特率。表 9.31 和表 9.32 给出了采样点和不同波特率的设置情况。

表 9.30　BRP 不同值的波特率(BT＝15,TSEG1＝10,TSEG2＝2,采样点＝80％)

CAN 总线速度	BRPreg＋1	CAN 时钟
1Mbps	10	15MHz
500Kbps	20	7.5MHz
250Kbps	40	3.75MHz
125Kbps	80	1.875MHz
100Kbps	100	1.5MHz
50Kbps	200	0.75MHz

表 9.31　BT＝25 时不同的采样点(SP)

TSEG1reg	TSEG2reg	SP
18	4	80％
17	5	76％
16	6	72％
15	7	68％
14	8	64％

表 9.32 BT＝25 时不同 BRP 对应的通信波特率

CAN 总线速度	BRPreg＋1	CAN 总线速度	BRPreg＋1
1Mbps	6	125Kbps	48
500Kbps	12	100Kbps	60
250Kbps	24	50Kbps	120

注：当 SYSCLK＝150MHz 时，最低通信速率位 23.4Kbps。

9.4.5 EALLOW 保护

为防止不经意改变 eCAN 模块的关键寄存器或位的设置，关键寄存器或位采用 EALLOW 保护。只有当 EALLOW 保护被屏蔽时，才能改变这些寄存器或位。在 eCAN 模块中，下列寄存器及位采用 EALLOW 保护。

- CANMC[15～9]及 MCR[7～6]。
- CANBTC。
- CANGIM。
- MIM[31～0]。
- TSC[31～0]。
- IOCONT1[3]。
- IOCONT2[3]。

9.5 eCAN 模块消息发送

9.5.1 消息发送流程

eCAN 模块发送消息过程主要包括系统的初始化、邮箱初始化、发送传输设置以及等待传输响应几个步骤。具体操作流程如图 9.49 所示。

9.5.2 配置发送邮箱

为能够发送消息，必须采用下列配置方法（以邮箱 1 为例说明）。

（1）清除 CANTRS 寄存器中相应的位：清除 CANTRS[1]＝0（写 0 到 TRS 没有影响，必须通过设置 TRR[1]置位，等待 TRS.1 自动清零）。如果 RTR 置 1，TRS 位可以发送一个远程帧。一旦远程帧被发送，CAN 模块将清除邮

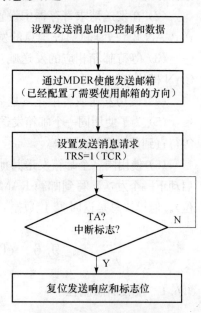

图 9.49 消息发送流程图

箱相应的 TRS 位。同样的节点可以用来向其他节点申请数据帧。

（2）通过清除邮箱使能寄存器（CANME）中相应的位，屏蔽邮箱。清除 CANME[1]＝0。

（3）装载邮箱的消息标识符寄存器（MSGID），对于正常的发送邮箱（MSGID[30]＝0 和 MSGID[29]＝0），清除 AME（MSGID[30]）和 AAM（MSGID[29]）。通常情况下，在操作过程中该寄存器不能调整。只有当邮箱被屏蔽时才能调整。例如，写 MSGID(1)＝0x15AC0000。

写数据长度到消息控制区寄存器（MSGCTRL[3～0]）的 DLC 区。通常 RTR 标志被清零（MSGCTRL[4]＝0）。在操作过程中，CANMSGCTRL 寄存器不能被调整，只有屏蔽邮箱时才能调整。通过清除 CANMD 中相应的位设置邮箱的方向：清除 CANMD[1]＝0。

（4）通过设置 CANME 寄存器中相应的位使能邮箱设置 CANME[1]＝1。

通过上面的设置，就会将邮箱 1 设置为发送邮箱。对于其他的发送邮箱采用相同的方法。

9.5.3　发送消息

使用发送邮箱发送消息，采用下列步骤（以邮箱 1 为例）。

（1）写消息到邮箱的数据区由于在配置时，DBO(MC[10])＝0，MSGCTRL(1)＝1，数据存放在 CANMDL(1)寄存器的两个高字节。写 CANMDL(1)＝xxxx0000h。

（2）在发送请求寄存器中设置相应的标志位（CANTRS[1]＝1）以启动消息发送，CAN 模块处理 CAN 消息的发送。

（3）等待邮箱相应的发送响应标志位置位（TA[1]＝1）。成功发送消息后，CAN 模块将该位置位。

（4）成功发送或者中止发送后，模块将 TRS 标志复位为 0(TRS[1]＝0)。

（5）为了使用同一个邮箱发送下一个消息，必须将发送响应清零；置 TA[1]＝1，等待直到读取 TA[1]＝0。

（6）使用同一个邮箱发送其他的消息，需要刷新邮箱的数据区。TRS[1]置位，启动下一个发送。写到邮箱 RAM 中的数据可以是半字（16 位），也可以是整字（32 位）。但模块总是返回 32 位数据。CPU 必须接收所有 32 位，或 32 位中的一部分。

9.6　eCAN 模块消息接收

9.6.1　接收消息流程

当收到消息时，接收消息挂起寄存器（CANRMP）相应的标志位置位，同时会使相应的中断标志位置位,产生中断。然后 CPU 可以读取接收邮箱数据寄存器中接收到的数据。在读取数据之前必须先将相应的挂起标志位置位。处理器接收消息流程如图 9.50 所示。

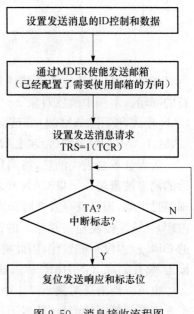

图 9.50 消息接收流程图

9.6.2 配置接收邮箱

配置邮箱接收消息,采用下列步骤(以邮箱 3 为例)。

(1) 清除邮箱使能寄存器(CANME)中相应的位,屏蔽邮箱;清除 ME[3]=0。

(2) 写标识符到相应的 MSGID 寄存器。必须根据需要配置标识符扩展位。如果使用接收屏蔽,接收屏蔽使能(AME)位必须置位(MSGID[30]=1),如写 MSGID(3)=0x4F780000。

(3) 如果 AME 位置 1,相应的接收屏蔽必须进行编程。写 LAM(3)=0x003C0000。

(4) 通过设置邮箱方向寄存器中相应的标志位(CANMD[3]=1),将邮箱配置为接收邮箱。确保该寄存器的其他位不受该操作的影响。

(5) 如果邮箱中的数据受保护,需要对覆盖控制寄存器(CANOPC)进行编程。如果不丢弃消息,这种保护是非常有用的。如果 OPC 被置位,软件必须确保有其他的邮箱配置位存放"溢出"的消息,否则消息可能没有经过验证就被丢弃。写 OPC[3]=1。

(6) 通过设置邮箱使能寄存器(CANME)中相应的标志位,使能邮箱。必须采用先读取再写回(CANME|=0x0008)的方式保证其他标志位不会被改变。

9.6.3 接收消息

本例使用邮箱 3,当收到消息时,接收消息挂起寄存器(CANRMP)相应的标志位置 1,并产生一个中断。CPU 可以从邮箱 RAM 中读取消息,但在 CPU 从邮箱读取消息之前,应该先将 RMP 位清除(RMP[3]=1)。CPU 还应该核对消息丢弃标志 RML[3]=1。根据具体的应用,CPU 决定如何处理。读取数据后,CPU 需要验证 RMP 没有被模块再次置位。如果 RMP 被置 1,说明数据已经损坏。当 CPU 读取旧的消息时,由于接收到新的消息,CPU 需要再次读取数据。

9.7　过载情况的处理

如果 CPU 的速度不能快速地处理重要的消息,最好配置多个具有相同标识符的邮箱。本例中消息对象 3～5 有相同的标识符,且共享一个屏蔽。对于标准 CAN 模式,使用 LAM(3) 屏蔽。对于 eCAN 模式,每消息个对象有自己的屏蔽 LAM:LAM(3)、LAM(4) 和 LAM(5),三个屏蔽要使用相同的配置值。

为保证不会丢失消息,将消息对象 4 和 5 的 OPC 标志置位,从而可以防止未读的消息被覆盖。如果 CAN 模块需要存储接收到的消息,首先检查邮箱 5。如果邮箱是空的,消息就存放在邮箱 5 中。如果对象 5 的 RMP 标志位被置位(邮箱被占用),CAN 模块检查邮箱 4 的情况。如果邮箱仍被使用,则检查邮箱 3。邮箱 3 的 OPC 标志没有被置位,因此将消息存放在这里。如果邮箱 3 的内容没有被预先读走,将使对象 3 的 RML 标志被置位,并会产生一个中断。

也可以使消息对象 4 产生中断,通知 CPU 同时读取邮箱 4 和 5。对于需要多于 8 字节的数据的消息(即多于一个消息),这种方法也非常有用。在这种情况下,消息包含的所有数据会全部收集到邮箱中,然后一次全部读取。

9.8　远程帧邮箱的处理

远程帧处理由两种功能:一是向其他节点发出数据请求;二是应答其他模块发出的数据请求。

9.8.1　发出数据请求

为了从其他节点获取数据,消息对象配置为接收邮箱。以消息对象 3 为例,CPU 需要完成下列操作。

(1) 将消息控制区寄存器(CANMSGCTRL)的 RTR 位置 1;写 MSGCTRL(3)＝0x12。

(2) 写正确的标识符到消息标识寄存器(MSGID);写 MSGID(3)＝0x4F780000。

(3) 将相应邮箱的 CANTRS 标志置位。由于邮箱配置成接收邮箱,它只能向其他节点发送一个远程请求消息;置位 CANTRS[3]＝1。

(4) 当接收到消息时,模块将应答消息存放在邮箱中,并将 RMP 置位。这样可以产生一个中断,且确认没有其他邮箱有相同的 ID 号。等待 RMP[3]＝1。

9.8.2　应答远程请求

应答远程请求的，采用下列步骤。

（1）配置对象为发送邮箱。

（2）在使能邮箱之前，将寄存器 MSGID 中的自动应答模式（AAM,MSGID[29]）位置 1；MSGID(1)=0x35AC0000。

（3）刷新数据区；MDL,MDH(1)=xxxxxxxxh。

（4）将邮箱使能寄存器（CANME）置位，使能邮箱；CANME[1]=1。当收到来自其他节点的远程请求帧时，TRS 将自动置位并且数据被发送到那个节点。接收和发送的消息的标识符相同。数据发送完后，TA 置位，CPU 可以刷新数据。等待 TA[1]=1。

9.8.3　刷新数据区

为配置成自动应答模式对象的数据刷新，需要完成下列操作。下列操作也可以用来配置成标准发送对象（带 TRS 标志置位）的数据刷新。

（1）将数据请求位（CDR,MC[8]）置位，在主控制寄存器（CANMC）中设置邮箱编号（MBNR）。这样可以告诉 CPU,CAN 模块要改变数据器。以对象 1 为例，写 MC=0x00000101。

（2）写消息数据到邮箱数据寄存器，如写 CANMDL(1)=xxxx0000h。

（3）清除 CDR(MC[8])位，使能对象，写 MC=0x00000000。

9.9　CAN 模块中断及其应用

9.9.1　中断类型

CAN 模块有两种类型的中断：一类是同邮箱相关的中断，如接收消息挂起中断或中止响应中断；另一类是使系统中断、处理错误或者同系统相关的中断，如错误消极中断或唤醒中断。CAN 模块中断结构如图 9.51 所示。

下列事件可产生邮箱中断或系统中断。

1）邮箱中断

• 消息接收中断：接收到一个消息。

• 消息发送中断：一个消息被成功发送。

• 中止响应中断：挂起发送被中止。

• 接收消息丢失中断：接收到的旧消息被新的覆盖（旧消息被读取之前）。

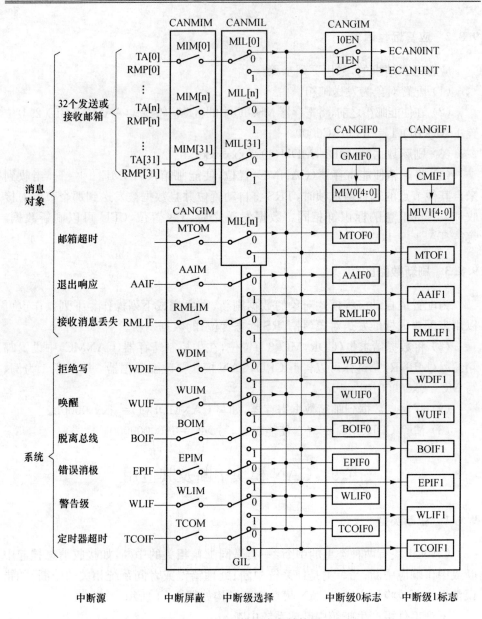

图 9.51　CAN 模块中断结构图

• 邮箱超时中断(只有 eCAN 模式存在)：在预定的时间内没有消息被发送或接收。

2）系统中断

• 拒绝写中断：CPU 试图写邮箱,但被拒绝。

• 唤醒中断：唤醒后产生该中断。

- 脱离总线中断:CAN 模块进入脱离总线状态。
- 错误消极中断:CAN 模块进入错误消极模式。
- 警告级中断:一个或两个错误计数器大于等于 96。
- 定时邮递计数器溢出中断(只有 eCAN 存在):定时邮递计数器产生溢出。

9.9.2　中断配置

如果满足中断条件,相应的中断标志位就会置位。根据 GIL(CANGIM[2])系统中断标志被置位。如果被置位,全局中断设置 CANGIF1 寄存器中的位,其他在 CANGIF1 寄存器中置位。根据产生中断邮箱的 MIL[n] 置位情况,GMIF0/GMIF1(CANGIF0[15]/CANGIF1[15])位进行置位。MIL[n] 位置位,相应邮箱的中断标志 MIF[n] 将寄存器 CANGIF1 中的 GMIF1 标志置位;否则,将 GMIF0标志置位。

如果所有中断清除且有新的中断标志置位,相应的中断屏蔽位被置位,CAN模块的中断输出线(ECAN0INT 或 ECAN1INT)有效。除非 CPU 向相应的位写1清除中断标志,否则中断线一直保持有效状态。向 CANTA 或 CANRMP 寄存器(和邮箱配置有关)相应的位写 1,清除 GMIF0(CANGIF0[15])或 GMIF1(CANGIF1[15])中的中断标志。不能直接对 CANGIF0/CANGIF1 清零。如果GMIF0 或 GMIF1 置位,邮箱中断向量 MIV0(CANGIF0[4~0])或 MIV1(CAN-GIF1[4~0])给出使 GMIF0/1 置位的邮箱编号,总是显示分配到中断线上的最高的邮箱中断向量。

9.9.3　邮箱中断

CAN 模块的每个邮箱都可以在中断输出线 1 或 0 上产生一个中断,eCAN 模式有 32 个邮箱,标准 CAN 模式有 16 个邮箱。根据邮箱配置的不同,可以产生接收或发送中断。每个邮箱有一个专用的中断屏蔽位(MIM[n])和一个中断级位(MIL[n]),为使邮箱能够在接收或发送消息时产生中断,MIM 位必须置位。接收邮箱接收到 CAN 的消息(RMP[n]=1)或者从发送邮箱发出消息(TA[n]=1),都会产生中断。如果邮箱配置成远程请求邮箱(CANMD[n]=1,MSGCTRL.RTR=1),一旦接收到远程帧应答就会产生中断。远程应答邮箱在成功发送应答帧后(CANMD[n]=0,MSGID.AAM=1),产生一个中断。

如果相应的中断屏蔽位置位,RMP[n] 和 TA[n] 置位的同时也会将寄存器GIF0/GIF1 中的 GMIF0/GMIF1(GIF0[15]/GIF1[15])标志置位。GMIF0/GMIF1 标志位就会产生一个中断,而且可以从 GIF0/GIF1 寄存器的 MIV0/MIV1 区读取相应的邮箱向量(邮箱编号)。除此之外,中断的产生还与邮箱中断级寄存器的设置有关。

当 TRR[n]位置位后中止发送消息,GIF0/GIF1 寄存器中的中止响应标志
(AA[n])和中止响应中断标志都被置位。如果 GIM 寄存器中的屏蔽位 AAIM 置
位,发送中止就会产生一个中断。清除 AA[n]标志位并不能使 AAIF0/AAIF1 标
志复位,中断标志不允许独立清除。中止响应中断选择哪个中断线,取决于相关邮
箱的 MIL[n]位的设置。

当丢失接收消息时,会使接收消息丢失标志 RML[n]和 GIF0/GIF1 寄存器中
的接收消息丢失中断标志 RMLIF0/RMLIF1 置位。如果接收消息丢失中断屏蔽
位(RMLIM)置位,接收消息丢失发生时就会产生中断。中断标志 RMLIF0/RM-
LIF1 必须独立清除。根据邮箱的中断级(MIL[n])设置,接收消息丢失中断选择
相应的中断线。

每个 eCAN 邮箱都和一个消息对象寄存器和超时寄存器相连。如果发生超
时事件(TOS[n]=1),且 CANGIM 寄存器中的邮箱超时中断屏蔽位(MTOM)
置位,在其中一条中断线上将会产生一个超时中断。根据邮箱中断级(MIL[n])
的设置选择相应的中断线。清除 TOS[n]标志并不能使 MTOF0/MTOF1 标志
复位。

9.9.4　中断处理

中断通过中断线向 CPU 申请中断,CPU 处理完中断后,还要清除中断源和中
断标志。为此 CANGIF0 或 CANGIF1 寄存器中的中断标志必须被清除,通过向
相应的标志位写 1 即可清除相应的中断标志。但也会存在例外情况,如表 9.33
所示。

表 9.33　eCAN 中断声明/清除

中断标志	中断条件	GIF0/GIF1 的确定	清除机制
WLIFn	一或两个错误计数器值大于等于 96	GIL 位	写 1 清除
EPIFn	CAN 模块进入"错误消极"模式	GIL 位	写 1 清除
BOIFn	CAN 模块进入"脱离总线"模式	GIL 位	写 1 清除
RMLIFn	有一个接收邮箱满足溢出条件	GIL 位	写 1 将 RMP[n]位置位
WUIFn	CAN 模块已经退出局部掉电模式	GIL 位	写 1 清除
WDIFn	写邮箱操作被拒绝	GIL 位	写 1 清除
AAIFn	发送请求被中止	GIL 位	通过清除 AA[n]的置位,清除

续表

中断标志	中断条件	GIF0/GIF1 的确定	清除机制
GMIFn	其中一个邮箱成功发送或接收消息	MIL[n] 位	适当处理引起中断的条件进行清除。写 1 到寄存器 CANTA 或 CANRMP 相应的位进行清除
TCOFn	TSC 的最高位 MSB 从 0 变为 1	GIL 位	写 1 清除
MTOFn	在规定时间内没有邮箱成功发送或接收消息	MIL[n] 位	清除 TOS[n] 的置位，清除

注:中断标志:寄存器 CANGIF0/CANGIF1 使用的中断标志的名称。

中断条件:描述了引起中断产生的条件。

GIF0/GIF1 的确定:中断标志位可以在 CANGIF0 或 CANGIF1 寄存器中置位,这主要取决于 CANGIM 寄存器中的 GIL 位或 CANMIL 寄存器中的 MIL[n] 位。该列描述了特定的中断置位决定于 GIL 位还是 MIL[n] 位。

清除机制:描述了如何清除中断标志。有些位直接写 1 进行清除,其他位则需要对 CAN 控制寄存器的某些位进行操作。

1. 中断处理的配置

中断处理的配置主要包括:邮箱中断级寄存器(CANMIL)、邮箱中断屏蔽寄存器(CANMIM)以及全局中断屏蔽寄存器(CANGIM)的配置。具体操作步骤如下。

(1) 写 CANMIL 寄存器。定义成功发送消息在中断线 0 还是 1 上产生中断。例如,CANMIL=0xFFFFFFFF,设置中断级为 1,即在中断线 1 上产生中断。

(2) 配置邮箱中断屏蔽寄存器(CANMIM),屏蔽不应该产生中断的邮箱。寄存器可以设置为 0xFFFFFFFF,使能所有的邮箱中断。无论如何,不使用的邮箱不会产生中断。

(3) 配置 CANGIM 寄存器,标志位 AAIM、WDIM、WUIM、BOIM、EPIM 和 WLIM(GIM[14~9])要一直置位(使能这些中断)。除此之外,GIL(GIM[2])也可以置位使能另外一个中断级上的全局中断。I1EN(GIM[1])和 I0EN(GIM[0]) 两个标志位置位使能两个中断线。根据 CPU 的负载占用情况,标志位 RMLIM (GIM[11])置位。该设置将所有邮箱中断配置在中断线 1 上,其他系统中断在中断线 0 上。这样 CPU 处理其他系统中断具有更高的优先级,而邮箱中断优先级相对较低。所有具有高优先级的邮箱中断也可以设置在中断线 0 上。

2. 处理邮箱中断

邮箱中断的处理过程如下。

(1) 产生中断时,读取全局中断寄存器 GIF 半字。如果值是负的,则是邮箱产生的中断;否则,检查 AAIF0/AAIF1(GIF0[14]/GIF1[14])位(中止响应中断标志)或 RMLIF0/RMLIF1(GIF0[11]/GIF1[11])位(接收消息丢失中断标志)。如果上述都不是,则产生了系统中断。在这种情况下,必须检查每一个中断标志。

(2) 如果 RMLIF(GIF0[11])标志引起中断,则有一个邮箱的消息被新的消息覆盖。在正常操作情况下,不应该发生这种情况。CPU 需要向标志位写 1 清除标志。然后 CPU 检查接收消息丢失寄存器(RML),找出是哪个邮箱产生的中断。根据应用,CPU 确定下一步如何处理。该中断也会产生一个全局中断 GMIF0/GMIF1。

(3) 如果 AAIF(GIF[14])标志引起中断,则 CPU 中止发送操作。CPU 应该检查中止响应寄存器(AA[31~0]),确认是哪个邮箱产生的中断,如果需要,重新发送消息。必须写 1 清除中断标志。

(4) 如果 GMIF0/GMIF1(GIF0[15]/GIF1[15])标志引起中断,可以从 MIV0/MIV1(GIF0[4~0]/GIF1[4~0])区获取产生中断的邮箱编号。该向量可以用来跳转到响应的邮箱处理程序。如果是接收邮箱,CPU 应该读取数据并通过写 1 清除 RMP[31~0]标志;如果是发送邮箱,除非 CPU 需要发送更多的数据,否则不需要其他操作。在这种情况下,前面阐述的正常发送过程是必要的。CPU 需要写 1 清除发送响应位(TA[31~0])。

3. 中断处理顺序

为使 CPU 内核能够识别并处理 CAN 中断,在 CAN 中断服务子程序中必须进行如下处理。

(1) 清除 CANGIF0/CANGIF1 寄存器中引起中断的标志位,在该寄存器中有两种类型的标志位:

一种是通过向相应的标志位写 1 即清除标志,主要包括:TCOFn、WDIFn、WUIFn、BOIFn、EPIFn、WLIFn;

另一种需要对相关的寄存器进行操作才能清除标志,主要包括:MTOFn、GMIFn、AAIFn、RMLIFn。

① 通过清除 TOS 寄存器中相应的位清除 MTOFn 位。例如,由于 MTOFn 置位,邮箱 27 产生超时,中断服务子程序 ISR 需要清除 MTOFn 位,就需要清除 TOS27 位。

② 通过清除 TA 或 RMP 寄存器中相应的位清除 GMIFn 位。例如,如果邮箱 19 配置为发送邮箱,且已经成功发送了一个消息 TA19,则 GMIFn 被依次置位。为了清除 GMIFn,中断服务子程序就需要清除 TA19。如果邮箱 8 配置为接收邮箱,且已经接收到一个消息 RMP8,则 GMIFn 依次置位。为了清除 GMIFn,中断服务子程序就需要清除 RMP8。

③ 通过清除 AA 寄存器中相应的位清除 AAIFn 标志位。例如,如果由于 AAIFn 置位,使邮箱 13 的发送被中止,中断服务子程序需要通过清除 AA13 位来清除 AAIFn 位。

④ 通过清除 RMP 寄存器中相应的位清除 RMLIFn 标志位。例如,如果由于 RMLIFn 置位,使邮箱 13 被覆盖,中断服务子程序需要通过清除 RMP13 位来清除 RMLIFn 位。

(2) CAN 模块的相应的 PIEACK 位必须写 1,可以通过下面的 C 语言完成:

```
PieCtrlRegs.PIEACK.bit.ACK9=1;//使能 PIE 向 CPU 发送脉冲
```

(3) 必须使能 CAN 模块到 CPU 相应的中断线,可以通过下面的 C 语言完成:

```
IER |=0x0100;//Enable INT9
```

(4) 清除 INTM 位,全局使能 CPU 中断。

9.10　CAN 模块的掉电模式

CAN 模块有局部掉电模式,模块自己可以重新激活 CAN 模块的内部时钟。

9.10.1　进入/退出局部掉电模式

在局部掉电模式下,CAN 模块的时钟关闭,只有唤醒逻辑仍工作。其他的外设正常工作。向 PDR(CANMC[11])位写 1 时 CAN 模块进入局部掉电模式,在操作过程中允许完成正在处理的传输。传输完成后,PDA(CANES[3])置位,确认 CAN 模块进入局部掉电模式。在局部掉电模式下,读取 CAN 模块的寄存器, CANES 返回的值为 0x08(PDA 位置位),其他寄存器都返回 0x00。当 PDR 清零或者 CAN 总线上检测到总线激活状态(总线激活唤醒被使能)时,CAN 模块将退出局部掉电模式。通过配置 CANMC 寄存器的 WUBA 位使能/屏蔽总线激活自动唤醒功能。只要总线上有动作,模块将开始顺序上电。模块等待直到在 CANRX 引脚上检测到 11 个连续的接收位,才使总线进入激活状态。需要注意的是,在掉电模式或自动唤醒模式过程中接收到的第一个消息将会丢失。退出睡眠模式后, PDR 和 PDA 位都清零。CAN 的错误计数器保持不变。如果当 PDR 置位时, CAN 模块正在传送消息,CAN 模块将等待传送完毕、丢失仲裁或总线上产生错误。然后 PDA 有效模块进入掉电模式,这样可以避免模块在 CAN 总线上引起错误。要使用局部掉电模式,在 CAN 模块内部需要两个独立的时钟:一个时钟总是保持有效,保证掉电模式的正常操作,如唤醒逻辑和读写 PDA(CANES[3])位;另一个时钟根据 PDR 位的设置使能或屏蔽。

9.10.2　防止器件进入/退出低功耗模式

C28x 系列 DSP 有两种低功耗模式：STANDBY 和 HALT。在低功耗模式下，外设时钟将关闭。由于 CAN 模块连接在拥有多个节点的网络上，在器件进入和退出低功耗模式之前必须小心，要保证所有节点接收到完整的数据包。如果消息传输一半就被中止，则中止的包将违反 CAN 协议，从而导致网络上的所有节点都会产生一个错误帧。节点也不能突然地退出低功耗模式，如果 CAN 总线上正在传送数据，节点将会从总线上接收到不完整的帧，从而产生错误帧干扰总线的正常传输。在进入低功耗模式之前需要考虑以下几点。

- CAN 模块已经完成最后一个数据包请求的传输。
- CAN 模块已经通知 CPU 准备好进入 LPM。

也就是说，只有当 CAN 模块进入局部掉电模式后，器件才可以进入低功耗模式。

9.10.3　屏蔽/使能 CAN 模块的时钟

在 CAN 模块正常操作之前，必须使能模块的时钟。通过寄存器 PCLKCR 的 14 位使能/屏蔽 CAN 模块的时钟。在不使用 CAN 模块时，该位也非常有用。使用 PCLKCR 寄存器屏蔽 CAN 模块的时钟，可以降低功耗。该位不能控制 CAN 模块的低功耗模式，同其他外设一样，复位后 CAN 模块的时钟被屏蔽。

第 10 章 TMS320F281x 多通道缓冲串口模块

10.1 McBSP 概述

TMS320F281x 多通道缓冲串口（McBSP）模块能够与 McBSP 兼容设备（如 VBAP、AIC、Combo 多媒体数字信号编解码器）进行通信，可同步发送或接收 8 位、12 位、16 位、20 位、24 位或 32 位的串行数据。

McBSP 的主要特性如下：

- 全双工通信。
- 发送双缓冲、接收三级缓冲，允许传输连续的数据流。
- 接收、发送分别具有独立的时钟信号和帧同步信号。
- 128 个接收通道和 128 个发送通道。
- 具有多通道选择模式，允许用户控制各通道的传输。
- 接收通道和发送通道分别具有 16 级 32 位 FIFO。
- 支持 A-bis 模式。
- 可与工业标准的 CODEC、模拟接口芯片及其他串行 A/D、D/A 实现无缝连接。
- 可选择外部时钟信号和帧同步信号作为发送器/接收器时钟信号和帧同步信号。
- 具有内部采样速率发生器，可产生可编程的内部时钟信号和帧同步信号，同时具有帧同步逻辑模块。
- 帧同步信号和数据时钟极性可编程。
- 支持 SPI 设备和部分 T1/E1 设备。
- 数据长度（串行字长）选择范围：8 位、12 位、16 位、20 位、24 位、32 位。
- 当串行字长为 8 位且未使用压缩解压功能时，数据传输可选择先传 LSB 或 MSB。

为便于对 McBSP 内容的理解，对本章中部分缩略语或符号作如下说明。

SRG：　　　采样速率发生器

MCLKRA：DSP 多通道缓冲串口外部接收时钟引脚

MCLKXA：DSP 多通道缓冲串口外部发送时钟引脚

MFSRA： DSP 多通道缓冲串口外部接收帧同步引脚

MFSXA：	DSP 多通道缓冲串口外部发送帧同步引脚
CLKR：	DSP 多通道缓冲串口内部接收器时钟信号
CLKX：	DSP 多通道缓冲串口内部发送器时钟信号
FSR：	DSP 多通道缓冲串口内部接收器帧同步信号
FSX：	DSP 多通道缓冲串口内部发送器帧同步信号
MDRA：	DSP 多通道缓冲串口外部数据接收引脚
MDXA：	DSP 多通道缓冲串口外部数据发送引脚
RSR1/2：	接收移位寄存器 1/2
RBR1/2：	接收缓冲寄存器 1/2
DRR1/2：	接收数据寄存器 1/2
DXR1/2：	发送数据寄存器 1/2
XSR1/2：	发送移位寄存器 1/2
RSR：	接收移位寄存器 1/2 或接收移位寄存器 1(依串行字长决定)
RBR：	接收缓冲寄存器 1/2 或接收缓冲寄存器 1(依串行字长决定)
DRR：	接收数据寄存器 1/2 或接收数据寄存器 1(依串行字长决定)
DXR：	发送数据寄存器 1/2 或发送数据寄存器 1(依串行字长决定)
XSR：	发送移位寄存器 1/2 或发送移位寄存器 1(依串行字长决定)

10.2　McBSP 功能简介

McBSP 模块框图如图 10.1 所示。

McBSP 外部引脚分为数据引脚（数据发送引脚 MDXA、数据接收引脚 MDRA）、时钟引脚（发送时钟引脚 MCLKXA、接收时钟引脚 MCLKRA）及帧同步引脚（发送帧同步引脚 MFSXA、接收帧同步引脚 MFSRA）。当串行字长小于或等于 16 时，接收数据寄存器 2(DRR2)、接收缓冲寄存器 2(RBR2)、接收移位寄存器 2(RSR2)、发送数据寄存器 2(DXR2)、发送移位寄存器 2(XSR2)无效；当串行字长大于 16 时，上述寄存器用于装载高位数据。

10.2.1　McBSP 数据传输过程

McBSP 数据传输路径如图 10.2 所示。

从图 10.2 可以看出，McBSP 的接收操作是三缓冲，而发送操作是双缓冲。

当 McBSP 串行字长小于或等于 16 时，传输路径各级只使用一个 16 位寄存器，DRR2、RBR2、RSR2、DXR2、XSR2 无效。

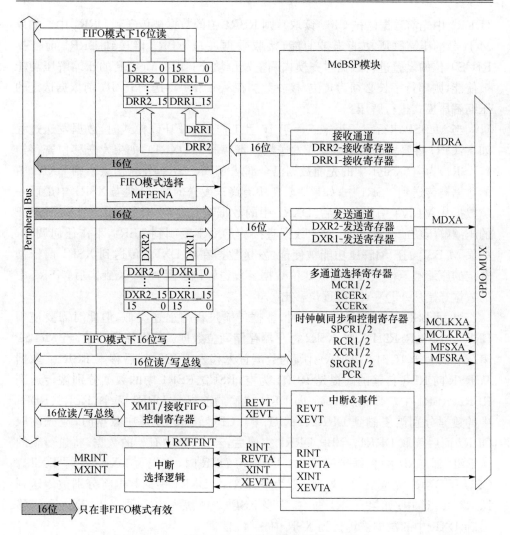

图 10.1　McBSP 模块框图

图 10.2　McBSP 数据传输路径图

当 McBSP 串行字长小于或等于 16 且工作于非 FIFO 模式时,数据接收过程如下:MDRA 引脚的数据移入接收移位寄存器 1(RSR1)中。当接收到一个完整串行字时,若接收缓冲寄存器 1(RBR1)为空(RBR1 中先前数据已被传送到 DRR1 中),则 RSR1 中的数据被传送到 RBR1 中。如果接收数据寄存器 1(DRR1)为空

（DRR1 中先前数据已被 CPU 读取），则 RBR1 中的数据被传送到 DRR1 中。如果 McBSP 的压缩解压功能未被使能，接收数据在从 RBR1 传送到 DRR1 前依据 RJUST 位的设置进行数据对齐模式调整及位填充；如果 McBSP 的压缩解压功能被使能，则串行字长必须为 8 位，接收数据在从 RBR1 传送到 DRR1 前依据选定的压缩解压模式进行解压。

　　当 McBSP 串行字长小于或等于 16 且工作于非 FIFO 模式时，数据发送过程如下：CPU 将要发送的数据写入发送数据寄存器 1（DXR1），如果发送移位寄存器 1（XSR1）为空（XSR1 中的先前数据已全部从 MDXA 引脚发送出去），则 DXR1 中的数据被传送到 XSR1 中；如果 XSR1 中有尚未发送的数据，则当 XSR1 中最后一位数据从 MDXA 引脚移出后，DXR1 中的数据被复制到 XSR1 中。如果 McBSP 的压缩解压功能未被使能，发送数据直接从 DXR1 复制到 XSR1，不作任何调整；如果 McBSP 的压缩解压功能被使能，发送数据在从 DXR1 传送到 XSR1 前依据选定的压缩解压模式被压缩成 8 位数据。发送帧同步脉冲 FSX 到来后，XSR1 中的数据开始从 MDXA 引脚逐位移出。

　　当 McBSP 串行字长大于 16 时，数据传输过程与上述类似，但此时需要使用 DRR2、RBR2、RSR2、DXR2、XSR2 寄存器存储高位数据。值得注意的是，当 McBSP 串行字长大于 16 时，MDRA 引脚的数据首先移入 RSR2，然后移入 RSR1。数据从 RSR 向 RBR 传输的前提是 RBR1 为空，RSR2、RSR1 中的数据分别被传送到 RBR2、RBR1 中。数据从 RBR 向 DRR 传输的前提是 DRR1 为空，RBR2、RBR1 中的数据分别被复制到 DRR2、DRR1 中。CPU 读取 DRR 中数据时，应先读取 DRR2 而后读取 DRR1。读取 DRR1 完成后，若 RBR 中有新的数据，将进行新的从 RBR 到 DRR 的数据传输操作。CPU 写 DXR 时，应先写 DXR2 后写 DXR1。CPU 写 DXR1 完成后，如果 XSR1 为空，DXR2、DXR1 中的数据将分别被传送到 XSR2、XSR1 中；如果 XSR1 非空，则当 XSR1 中最后一位数据从 MDXA 引脚移出后，DXR 中的数据被传送到 XSR 中。

　　通常情况下，McBSP 首先传输数据最高有效位（MSB），但某些未使用压缩解压功能的 8 位数据传输协议要求首先传输数据最低有效位（LSB）。设置 XCR2 中 XCOMPAND＝01b（RCR2 中 RCOMPAND＝01b）将先发送（接收）LSB。此时串行字长应设置为 8 位。如果串行字长设置值不是 8 位，McBSP 依然按 8 位处理，并先传输 LSB。

10.2.2　McBSP 数据压缩解压模块

　　McBSP 允许采用 μ 律和 A 律格式压缩解压数据。美国和日本一般采用 μ 律格式，欧洲采用 A 律格式。A 律和 μ 律格式分别允许 13 位和 14 位的动态范围，该范围外的任何值均被设置为正的最大值或负的最小值。因此，为了使压缩解压功能达到最好的效果,CPU 和 McBSP 之间传输的数据宽度最小为 16 位(注意:此处的数据宽度是指 McBSP 与 CPU 之间数据传输的宽度,而串行字长则是指通过 MDRA/MDXA 引脚传输的数据宽度)。

μ律和 A 律均把数据编码为 8 位,所以压缩后的数据均是 8 位宽度。在使用压缩解压功能时,必须选择 8 位串行字长。设置串行字长配置位(RWDLEN1、RWDLEN2、XWDLEN1、XWDLEN2)为 0 以选择 8 位串行字长。当压缩解压使能时,即使数据帧中各相位的串行字长度不是 8 位,压缩解压模块仍将串行字长作 8 位处理。

McBSP 数据压缩解压过程如图 10.3 所示。

图 10.3　McBSP 数据压缩解压过程示意图

当使能压缩解压功能接收数据时,RBR1 中的 8 位压缩数据会被解压成 16 位数据保存在 DRR1 中,数据格式为左对齐,此时会忽略 RJUST 中设定的符号扩展及对齐模式。采用μ律和 A 律压缩数据进行发送时,应保证 DXR1 中 14 位/13 位数据是左对齐的,其余低位填 0。在使用不同压缩格式时,DXR1 中的数据格式如图 10.4 所示。

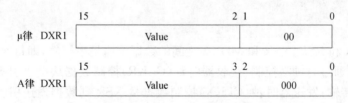

图 10.4　不同压缩格式下,DXR1 中的数据格式

如果未使用 McBSP,则 McBSP 中压缩解压模块可以对 DSP 内部数据进行压缩或解压缩,具体功能如下:

- 可将线性格式数据转换为μ律或 A 律格式数据。
- 可将μ律或 A 律格式数据转换为线性格式数据。
- 发送线性格式数据,然后对该数据进行压缩解压,观察量化对压缩解压的影响。在使用该功能时,接收解压格式和发送压缩格式应该相同,即 RCOMPAND 和 XCOMPAND 的值相同。

McBSP 可以采用两种方法来对内部数据进行压缩解压,图 10.5 给出了两种方法的示意图。

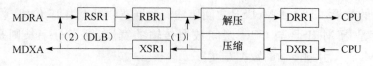

图 10.5　McBSP 对内部数据进行压缩解压的两种方法

具体解释如下。

方法一　当 McBSP 发送器和接收器处于复位状态时,如果 XCOMPAND 和 RCOMPAND 被设置为 10b 或 11b(使用μ律或 A 律),则 DRR1 和 DXR1 将在内部通过压缩解压逻辑模块连接起来。压缩解压模块根据 XCOMPAND 的设置对 DXR1 的数据进行压缩,然后根据 RCOMPAND 的设置进行解压。注意:此时 RRDY 和 XRDY 位并不置 1。在数据被写入 DXR1 后不超过四个 CPU 时钟周期,可从 DRR1 读取新的数据。这种方法的优点是速度快;缺点是 CPU 不能获取中断信号或状态标志而控制整个流程。

方法二　使用 McBSP 的数字回路模式,同时设置 RCOMPAND 和 XCOMPAND 选择合适的压缩解压格式。CPU 可通过接收中断信号 RINT 和发送中断信号 XINT(RINTM=0 和 XINTM=0)或同步事件信号(REVTA 和 XEVTA)获取相应操作的同步信息,而其压缩解压缩的时间则和串行波特率有关。

10.2.3　基本概念和术语

为了更好地理解 McBSP 的工作原理,本节主要介绍一些基本概念和术语。

1. 时钟

MDRA 和 RSR、XSR 和 MDXA 之间的数据传输是串行的,即每次传输一位,数据的传输通过时钟沿控制:接收器时钟(CLKR)控制数据从接收引脚(MDRA)到 RSR 的传输;发送器时钟(CLKX)控制数据从 XSR 到数据发送引脚(MDXA)的传输。CLKR 和 CLKX 可从外部引脚(MCLKRA/MCLKXA)得到,也可由内部产生。当选用外部引脚作为 CLKR 和 CLKX 时,MCLKRA/MCLKXA 的极性是可编程的。需要注意的是,CLKR 和 CLKX 的频率不能高于 CPU 时钟频率的 1/2。

2. 串行字

RSR(或 XSR)和 MDRA(或 MDXA)间的数据传输是分组进行的,每一组被称为一个串行字,用户可定义串行字长。

3. 帧、帧同步

一个或多个串行字所组成的更大数据单元被称为帧,用户可定义每一帧中所包含的串行字数目。一帧内的各串行字连续传输,帧之间允许暂停。McBSP 使用帧同步信号控制数据帧传输。当产生帧同步信号时,McBSP 开始新的一帧数据传输。接收帧同步信号(FSR)启动 MDRA 引脚上的帧传输;发送帧同步信号(FSX)启动 MDXA 引脚上的帧传输。FSR 和 FSX 可由 McBSP 外部引脚(MFSRA/MFSXA)提供,也可由 McBSP 内部产生。McBSP 操作过程中,帧同步信号由无效变为有效表示一帧数据的开始。

　　与其他串口中断模式不同的是,在 McBSP 发送器或接收器处于复位状态时中断模块依然可以工作。例如,当接收器处于复位时依然可以检测接收帧同步信号并产生 RINT 信号。FSRM/FSXM 和 FSRP/FSXP 选择帧同步信号源和极性,各信号与 CPU 时钟保持同步,当相应的帧同步信号传送到 McBSP 接收模块或发送模块时,中断模块会向 CPU 传送 RINT 信号或 XINT 信号。这样,PCU 就可以在检测到新的帧同步脉冲后,安全地将 McBSP 退出复位状态。

　　McBSP 可以忽略发送或接收帧同步脉冲,为识别帧同步信号,需将相应的帧同步忽略位清零(对于接收器是 RFIG=0,对于发送器是 XFIG=0)。接收模块或发送模块也可以在传输指定的帧长度或串行字后忽略帧同步脉冲,此时需将帧同步忽略位置位(对于接收器 RFIG=1,对于发送器 XFIG=1)。另外,用户可以采用帧同步信号忽略功能对数据进行打包。

　　帧频由下式决定:

$$帧频 = \frac{时钟频率}{帧同步脉冲间时钟周期数}$$

帧频受每帧传送位数的限制。随着帧频的增加,相邻传输的数据包之间的无效周期会减小至零。帧同步脉冲间最小的时钟周期数等于每帧传输的位数,因此最大帧频如下:

$$最大帧频 = \frac{时钟频率}{每帧传输位数}$$

图 10.6 给出了 McBSP 工作在最大帧频下的时序图。

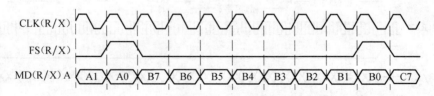

图 10.6　最大帧频时的 McBSP 操作时序图

　　在最大帧频下,数据流连续传输,各位之间没有无效周期。图 10.6 中有 1 位数据延迟,帧同步脉冲和上一帧的最后一位重叠。这种情况实现了连续数据流传输。从理论上讲,只要有一个初始帧同步脉冲就可以开始一个多帧数据的传输。

为实现此目的,McBSP 支持忽略后续帧同步脉冲。如果 XDATDLY＝0(0 位数据延迟),发送数据的第一位将和内部发送时钟(CLKX)是异步的,具体说明见10.6.12 节。

4. 帧相位

McBSP 允许用户配置每一帧包含一个或两个相位(phase),在不同相位阶段,每帧串行字的数目和串行字长可以独立配置,以实现灵活的数据传输。例如,用户可以定义一帧包含两个相位,相位 1 传送两个 16 位串行字,相位 2 传送 10 个 8 位串行字。这样,用户可以根据需求构造合适的数据帧,以达到最大的传输效率。表 10.1 给出了 McBSP 寄存器对每帧相位数、每相位串行字数及串行字长的相应控制位。单相位帧每帧最多允许传送 128 个串行字,双相位帧每帧最多允许传送256 个串行字。

表 10.1　McBSP 寄存器对每帧相位数、每相位串行字数及串行字长的相应控制位

数据传输	每帧相位数	每相位串行字数	串行字长
接收	1(RPHASE=0)	RFRLEN1	RWDLEN1
接收	2(RPHASE=1)	RFRLEN1、RFRLEN2	RWDLEN1、RWDLEN2
发送	1(XPHASE=0)	XFRLEN1	XWDLEN1
发送	2(XPHASE=1)	XFRLEN1、XFRLEN2	XWDLEN1、XWDLEN2

图 10.7 和图 10.8 分别给出了单相位帧和双相位帧数据传输时序关系图。

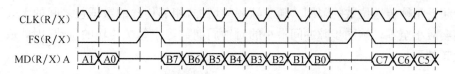

图 10.7　单相位帧数据传输时序关系图

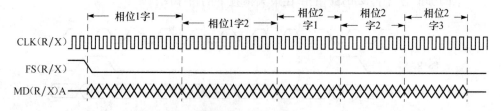

图 10.8　双相位帧数据传输时序关系图

图 10.7 为单相位帧,帧中包含 1 个 8 位长度的串行字;图 10.8 为双相位帧,相位 1 包含 2 个 12 位串行字,相位 2 包含 3 个 8 位串行字。

图 10.7 和图 10.8 时序对应的寄存器控制位设置如表 10.2 所示。

表 10.2　图 10.7 和图 10.8 时序对应的寄存器控制位设置

寄存器控制位	图 10.7 对应的寄存器控制位设置	图 10.8 对应的寄存器控制位设置
(R/X)PHASE	0b：单相位帧	1b：双相位帧
(R/X)FRLEN1	00b：相位 1 中串行字数为 1	01b：相位 1 中串行字数为 2
(R/X)WDLEN1	000b：相位 1 中串行字长为 8 位	001b：相位 1 中串行字长为 12 位
(R/X)FRLEN2	忽略	10b：相位 2 中串行字数为 3
(R/X)WDLEN2	忽略	000b：相位 2 中串行字长为 8 位
(R/X)DATDLY	01b：1 位数据延时	10b：2 位数据延时

10.2.4　McBSP 数据接收

图 10.9 给出了 McBSP 数据接收时序图。

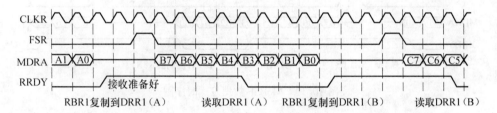

图 10.9　McBSP 数据接收时序图

数据从 MDRA 引脚到 CPU 的数据传输过程如下。

(1) McBSP 等待接收帧同步脉冲 FSR。

(2) 当接收到帧同步脉冲后，McBSP 根据 RCR2 寄存器中 RDATDLY 位的设置，插入相应的时间延迟。图 10.9 中为 1 位数据延时。

(3) McBSP 将 MDRA 引脚上的数据位移到 RSR 中。依前文所述，当串行字长小于或等于 16 位时，只使用 RSR1；当串行字长大于 16 位时，还需使用 RSR2，且 RSR2 保存数据的高有效位。

(4) 当接收到一个完整串行字时，如果 RBR1 为空，McBSP 将 RSR 中的数据传送到 RBR 中。同样，当串行字长小于或等于 16 位时，只使用 RBR1；当串行字长大于 16 位时，还需使用 RBR2，且 RBR2 保存数据的高有效位。如果 DRR1 为空，McBSP 就会将 RBR 中的数据传送到 DRR 中。当 DRR1 接收到新的数据后，SPCR1 中的接收准备好位（RRDY）置位，表明接收数据已准备好，CPU 可以读取接收到的数据。同样，当串行字长小于或等于 16 位时，只使用 DRR1；当串行字长大于 16 位时，还需使用 DRR2，且 DRR2 保存数据高有效位。

如果在数据接收过程中使用了压缩解压功能（RCOMPAND＝10b 或 11b），RBR1 中 8 位压缩数据将先被解压成左对齐的 16 位数据，然后传送到 DRR1 中；如果未使用压缩解压功能，则数据在从 RBR 向 DRR 传送过程中，根据 RJUST 位的设置进行对齐和位填充。

（5）CPU 读取 DRR。当 DRR1 被读完后，RRDY 被清除，启动下一个从 RBR 到 DRR 的数据传输。

值得注意的是，如果需同时使用 DRR1 和 DRR2（串行字长大于 16 位），CPU 应先读 DRR2 后读 DRR1，因为一旦 DRR1 被读取，将启动下一个从 RBR 到 DRR 的数据传输。如果 DRR2 中的数据没有被先读取，DRR2 中的数据就会丢失。

10.2.5　McBSP 数据发送

图 10.10 给出了 McBSP 数据发送时序图。

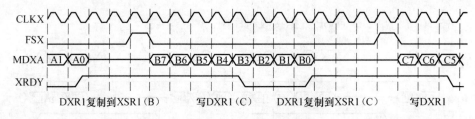

图 10.10　McBSP 数据发送时序图

数据发送过程如下。

（1）CPU 将数据写入 DXR。当 DXR1 被加载后，SPCR2 中的发送准备好位（XRDY）被清除，表示发送器暂不能接收新的数据。当串行字长小于或等于 16 位时只使用 DXR1；当串行字长大于 16 位，还需使用 DXR2，且 DXR2 保存数据的高有效位。

值得注意的是，如果需同时使用 DXR1 和 DXR2（串行字长大于 16 位），CPU 必须先写 DXR2，后写 DXR1，因为一旦 DXR1 被加载且 XSR1 为空，McBSP 就会将 DXR 中的数据复制到 XSR。如果 DXR2 没有先被加载，DXR2 中先前的值就会传到 XSR2 中。

（2）当新的数据加载到 DXR1 中且 XSR1 为空时，McBSP 将 DXR 中的数据传送到 XSR 中，同时发送准备好位（XRDY）置位，表示发送器可以接收新的数据。当串行字长小于或等于 16 位时，只使用 XSR1；当串行字长大于 16 位时，还需使用 XSR2，且 XSR2 用于保存数据的高有效位。如果在发送过程中使用了压缩解压功能（XCR2 中 XCOMPAND＝10b 或 11b），McBSP 会依据 μ 律或 A 律把在 DXR1 中的 16 位数据压缩成 8 位数据传送到 XSR1 中；如果未使用压缩解压功能，McBSP 则将 DXR 中的数据直接传给 XSR。

（3）McBSP 等待发送帧同步脉冲 FSX。

（4）当发送帧同步脉冲 FSX 到来时，McBSP 根据 XDATDLY 位的设置插入一定的数据延迟。图 10.10 中为 1 位数据延时。

（5）McBSP 将 XSR 中的数据逐位从 MDXA 引脚移出。

10.2.6　McBSP 的采样速率发生器

McBSP 内部包含一个采样速率发生器模块，通过对该模块的编程可以产生内部数据时钟（CLKG）和帧同步信号（FSG）。图 10.11 给出了 McBSP 中采样速率发生器功能框图。用户可通过 PCR 中的 SCLKME 位和 SRGR2 中的 CLKSM 位选择采样速率发生器的输入时钟。

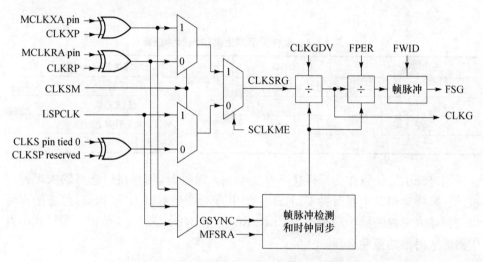

图 10.11　McBSP 中采样速率发生器功能框图

CLKG 和 FSG 信号可分别被用做发送器或（和）接收器时钟信号和帧同步信号。采样速率发生器的时钟源（图 10.11 中的 CLKSRG）依据 PCR 的 SCLKME 位和 SRGR2 的 CLKSM 位的设置，可以选 LSPCLK 或外部引脚（MCLKXA 或 MCLKRA）。如果选择外部引脚提供时钟，可以通过 CLKXP 位或 CLKRP 位控制输入信号的极性。

采样速率发生器有三级时钟分频器，使得 CLKG 和 FSG 信号具有可编程特性。三级时钟分频器提供以下功能。

（1）时钟分频：依据 SRGR1 中 CLKGDV 位的设置对 CLKSRG 进行分频，产生 CLKG 信号。

（2）帧周期控制：根据 SRGR2 中 FPER 位的设置对 CLKG 分频，控制帧周期（帧周期是指从一个帧同步信号开始到下一个帧同步信号开始的时间间隔）。

（3）帧同步脉冲宽度控制：根据 SRGR1 中 FWID 位的设置，控制帧同步脉冲的宽度。

除了三级时钟分频器外,采样速率发生器还有一个帧同步脉冲检测和时钟同步模块,以实现时钟分频信号和 MFSRA 引脚输入的帧同步脉冲同步,该功能可以通过 SRGR2 的 GSYNC 位使能或禁止。

1. 采样速率发生器输入时钟的选择及极性控制

PCR 中的 SCLKME 位和 SRGR2 中的 CLKSM 位用于选择采样速率发生器的时钟源,具体描述如表 10.3 所示。当 CLKSM=1 时,CLKGDV 位的最小值应为 1。

表 10.3 采样速率发生器输入时钟选择

SCLKME	CLKSM	采样速率发生器输入时钟
0	0	保留
0	1	LSPCLK
1	0	MCLKRA 引脚上的信号
1	1	MCLKXA 引脚上的信号

当外部引脚信号作为采样速率发生器输入时钟时,用户可以选择输入时钟的极性。采样速率发生器时钟 CLKSRG 的上升沿产生 CLKG 和 FSG,但是用户可以选择输入时钟的哪个沿来产生 CLKSRG 的上升沿。表 10.4 给出了采样速率发生器输入时钟的极性选择。

表 10.4 采样速率发生器输入时钟极性选择

输入时钟	极性选择	影 响
LSPCLK	正极性	LSPCLK 上升沿产生 CLKSRG 的上升沿
MCLKRA 引脚信号	CLKRP=0	MCLKRA 下降沿产生 CLKSRG 的上升沿
	CLKRP=1	MCLKRA 上升沿产生 CLKSRG 的上升沿
MCLKXA 引脚信号	CLKXP=0	MCLKXA 上升沿产生 CLKSRG 的上升沿
	CLKXP=1	MCLKXA 下降沿产生 CLKSRG 的上升沿

2. 采样速率发生器的时钟产生及频率控制

当时钟模式位为 1 时(对于接收 CLKRM=1,对于发送 CLKXM=1),采样速率发生器产生的时钟信号(CLKG)被用做数据发送器或数据接收器的时钟信号。

值得注意的是,CLKRM=1 和 CLKXM=1 时,对 McBSP 接收器和发送器时钟选择的控制还受数字回路模式和时钟停止模式的影响,具体描述如表 10.5 所示。SPCR1 中的 DLB 位和 CLKSTP 位分别用于控制数字回路模式和时钟停止模式的使能与否。当使用采样速率发生器作为时钟源时,要确保采样速率发生器被使能($\overline{\text{GRST}}=1$)。

表 10.5　DLB 和 CLKSTP 对时钟模式的影响

模式位设置		影　响
CLKRM=1	DLB=0 (禁止数字环路模式)	MCLKRA 为输出引脚,输出采样速率发生器输出时钟 CLKG
	DLB=1 (使能数字环路模式)	MCLKRA 为输出引脚,输出 CLKX 信号。CLKX 的选择与 CLKXM 相关
CLKXM=1	CLKSTP=00b/01b (禁止时钟停止模式)	MCLKRA 为输出引脚,输出采样速率发生器输出时钟 CLKG
	CLKSTP=10b/11b (使能时钟停止模式)	McBSP 为 SPI 主器件,CLKX 驱动 CLKR 和网络中所有兼容的 SPI 从设备。CLKX 由采样速率发生器输出时钟 CLKG 驱动

采样速率发生器输入时钟(LSPCLK 或外部时钟)经过可编程分频后产生内部时钟 CLKG。无论采样速率发生器选择哪种时钟源,都将在 CLKSRG 的上升沿产生 CLKG 和 FSG。采样速率生成器的第一级分频产生内部时钟 CLKG,分频值由 SRGR1 中的 CLKGDV 值决定,CLKG 频率与 CLKGDV 值的关系如下:

$$\text{CLKG 频率} = \frac{\text{输入时钟频率}}{\text{CLKGDV}+1}$$

因此,对输入时钟的分频系数是 $1\sim256$ 的任意值,当 CLKGDV 为奇数或等于 0 时,CLKG 的占空比为 50%;当 CLKGDV 为偶数 $2p$ 时,CLKG 高电平持续周期为 $p+1$,低电平持续周期为 p。

3. 采样速率发生器帧同步信号的产生及脉宽、周期控制

采样速率发生器生成的帧同步信号可作为接收器或/和发送器的帧同步信号。

当 FSRM=1 时,接收器使用 FSG 作为帧同步信号;当 FSRM=0 时,接收器使用 MFSRA 引脚信号作为帧同步信号。

当 FSXM=0 时,发送器选择 MFSXA 引脚信号作为帧同步信号;当 FSXM=1、FSGM=1 时,发送器选择 FSG 作为发送帧同步信号;当 FSXM=1、FSGM=0 时,在每次数据从 DXR 向 XSR 传送时会产生发送帧同步信号。

上述各情况中,必须使能采样速率发生器($\overline{\text{GRST}}=1$)和帧同步逻辑模块($\overline{\text{FRST}}=1$)。

通过 SRGR1 中的 FWID 位设置 FSG 的脉冲宽度。FSG 的脉冲宽度等于(FWID+1)个 CLKG 周期,其中 CLKG 是采样速率发生器的输出时钟。依据采样速率发生器配置的不同,可以采用两种方法设置帧周期(帧周期是指从一个 FSG 脉冲的开始边沿到下一个 FSG 脉冲的开始边沿之间的时间):

(1) 当采样速率发生器使用外部时钟作时钟源,且 SRGR2 中 GSYNC＝1 时, MFSRA 引脚上从无效到有效的跳变将产生一个 FSG 脉冲,此时帧周期由外部设备控制。

(2) 当采样速率发生器使用内部时钟作时钟源时,用户可通过 SRGR2 的 FPER 位控制帧周期,此时,帧周期就等于(FPER＋1)个 CLKG 周期,其中 CLKG 是采样速率生成器的输出时钟。

4. CLKG 和 FSG 与外部输入时钟的同步

当选择外部时钟作为采样速率发生器输入时钟时,SRGR2 的 GSYNC 位和 MFSRA 引脚可以配置内部输出时钟(CLKG)和帧同步脉冲(FSG)的时序。如果希望 McBSP 和外部设备以相同的相位关系对输入时钟进行分频,应设置 GSYNC＝1, 此时:

(1) MFSRA 引脚从无效到有效的跳变将重新同步 CLKG,并产生 FSG 信号。

(2) 同步后,CLKG 总是以高电平开始。

(3) 无论 MFSRA 脉冲多长,McBSP 总是在产生 CLKG 的输入时钟的相同边沿检测 MFSRA。

(4) SRGR2 中的 FPER 位被忽略,FSG 周期由 MFSRA 引脚上的下一个帧同步脉冲确定。

如果 GSYNC＝0,CLKG 自由运行且不受外部输入时钟信号的同步,FSG 的帧同步周期由 FPER 决定。

当 GSYNC＝1 时,如果满足下列条件,发送器和接收器可以同步操作。

(1) 选择 FSG 作为发送器帧同步信号(SRGR2 中 FSGM＝1 和 PCR 中 FSXM＝1)。如果 MFSRA 具有适当的时序以保证能在 CLKG 的下降沿被采样, 此时也可以设置 FSXM＝0,并将 MFSRA 和 MFSXA 在外部相连。

(2) 发送器和接收器均选择 CLKG 作为时钟信号(PCR 中 CLKRM＝ CLKXM＝1),因此 MCLKRA 和 MCLKXA 引脚无需再接任何驱动源。

图 10.12 和图 10.13 给出了 MCLKRA 和 MFSRA 不同极性组合时输入时钟信号(以 MCLKRA 为例)和帧同步信号的时序关系图。图中假设 SRGR1 的 FWID＝0,即 FSG 脉冲宽度等于 1 个 CLKG 周期。此时,SRGR2 中 FPER 位的设置是无效的,帧周期由 MFSRA 引脚信号决定。图中均给出了当 CLKG 初始时已同步且 GSYNC＝1 和初始时未同步且 GSYNC＝1 情况下,MFSRA 产生有效脉冲时,CLKG 的变化情况。图 10.13 中,由于 SRGR1 中的 CLKGDV 值较大,其 CLKG 频率较低。

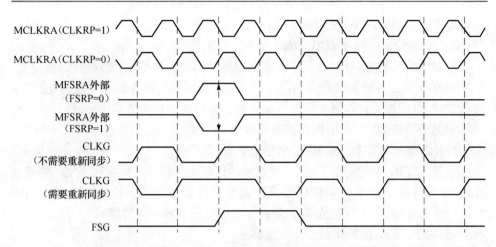

图 10.12 当 GSYNC=1 和 CLKGDV=1 时,CLKG 信号同步和 FSG 的产生

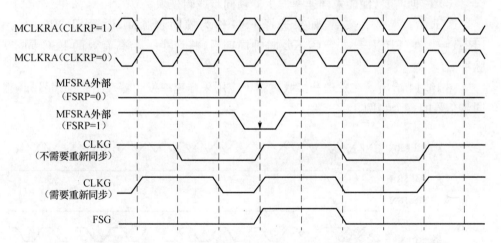

图 10.13 当 GSYNC=1 和 CLKGDV=3 时,CLKG 信号同步和 FSG 的产生

5. 采样速率发生器复位和初始化步骤

(1) 复位 McBSP 和采样速率发生器。

在 DSP 复位过程中,采样速率发生器、数据接收器和发送器的复位位($\overline{GRST}$、$\overline{RRST}$ 和 $\overline{XRST}$)自动被设置为 0。此外,在正常操作过程中,如果 McBSP 没有使用 CLKG 和 FSG,则可通过设置 SPCR2 中的 $\overline{GRST}$=0 来复位采样速率发生器。根据应用需要,还可单独复位数据接收器(SPCR1 中 $\overline{RRST}$=0)或数据发送器(SPCR2 中 $\overline{XRST}$=0)。

如果由于 DSP 的复位使 $\overline{GRST}$=0,CLKG 将输出时钟,频率为 CPU 时钟频率的 1/2,而 FSG 为无效的低电平状态;如果软件复位使 $\overline{GRST}$=0,CLKG 和 FSG

都将处于无效的低电平状态。

（2）对影响采样速率发生器的寄存器进行编程。

根据应用的需要，可以对采样速率寄存器（SRGR1 和 SRGR2）进行编程设置。如果需要改变其他控制寄存器，在 McBSP 相应的部分（接收器和发送器）处于复位状态时，可对相关寄存器装载新的配置值。采样速率发生器编程完成后，需等待 2 个 CLKSRG 周期，以保证内部正确同步。

（3）使能采样速率生成器（退出复位状态）。

设置 SPCR2 中的 $\overline{GRST}=1$ 来使能采样速率发生器。在采样速率发生器被使能后，需等待两个 CLKG 周期以使采样速率生成器逻辑达到稳定。在 CLKSRG 的下一个上升沿，CLKG 变为 1，并依据设定的分频值输出时钟信号。

（4）根据需要，使能接收器和发送器。

通过设置 $\overline{RRST}=1$ 和 $\overline{XRST}=1$ 来分别使能数据接收器和和数据发送器。

（5）根据需要，使能采样速率发生器帧同步逻辑模块。

DXR 数据装载完成后，如果选择 FSG 作为帧同步脉冲，设置 SPCR2 中的 $\overline{FRST}=1$，在（FPER＋1）个 CLKG 时钟周期后，将产生一个高有效的 FSG 同步脉冲。

图 10.14 给出了在发送和接收过程中应用采样速率发生器产生时钟信号和帧同步信号的一个实例。

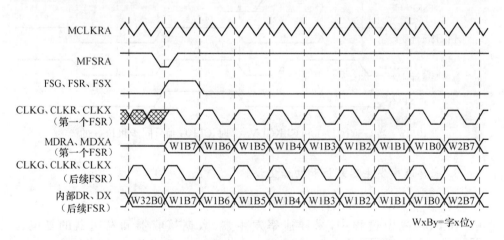

图 10.14　采样速率发生器时钟实例

其相关配置信息如下。

（1）DLB＝0、CLKSTP＝00b：禁止数字回路模式和时钟停止模式。

（2）CLKRM/CLKXM＝1：采样速率发生器输出时钟用作数据接收器和发送器时钟信号。

(3) GSYNC＝1：保证 CLKG 与 MFSRA 引脚输入信号同步。只有 MFSRA 信号有效时，CLKG 才与采样速率发生器输入时钟信号同步。

(4) SCLKME＝1、CLKSM＝0：选取 MCLKRA 信号作为采样速率发生器输入时钟。

(5) CLKRP＝0：MCLKRA 的下降沿产生 CLKG。

(6) CLKGDV＝1：CLKG 的频率是 MCLKRA 频率的 1/2。

(7) FSRP/FSXP＝1：帧同步脉冲低电平有效。

(8) RPHASE/XPHASE＝0：单相位帧。

(9) RFRLEN1/XFRLEN1＝11111b：每帧 32 个串行字。

(10) RWDLEN1/XWDLEN1＝0：每串行字长为 8 位。

(11) RDATDLY/XDATDLY＝0：无数据延迟。

10.2.7 McBSP 可能出现的错误

在 McBSP 工作过程中，可能产生五种错误，分别如下。

1. 接收器溢出（RFULL＝1）

假定 RSR、RBR 及 DRR 均为空，新接收的第一个串行字首先保存在 RSR 中，然后顺次传送到 RBR 和 DRR 中；如果 CPU 没有读取 DRR1（如果 RBR 中有新的数据，读取 DRR1 将触发 RBR 到 DRR 的数据传输），则新接收的第二个串行字将保存在 RBR 中，而不向 DRR 中传输；接收到的第三个串行字则保存在 RSR 中，此时置 RFULL＝1，指示任何新的数据到来后会覆盖 RSR 中的内容而造成先前数据丢失。图 10.15 给出了发生接收器溢出错误示意图。

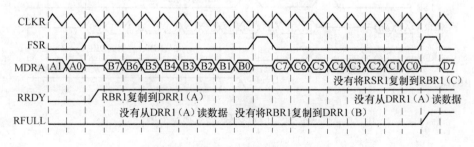

图 10.15　接收器溢出错误示意图

图 10.15 中，串行字 D 覆盖了串行字 C，造成串行字 C 丢失。如果 CPU 还未读取 DRR1 且有新的串行字到达 MDRA 端口，则串行字 D 也将被新的串行字覆盖而丢失。为避免数据丢失，CPU 最迟在串行字 C 最后一位转移到 RSR1 的前

2.5 个时钟周期时读取 DRR1，如图 10.16 所示。

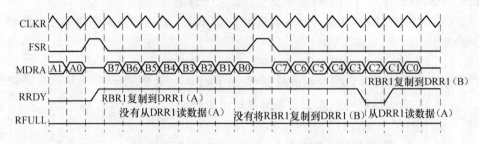

图 10.16　阻止接收器溢出示意图

接收器从复位后开始运行，到 RFULL 被置位前，必须至少接收到三个串行字。可以通过以下方法清除 RFULL 位以保证后续数据的正确传输：CPU 读 DRR1 或者单独复位接收器（$\overline{RRST}=0$）或通过 DSP 复位来复位接收器。

2. 异常接收帧同步信号（RSYNCERR＝1）

异常接收帧同步信号是指还未接收完当前帧的所有位就启动了下一帧的同步信号。在接收过程中，如果 RFIG＝0 且产生了异常接收帧同步信号，就会置 RSYNCERR＝1。异常接收帧同步信号会终止当前数据接收，并开始接收下一帧数据。图 10.17 给出了异常接收帧同步信号示例。如图 10.17 所示事例中，串行字 B 丢失。

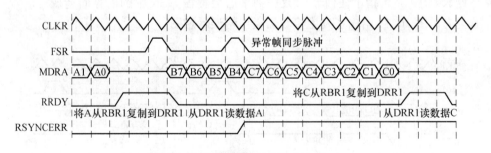

图 10.17　异常接收帧同步信号示例

图 10.18 给出了数据接收器对接收帧同步脉冲的处理办法，详细分析如下。

情况 1　出现了异常接收帧同步信号，但 RCR2 中 RFIG＝1，此时忽略异常接收帧同步信号，继续接收数据。

情况 2　正常接收帧同步信号，接收器正常接收数据。当正常接收帧同步信号产生时，接收器可能并未在接收数据，原因有以下三种：

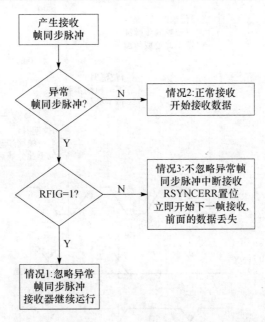

图 10.18　数据接收器对接收帧同步脉冲的处理办法

（1）该接收帧同步脉冲是在接收器使能后的第一个接收帧同步脉冲。

（2）该接收帧同步脉冲是通过读取 DRR 清除接收器满标志（SPCR1 中
RFULL＝1）后产生的第一个帧同步脉冲。

（3）接收器正处于接收相邻串行字的间隔时间，在接收帧同步信号后的第一
个数据位，帧同步逻辑模块允许有 0～2 个时钟周期的延时时间，该延时时间由
RCR2 中的 RDATDLY 决定。

情况 3　异常接收帧同步脉冲，且 RCR2 中的 RFIG＝0。异常接收帧同步脉
冲可能来自于外部，或来自内部采样速率发生器。只有接收器复位或向 RSYN-
CERR 位写 0 才能清除 RSYNCERR。如果希望当 RSYNCERR 置位时向 CPU
传送中断信号，则需设置 SPCR1 中的 RINTM＝11b。

为防止出现异常接收帧同步脉冲，可设置 RCR2 中的 RDATDLY 位，确保每
帧传输可以有 0、1 或 2 个 CLKR 周期的延时。图 10.19 给出了如何选择合适的
数据延时以防止出现异常接收帧同步脉冲的说明。

3. 发送数据覆盖

在数据从 DXR 被复制到 XSR 之前，CPU 再次向 DXR 中写数据，此时将会发
生发送数据覆盖的错误，且先前存储在 DXR 中的数据将会丢失。图 10.20 给出了
发送数据覆盖的示例。

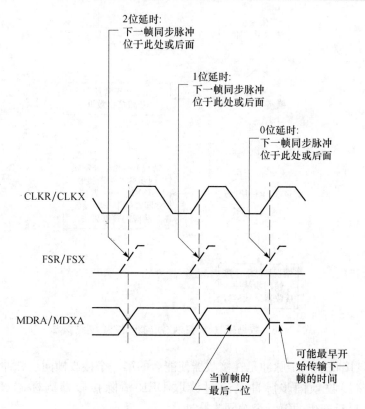

图 10.19　合理设置帧同步脉冲位置说明图

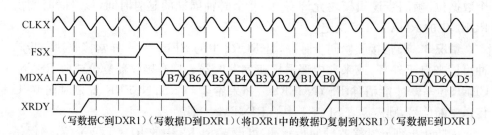

图 10.20　发送数据覆盖示例

　　图 10.20 中，串行字 C 被串行字 D 覆盖，从而造成串行字 C 丢失。为防止发生发送数据覆盖的情况，可以在每次向 DXR 写数据之前查询 SPCR2 中的 XRDY 位，确保 XRDY=1 时再向 DXR 写数据；或者设置 SPCR2 中的 XINTM=00b，这样每次 XRDY 置位时，发送器向 CPU 发送中断 XINT，在产生 XINT 信号时，向 DXR 写入新的数据。

4. 发送器下溢

当 SPCR2 中的 $\overline{\text{XEMPTY}}$ 位清零时,表示发送器为空(下溢),以下情况会产生发送器下溢:

(1) 最后一个串行字从 DXR 复制到 XSR 中,且 XSR 中数据的所有位都已经通过 MDXA 引脚发送出去,再没有向 DXR1 中装载新的数据。

(2) 发送器复位(SPCR2 中的 $\overline{\text{XRST}}=0$ 或 DSP 复位)后重新启动。

下溢情况下,在 CPU 向 DXR1 加载新的数据之前,每来一个新的发送帧同步脉冲,发送器就发送一次 DXR 中原有的数据。当新的数据从 DXR1 传送到 XSR1 中时,$\overline{\text{XEMPTY}}$ 被置位。如果 PCR 中的 FSXM=1 且 SRGR2 中的 FSGM=0,在数据从 DXR 向 XSR 复制时,发送器就会产生内部发送帧同步脉冲。否则,发送器就等待帧同步脉冲的到来。

发送器退出复位状态($\overline{\text{XRST}}=1$)后,SPCR2 中 XRDY=1,$\overline{\text{XEMPTY}}=0$。如果在内部帧同步信号 FSX 变为高电平之前 CPU 已经将数据装载到 DXR1 中,DXR 中的数据将被传送到 XSR 中。这样在发送帧同步脉冲产生或被检测到之前,加载的第一帧中第一个串行字也是有效的;相反,如果在 DXR1 被装载前检测到了发送帧同步脉冲,在 MDXA 引脚上将发送 0。

图 10.21 给出了发送器下溢的示例图。

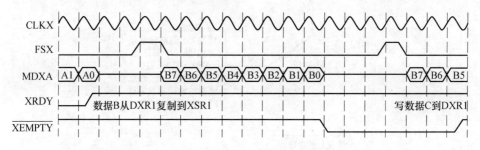

图 10.21　发送器下溢示例图

从图 10.21 可以看出,由于在第二个帧同步脉冲到来之前,DXR1 未被加载新的数据,因此串行字 B 被再次发送。为防止发送器下溢时,串行字被重复发送,需在帧同步脉冲到来之前向 DXR1 中加载新的数据。

5. 异常发送帧同步脉冲(XSYNCERR=1)

异常发送帧同步信号是指还未发送完当前帧的所有位就启动了下一帧的同步信号。在发送过程中,如果 XFIG＝0 且产生了异常发送帧同步信号,就会置 XSYNCERR=1。异常发送帧同步脉冲会终止当前数据传输,并开始传输下一帧数据,即再次发送 XSR 中的数据。图 10.22 给出了异常发送帧同步脉冲示例。图中,串行字 B 被再次发送。

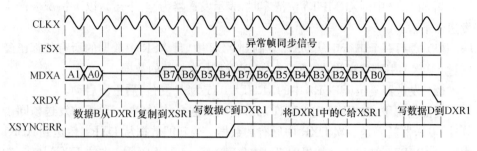

图 10.22   异常发送帧同步信号示例

图 10.23 给出了数据发送器对发送帧同步脉冲的处理办法,详细分析如下。

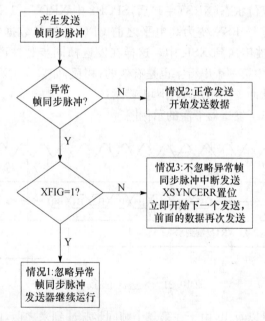

图 10.23   数据发送器对发送帧同步脉冲的处理办法

情况 1   出现了异常发送帧同步信号,但 XCR2 中 XFIG=1,此时忽略异常发送帧同步信号,继续发送数据。

情况 2   正常发送帧同步信号,发送器正常发送数据。当正常发送帧同步信号产生时,发送器可能并未在发送数据,原因有以下两种:

(1) 该发送帧同步脉冲是在发送器使能后的第一个帧同步脉冲。

(2) 发送器正处于发送相邻串行字的间隔时间,在发送帧同步信号后的第一个数据位,帧同步逻辑模块允许有 0~2 个时钟周期的延时时间,该延时时间由 XCR2 中的 XDATDLY 决定。

情况 3 异常发送帧同步脉冲,且 XCR2 中的 XFIG=0。异常发送帧同步脉冲可能来自于外部,或来自内部采样速率发生器。只有发送器复位或向 XSYN-CERR 位写 0 才能清除 XSYNCERR。如果希望当 XSYNCERR 置位时向 CPU 传送中断信号,则需设置 SPCR2 中的 XINTM=11b。

为防止出现异常发送帧同步脉冲,可设置 XCR2 中的 XDATDLY 位,确保每帧传输可以有 0、1 或 2 个 CLKR 周期的延时。参考图 10.19 来选择合适的延时以防止出现异常发送帧同步脉冲。

10.3   多通道选择模式

McBSP 的通道是指对一个串行字进行移位操作所对应的时间段,McBSP 支持多达 128 个数据接收通道和 128 个数据发送通道。在接收器和发送器中,128 个通道被分为 8 个块,每块包含相邻的 16 个通道,具体对应关系如表 10.6 所示。

表 10.6   块与通道的对应关系

块	0	1	2	3	4	5	6	7
通道	0~15	16~31	32~47	48~63	64~79	80~95	96~111	112~127

McBSP 可选择 2 分区模式(A 区和 B 区)和 8 分区模式(A~H 区)。在 2 分区模式中,用户可以分配一个偶数块(块 0、2、4 或 6)给 A 区,分配一个奇数块(块 1、3、5 或 7)给 B 区;在 8 分区模式中,块 0~7 分别分配给 A~H 区。接收过程和发送过程所选择的分区模式是彼此独立的,如接收模块可使用 2 分区模式,而发送模块使用 8 分区模式。

当 McBSP 使用时分复用数据流同其他 McBSP 或串行设备通信时,McBSP 可能仅需要较少的通道进行数据传输。为节省存储空间和总线带宽,可以使用多通道模式以阻止其余通道的数据流。每通道分区有专门的通道使能寄存器,针对所选择的多通道选择模式,通道使能寄存器中的每一位用于控制相应分区中对应通道的数据流。McBSP 有一种接收多通道选择模式和三种发送多通道选择模式。

在使能多通道选择模式前,必须按照以下设置数据帧:

(1) 选择单相位帧(RPHASE/XPHASE=0),每帧代表一个时分复用数据流。

(2) 帧长度(RFRLEN1/XFRLEN1)应大于要使用的最大通道号。例如,如果要使用通道 0、15 和 39 进行数据接收，则接收帧长度至少是 40(RFRLEN1＝39)。设置 RFRLEN1＝39，接收器为每帧创建 40 个时间段，但每帧只接收通道 0、15 和 39 的数据。

10.3.1　2 分区模式

接收器和发送器可使用 2 分区模式或 8 分区模式。如果用户选择 2 分区模式 (对于接收 RMCME＝0，对于发送 XMCME＝0)，McBSP 通道采用轮换调度方式：每来一个帧同步脉冲，接收器或发送器从 A 区的通道开始传输，然后在 B 区和 A 区之间反复切换，直到整个帧传输完毕。当下一帧同步脉冲到来时，仍然从 A 区通道开始传输。

对于接收/发送，8 个接收/发送块中的两个可以分配给 A 区和 B 区，也就是说，任意给定时刻，最多可以使能 32 个接收/发送通道。设置 RPABLK/XPABLK 位，可以分配一个偶数通道块(块 0、2、4 或 6)给接收/发送分区 A，分区内的通道由接收/发送通道使能寄存器 A(RCERA/XCERA)控制；设置 RPBBLK/XPBBLK 位，可以分配一个奇数通道块(块 1、3、5 或 7)给接收/发送分区 B，分区内的通道由接收/发送通道使能寄存器 B(RCERB/XCERB)控制。

图 10.24 给出 A 区通道和 B 区通道间轮换调度的例子。块 0(通道 0～15)被分配给 A 区，块 1(通道 16～31)被分配给 B 区。帧同步脉冲到来时，McBSP 从 A 区开始传输，然后在 B 区和 A 区间交替，直到完成整个帧的数据传输。

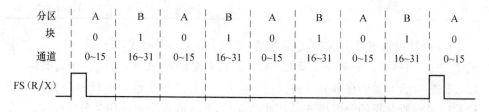

图 10.24　2 分区模式、固定块分配时，A/B 区通道轮换调度示例

在 2 分区模式下，如果用户使用的通道数多于 32 个，可以在数据传输过程中动态地改变 A 区和 B 区的块分配，但必须掌握好重新进行块分配的时刻。当一个分区正在进行数据传输时，不能修改与其相关的块分配位及相应的通道使能寄存器。例如，如果正在传输块 2 且块 2 被分配给分区 A，就不能修改 RPABLK/XPABLK 给分区 A 分配不同的通道，也不能修改 RCERA/XCERA 改变分区 A 的通道配置。可以利用 McBSP 的某些标志位或信号来进行重新配置：

(1) RCBLK/XCBLK 位给出了当前正在进行数据传输的通道的块值，应用程序可以查询这些位以确定正在使用哪一分区。当某一分区不使用时，可以改变其块分配和通道配置。

（2）在每一块的最后（在两个分区的边界），McBSP 会向 CPU 发送中断信号。在中断服务子程序中，用户可以查询 RCBLK/XCBLK 位，改变非活动分区的块分配和通道配置。

图 10.25 给出了一个动态分配通道的例子。

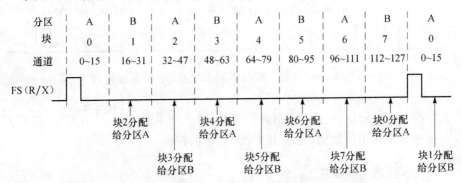

图 10.25　2 分区模式、动态分配块时，A/B 区通道轮换调度示例

帧同步脉冲到来时，McBSP 在 A 区和 B 区间切换。当使用分区 B 时，CPU 改变分区 A 的块分配；当使用分区 A 时，CPU 改变分区 B 的块分配。

10.3.2　8 分区模式

如果用户选择了 8 分区模式（对于接收 RMCME＝1，对于发送 XMCME＝1），McBSP 顺次传输 A、B、C、D、E、F、G、H 分区中各通道中的数据。当帧同步脉冲到来时，接收器或发送器首先传输分区 A 中各通道数据，然后按照上述顺序传输其他分区通道中的数据，直到整个帧传输完毕。当下一帧同步脉冲产生时，开始下一帧的传输，且仍然从分区 A 开始。

在 8 分区模式中，RPABLK/XPABLK 和 RPBBLK/XPBBLK 位无效。表 10.7 给出了各块与各分区的对应关系，该对应关系是固定的，不可更改。表 10.7 同时给出了控制各区各通道的相关寄存器。

表 10.7　8 分区模式下，块与分区的对应关系及相应的通道控制寄存器

分　区	块：通道	通道控制寄存器
A	块 0：通道 0～15	RCERA/XCERA
B	块 1：通道 16～31	RCERB/XCERB
C	块 2：通道 32～47	RCERC/XCERC
D	块 3：通道 48～63	RCERD/XCERD
E	块 4：通道 64～79	RCERE/XCERE
F	块 5：通道 80～95	RCERF/XCERF
G	块 6：通道 96～111	RCERG/XCERG
H	块 7：通道 112～127	RCERH/XCERH

图 10.26 给出了 8 分区模式下，McBSP 数据传输示意图。

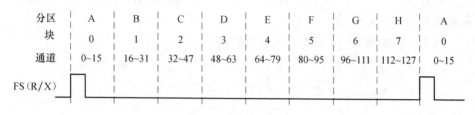

图 10.26　8 分区模式下，McBSP 数据传输示意图

如图 10.26 所示，在帧同步脉冲到来后，McBSP 依次传输 A、B、C、D、E、F、G、H 分区中各个通道的数据，完成 128 个串行字的传输。

10.3.3　多通道选择模式

1. 接收多通道选择模式

通过设置 MCR1 中的 RMCM 位来选择所有通道或只有选定通道进行数据接收。当 RMCM＝0 时，所有 128 通道均被使能而且不能被禁止，此时为常规工作模式；当 RMCM＝1 时，使能接收多通道选择模式，在这种模式下，只有在相应的通道使能寄存器（RCERs）中选定的通道才被使能。各通道与 RCERs 的对应关系与所选择的接收分区模式相关（2 分区/8 分区）。在多通道模式下，如果某一接收通道被禁止，该通道接收的数据只能传送到 RBR 中，而不会被传送到 DRR 中，因此不会将 RRDY 置位，同样不会产生接收 FIFO REVT 事件。此时，如果接收中断模式位 RINTM＝00b，McBSP 也不会向 CPU 发送中断信号。

以下给出了在接收多通道选择模式下，McBSP 处理各通道数据的示例。该示例假定只使能通道 0、15 和 39，帧长度设置为 40：

（1）接收通道 0 从 MDRA 引脚移入的数据。

（2）忽略通道 1～14 接收的数据。

（3）接收通道 15 从 MDRA 引脚移入的数据。

（4）忽略通道 16～38 接收的数据。

（5）接收通道 39 从 MDRA 引脚移入的数据。

2. 发送多通道选择模式

通过设置 XCR2 中的 XMCM 位来选择所有通道或只有选定通道进行数据发送。McBSP 有 3 种发送多通道选择模式（XMCM＝01b/10b 和 11b），具体描述见表 10.8。

表 10.8　XMCM 对发送多通道选择模式的控制

XMCM	发送多通道选择模式
00b	不使用发送多通道选择模式,即常规工作模式:所有通道均被使能且非屏蔽,不可禁止或屏蔽任何通道
01b	所有通道均被禁止,通过发送通道使能寄存器(XCERs)可使能选定通道,某一通道使能后即成为非屏蔽通道
10b	所有通道均被使能,但均被屏蔽,通过发送通道使能寄存器(XCERs)可对选定通道解除屏蔽
11b	该模式用于同步发送和接收。所有发送通道均被禁止,通过接收通道使能寄存器(RCERs)可使能选定通道。当仅使能某通道时,该通道是被屏蔽的,通过发送通道使能寄存器(XCERs)可对选定通道解除屏蔽

以下给出了在发送多通道选择模式下,McBSP 处理各通道数据的示例。该示例设置发送多通道选择模式位 XMCM=01b,只使能通道 0、15 和 39,帧长度设置为 40:

(1) 将通道 0 中的数据从 MDXA 引脚移出。

(2) 在通道 1~14 时间段,将 MDXA 引脚置为高阻态。

(3) 将通道 15 中的数据从 MDXA 引脚移出。

(4) 在通道 16~38 时间段,将 MDXA 引脚置为高阻态。

(5) 将通道 39 中的数据从 MDXA 引脚移出。

在发送过程中,一个通道的状态可能是以下三种情况:

(1) 使能且非屏蔽的(可以启动发送且能最终完成发送)。

(2) 使能但被屏蔽的(可以启动发送但不能最终完成发送)。

(3) 被禁止的(不能启动发送)。

下列给出详细解释。

(1) 使能通道:该通道可以启动发送,即将 DXR 中的数据传送到 XSR 中。

(2) 被屏蔽通道:该通道不能完成数据的发送,MDXA 引脚被置成高阻态,XSR 中的数据不能从 MDXA 引脚上移出。在共用串行总线进行数据发送和接收的系统中,这个功能可以使应用程序屏蔽发送通道。应用程序不需要屏蔽接收通道,因为多通道同时接收并不会引起总线冲突。

(3) 被禁止通道:被禁止的通道同时也是被屏蔽的。该通道不能启动发送,即不能将 DXR 中的数据传送到 XSR 中,因此 SPCR2 中的 XRDY 位也不会置位。

(4) 非屏蔽通道:该通道中,XSR 中的数据可通过 MDXA 引脚发送出去。

图 10.27~图 10.30 给出了 XMCM 不同的值时 McBSP 的引脚状态,在所有情况下,发送帧配置如下。

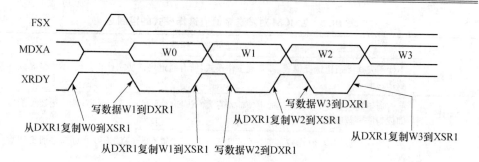

图 10.27　XMCM＝00b(所有通道被使能且非屏蔽)时，McBSP 的引脚状态

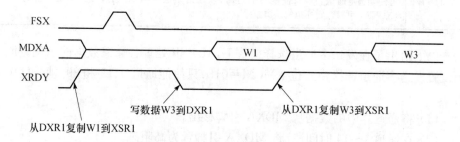

图 10.28　XMCM＝01b，XPABLK＝00b，XCERA＝1010b
(只有通道 1 和 3 被使能且非屏蔽)时，McBSP 的引脚状态

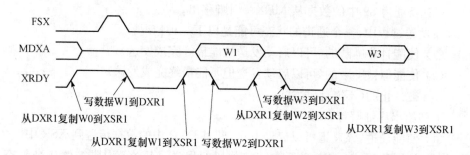

图 10.29　XMCM＝10b，XPABLK＝00b，XCERA＝1010b
(所有通道被使能，只有通道 1 和 3 未被屏蔽)时，McBSP 的引脚状态

(1) XPHASE＝0：单相帧(多通道选择模式下必须选择单相位帧)。

(2) XFRLEN1＝0000011b：每帧 4 个串行字。

(3) XWDLEN1＝000b：每个串行字长为 8 位。

(4) XMCME＝0：2 分区模式(仅使用 A 区和 B 区)。

当 XMCM ＝ 11b 时，选择同步发送和接收模式，这要求接收器设置 (RPHASE、RFRLEN1、RWDLEN1) 必须分别与发送器设置 (XPHASE、XFRLEN1 和 XWDLEN1)的值相同。

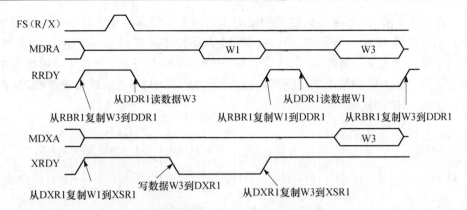

图 10.30　XMCM=11b,RPABLK=00b,XPABLK=x,RCERA=1010b,XCERA=1000b
（接收/发送通道 1 和 3 被使能,但只有发送通道 3 没有被屏蔽）时,McBSP 的引脚状态

当使用多通道选择模式时,每块传输结束（分区传输边界和整个帧结束）时可向 CPU 发出中断请求信号,即在接收/发送多通道模式,如果 RINTM/XINTM=01b,在每一块传输结束时将向 CPU 发送 RINT/XINT 中断请求信号。如果没有使能多通道选择模式,即使设置 RINTM/XINTM=01b,在块传输结束时也不会产生中断请求信号。在使用 2 分区模式时,利用这些中断可以方便地对各分区重新分配通道。

10.4　A-bis 模式

在 A-bis 模式（SPCR1 中 ABIS=1）下,McBSP 可以在一个脉冲编码调制链（PCM）中传输多达 1024 位的数据。根据给定的位使能模式,接收器可以从 1024 位的 PCM 帧中提取所有 1024 位数据。当接收到 16 个有效数据位时,这 16 位数据将重新组合成一个字保存在 DRR1 中,此时会向 CPU 发送中断信号。当整个 PCM 帧接收完毕后,也会向 CPU 发送中断请求信号。此外,发送器可以依据设定的位使能模式将数据扩展成一个 1024 位的 PCM 帧,当 16 个有效数据位或整个帧发送完成时,会向 CPU 发送中断请求信号。

位使能模式由通道使能寄存器 A 和 B（对于接收 RCERA 和 RCERB,对于发送 XCERA 和 XCERB）确定。这些寄存器的功能与在多通道选择模式下的功能有所不同,其作用不是使能指定通道,而是使能数据流中的指定位。（R/X）CER(A/B) 寄存器中某一位置 1 将会使能接收/发送数据流中相应的位。

A-bis 模式要求串行字长为 16 位（对于接收 RWDLEN1=010b,对于发送 XWDLEN1=010b）,否则,A-bis 模式的操作将是不确定的。

　　在 A-bis 模式,接收器只接收和重组 RCERA/RCERB 寄存器中已经使能的位。当接收到 16 个有效数据位时,数据将会从 RSR1 复制到 DRR1 中,且向 CPU 发出中断请求信号。每隔 16 个接收时钟,RCERA 和 RCERB 交替控制数据流中的有效位。图 10.31 给出了接收器的位序列时序,图中"-"表示该位被忽略,从而未传送到 DRR1 中。

```
RCERA 0 1 0 1 0 1 0 1 0 1 0 1 1 0 0 1
RCERB                                   0 0 1 0 0 1 1 1 0 0 1 0 0 1 1 1
MDRA  1 0 1 1 0 1 0 1 0 0 1 1 0 1 0 1   0 1 1 1 0 1 1 0 1 1 0 1 1 0 1 1
DRR1  - 0 - 1 - 1 - 1 - 0 - 1 0 - - 1   - 1 - - 1 1 0 - 0 - - 0 1 1   75E3h
```

图 10.31　A-bis 模式下的接收操作

　　同样,在 A-bis 模式下,发送器只发送 XCERA 和 XCERB 寄存器中已经使能的位,未被使能的位不能发送出去,而且在相应的发送时钟周期内 MDXA 引脚处于高阻态。每隔 16 个时钟,XCERA 和 XCERB 交替控制数据流中的有效位。当 16 个有效数据位被移出时,会向 CPU 发出中断请求信号。图 10.32 给出了发送器的位序列时序,图中 z 表示高阻态。

```
XCERA 0 1 1 1 1 1 0 0 0 1 1 0 0 1 1 1
XCERB                                   0 0 1 1 0 0 0 1 1 0 0 0 1 1 0 0
DXR1  1 0 1 1 0 1 0 1 0 0 0 1 1 1 1 1   1 0 1 1 0 1 1 0 1 1 1 0 0 0 0 0
MDXA  z 0 1 1 0 1 z z z 0 0 z z 1 1 1   z z 1 1 z z z 0 1 z z z 0 0 z z
```

图 10.32　A-bis 模式下的发送操作

10.5　时钟停止模式

　　McBSP 的时钟停止模式与 SPI 协议兼容。SPI 协议是主从模式协议,可以有一个主机、一个或多个从机,其接口包含四个信号:串行数据输入(MISO)、串行数据输出(MOSI)、串行时钟(SCK)和从设备使能信号(SS)。图 10.33 给出了一个典型 SPI 连接图。

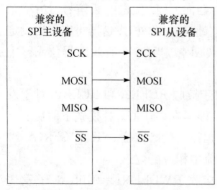

图 10.33　典型 SPI 连接图

　　SPI 主设备提供串行时钟和从设备使能信号,控制 SPI 网络的通信。从设备使能信号为低电平有效,该信号控制从设备串行数据的输入输出。在没有明确的从设备使能控制信号的通信网络中,提供串行时钟的设备是主设备。在这种情况下,只能有一个从设备,且该从设备必须一直使能。

当 McBSP 配置为时钟停止模式时,发送器和接收器在内部是同步的。这样,McBSP 既可以作 SPI 主设备,也可以作 SPI 从设备。此时,MCLKXA、MFSXA分别作为 SPI 总线的 SCK 信号和 SS 信号。在时钟停止模式中,由于采用内部同步,MCLKRA 和 MFSRA 引脚不再使用。表 10.9 给出了配置时钟停止模式所需的控制位信息。

表 10.9　配置时钟停止模式所需的控制位

控制位	功能描述
CLKSTP(SPCR1)	时钟停止模式位使能位,选择时序
CLKXP(PCR)	MCLKXA 时钟信号极性控制位
CLKRP(PCR)	MCLKRA 时钟信号极性控制位
CLKXM(PCR)	MCLKXA 时钟信号方向控制位: 输入(McBSP 作为从设备)/输出(McBSP 作为主设备)
XPHASE(XCR2)	发送帧相位设置位:必须为单相位帧(XPHASE=0)
RPHASE(RCR2)	接收帧相位设置位:必须为单相位帧(RPHASE=0)
XFRLEN1(XCR1)	发送帧相位 1 长度设置位:必须是 1 个串行字(XFRLEN1=0)
RFRLEN1(RCR1)	接收帧相位 1 长度设置位:必须是 1 个串行字(RFRLEN1=0)
XWDLEN1(XCR1)	发送帧相位 1 串行字长设置位:XWDLEN1 必须等于 RWDLEN1
RWDLEN1(RCR1)	接收帧相位 1 串行字长设置位:RWDLEN1 必须等于 XWDLEN1

表 10.10 给出了 CLKSTP、CLKXP、CLKRP 的不同组合对时钟停止模式下时钟信号的影响。

表 10.10　CLKSTP、CLKXP、CLKRP 的不同组合对时钟停止模式下时钟信号的影响

控制位	时钟模式
CLKSTP=00b/01b CLKXP=0/1 CLKRP=0/1	非时钟停止模式,正常工作模式
CLKSTP=10b CLKXP=0 CLKRP=0	不带延时,无效状态为低电平: 在 MCLKXA 的上升沿发送数据 在 MCLKRA 的下降沿接收数据
CLKSTP=11b CLKXP=0 CLKRP=1	带延时,无效状态为低电平: 在 MCLKXA 的上升沿之前半个周期发送数据 在 MCLKRA 的上升沿接收数据
CLKSTP=10b CLKXP=1 CLKRP=0	不带延时,无效状态为高电平: 在 MCLKXA 的下降沿发送数据 在 MCLKRA 的上升沿接收数据
CLKSTP=11b CLKXP=1 CLKRP=1	带延时,无效状态为高电平: 在 MCLKXA 的下降沿之前半个周期发送数据 在 MCLKRA 的下降沿接收数据

　　图 10.34～图 10.37 分别给出了四种可能的时钟停止模式配置时序图。在时钟停止模式下,帧同步信号作为从设备的使能信号,并在整个数据传输过程中保持有效。尽管图中给出的是 8 位串行字长的时序图,但串行字长可以设置为 8 位、12 位、16 位、20 位、24 位或 32 位。在时钟停止模式下,McBSP 的发送和接收电路使用一个时钟,因此要求 RWDLEN1 和 XWDLEN1 的值相同。在图 10.34～图 10.37 中,如果 McBSP 是 SPI 主设备(CLKXM=1),则 MOSI=MDXA,MISO=MDRA;如果 McBSP 是 SPI 从设备(CLKXM=0),则 MOSI=MDRA,MISO=MDXA。

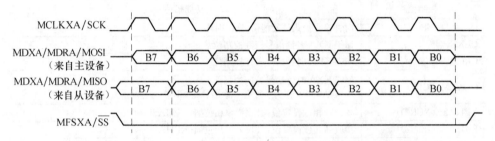

图 10.34　当 CLKSTP=10b、CLKXP=0、CLKRP=0 时的 SPI 数据传输

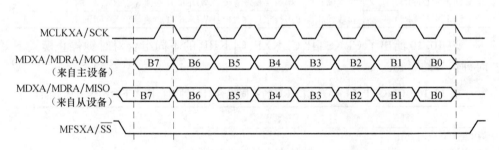

图 10.35　当 CLKSTP=11b、CLKXP=0、CLKRP=1 时的 SPI 数据传输

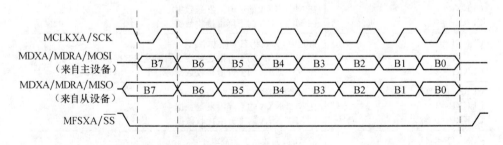

图 10.36　当 CLKSTP=10b、CLKXP=1、CLKRP=0 时的 SPI 数据传输

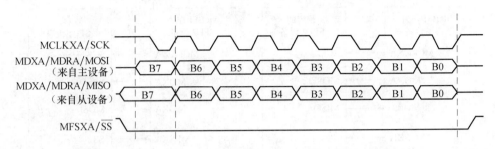

图 10.37　当 CLKSTP=11b、CLKXP=1、CLKRP=1 时的 SPI 数据传输

值得注意的是,即便是在连续传输多个串行字的情况下,每个串行字传输完毕后,MCLKXA 信号总是会停止的,并且 MFSXA 信号会返回无效状态。当连续传输串行字时,这会导致相邻串行字之间至少会有两个位周期的空闲时间。

McBSP 工作在 SPI 模式的配置过程如下:

(1) 复位发送器和接收器:设置 SPCR2 中的 $\overline{\text{XRST}}=0$ 复位发送器;设置 SPCR1 中的 $\overline{\text{RRST}}=0$ 复位接收器。

(2) 复位采样速率发生器:设置 SPCR2 中的 $\overline{\text{GRST}}=0$ 复位采样速率发生器。

(3) 将 McBSP 设置为 SPI 主或从设备。

(4) 使能采样速率生成器:设置 SPCR2 中的 $\overline{\text{GRST}}=1$ 使能采样速率发生器。在将 $\overline{\text{GRST}}$ 置位的过程中,要保证只改变 $\overline{\text{GRST}}$ 位,否则会改变上述过程对 McBSP 配置。

(5) 使能发送器和接收器:使能采样速率发生器后,需等待两个 CLKG 周期,使 McBSP 的逻辑稳定。如果没有使用 FIFO,用户可以立即使能发送器(设置 SPCR2 中 $\overline{\text{XRST}}=1$)和接收器(设置 SPCR1 中 $\overline{\text{RRST}}=1$);如果使用了 FIFO,必须先对 FIFO 进行配置,再使能发送器和接收器。使能发送器和接收器后,需等待两个 CLKG 周期,使 McBSP 的逻辑稳定。

(6) 根据需要,使能采样速率发生器的帧同步逻辑。

在需要传输的数据加载完成后(数据载入 DXR 中),如果需要使用内部产生的帧同步脉冲,即 McBSP 作为 SPI 主设备,设置 $\overline{\text{FRST}}=1$。

图 10.38 给出了 McBSP 作为 SPI 主/从设备时的接口图。若 McBSP 是 SPI 主设备(CLKXM=1),则 MOSI=MDXA,MISO=MDRA;如果 McBSP 是 SPI 从设备(CLKXM=0),则 MOSI=MDRA,MISO=MDXA。

表 10.11 给出了 McBSP 为 SPI 主设备时,需要配置的寄存器位。

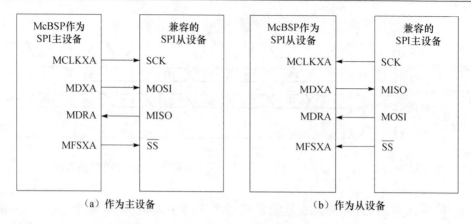

（a）作为主设备　　　　　　　　　　　（b）作为从设备

图 10.38　McBSP 作为 SPI 主/从设备的接口图

表 10.11　设置 McBSP 为 SPI 主设备时，需要配置的寄存器位

控制位	设定值	功能描述
CLKSTP	10b/11b	时钟停止模式选择：选择是否带一个时钟周期的延时
CLKXP	0/1	MCLKXA 的极性 CLKXP＝0：正极性 CLKXP＝1：负极性
CLKRP	0/1	MCLKRA 的极性 CLKRP＝0：正极性 CLKRP＝1：负极性
CLKXM	1	MCLKXA 作为输出引脚，由内部采样速率发生器驱动 由于 CLKSTP＝10b/11b，MCLKRA 由 MCLKXA 驱动
SCLKME	0	采样速率发生器输入时钟为 LSPCLK
CLKSM	1	
CLKGDV	0~255 任意值	CLKGDV 定义 CLKG 的分频系数
FSXM	1	MFSXA 是输出引脚，根据 FSGM 位的设置确定驱动源
FSGM	0	每次数据从 DXR1 传输到 XSR1 时，发送器将在 MFSXA 引脚上的产生一个帧同步脉冲
FSXP	1	MFSXA 引脚低电平有效
XDATDLY	01b	设置该值确保 MFSXA 信号的建立时间
RDATDLY	01b	

　　当作为 SPI 主设备时，McBSP 产生串行时钟信号以控制数据的传输。只有在数据传输期间，MCLKXA 引脚上才输出时钟信号；当不传输数据时，根据 CLKXP 的设置，MCLKXA 引脚保持高电平或低电平。

　　在 SPI 主器件操作模式下，MCLKXA 引脚必须配置为输出。采样速率发生器以 CPU 时钟为输入产生 MCLKXA 时钟驱动信号。在时钟停止模式下，MCLKXA 引脚在内部和 MCLKRA 信号连接在一起，因此 MCLKRA 不需要外接时钟信号,发送器和接收器都由主时钟(MCLKXA)控制。为使 McBSP 在 SPI 主设备模式下能够正确工作,McBSP 的数据延迟参数(XDATDLY 和 RDATDLY)必须设置为1。

　　McBSP 还可以通过 MFSXA 引脚提供从器件使能信号 SS。如果需要从器件使能信号,MFSXA 引脚必须配置为输出,而且必须配置发送器在每次数据发送完成时(FSGM=0)自动产生一个帧同步脉冲。MFSXA 引脚的极性是可编程的,然而在大多数情况下,MFSXA 引脚配置为低电平有效。

　　当 McBSP 作为 SPI 主设备时,帧同步脉宽配置位(FWID)和帧同步周期(FPER)是无效的。MFSXA 信号在发送数据第一位前变为有效,且一直保持到最后一位发送出去。数据发送完成后,MFSXA 信号返回无效状态。

　　表 10.12 给出了 McBSP 为 SPI 从设备时,需要配置寄存器位。

表 10.12　设置 McBSP 为 SPI 从设备时,需要配置的寄存器位

控制位	设定值	功能描述
CLKSTP	10b/11b	时钟停止模式选择:选择是否带一个时钟周期的延时
CLKXP	0/1	MCLKXA 的极性 CLKXP=0:正极性 CLKXP=1:负极性
CLKRP	0/1	MCLKRA 的极性 CLKRP=0:正极性 CLKRP=1:负极性
CLKXM	0	MCLKXA 作为输入引脚,由 SPI 主器件驱动 由于 CLKSTP=10b/11b,MCLKRA 由 MCLKXA 驱动
SCLKME	0	采样速率发生器输入时钟为 LSPCLK,作用是保证 McBSP 与外部主时钟保持同步
CLKSM	1	
CLKGDV	1	CLKGDV 定义 CLKG 的分频系数
FSXM	0	MFSXA 是输入引脚,由 SPI 主器件驱动
FSXP	1	MFSXA 引脚低电平有效
XDATDLY	00b	工作在 SPI 从模式下,该值必须设置为 00b
RDATDLY	00b	工作在 SPI 从模式下,该值必须设置为 00b

　　当 McBSP 作为 SPI 从设备时,串行时钟和从器件使能信号都是由主设备提供,因此 MCLKXA 和 MFSXA 引脚必须配置为输入引脚。MCLKXA 引脚和 MCLKRA 引脚在内部连接在一起,因此 McBSP 的发送器和接收器都使用外部主设备的串行时钟信号。MFSXA 引脚也在内部和 MFSRA 引脚连接在一起,因此 MCLKRA 和 MFSRA 引脚不需要外接信号。

　　虽然 MCLKXA 信号由外部主设备提供,但它同 McBSP 是异步的,为了使 McBSP 在 SPI 从设备模式下正常工作,必须使能 McBSP 的采样速率发生器。采

样速率发生器输出时钟应配置成最大频率,即 CPU 时钟频率的 1/2。此时,采样速率时钟用于 McBSP 逻辑和外部主设备的时钟信号和从器件使能信号的同步。

　　每次数据传输,McBSP 需要在 MFSXA 引脚上产生从器件使能信号的有效触发沿。也就是说,主设备必须在数据开始传输时将从器件使能信号置于有效状态,数据传输完成后使从器件使能信号变为无效状态。在两个数据传输之间,从器件使能信号不能保持有效状态。为保证 McBSP 在 SPI 从设备工作模式下的正确操作,McBSP 的延迟参数必须被置为 0。

10.6　接收器和发送器的配置

　　配置 McBSP 接收器/发送器需完成下列操作:

　　(1) 复位 McBSP 接收器/发送器。

　　(2) 根据需求,配置相应的 McBSP 寄存器。

　　(3) 使能 McBSP 接收器/发送器。

　　当配置 McBSP 接收器/发送器时,需要完成下列操作,每个操作都需要配置一个或多个 McBSP 寄存器。

　　全局设置:

- 设置接收器/发送器相关引脚作为 McBSP 引脚。
- 使能/禁止数字回路模式。
- 使能/禁止时钟停止模式。
- 使能/禁止接收/发送多通道选择模式。
- 使能/禁止 A-bis 模式。

　　数据设置:

- 设置接收帧/发送帧相位(1 个相位或 2 个相位)。
- 设置接收/发送串行字长。
- 设置接收/发送帧长度。
- 使能/禁止异常接收/发送帧同步忽略功能。
- 设置接收/发送压缩解压模式。
- 设置接收/发送数据延迟。
- 设置接收符号扩展和对齐模式。
- 设置发送 DXENA 模式。
- 设置接收/发送中断模式。

　　帧同步设置:

- 设置接收/发送帧同步模式。

- 设置接收/发送帧同步极性。
- 设置 SRG 帧同步周期和脉冲宽度。

时钟设置：

- 设置接收/发送时钟模式。
- 设置接收/发送时钟极性。
- 设置 SRG 时钟分频参数。
- 设置 SRG 时钟同步模式。
- 设置 SRG 时钟模式(选择输入时钟)。
- 设置 SRG 输入时钟极性。

10.6.1　复位、使能接收器/发送器

有下列两种方法可以对串行口各模块进行复位：

(1) DSP 复位(设置 $\overline{\text{XRS}}$ 信号为低)。在 DSP 复位过程中，接收器、发送器和采样速率发生器均被复位。DSP 退出复位($\overline{\text{XRS}}$ 变为高电平)后，GRST＝FRST＝RRST＝XRST＝0，McBSP 各模块仍处于复位状态。

(2) 各模块单独复位。可以使用 SPCR1 中的 $\overline{\text{RRST}}$ 和 SPCR2 中的 $\overline{\text{XRST}}$ 分别复位接收器和发送器；使用 SPCR2 中的 $\overline{\text{GRST}}$ 位复位采样速率发生器；使用 SPCR2 中的 $\overline{\text{FRST}}$ 位复位帧同步逻辑模块。

表 10.13 给出了不同复位方式对 McBSP 各引脚状态的影响。

表 10.13　不同复位方式对 McBSP 各引脚状态的影响

引　脚	DSP 复位时各引脚状态	接收器、发送器复位时各引脚状态 $(\overline{\text{RRST}}=0, \overline{\text{XRST}}=0, \overline{\text{GRST}}=1)$
MDRA	GPIO 输入口	输入引脚
MCLKRA	GPIO 输入口	输入时为外接信号状态；输出时输出 CLKG
MFSRA	GPIO 输入口	输入时为外接信号状态；输出时为无效状态
MDXA	GPIO 输入口	高阻态
MCLKXA	GPIO 输入口	输入时为外接信号状态；输出时输出 CLKG
MFSXA	GPIO 输入口	输入时为外接信号状态；输出时为无效状态

10.6.2　设置接收器/发送器相关引脚作为 McBSP 引脚

为设置接收器或发送器相关引脚作为 McBSP 功能，需设置 GPxMUXn 中相应寄存器位。此外，寄存器 PCR 的 12 位和 13 位必须为 0，这两位为保留位。

10.6.3　使能/禁止数字回路模式

寄存器 SPCR1 中 DLB 位用于使能/禁止数字回路模式。当 DLB＝0 时，数字

回路模式被禁止;当 DLB＝1 时,数字回路模式被使能。

在数字回路模式下,接收器各信号(DR、FSR、CLKR)通过多路复用器与相应的发送器各信号(DX、FSX、CLKX)连接在一起。在这种模式下,可以使用单 DSP 处理器测试串口通信代码,McBSP 接收自己发送的数据。

10.6.4　使能/禁止时钟停止模式

串口控制寄存器中的 CLKSTP 位用于控制选择何种时钟停止模式。时钟停止模式支持 SPI 主/从协议。如果不使用 SPI 协议,则可禁止时钟停止模式。在时钟停止模式中,数据传输结束时时钟将被停止。一旦开始传输数据,时钟就会立即启动(CLKSTP＝10b)或延迟半个周期后启动(CLKSTP＝11b)。CLKXP 位决定 MCLKXA 引脚的时钟起始沿是上升沿还是下降沿;CLKRP 位决定了是在 MCLKRA 引脚的上升沿还是下降沿采样接收数据。可参考表 10.10 设置时钟停止模式及 MCLKXA、MCLKRA 引脚上时钟的相位。

值得注意的是,在时钟停止模式下,接收时钟和接收帧同步信号在内部分别与发送时钟和发送帧同步信号连接在一起。

10.6.5　使能/禁止接收/发送多通道选择模式

RMCM 位决定是否使能接收多通道选择模式。当 RMCM＝1 时,使能接收多通道选择模式,此时各个通道可以使能或被禁止;当 RMCM＝0 时,禁止接收多通道选择模式,此时所有 128 个通道均被使能。

XMCM 位决定选择何种发送多通道选择模式。McBSP 有三种发送多通道选择模式:当 XMCM＝00b 时,所有 128 个通道均被使能,此时各通道不能被禁止或被屏蔽;当 XMCM＝01b 时,所有 128 个通道均被禁止,通过设置 XCERs 寄存器可以使能选定通道,使能后的通道同时是非屏蔽的;当 XMCM＝10b 时,所有 128 个通道均被使能,但是被屏蔽的,通过设置 XCERs 寄存器可以对选定通道解除屏蔽;当 XMCM＝11b 时,所有通道均被使能,且发送器和接收器工作于同步模式。

10.6.6　使能/禁止 A-bis 模式

寄存器 SPCR1 中 ABIS 位用于控制是否使能 A-bis 模式。当 ABIS＝1 时,使能 A-bis 模式;当 ABIS＝0 时,禁止 A-bis 模式。在 A-bis 模式下,发送通道使能寄存器 A/B(XCERA 和 XCERB)对发送数据中的各位进行使能控制;接收通道使能寄存器 A/B(RCERA 和 RCERB)对接收数据中的各位进行使能控制。

10.6.7　设置接收帧/发送帧相位

寄存器 RCR2 中的 RPHASE 位和寄存器 XCR2 中的 XPHASE 位分别控制接收数据帧和发送数据帧所包含的相位数(1 或 2 个相位)。当 RPHASE/XPHASE=0 时,接收帧/发送帧包含单相位;当 RPHASE/XPHASE=1 时,接收帧/发送帧包含双相位。

10.6.8　设置接收/发送串行字长

RWDLEN1 和 RWDLEN2 分别控制接收数据帧中相位 1 和相位 2 的串行字长;XWDLEN1 和 XWDLEN2 分别控制发送数据帧中相位 1 和相位 2 的串行字长。以接收数据帧中相位 1 串行字长设置为例,当 RWDLEN1 等于 0、1、2、3、4、5 时,接收数据帧相位 1 的串行字长分别为 8 位、12 位、16 位、20 位、24 位、32 位。每帧有 1 或 2 个相位(根据 RPHASE/XPHASE 位的值确定)。如果使用单相位帧,RWDLEN1 选择接收帧中每个串行字的长度;如果使用双相位,RWDLEN1 选择接收帧中相位 1 的串行字长,RWDLEN2 选择接收帧中相位 2 的串行字长,数值设置方式和 RWDLEN1 相同。

发送数据帧中各相位串行字长设置方法与接收数据帧中各相位串行字长设置方法相同。

10.6.9　设置接收/发送帧长度

帧长度就是帧中串行字个数。RFRLEN1 和 RFRLEN2 分别控制接收数据帧中相位 1 和相位 2 中包含的串行字个数;XFRLEN1 和 XFRLEN2 位分别控制发送数据帧中相位 1 和相位 2 中包含的串行字个数。如果 RFRLEN1=m,则接收数据帧相位 1 中包含 m+1 个串行字,其他设置方法与此类似。

每帧有 1 或 2 个相位(根据 RPHASE/XPHASE 位的值确定)。如果选定单相位帧(RPHASE/XPHASE=0),帧长度就等于相位 1 的串行字个数;如果选定双相位帧(RPHASE/XPHASE=1),帧长度是相位 1 的串行字个数加相位 2 的串行字个数。七位 RFRLEN/XFRLEN 控制位允许每个相位最多有 128 字。在对 RFRLEN/XFRLEN 设置时,RFRLEN/XFRLEN 的值等于每个相位中应包含串行字的个数减 1。例如,设置相位 1 的长度为 128,则 RFRLEN1/XFRLEN1 的值应设置为 127。

10.6.10　使能/禁止异常接收/发送帧同步忽略功能

如果在当前帧传输结束之前,帧同步脉冲启动了新一帧的传输,该帧同步脉冲就被视为异常帧同步脉冲。RFIG 位和 XFIG 位分别用于控制是否使能异常接收帧同步忽略功能和异常发送帧同步忽略功能。当 RFIG/XFIG＝1 时，接收器/发送器将忽略异常帧同步信号，数据传输操作继续进行；当 RFIG/XFIG＝0 时，接收器/发送器将不能忽略异常帧同步信号，McBSP 会做如下处理：

（1）终止当前数据传输。

（2）将寄存器 SPCR1 中的 RSYNCERR 位或寄存器 SPCR2 中的 XSYNCERR 位置 1。

（3）对于接收操作，会接收新的数据，先前被终止接收的数据将丢失；对于发送操作，先前被终止发送的数据将会再次被发送。

图 10.39、图 10.40 分别给出了 RFIG/XFIG 设置不同值时对 McBSP 操作的影响。

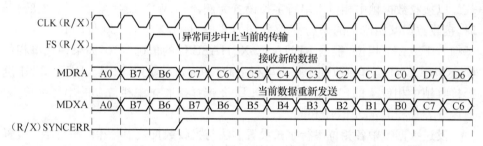

图 10.39 当 RFIG/XFIG＝0，出现异常帧同步脉冲时，McBSP 的操作示例

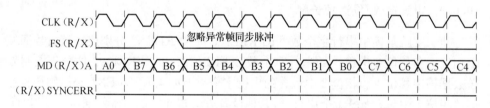

图 10.40 当 RFIG/XFIG＝1，出现异常帧同步脉冲时，McBSP 的操作示例

从图 10.39 中可以看出，当出现异常帧同步脉冲时，串行字 B 的数据传输被终止，对于接收操作，串行字 C 覆盖了串行字 B，从而造成串行字 B 丢失；对于发送操作，串行字 B 被再次发送。从图 10.40 中可以看出，当使能异常帧同步忽略功能时，发送器和接收器会忽略异常帧同步脉冲，数据传输操作继续进行而不受影响。

10.6.11　设置接收/发送压缩解压模式

μ律和 A 律均把数据编码为 8 位，因此压缩后的数据均是 8 位宽度。串行字长必须设置为 8 位。设置相应的字长配置位（RWDLEN1、RWDLEN2、XWDLEN1、XWDLEN2）为 0 以选择 8 位串行字长。当压缩解压使能时，即使帧中各相位的串行字长不是 8 位,压缩解压时仍将串行字长作 8 位处理。

McBSP 数据压缩解压过程如图 10.41 所示。

图 10.41　McBSP 数据压缩解压过程示意图

如果使能压缩解压功能,数据在从 DXR1 传送到 XSR1 之前会按照设定的压缩格式(μ律或 A 律)被压缩;接收数据时,RBR1 中的 8 位压缩数据在向 DRR1 传送前会被解压 16 位数据,数据格式为左对齐,此时会忽略 RJUST 中规定的符号扩展及对齐模式。

采用μ律和 A 律压缩数据进行发送时,应保证 DXR1 中 14 位/13 位数据是左对齐的,其余低位填 0。在使用不同压缩格式时,DXR1 中的数据格式如图 10.42 所示。

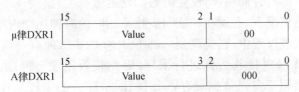

图 10.42　不同压缩格式下,DXR1 中的数据格式

RCOMPAND/XCOMPAND 位决定在 McBSP 的接收/发送过程中使用何种压缩解压模式,具体说明如表 10.14 所示。

表 10.14　压缩解压模式设置方法

RCOMPAND/XCOMPAND	压缩解缩模式
00b	不使用压缩解压功能,先传送 MSB,适用任何长度的串行字
01b	不使用压缩解压功能,先传送 LSB,适用 8 位长度的串行字
10b	μ律压缩解压格式,先传送 MSB,适用 8 位长度的串行字
11b	A 律压缩解压格式,先传送 MSB,适用 8 位长度的串行字

10.6.12　设置接收/发送数据延迟

在检测到帧同步信号有效时对应的第一个时钟标志着一帧的开始。相对于帧起始位置,真正数据开始传输可以有一定的时间延迟,该延迟被称为数据延迟。RDATDLY/XDATDLY 位分别指定接收数据延迟和发送数据延迟的具体时钟周期数。RDATDLY/XDATDLY = 00b、01b、10b 分别对应 0、1、2 个数据延迟。图 10.43 给出了不同数据延时情况下的数据传输示例,图中传输的 8 位数据每位分别用 B7、B6、B5 等标注。由于数据通常比帧同步脉冲滞后一个时钟周期,通常选择 1 位数据延迟。

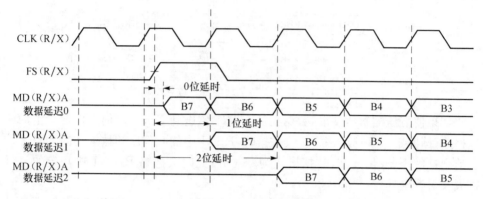

图 10.43   不同数据延时情况下的数据传输示例

通常情况下,在内部串行时钟(CLKR/X)的边沿采样帧同步脉冲,在下一个时钟时周期或更后的时钟周期(与设置的数据延迟值有关)接收或发送数据。然而,在 0 位数据延迟情况下,必须在和帧同步脉冲相同的时钟周期内准备好要接收或发送的数据。接收过程中,当检测到内部 FSR 帧同步脉冲有一高脉冲时,开始在第一个时钟下降沿对接收数据进行采样,因此接收是没有问题的。然而,内部CLKX 的上升沿用于发送数据锁存,而对帧同步脉冲的采样是在 CLKX 的下降沿。因此,为保证传输过程正确,在检测到帧发送同步信号时,要发送的数据已经保存在 XSR1 中。发送器一旦检测到发送同步信号(FSX)为高(有效状态),就立即开始数据传输。

带有 2 个数据延迟的接口方式允许 McBSP 同数据流中带有帧位的设备进行接口。在有 2 个数据延迟的数据流的接收过程中(1 个数据延迟后出现帧位,2 个数据延迟后出现数据),实际上串行口丢弃了数据流中的帧位,如图 10.44 所示。

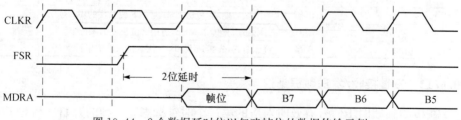

图 10.44   2 个数据延时位以忽略帧位的数据传输示例

10.6.13   设置接收符号扩展和对齐模式

寄存器 SPCR1 中的 RJUST 位用于选择在 McBSP 压缩解压功能禁止的情况

下,RBR 中数据在传送到 DRR 中时采取何种对齐模式(左对齐或右对齐),并确定 DRR 中数据其余位使用 0 填充还是使用符号位填充。

表 10.15 给出了不同 RJUST 设置对 DRR 中数据格式的影响。当接收串行字长为 12 位,假定接收数据为 0x0ABC;当接收串行字长为 20 位,假定接收数据为 0xABCDE。

表 10.15　不同 RJUST 设置对 DRR 中数据格式的影响

RJUST	DRR 中的数据格式	串行字长为 12 位,接收数据为 0x0ABC		串行字长为 20 位,接收数据为 0xABCDE	
		DRR2	DRR1	DRR2	DRR1
00b	右对齐,高位用 0 填充	0x0000	0x0ABC	0x000A	0xBCDE
01b	右对齐,高位用符号位填充	0xFFFF	0xFABC	0xFFFA	0xBCDE
10b	左对齐,低位用 0 填充	0x0000	0xABC0	0xABCD	0xE000
11b	保留	保留	保留	保留	保留

10.6.14　设置发送 DXENA 模式

寄存器 SPCR1 中的 DXENA 位用于控制 MDXA 引脚的延迟使能器。将 DXENA 置位,可以为打开时间引入额外的延迟。打开时间是指 MDXA 引脚从高阻态变为有效状态所需的时间。但 DXENA 位并不控制数据本身的延迟,在 A-bis 模式被禁止的情况下,只延时第一位;在 A-bis 模式下,由于所有位都可能从高阻态变到有效状态,因此所有位都被延迟。如果将多个 McBSP 设备的 MDXA 引脚连接在一起,应设置 DXENA=1,避免数据线上有多个 McBSP 设备同时发送数据。

图 10.45 和图 10.46 分别给出了 A-bis 模式禁止和使能情况下,且 DXENA=1 时 MDXA 引脚的时序图,图中 t_e 为 DXENA=1 时引入的额外延时。

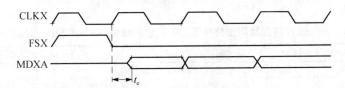

图 10.45　A-bis 模式被禁止,且 DXENA=1 时 MDXA 引脚的时序图

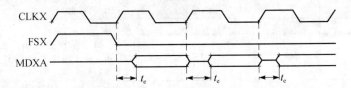

图 10.46　A-bis 模式使能情况下,且 DXENA=1 时 MDXA 引脚的时序图

10.6.15 设置接收/发送中断模式

当 McBSP 状态变化时，McBSP 可以向 CPU 发送接收中断信号（RINT）或发送中断信号（XINT）。RINT 和 XINT 有四种配置方式，分别由 SPCR1 中的接收中断模式位 RINTM 位和 SPCR2 中的发送中断模式位 XINTM 位进行设置，具体分析如下：

（1）RINTM/XINTM＝00b。当 RRDY/XRDY 由 0 变为 1 时，将会向 CPU 发送 RINT/XINT 信号。无论 RINTM/XINTM 为何值，CPU 均可通过读取 RRDY/XRDY 的值来判断当前状态。

（2）RINTM/XINTM＝01b。在多通道选择模式下，当一块数据和整帧数据传输完毕后，会向 CPU 发送 RINT/XINT 信号。该设置只适用于多通道选择模式。

（3）RINTM/XINTM＝10b。当检测到接收/发送帧同步信号时，会向 CPU 发送 RINT/XINT 信号。即便在接收器/发送器处于复位状态时，依然可以在检测到帧同步信号的情况下向 CPU 发送中断信号。

（4）RINTM/XINTM＝11b。当检测到异常接收/发送帧同步信号时，RSYNCERR/XSYNCERR 将会被置位，同时会向 CPU 发送 RINT/XINT 信号。无论 RINTM/XINTM 为何值，CPU 均可通过读取 RSYNCERR/XSYNCERR 的值来判断当前状态。

10.6.16 设置接收帧同步模式

表 10.16 给出了如何选择接收帧同步信号源及不同设置模式下对 MFSRA 引脚的影响，MFSRA 信号的极性由 FSRP 位确定。值得注意的是，在数字回路模式（DLB＝1）下，发送帧同步信号同时作为接收帧同步信号使用；在时钟停止模式下，内部接收时钟信号（CLKR）和内部接收帧同步信号（FSR）分别连接到 CLKX 和 FSX 信号上。

表 10.16 选择接收帧同步信号源及不同设置模式下对 **MFSRA** 引脚的影响

DLB	FSRM	GSYNC	接收帧同步信号源	MFSRA 引脚状态
0	0	0/1	MFSRA,极性由 FSRP 决定	输入
0	1	0	采样速率发生器输出帧同步信号 FSG	输出:FSG 在从 MFSRA 引脚输出时将根据 FSRP 设置进行取反输出或直接输出
0	1	1	采样速率发生器输出帧同步信号 FSG	输入:MFSRA 用于同步内部 CLKG 信号,并产生 FSG 脉冲
1	0	0	内部 FSX	高阻态
1	0/1	0	内部 FSX	输入:如果采样速率发生器正在运行,MFSRA 用于同步内部 CLKG 信号,并产生 FSG 脉冲
1	1	0	内部 FSX	输出:FSG 在从 MFSRA 引脚输出时将根据 FSRP 设置进行取反输出或直接输出

10.6.17 设置发送帧同步模式

表 10.17 给出了如何选择发送帧同步信号源及不同设置模式下对 MFSXA 引脚的影响。MFSXA 信号的极性由 FSXP 位确定。

表 10.17 选择发送帧同步信号源及不同设置模式下对 MFSXA 引脚的影响

FSXM	FSGM	发送帧同步信号源	MFSXA 引脚状态
0	0/1	MFSXA,极性由 FSXP 决定	输入
1	1	采样速率发生器输出帧同步信号 FSG	输出:FSG 在从 MFSXA 引脚输出时将根据 FSXP 的设置进行取反输出或直接输出
1	0	数据从 DXR 向 XSR 复制时产生一个脉宽为 1 个时钟周期的发送帧同步信号	

如果采样速率发生器时钟源为外部时钟,则 GSYNC 位决定 FSG 是否同 MFSRA 引脚上的脉冲保持同步。在时钟停止模式下(CLKSTP=10b 或 11b),McBSP 可作为 SPI 主设备或从设备。如果 McBSP 作为 SPI 主设备,且需要通过 MFSXA 引脚为从设备提供片选信号(SS),需保证 FSXM=1 和 FSGM=0,此时 MFSXA 引脚为输出状态,且在整个数据传输过程中保持有效状态;如果 McBSP 作为 SPI 从设备,需保证 FSXM=0,这样,McBSP 可以接收 MFSXA 引脚上输入的从器件使能信号。

10.6.18 设置接收/发送帧同步极性

接收帧同步脉冲(FSR)/发送帧同步脉冲(FSX)可以由采样速率发生器内部产生,也可以由外部信号源驱动,具体选择哪种方式由寄存器 PCR 中的 FSRM/FSXM 位控制。另外,MFSRA、MFSXA 引脚还受寄存器 SRGR2 中 GSYNC、FSGM 位的设置影响。同样,接收时钟引脚和发送时钟引脚可通过寄存器 PCR 中模式位 CLKRM、CLKXM 位设置为输入或输出。

当 MFSRA 和 MFSXA 作为输入时(FSXM=FSRM=0,外部帧同步脉冲),McBSP 分别在内部 CLKR 和 CLKX 时钟的下降沿检测 MFSRA 和 MFSXA。而 MDRA 引脚上的接收数据在内部 CLKR 的下降沿采样。注意,这些内部时钟信号可以由外部 MCLKRA/MCLKXA 引脚提供,也可由 McBSP 内部的采样速率发生器时钟(CLKG)提供。

当 MFSRA 和 MFSXA 作为输出引脚时,它们由采样速率发生器驱动。MFSRA 和 MFSXA 分别在内部时钟 CLKR/CLKX 的上升沿产生(即转变成有效状态)。同样,MDXA 引脚上的数据在内部 CLKX 的上升沿被锁存输出。

引脚控制寄存器(PCR)中的 FSRP、FSXP、CLKRP 和 CLKXP 分别控制 MFSRA、MFSXA、MCLKRA 和 MCLKXA 信号的极性。McBSP 内部的帧同步

信号(内部 FSR 和内部 FSX)都是高电平有效。如果 McBSP 的帧同步信号由外部引脚提供(MFSRA/MFSXA 是输入引脚),且 FSRP=FSXP=1,则外部输入的低电平有效的帧同步信号经过反转后送到接收器(内部 FSR)和发送器(内部 FSX);如果使用内部帧同步信号(MFSRA/MFSXA 是输出引脚,GSYNC=0),且 FSRP=FSXP=1,则内部高电平有效的帧同步信号经过反转后再发送到 MFSRA/MFSXA 引脚。发送时钟极性位 CLKXP 设置发送数据的时钟边沿,数据总是在内部 CLKX 的上升沿发送。如果 CLKXP=1,且选择外部时钟(CLKXM=0, MCLKXA 是输入引脚),MCLKXA 上的外部下降沿触发输入时钟在送到发送器之前被反转,变成上升沿触发时钟;如果 CLKXP=1,且选择内部时钟控制模式(CLKXM=1,MCLKXA 是输出引脚),则内部时钟(上升沿触发)在送到 MCLKXA 引脚之前被反转。类似的,接收时钟极性位 CLKRP 设置采样接收数据的时钟边沿。接收数据总是在内部 CLKR 的下降沿被采样。因此,如果 CLKRP=1 且选择外部时钟控制模式(CLKRM=0 且 MCLKRA 是输入引脚),则 MCLKRA 引脚上的外部上升沿触发输入时钟在送入接收器之前被反转,变成下降沿触发时钟信号;如果 CLKRP=1 且选择内部时钟控制模式(CLKRM=1 且 MCLKRA 是输出引脚),则内部下降沿触发时钟在 MCLKRA 引脚上发送出去前被取反,变成上升沿触发的时钟。在接收器和发送器采用相同时钟的系统中(CLKRP=CLKXP),接收器和发送器采用相反的边沿以保证数据建立时间和保持时间的有效性。

图 10.47 给出了发送器和接收器使用同一时钟的例子。示例中,外部串行设备在上升沿输出数据,McBSP 的接收器在同一时钟周期的下降沿对数据进行采样。

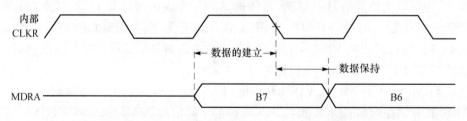

图 10.47　发送和接收使用同一时钟的示例

10.6.19　设置 SRG 帧同步周期和脉冲宽度

采样速率发生器可产生内部时钟信号 CLKG 和内部帧同步信号 FSG。如果采样速率发生器产生的内部帧同步信号 FSG 作为接收或发送帧同步,则必须配置 FPER 和 FWID 控制位。

帧同步 FSG 周期是指从帧同步脉冲的开始到下一帧同步脉冲的开始的时间段,等于(FPER+1)个 CLKG 周期。12 位 FPER 控制位允许设置的帧同步周期范围为

1～4096 个 CLKG 周期。因此,一帧最多可包含 4096 位数据。当 GSYNC＝1 时,
FPER 的设置被忽略。FSG 脉冲宽度等于(FWID＋1)个 CLKG 周期。8 位 FWID
控制位允许设置的帧脉冲宽度范围为 1～256 个 CLKG 周期。注意,FWID 的值
应小于设定的串行字长。

图 10.48 给出了帧同步周期为 16 个 CLKG 周期(FPER＝15)和帧脉冲宽度
为 2 个 CLKG 周期时的时序图。

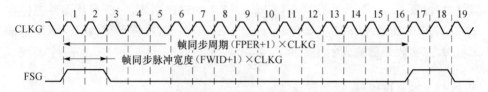

图 10.48　周期为 16 个 CLKG 周期、宽度为 2 个 CLKG 周期时帧同步信号的时序图

当采样速率发生器退出复位状态时,FSG 处于无效状态。当 $\overline{FRST}$＝1 和
FSGM＝1 时,McBSP 采样速率发生器会产生一个帧同步脉冲。帧同步脉冲宽度
计数器初始值为(FWID＋1),每一 CLKG 时钟进行减 1 计数,直至到 0,此时 FSG
变为低电平。帧周期计数器初始值为(FPER＋1),同样,每一 CLKG 时钟进行减
1 计数,直至到 0,此时 FSG 变为高电平,表示新的一帧。

10.6.20　设置接收/发送时钟模式

表 10.18 和表 10.19 分别给出了设置接收/发送时钟模式所需要设置的寄存
器控制位及对 MCLKRA/MCLKXA 引脚状态的影响。

表 10.18　设置接收时钟模式所需要设置的寄存器控制位及对 **MCLKRA** 引脚状态的影响

DLB	CLKRM	接收时钟源	MCLKRA 引脚状态
0	0	MCLKRA,极性由 CLKRP 控制	输入
0	1	采样速率发生器输出时钟 CLKG	输出:CLKG 由 MCLKRA 引脚输出,极性根据 CLKRP 的设置进行取反输出或直接输出
1	0	内部 CLKX	高阻态
1	1	内部 CLKX	输出:CLKR 由 MCLKRA 引脚输出,极性根据 CLKRP 的设置进行取反输出或直接输出

表 10.19　设置发送时钟模式所需要设置的寄存器控制位及对 **MCLKXA** 引脚状态的影响

CLKXM	发送时钟源	MCLKXA 引脚状态
0	MCLKXA,极性由 CLKXP 控制	输入
1	采样速率发生器输出时钟 CLKG	输出:CLKX 由 MCLKXA 引脚输出,极性根据 CLKXP 的设置进行取反输出或直接输出

在数字回路模式（DLB=1）下,发送时钟信号也作为接收时钟信号使用。在时钟停止模式下,内部接收时钟信号（CLKR）和内部接收帧同步信号（FSR）分别连接到 CLKX 和 FSX 信号上。

如果采样速率发生器选择外部输入时钟信号作为时钟源,GSYNC 位用于确定 CLKG 是否与 MFSRA 引脚上的信号保持同步。另外,在时钟停止模式（CLK-STP=10b/11b）下,McBSP 可作为 SPI 主器件或从器件。当 McBSP 作为 SPI 主器件时,设置 CLKXM=1,这样可使 MCLKXA 为输出引脚,为所有从器件提供主时钟;当 McBSP 作为 SPI 从器件时,设置 CLKXM=0,这样可使 MCLKXA 为输入引脚,以接收外部输入的主时钟。

10.6.21　设置接收/发送时钟极性

表 10.20 给出了设置接收/发送时钟极性所需的控制位。

表 10.20　设置接收/发送时钟极性

控制位	时钟极性
CLKRP=0	在 MCLKRA 下降沿采样接收数据
CLKRP=1	在 MCLKRA 上升沿采样接收数据
CLKXP=0	在 MCLKXA 上升沿发送数据
CLKXP=1	在 MCLKXA 下降沿发送数据

10.6.22　设置 SRG 时钟分频参数

McBSP 采样速率发生器第一级分频器对输入时钟进行分频,产生数据位时钟 CLKG,CLKG 作为第二级及第三级分频器的输入信号。CLKG 的频率等于采样速率发生器输入时钟频率的 $1/(\mathrm{CLKGDV}+1)$。当 CLKGDV 是奇数或等于 0 时,CLKG 的占空比为 50%;当 CLKGDV 是偶数 $2p$ 时,CLKG 的高电平持续时间是 $p+1$ 个周期,低电平持续时间是 p 周期。

10.6.23　设置 SRG 时钟同步模式

当采样速率发生器选择外部信号作为时钟源时,GSYNC 用于控制 SRG 时钟同步模式。当 GSYNC=0 时,采样速率发生器内部输出时钟 CLKG 自由运行,不受 MFSRA 引脚信号的影响,此时内部帧同步脉冲周期为（FPER+1）个 CLKG 周期;当 GSYNC=1 时,如果 MFSRA 引脚上出现有效脉冲,则采样速率发生器内部输出时钟 CLKG 根据需要进行相位调整,以便与外部输入时钟

(MCLKRA/MCLKXA)保持同步,且会产生内部帧同步脉冲 FSG,此时 FPER 设置值被忽略。

10.6.24　设置 SRG 时钟模式(选择输入时钟)及极性

表 10.21 给出了采样速率发生器选择不同时钟源及极性时的设置。

表 10.21　采样速率发生器选择不同时钟源及极性时的设置

SCLKME	CLKSM	SRG 时钟源	CLKRP	CLKXP	SRG 时钟极性
0	0	保留	—	—	保留
0	1	LSPCLK	—	—	LSPCLK 上升沿时 CLKG 和 FSG 状态翻转
1	0	MCLKRA	0	—	MCLKRA 下降沿时 CLKG 和 FSG 状态翻转
1	0	MCLKRA	1	—	MCLKRA 上升沿时 CLKG 和 FSG 状态翻转
1	1	MCLKXA	—	0	MCLKXA 上升沿时 CLKG 和 FSG 状态翻转
1	1	MCLKXA	—	1	MCLKXA 下降沿时 CLKG 和 FSG 状态翻转

10.7　McBSP 仿真模式及初始化操作

10.7.1　McBSP 仿真模式

当使用高级语言调试多通道缓冲串口遇到断点时,寄存器 SPCR2 中的 FREE 和 SOFT 位将确定 McBSP 的状态。如果 FREE=1,则 McBSP 仿真模式为自由运行模式,SOFT 位不起作用,遇到软件断点时钟仍运行,发送器和接收器不受影响,继续传输数据。如果 FREE=0,SOFT 位决定 McBSP 的工作状态:SOFT=0 对应立即停止模式,即遇到断点时,发送器和接收器立即停止数据传输;SOFT=1 对应软件停止模式,在发送过程中遇到断点时,McBSP 在发送完当前串行字后停止发送,而接收过程不受影响。

注意,如果选用软件停止模式或自由运行模式,接收器会自由运行,此时可能会产生接收溢出错误。

10.7.2　复位 McBSP

有下列两种方法可以对串行口各模块进行复位:DSP 复位和各模块单独复位。不同复位方式对 McBSP 各引脚状态的影响如表 10.13 所示。不论采用何种方式进行复位,McBSP 各模块将被复位至初始状态,包括复位所有的计数器和状态位。接收状态位包括 RFULL、RRDY、RSYNCERR;发送状态位包括 XEMPTY、XRDY、XSYNCERR。

(1) DSP 复位。当 DSP 芯片复位时（$\overline{XRS}$信号为低电平），整个 McBSP 包括发送器、接收器和采样速率发生器都被复位。DSP 复位使采样速率发生器输出时钟 CLKG 的频率等于 LSPCLK 的频率。采样速率发生器不会产生帧同步信号 FSG。当 DSP 退出复位状态时，McBSP 仍保持在复位状态。

(2) McBSP 复位。设置 RRST 和 XRST 为 0 可分别使 McBSP 的接收器和发送器复位，发送器和接收器会立即停止工作。此时，MDRA 为输入口；如果 MFSRA 和 MFSXA 引脚不是输出引脚，则应处于无效状态，如果 MCLKRA 和 MCLKXA 引脚被配置为输出引脚且$\overline{GRST}=1$，则 MCLKRA 和 MCLKXA 将输出 CLKG 时钟；MDXA 引脚置为高阻态。

在正常操作过程中，$\overline{GRST}=0$ 将复位采样速率发生器，但是只能在发送器和接收器都不使用采样速率发生器时才能复位采样速率发生器。当采样速率发生器复位时，内部采样速率发生器时钟（CLKG）和帧同步信号（FSG）都将被置为低电平，处于无效状态。当使能采样速率发生器（$\overline{GRST}=1$），且接收器或发送器复位（$\overline{RRST}=0/\overline{XRST}=0$）时，即使 MFSRA 和 MFSXA 引脚由 FSG 驱动，其仍将处于无效的低电平。该特点可以保证在 McBSP 某一部分处于复位状态，且$\overline{FRST}=1$时，其他部分仍能使用 FSG 作为帧同步信号继续进行数据传输。

(3) 采样速率发生器复位。DSP 复位和设置$\overline{GRST}=0$ 均可复位采样速率发生器。当 DSP 复位时，LSPCLK 作为采样速率发生器输入时钟，CLKG 的频率等于 LSPCLK 的频率，而内部帧同步信号 FSG 为低电平，处于无效状态。当发送器和接收器都不采用 CLKG 和 FSG 作为时钟信号和帧同步信号时，可设置$\overline{GRST}=0$ 来复位采样速率发生器。此时，CLKG 和 FSG 被设置为低电平，处于无效状态。如果设置$\overline{GRST}=1$，CLKG 将根据程序设置开始运行。如果设置$\overline{FRST}=1$，经过特定的时间后，帧同步脉冲信号 FSG 将为高电平，处于有效状态。

10.7.3　McBSP 初始化步骤

(1) 设置寄存器 SPCR1/SPCR2 中的$\overline{XRST}=\overline{RRST}=\overline{FRST}=0$。如果 DSP 刚刚退出复位状态，这一步可以省略。

(2) 当 McBSP 处于复位状态时，根据需要配置 McBSP 的配置寄存器。

(3) 等待两个 CLKG 周期以保证内部同步。

(4) 按需要向 DXR 加载数据。

(5) 设置$\overline{XRST}=\overline{RRST}=1$ 使能 McBSP，要保证在设置$\overline{XRST}$和$\overline{RRST}$时，

不改变寄存器 SPCR1 和 SPCR2 中其他位的设置。

（6）如果需要内部产生帧同步信号，则设置$\overline{\text{FRST}}=1$。

（7）等待两个 CLKG 周期，使接收器和发送器处于有效状态。

在正常操作过程中，如果需要，也可以采用上述步骤实现对接收器或发送器复位。如果发送器和接收器均不使用采样速率发生器，也可采用上述步骤对采样速率发生器进行复位。

操作过程中，请注意以下几个问题。

（1）$\overline{\text{XRST}}$或$\overline{\text{RRST}}$低电平持续时间至少为两个 CLKX/CLKR 周期。

（2）只有当 McBSP 相应模块处于复位状态时，才可以改变对应的配置寄存器 SPCR1/SPCR2、PCR、RCR1/RCR2、XCR1/XCR2 和 SRGR1/SRGR2。

（3）大多数情况下，只有当$\overline{\text{XRST}}=1$时，CPU 或 FIFO 才可以对数据发送器寄存器 DXR1/2 加载数据，当这些寄存器用于压缩解压内部数据时除外。

（4）在多通道选择模式下，只能对当前数据传输操作没有使用的通道控制寄存器（MCR1/2、RCERA-RCERH、XCERA-XCERH）进行修改。

10.8　McBSP FIFO 模式和中断

McBSP 为每个数据寄存器 DRR2/DRR1 和 DXR2/DXR1 分别提供了 16×16 位（16 级）的 FIFO。FIFO 寄存器的顶部寄存器与非 FIFO 模式下的数据寄存器具有相同的地址空间。每对 FIFO 数据寄存器均有独立的控制寄存器。

本节主要介绍 FIFO 模式下 McBSP 模块的以下操作：

（1）FIFO 模式下，McBSP 的功能和使用限制；

（2）McBSP 的 FIFO 操作；

（3）McBSP 接收/发送中断的产生；

（4）McBSP FIFO 数据寄存器访问的约束条件；

（5）McBSP FIFO 错误标志。

10.8.1　FIFO 模式下 McBSP 的功能和使用限制

与常规模式相同，在 FIFO 模式下，McBSP 可以使用各种串行字长和多媒体数字信号编解码器（CODEC）通信。除此之外，与其他 McBSP 或串行设备通信时，McBSP 可以使用时分复用（TDM）数据流进行通信。通过多通道选择模式可以选择发送或接收时分复用数据流中选定通道或者所有通道的数据。表 10.22 给出了 McBSP 模式选择。

表 10.22   McBSP 模式选择

串行字长	RMCME	RMCM	XMCME	XMCM	A-bis	功　　　能	模　式
8/12/16/ 20/24/32	0	0	0	00b	0	所有 CODEC 通信均可使用该模式	常规 模式
8	0	1	0	01b	0	所有通道均被禁止，可通过 X/RCERA/B 使能	2 分区 多通道 模式
	0	1	0	10b	0	所有通道均使能，但被屏蔽，可通过 X/RCERA/B 解除屏蔽	
	0	1	0	11b	0	接收发送同步传输	
	1	1	1	01b	0	所有通道均被禁止，可通过 X/RCERA-H 使能	8 分区 多通道 模式
	1	1	1	10b	0	所有通道均使能，但被屏蔽，可通过 X/RCERA-H 解除屏蔽	
	1	1	1	11b	0	接收发送同步传输	
	1	0	1	00b	0	所有通道均被使能	多通道 模式关闭
16	0	0	0	0	1	McBSP 可以在 PCM 数据链上传输多达 1024 位数据，数据位通过 X/RCERA/B 选择	A-bis 模式

10.8.2   McBSP 的 FIFO 操作

上电后，McBSP 的 FIFO 功能被禁止，可以通过寄存器 MFFTX 中的 FIFO 使能位来使能 McBSP 的 FIFO 模式。下面给出 FIFO 的特点以及如何对 McBSP FIFO 进行编程。

（1）复位：上电复位后，McBSP 工作在标准模式下，其 FIFO 功能被禁止，此时 FIFO 寄存器 MFFTX、MFFRX 和 MFFCT 无效。

（2）非 FIFO 模式：McBSP 可分别使用 DRR2/DRR1 和 DXR2/DXR1 寄存器接收和发送数据，CPU 可直接对这些寄存器进行数据传输。根据这些寄存器的内容以及相关的标志位向 CPU 发送中断信号。

（3）FIFO 模式：设置寄存器 MFFTX 中 MFFENA＝1 来使能 FIFO 模式。

（4）有效寄存器：一旦 FIFO 模式使能，所有 McBSP 寄存器和 McBSP FIFO 寄存器 MFFTX、MFFRX 和 MFFCT 都将处于有效状态。

（5）中断：依据发送和接收 FIFO 的状态向 CPU 发送 MRINT/MXINT 中断信号。

（6）缓冲器：McBSP 为发送数据寄存器和接收数据寄存器提供 4 个 16×16 位的 FIFO 作为缓冲，接收数据寄存器 DRR2 和 DRR1 分别有一个 16×16 位的 FIFO。MDRA 引脚数据到接收数据寄存器的传输通道如下：

MDRA 引脚 → RSR1/2 → RBR1/2 → DRR1/2＋16×16 FIFO1/2

同样,发送数据寄存器 DXR2 和 DXR1 分别有一个 16×16 位 FIFO。发送数据寄存器到 MDXA 引脚数据的传输通道如下:

$$DXR1/2 + 16 \times 16 \ FIFO1/2 \rightarrow XSR1/2 \rightarrow MDXA \ 引脚$$

(7) 依据 XEVT/XINT 中断信号以及相关标志位进行从发送 FIFO 到 DXR2/DXR1 的数据传输;依据 REVT/RINT 中断信号以及相关标志位进行从 DRR2/DRR1 到接收 FIFO 的数据传输。

(8) FIFO 状态位:接收和发送 FIFO 均有各自的状态位 RXFFST 或 TXFFST。这些状态位给出了任意时刻 FIFO 中可用串行字数。DXR2/DXR1 和 DRR2/DRR1 寄存器每传输 2 个串行字后对上述状态位进行一次更新。发送 FIFO 复位位 TXFIFO Reset 和接收 FIFO 复位位 RXFIFO Reset 为 0 时,将会分别使发送 FIFO 和接收 FIFO 指针复位为零。一旦 TXFIFO Reset/RXFIFO Reset 被置 1,发送/接收 FIFO 将会开始工作。

(9) 可编程中断优先级:发送和接收 FIFO 都能向 CPU 发送中断信号。发送 FIFO 中断产生的条件是发送 FIFO 状态位 TXFFST 小于或等于发送中断触发优先级控制位 TXFFIL;接收 FIFO 中断产生的条件是接收 FIFO 状态位 RXFFST 大于或等于接收中断触发优先级控制位 RXFFIL。该特性为 McBSP 的发送和接收提供了可编程的中断触发功能。接收 FIFO 的触发优先级缺省值为 0x11111,发送 FIFO 的默认值为 0x00000。

10.8.3　McBSP 接收/发送中断的产生

在 McBSP 模块中,数据接收/发送和错误条件将会产生两组中断信号,其中一组由 CPU 使用,另一组被 FIFO 控制逻辑使用。FIFO 控制逻辑根据这些信号来控制 FIFO 寄存器和实际的接收/发送寄存器间的数据传输。图 10.49 和表 10.23 给出了 FIFO 模式和非 FIFO 模式下接收中断的选择方式;图 10.50 和表 10.24 给出了 FIFO 模式和非 FIFO 模式中发送中断的选择方式。

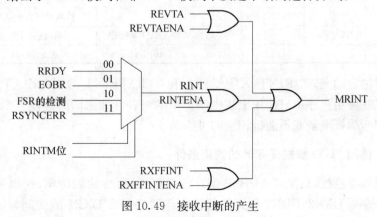

图 10.49　接收中断的产生

表 10. 23　接收中断源选择

模　式	中断信号	中断标志	RINTM	中断使能	中断类型
非 FIFO	RINT	RRDY	00	RINTENA	接收了一个串行字
		EOBR	01		一块接收结束
		FSR	10		检测到接收帧同步信号
		RSYNCERR	11		检测到异常接收帧同步信号
	REVTA	—	xx	REVTA ENA	A-bis 模式下数据刷新
FIFO	—	RXFFINT/RXFFOVF	xx `	RXFFINT ENA	接收 FIFO 状态中断

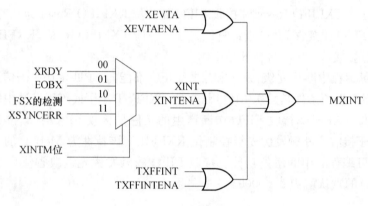

图 10.50　发送中断的产生

表 10. 24　发送中断源选择

模　式	中断信号	中断标志	RINTM	中断使能	中断类型
非 FIFO	XINT	XRDY	00	XINTENA	发送了一个串行字
		EOBX	01		一块发送结束
		FSX	10		检测到发送帧同步信号
		XSYNCERR	11		检测到异常帧同步信号
	XEVTA	—	xx	XEVTA ENA	A-bis 模式下数据刷新
FIFO	—	TXFFINT	xx	TXFFINT ENA	发送 FIFO 状态中断

　　值得注意的是，X/RINT、X/REVTA 和 T/RXFFINT 共用一个 CPU 中断，因此建议在应用程序中只使用上述中断源中的一种。如果同时使能多个中断源，则存在中断源被屏蔽或不能被识别的可能。

10.8.4　访问 FIFO 数据寄存器的约束条件

　　通过外设总线，只能对 McBSP 寄存器进行 16 位方式的访问，这也包括对接收数据寄存器 DRR2/DRR1 和发送数据寄存器 DXR2/DXR1 的访问。依据串行字长度的不同,可能使用寄存器 DRR2/DRR1、DXR2/DXR1 或只使用寄存器 DRR1、DXR1。不论在 McBSP 的非 FIFO 模式下,还是在 FIFO 模式下,情况都是如此。表 10.25 和表 10.26 分别给出不同串行字长时的读/写顺序。在 FIFO 模式中,接收和发送寄存器组分别共用一个 FIFO 指针。只有按照表 10.25 和表 10.26 中的读写顺序,才能保证 FIFO 指针的有效刷新。

表 10.25　接收 FIFO 读取顺序

情　况	常规/多通道模式	接收 FIFO 指针	常规模式	接收 FIFO 指针
	串行字长为 8 位、12 位、16 位时读顺序		串行字长为 20 位、24 位、32 位时读顺序	
情况 1	DRR2	不变	DRR2	不变
	DRR1	递减	DRR1	递减
情况 2	DRR2	不变	DRR2	不变
	DRR2 或 n 次 DRR2	不变	DRR2 或 n 次 DRR2	不变
	DRR1	递减	DRR1	递减
情况 3	DRR1	递减	DRR1	不变
	DRR2	不变	DRR2	不变

表 10.26　发送 FIFO 写顺序

情　况	常规/多通道模式	发送 FIFO 指针	常规模式	发送 FIFO 指针
	串行字长为 8 位、12 位、16 位时读顺序		串行字长为 20 位、24 位、32 位时读顺序	
情况 1	DXR2	不变	DXR2	不变
	DXR1	递增	DXR1	递增
情况 2	DXR2	不变	DXR2	不变
	DXR2 或 n 次 DXR2	不变	DXR2 或 n 次 DXR2	不变
	DXR1	递增	DXR1	递增
情况 3	DXR1	递增	DXR1	不变
	DXR2	不变	DXR2	不变

10.8.5　McBSP FIFO 错误标志

McBSP 的接收和发送通道都有几个错误标志。表 10.27 给出在 FIFO 模式下错误标志及其新的含义。

表 10.27　McBSP 错误标志

错误标志	非 FIFO 模式下的含义	FIFO 模式下的含义
RFULL	DRR2/DRR1 数据没被读取,RSR 寄存器中数据被覆盖	由于 DRR2/DRR1 被传送到 FIFO 中,该位不会置位,使用 RXFFOVF 代替
RXFFOVF	未使用	接收 FIFO 溢出标志位,接收 FIFO 顶部的数据将会丢失

续表

错误标志	非 FIFO 模式下的含义	FIFO 模式下的含义
RSYNCERR	产生了异常接收帧同步脉冲,当前数据接收被终止,开始接收下一帧数据。设置 RINTM=11b 将会向 CPU 发出中断请求信号	
XSYNCERR	产生了异常发送帧同步脉冲,当前数据发送被终止,重新传输该数据。设置 XINTM=11b 将会向 CPU 发出中断请求信号	

10.9　McBSP 寄存器

McBSP 模块相关寄存器如表 10.28 所示。

表 10.28　McBSP 模块相关寄存器

地　址	名　称	读写属性	复位值	功　能
0x007800	DRR2	R	0x0000	接收数据寄存器 2 及接收 FIFO 顶层寄存器 2
0x007801	DRR1	R	0x0000	接收数据寄存器 1 及接收 FIFO 顶层寄存器 1
0x007802	DXR2	W	0x0000	发送数据寄存器 2 及发送 FIFO 顶层寄存器 2
0x007803	DXR1	W	0x0000	发送数据寄存器 1 及发送 FIFO 顶层寄存器 1
0x007804	SPCR2	R/W	0x0000	串口控制寄存器 2
0x007805	SPCR1	R/W	0x0000	串口控制寄存器 1
0x007806	RCR2	R/W	0x0000	接收控制寄存器 2
0x007807	RCR1	R/W	0x0000	接收控制寄存器 1
0x007808	XCR2	R/W	0x0000	发送控制寄存器 2
0x007809	XCR1	R/W	0x0000	发送控制寄存器 1
0x00780A	SRGR2	R/W	0x2000	采样速率发生器寄存器 2
0x00780B	SRGR1	R/W	0x0000	采样速率发生器寄存器 1
0x00780C	MCR2	R/W	0x0000	多通道控制寄存器 2
0x00780D	MCR1	R/W	0x0000	多通道控制寄存器 1
0x00780E	RCERA	R/W	0x0000	接收通道使能寄存器 A
0x00780F	RCERB	R/W	0x0000	接收通道使能寄存器 B
0x007810	XCERA	R/W	0x0000	发送通道使能寄存器 A
0x007811	XCERB	R/W	0x0000	发送通道使能寄存器 B
0x007812	PCR	R/W	0x0000	引脚控制寄存器
0x007813	RCERC	R/W	0x0000	接收通道使能寄存器 C
0x007814	RCERD	R/W	0x0000	接收通道使能寄存器 D
0x007815	XCERC	R/W	0x0000	发送通道使能寄存器 C
0x007816	XCERD	R/W	0x0000	发送通道使能寄存器 D
0x007817	RCERE	R/W	0x0000	接收通道使能寄存器 E
0x007818	RCERF	R/W	0x0000	接收通道使能寄存器 F

续表

地　址	名　称	读写属性	复位值	功　能
0x007819	XCERE	R/W	0x0000	发送通道使能寄存器 E
0x00781A	XCERF	R/W	0x0000	发送通道使能寄存器 F
0x00781B	RCERG	R/W	0x0000	接收通道使能寄存器 G
0x00781C	RCERH	R/W	0x0000	接收通道使能寄存器 H
0x00781D	XCERG	R/W	0x0000	发送通道使能寄存器 G
0x00781E	XCERH	R/W	0x0000	发送通道使能寄存器 H
0x007820	MFFTX	R/W	0x2000	发送 FIFO 寄存器
0x007821	MFFRX	R/W	0x201F	接收 FIFO 寄存器
0x007822	MFFCT	R/W	0x0000	FIFO 控制寄存器
0x007823	MFFINT	R/W	0x0000	FIFO 中断寄存器
0x007824	MFFST	R/W	0x000x	FIFO 状态寄存器

注：如果 MFSXA/MFSRA 引脚悬空，寄存器 MFFST 的复位值为 0x000A；否则，寄存器 MFFST 的复位值与引脚输入状态相关，具体见寄存器 MFFST 位描述。

1. 接收数据寄存器

接收数据寄存器（DRR2 和 DRR1）各位的定义如图 10.51 所示。

图 10.51　接收数据寄存器

2. 发送数据寄存器

发送数据寄存器（DXR2 和 DXR1）各位的定义如图 10.52 所示。

图 10.52　发送数据寄存器

3. 串口控制寄存器 1

串口控制寄存器 1（SPCR1）各位的定义及功能描述如图 10.53 和表 10.29 所示。

15	14	13	12	11	10		8
DLB	RJUST		CLKSTP		保留		
R/W-0	R/W-0		R/W-0		R-0		

7	6	5	4	3	2	1	0
DXENA	ABIS	RINTM		RSYNCERR	RFULL	RRDY	$\overline{RRST}$
R/W-0	R/W-0	R/W-0		R/W-0	R-0	R-0	R/W-0

图 10.53 串口控制寄存器 1

(R 代表只读位,W 代表只写位,R/W 代表读写位,-n 代表复位值;后续寄存器中符号与此相同,不再说明)

表 10.29 串口控制寄存器 1 功能描述

位	名 称	功能描述
15	DLB	数字回路模式控制位 0:禁止数字回路模式。MDRA 引脚连接内部 DR 信号。依据模式位 FSRM、CLKRM 设置的不同,内部 FSR 及内部 CLKR 可由外部引脚或采样速率发生器提供 1:使能数字回路模式。内部接收信号分别与相应的内部发送信号相连接,即内部的 DR,FSR,CLKR 分别与内部的 DX,FSX,CLKX 相连。MDXA 引脚连接内部 DX 信号。依据模式位 FSXM,CLKXM 设置的不同,内部 FSX 及内部 CLKX 可由外部引脚或采样速率发生器提供
14~13	RJUST	接收数据符号扩展和对齐模式位。在接收过程中,RJUST 控制接收数据在向接收数据寄存器(DRR1/2)传输前如何扩展及进行位填充。如果在接收过程中应用了压缩解压功能,RJUST 的值将被忽略,RBR1 中 8 位压缩数据被解压成 16 位左对齐数据保存在 DRR1 中 00b:右对齐模式,高位用 0 填充 01b:右对齐模式,高位用符号位填充 10b:左对齐模式,低位用 0 填充 11b:保留
12~11	CLKSTP	时钟停止模式控制位。在时钟停止模式(SPI 模式)下,该位和 CLKXP、CLKRP 共同决定时钟极性及相位,详细分析见表 10.10 00b:禁止时钟停止模式 01b:禁止时钟停止模式 10b:不带延时的时钟停止模式 11b:带延时的时钟停止模式
10~8	停留	保留位,只读位,读返回 0
7	DXENA	发送引脚打开时间附加延时功能控制位。该位控制发送引脚从高阻态到有效电平转变时的附加延时功能,而非数据本身的延时。在常规模式下,只有第一位数据被延时;在 A-bis 模式下,所有数据位均可能从高阻态变为有效状态,因此所有位均可被附加延时 0:禁止发送引脚附加延时功能 1:使能发送引脚附加延时功能
6	ABIS	A-bis 模式控制位 0:禁止 A-bis 模式 1:使能 A-bis 模式

续表

位	名　称	功能描述
5~4	RINTM	接收中断模式控制位,用于确定产生 RINT 中断信号的中断源 00b:当 RRDY 由 0 变为 1 时,产生 RINT 中断信号。在 A-bis 模式下,从 　　MDRA 引脚接收 16 位有效数据时也会产生 RINT 中断信号 01b:只适用于多通道模式。每块传输结束后产生 RINT 中断信号 10b:检测到新的接收帧同步脉冲(即使接收器处于复位状态) 11b:检测到异常接收帧同步脉冲
3	RSYNCERR	异常接收帧同步脉冲标志位 0:没有检测到异常接收帧同步脉冲 1:检测到了异常接收帧同步脉冲
2	RFULL	接收移位寄存器(RSR)满标志位 0:RSR 没有溢出 1:DRR 未被读取、RBR 满,且 RSR 加载了新的数据
1	RRDY	接收器准备好标志位 0:接收器未准备好 1:接收器已准备好,可以从 DRR 中读取数据
0	$\overline{\text{RRST}}$	接收器复位位 0:McBSP 接收器被禁止,且处于复位状态 1:McBSP 接收器被使能

4. 串口控制寄存器 2

串口控制寄存器 2(SPCR2)各位的定义及功能描述如图 10.54 和表 10.30 所示。

15							10	9	8
保留								FREE	SOFT
R-0								R/W-0	R/W-0

7	6	5	4	3	2	1	0
$\overline{\text{FRST}}$	$\overline{\text{GRST}}$	XINTM		XSYNCERR	$\overline{\text{XEMPTY}}$	XRDY	$\overline{\text{XRST}}$
R/W-0	R/W-0	R/W-0		R/W-0	R-0	R-0	R/W-0

图 10.54　串口控制寄存器 2

表 10.30　串口控制寄存器 2 功能描述

位	名　称	功能描述
15~10	保留	保留位,只读位,读操作将返回 0
9~8	FREE SOFT	仿真模式控制位,只在 EMUSUSPEND=1 时起作用 00b:立即停止模式,遇到断点时,发送器和接收器会立即停止 01b:软件停止模式,遇到断点时,发送器会在发送完当前串行字后停止,而接 　　收器不受断点影响 1xb:自由运行模式,遇到断点时,发送器和接收器均不受影响

续表

位	名　称	功能描述
7	$\overline{\text{FRST}}$	帧同步逻辑复位位 0：复位帧同步逻辑电路。采样速率发生器不会产生内部帧同步脉冲 FSG 1：每（FPER+1）个 CLKG 时钟将会产生一个帧同步脉冲 FSG
6	$\overline{\text{GRST}}$	采样速率发生器复位位 0：复位采样速率发生器 1：使能采样速率发生器，依据采样速率发生器寄存器 1 的设置产生内部时钟 　信号 CLKG
5~4	XINTM	发送中断模式控制位 00b：XRDY 或 A-bis 模式下一帧传输结束会产生 XINT 中断信号 01b：在多通道模式下，一块或一帧传输结束会产生 XINT 中断信号 10b：检测到一个新的发送帧同步脉冲会产生 XINT 中断信号 11b：检测到异常发送帧同步脉冲会产生 XINT 中断信号
3	XSYNCERR	异常发送帧同步脉冲标志位 0：没有检测到异常发送帧同步脉冲 1：检测到了异常发送帧同步脉冲
2	$\overline{\text{XEMPTY}}$	发送移位寄存器(XSR)空标志位 0：发送移位寄存器空 1：发送移位寄存器非空
1	XRDY	发送器准备好标志位 0：发送器尚未准备好从 CPU 接收新的数据 1：发送器已经准备好从 CPU 接收新的数据
0	$\overline{\text{XRST}}$	发送器复位位 0：McBSP 发送器被禁止，且处于复位状态 1：McBSP 发送器被使能

5. 接收控制寄存器 1

接收控制寄存器 1（RCR1）各位的定义及功能描述如图 10.55 和表 10.31 所示。

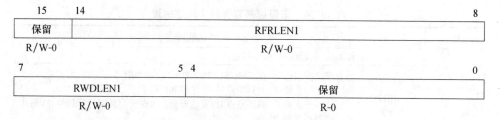

图 10.55　接收控制寄存器 1

表 10.31　接收控制寄存器 1 功能描述

位	名　称	功能描述
15	保留	保留位,只读位,读操作将返回 0
14~8	RFRLEN1	接收帧相位 1 串行字数(1~128 个串行字) 0000000b:接收帧相位 1 包含 1 个串行字 0000001b:接收帧相位 1 包含 2 个串行字 xxxxxxxb:接收帧相位 1 包含 xxxxxxxb+1 个串行字 1111111b:接收帧相位 1 包含 128 个串行字
7~5	RWDLEN1	接收帧相位 1 串行字长 000b:接收帧相位 1 串行字长为 8 位 001b:接收帧相位 1 串行字长为 12 位 010b:接收帧相位 1 串行字长为 16 位 011b:接收帧相位 1 串行字长为 20 位 100b:接收帧相位 1 串行字长为 24 位 101b:接收帧相位 1 串行字长为 32 位 11xb:保留
4~0	保留	保留位,只读位,读操作将返回 0

6. 接收控制寄存器 2

接收控制寄存器 2(RCR2)各位的定义及功能描述如图 10.56 和表 10.32 所示。

15	14						8
RPHASE	RFRLEN2						
R/W-0	R/W-0						

7		5	4	3	2	1	0
RWDLEN2			RCOMPAND		RFIG	RDATDLY	
R/W-0			R/W-0		R/W-0	R/W-0	

图 10.56　接收控制寄存器 2

表 10.32　接收控制寄存器 2 功能描述

位	名　称	功能描述
15	RPHASE	接收帧相位数 0:接收帧为单相位帧(只有一个相位:相位 1) 1:接收帧为双相位帧(有两个相位:相位 1 和相位 2)
14~8	RFRLEN2	接收帧相位 2 串行字数(1~128 个串行字) 0000000b:接收帧相位 2 包含 1 个串行字 0000001b:接收帧相位 2 包含 2 个串行字 xxxxxxxb:接收帧相位 2 包含 xxxxxxxb+1 个串行字 1111111b:接收帧相位 2 包含 128 个串行字

续表

位	名　称	功能描述
7~5	RWDLEN2	接收帧相位 2 串行字长 000b:接收帧相位 2 串行字长为 8 位 001b:接收帧相位 2 串行字长为 12 位 010b:接收帧相位 2 串行字长为 16 位 011b:接收帧相位 2 串行字长为 20 位 100b:接收帧相位 2 串行字长为 24 位 101b:接收帧相位 2 串行字长为 32 位 11xb:保留
4~3	RCOMPAND	接收压缩解压模式位 00b:禁止压缩解压功能,适用于任意串行字长,先接收 MSB 01b:禁止压缩解压功能,适用于 8 位串行字长,先接收 LSB 10b:μ 律压缩解压格式,适用于 8 位串行字长,先接收 MSB 11b:A 律压缩解压格式,适用于 8 位串行字长,先接收 MSB
2	RFIG	异常接收帧同步脉冲忽略位 0:禁止异常接收帧同步脉冲忽略功能,当 FSR 产生异常接收帧同步脉冲时, 　接收器将停止接收当前数据,设置 SPCR1 中 RSYNCERR=1,且重新开始 　接收新的数据 1:使能异常接收帧同步脉冲忽略功能,当 FSR 产生异常接收帧同步脉冲时, 　接收器不受影响,继续接收数据
1~0	RDATDLY	接收数据延时位,可以控制在接收帧同步脉冲后、接收第一位数据前延时 0/1/2 个接收时钟周期 00b:0 位数据延时 01b:1 位数据延时 10b:2 位数据延时 11b:保留

7. 发送控制寄存器 1

发送控制寄存器 1(XCR1)各位的定义及功能描述如图 10.57 和表 10.33 所示。

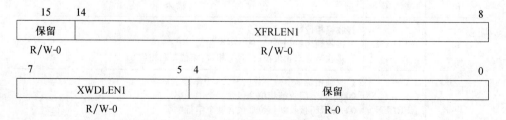

图 10.57　发送控制寄存器 1

表 10.33　发送控制寄存器 1 功能描述

位	名　称	功能描述
15	保留	保留位,只读位,读操作将返回 0
14~8	XFRLEN1	发送帧相位 1 串行字数(1 到 128 个串行字) 0000000b:发送帧相位 1 包含 1 个串行字 0000001b:发送帧相位 1 包含 2 个串行字 xxxxxxxb:发送帧相位 1 包含 xxxxxxxb+1 个串行字 1111111b:发送帧相位 1 包含 128 个串行字
7~5	XWDLEN1	发送帧相位 1 串行字长 000b:发送帧相位 1 串行字长为 8 位 001b:发送帧相位 1 串行字长为 12 位 010b:发送帧相位 1 串行字长为 16 位 011b:发送帧相位 1 串行字长为 20 位 100b:发送帧相位 1 串行字长为 24 位 101b:发送帧相位 1 串行字长为 32 位 11xb:保留
4~0	保留	保留位,只读位,读操作将返回 0

8. 发送控制寄存器 2

发送控制寄存器 2(XCR2)各位的定义及功能描述如图 10.58 和表 10.34 所示。

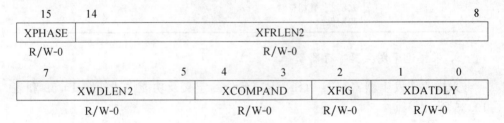

图 10.58　发送控制寄存器 2

表 10.34　发送控制寄存器 2 功能描述

位	名　称	功能描述
15	XPHASE	发送帧相位数 0:发送帧为单相位帧(只有一个相位:相位 1) 1:发送帧为双相位帧(有两个相位:相位 1 和相位 2)
14~8	XFRLEN2	发送帧相位 2 串行字数(1 到 128 个串行字) 0000000b:发送帧相位 2 包含 1 个串行字 0000001b:发送帧相位 2 包含 2 个串行字 xxxxxxxb:发送帧相位 2 包含 xxxxxxxb+1 个串行字 1111111b:发送帧相位 2 包含 128 个串行字

续表

位	名　称	功能描述
7～5	XWDLEN2	发送帧相位 2 串行字长 000b:发送帧相位 2 串行字长为 8 位 001b:发送帧相位 2 串行字长为 12 位 010b:发送帧相位 2 串行字长为 16 位 011b:发送帧相位 2 串行字长为 20 位 100b:发送帧相位 2 串行字长为 24 位 101b:发送帧相位 2 串行字长为 32 位 11xb:保留
4～3	XCOMPAND	发送压缩解压模式位 00b:禁止压缩解压功能,适用于任意串行字长,先发送 MSB 01b:禁止压缩解压功能,适用于 8 位串行字长,先发送 LSB 10b:μ律压缩解压格式,适用于 8 位串行字长,先发送 MSB 11b:A 律压缩解压格式,适用于 8 位串行字长,先发送 MSB
2	XFIG	异常发送帧同步脉冲忽略位 0:禁止异常发送帧同步脉冲忽略功能,当 FSX 产生异常发送帧同步脉冲时, 　发送器将停止发送当前数据,设置 SPCR2 中 XSYNCERR＝1,且再次发送 　前一帧数据 1:使能异常发送帧同步脉冲忽略功能,当 FSX 产生异常发送帧同步脉冲时, 　发送器不受影响,继续发送数据
1～0	XDATDLY	发送数据延时位,可以控制在发送帧同步脉冲后、发送第一位数据前延时 0/ 1/2 个发送时钟周期 00b:0 位数据延时 01b:1 位数据延时 10b:2 位数据延时 11b:保留

9. 采样速率发生器寄存器 1

采样速率发生器寄存器 1(SRGR1)各位的定义及功能描述如图 10.59 和表 10.35 所示。

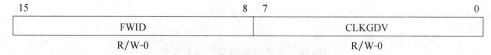

15	8　7	0
FWID		CLKGDV
R/W-0		R/W-0

图 10.59　采样速率发生器寄存器 1

表 10.35　采样速率发生器寄存器 1 功能描述

位	名　称	功能描述
15～8	FWID	内部帧同步脉冲(FSG)宽度为(FWID＋1)个 CLKG 时钟周期,因此可设置的范围为 1～256 个 CLKG 时钟周期
7～0	CLKGDV	内部时钟(CLKG)分频系数。采样速率发生器对其输入时钟依据 CLKGDV 进行分频得到内部时钟(CLKG)。CLKG 频率与输入时钟频率关系如下: $$\text{CLKG 频率} = \frac{\text{SRG 输入时钟频率}}{\text{CLKGDV}＋1}$$

10. 采样速率发生器寄存器 2

采样速率发生器寄存器 2(SRGR2)各位的定义及功能描述如图 10.60 和表 10.36 所示。

15	14	13	12	11		0
GSYNC	保留	CLKSM	FSGM		FPER	
R/W-0	R/W-0	R/W-1	R/W-0		R/W-0	

图 10.60　采样速率发生器寄存器 2

表 10.36　采样速率发生器寄存器 2 功能描述

位	名　称	功能描述
15	GSYNC	内部时钟(CLKG)同步模式位。只有在外部引脚 MCLKRA 或 MCLKXA 作为采样速率发生器输入时钟时,GSYNC 才起作用 0:当 MFSRA 引脚产生有效脉冲时,内部时钟 CLKG 不作相位调整,且每(FPER+1)个 CLKG 时钟产生一个内部帧同步信号 FSG 1:当 MFSRA 引脚产生有效脉冲时,内部时钟 CLKG 根据需要作相位调整,以与 MCLKRA 或 MCLKXA 引脚输入的时钟信号同步,此时还会产生内部帧同步脉冲 FSG,FPER 值将被忽略
14	保留	保留
13	CLKSM	采样速率发生器输入时钟模式位。与 PCR 寄存器中 SCLKME 位共同选择采样速率发生器输入时钟,具体如下: SCLKME CLKSM 0　　0　　保留 0　　1　　LSPCLK 为 SRG 时钟源 1　　0　　MCLKRA 引脚信号为 SRG 时钟源 1　　1　　MCLKXA 引脚信号为 SRG 时钟源
12	FSGM	采样速率发生器发送帧同步模式位。只有内部信号作为发送帧同步信号时(FSXM=1),FSGM 才起作用 0:当数据从 DXR1/2 向 XSR1/2 复制时,产生发送帧同步脉冲 1:采样速率发生器生成的内部帧同步信号 FSG 作为发送帧同步脉冲,其脉冲宽度由 FWID 决定,脉冲周期由 FPER 决定
11~0	FPER	内部帧同步脉冲 FSG 周期控制位。内部帧同步脉冲 FSG 周期为(FPER+1)个 CLKG 时钟周期,可设置的范围为:1~4096 个 CLKG 时钟周期

11. 多通道控制寄存器 1

多通道控制寄存器 1(MCR1)各位的定义及功能描述如图 10.61 和表 10.37 所示。

15							10	9	8
保留								RMCME	RPBBLK
R-0								R/W-0	R/W-0

7	6	5	4		2	1	0
RPBBLK	RPABLK		RCBLK			保留	RMCM
R/W-0	R/W-0		R-0			R-0	R-0

图 10.61　多通道控制寄存器 1

表 10.37　多通道控制寄存器 1 功能描述

位	名　称	功能描述
15～10	保留	保留位,只读位,读操作将返回 0
9	RMCME	接收多通道分区模式位,只有在多通道模式使能的情况下才能应用(RMCM=1)。在实际应用中,RMCME 和 XMCME 的值应该相同 0:2 分区模式,每次最多可使能 32 通道,利用 RPABLK 和 RPBBLK 可分别为分区 A 和 B 分配 16 个通道;通过寄存器 RCERA 和 RCERB 分别控制分区 A 和 B 中 16 个通道的使能 1:8 分区模式,所有分区(分区 A～H)均被使用,每次最多可使能 128 通道;各分区与各通道的对应关系如下 分区 A:通道 0～15 分区 B:通道 16～31 分区 C:通道 32～47 分区 D:通道 48～63 分区 E:通道 64～79 分区 F:通道 80～95 分区 G:通道 96～111 分区 H:通道 112～127
8～7	RPBBLK	接收分区 B 块控制位,只有在 RMCM=1 且接收采用 2 分区模式时才有效。此时,RPBBLK 用于将一奇数块分配给分区 B,具体对应关系如下 00b(块 1):通道 16～31 01b(块 3):通道 48～63 10b(块 5):通道 80～95 11b(块 7):通道 112～127
6～5	RPABLK	接收分区 A 块控制位,只有在 RMCM=1 且接收采用 2 分区模式时才有效。此时,RPABLK 用于将一偶数块分配给分区 A,具体对应关系如下 00b(块 0):通道 0～15 01b(块 2):通道 32～47 10b(块 4):通道 64～79 11b(块 6):通道 96～111
4～2	RCBLK	当前接收块指示位,用于指示 McBSP 当前正在对哪个块进行接收操作,具体对应关系如下 000b(块 0):通道 0～15 001b(块 1):通道 16～31 010b(块 2):通道 32～47 011b(块 3):通道 48～63 100b(块 4):通道 64～79 101b(块 5):通道 80～95 110b(块 6):通道 96～111 111b(块 7):通道 112～127

续表

位	名　称	功能描述
1	保留	保留位,只读位,读操作将返回 0
0	RMCM	接收多通道选择模式位 0:128 个接收通道均被使能 1:多通道选择模式,各接收通道可以单独被使能或被禁止

12. 多通道控制寄存器 2

多通道控制寄存器 2(MCR2)各位的定义及功能描述如图 10.62 和表 10.38 所示。

15				10	9	8
保留					XMCME	XPBBLK
R-0					R/W-0	R/W-0

7	6	5	4		2	1	0
XPBBLK	XPABLK			XCBLK		XMCM	
R/W-0	R/W-0			R-0		R/W-0	

图 10.62　多通道控制寄存器 2

表 10.38　多通道控制寄存器 2 功能描述

位	名　称	功能描述
15～10	保留	保留位,只读位,读操作将返回 0
9	XMCME	发送多通道分区模式位,只有在发送多通道模式使能的情况下才能应用 (XMCM=1)。在实际应用中,RMCME 和 XMCME 的值应该相同 0:2 分区模式,每次最多可使能 32 通道,利用 XPABLK 和 XPBBLK 可分别 　为分区 A 和 B 分配 16 个通道;通过寄存器 XCERA 和 XCERB 分别控制 　分区 A 和 B 中 16 个通道的使能。 1:8 分区模式,所有分区(分区 A～H)均被使用,每次最多可使能 128 通道; 　各分区与各通道的对应关系如下 　分区 A:通道 0～15 　分区 B:通道 16～31 　分区 C:通道 32～47 　分区 D:通道 48～63 　分区 E:通道 64～79 　分区 F:通道 80～95 　分区 G:通道 96～111 　分区 H:通道 112～127
8～7	XPBBLK	发送分区 B 块控制位,只有在 XMCM=1 且采用 2 分区模式时才有效。此时,XPBBLK 用于将一奇数块分配给分区 B,具体对应关系如下 00b(块 1):通道 16～31 01b(块 3):通道 48～63 10b(块 5):通道 80～95 11b(块 7):通道 112～127

续表

位	名　称	功能描述
6～5	XPABLK	发送分区 A 块控制位,只有在 XMCM＝1 且采用 2 分区模式时才有效。此时,XPABLK 用于将一偶数块分配给分区 A,具体对应关系如下 00b(块 0):通道 0～15 01b(块 2):通道 32～47 10b(块 4):通道 64～79 11b(块 6):通道 96～111
4～2	XCBLK	当前发送块指示位,用于指示 McBSP 当前正在对哪个块进行发送操作,具体对应关系如下 000b(块 0):通道 0～15 001b(块 1):通道 16～31 010b(块 2):通道 32～47 011b(块 3):通道 48～63 100b(块 4):通道 64～79 101b(块 5):通道 80～95 110b(块 6):通道 96～111 111b(块 7):通道 112～127
1～0	XMCM	00b:不使用发送多通道选择模式,即常规工作模式:所有通道均被使能且非屏蔽,不可禁止或屏蔽任何通道 01b:所有通道均被禁止,通过发送通道使能寄存器(XCERs)可使能选定通道,某一通道使能后即成为非屏蔽通道 10b:所有通道均被使能,且均被屏蔽,通过发送通道使能寄存器(XCERs)可对选定通道解除屏蔽 11b:该模式用于同步发送和接收。所有发送通道均被禁止,通过接收通道使能寄存器(RCERs)可使能选定通道。当仅使能某一通道时,该通道是被屏蔽的,通过发送通道使能寄存器(XCERs)可对选定通道解除屏蔽

13. 引脚控制寄存器

引脚控制寄存器(PCR)各位的定义及功能描述如图 10.63 和表 10.39 所示。

15			12	11	10	9	8
保留				FSXM	FSRM	CLKXM	CLKRM
R-0				R/W-0	R/W-0	R/W-0	R/W-0

7	6	5	4	3	2	1	0
SCLKME	保留	DX_STAT	DR_STAT	FSXP	FSRP	CLKXP	CLKRP
R/W-0	R-0	R/W-0	R-0	R/W-0	R/W-0	R/W-0	R/W-0

图 10.63　引脚控制寄存器

表 10.39　引脚控制寄存器功能描述

位	名　称	功能描述
15～12	保留	保留位,只读位,读操作将返回 0
11	FSXM	发送帧同步模式位,用于选择内部信号或外部信号作为发送帧同步信号 0:发送帧同步信号由外部 MFSXA 引脚信号提供 1:发送帧同步信号由内部采样速率发生器产生的内部帧同步信号 FSG 提供,FSG 产生受寄存器 SRGR2 中 FSGM 控制
10	FSRM	接收帧同步模式位,用于选择内部信号或外部信号作为接收帧同步信号 0:接收帧同步信号由外部 MFSRA 引脚信号提供 1:接收帧同步信号由采样速率发生器产生的内部帧同步信号 FSG 提供。在寄存器 SRGR2 中 GSYNC＝0 时,MFSRA 引脚为输出引脚,依据极性设置输出 FSG 信号
9	CLKXM	发送时钟模式位,用于选择发送时钟是由外部引脚提供,还是由内部采样速率发生器产生的内部时钟信号 CLKG 提供,同时决定 MCLKXA 是输入引脚还是输出引脚 非时钟停止模式(CLKST＝00b/01b)时 0:发送器时钟由 MCLKXA 引脚信号提供 1:发送器时钟由采样速率发生器产生的内部时钟信号 CLKG 提供,MCLKXA 引脚为输出引脚,依据极性设置输出 CLKG 信号 时钟停止模式(CLKST＝10b/11b)时 0:McBSP 为 SPI 从器件。内部发送时钟 CLKX 由外部 SPI 主器件通过 MCLKXA 引脚提供。内部接收时钟 CLKR 由内部发送时钟 CLKX 提供。因此,发送器和接收器都受外部 SPI 主器件控制 1:McBSP 为 SPI 主器件。内部发送时钟 CLKX 由采样速率发生器产生的内部时钟 CLKG 提供。MCLKXA 引脚为输出引脚,依据极性设置输出 CLKG,以驱动外部 SPI 从器件。内部接收时钟 CLKR 由内部发送时钟 CLKX 提供。因此,发送器和接收器都受 CLKG 控制
8	CLKRM	接收时钟模式位。CLKRM 的作用以及对 MCLKRA 引脚的影响与 DLB 值设置相关 非数字环路模式下(DLB＝0) 0:MCLKRA 引脚为输入引脚,其信号作为内部接收器时钟 CLKR 1:内部接收器时钟 CLKR 由采样速率发生器产生的内部时钟 CLKG 提供,MCLKRA 引脚为输出引脚,依据极性设置输出 CLKG 信号 数字环路模式下(DLB＝1) 0:MCLKRA 引脚为高阻态,内部接收器时钟 CLKR 由内部发送器时钟 CLKX 提供,CLKX 的选择由 CLKXM 位控制 1:内部接收器时钟 CLKR 由内部发送器时钟 CLKX 提供,CLKX 的选择由 CLKXM 位控制。MCLKRA 引脚为输出引脚,依据极性输出内部接收时钟 CLKR
7	SCLKME	采样速率发生器输入时钟模式位。SCLKME 与 CLKSM 共同选择采样速率发生器输入时钟信号。详细信息见寄存器 SRGR2 中 CLKSM 位描述
6	保留	保留
5	DX_STAT	MDXA 引脚状态位。当发送器处于复位状态($\overline{XRST}$＝0)且 MDXA 引脚被设置成通用输出引脚(XIOEN＝1)时可通过该位改变 MDXA 引脚状态 0:设置 MDXA 引脚为低电平 1:设置 MDXA 引脚为高电平

续表

位	名　称	功能描述
4	DR_STAT	MDRA 引脚状态位。当接收器处于复位状态（$\overline{RRST}=0$）且 MDRA 引脚被设置成通用输出引脚（RIOEN＝1）时可通过该位改变 MDRA 引脚状态 0：设置 MDRA 引脚为低电平 1：设置 MDRA 引脚为高电平
3	FSXP	发送帧同步信号极性位，用于决定 MFSXA 引脚的电平极性 0：MFSXA 引脚上的发送帧同步脉冲为高电平有效 1：MFSXA 引脚上的发送帧同步脉冲为低电平有效
2	FSRP	接收帧同步信号极性位，用于决定 MFSRA 引脚的电平极性 0：MFSRA 引脚上的接收帧同步脉冲为高电平有效 1：MFSRA 引脚上的接收帧同步脉冲为低电平有效
1	CLKXP	发送时钟极性位，用于决定 MCLKXA 引脚的电平极性 0：发送数据在 MCLKXA 的上升沿被锁存 1：发送数据在 MCLKXA 的下降沿被锁存
0	CLKRP	接收时钟极性位，用于决定 MCLKRA 引脚的电平极性 0：接收数据在 MCLKRA 的下降沿被锁存 1：接收数据在 MCLKRA 的上升沿被锁存

14. 接收通道使能寄存器 A

接收通道使能寄存器 A（RCERA）各位的定义及功能描述如图 10.64 和表 10.40 所示。

15	14	13	12	11	10	9	8
RCEA15	RCEA14	RCEA13	RCEA12	RCEA11	RCEA10	RCEA9	RCEA8
R/W-0	R/W-0	R/W-0	R/W-0	R/W-0	R/W-0	R/W-0	R/W-0

7	6	5	4	3	2	1	0
RCEA7	RCEA6	RCEA5	RCEA4	RCEA3	RCEA2	RCEA1	RCEA0
R/W-0	R/W-0	R/W-0	R/W-0	R/W-0	R/W-0	R/W-0	R/W-0

图 10.64　接收通道使能寄存器 A

表 10.40　2 分区模式下，接收通道使能寄存器 A 功能描述

位	名　称	功能描述
15～0	RCEAn 0≤n≤15	接收通道使能控制位 0：分配给 A 区的某偶数块中第 n 个接收通道被禁止 1：分配给 A 区的某偶数块中第 n 个接收通道被使能

15. 接收通道使能寄存器 B

接收通道使能寄存器 B（RCERB）各位的定义及功能描述如图 10.65 和表 10.41 所示。

15	14	13	12	11	10	9	8
RCEB15	RCEB14	RCEB13	RCEB12	RCEB11	RCEB10	RCEB9	RCEB8
R/W-0	R/W-0	R/W-0	R/W-0	R/W-0	R/W-0	R/W-0	R/W-0

7	6	5	4	3	2	1	0
RCEB7	RCEB6	RCEB5	RCEB4	RCEB3	RCEB2	RCEB1	RCEB0
R/W-0	R/W-0	R/W-0	R/W-0	R/W-0	R/W-0	R/W-0	R/W-0

图 10.65　接收通道使能寄存器 B

表 10.41　2 分区模式下,接收通道使能寄存器 B 功能描述

位	名　称	功能描述
15~0	RCEBn 0≤n≤15	接收通道使能控制位 0:分配给 B 区的某奇数块中第 n 个接收通道被禁止 1:分配给 B 区的某奇数块中第 n 个接收通道被使能

16. 接收通道使能寄存器

接收通道使能寄存器(RCERA~RCERH)各位的定义及功能描述如图 10.66 和表 10.42 所示。

15	14	13	12	11	10	9	8
RCERx15	RCERx14	RCERx13	RCERx12	RCERx11	RCERx10	RCERx9	RCERx8
R/W-0	R/W-0	R/W-0	R/W-0	R/W-0	R/W-0	R/W-0	R/W-0

7	6	5	4	3	2	1	0
RCERx7	RCERx6	RCERx5	RCERx4	RCERx3	RCERx2	RCERx1	RCERx0
R/W-0	R/W-0	R/W-0	R/W-0	R/W-0	R/W-0	R/W-0	R/W-0

图 10.66　接收通道使能寄存器

表 10.42　8 分区模式下,接收通道使能寄存器功能描述

位	名　称	功能描述
15~0	RCERxn x=A/B/C/D/E/F/G/H 0≤n≤15	接收通道使能控制位 0:分区 x 的第 n 个接收通道被禁止 1:分区 x 的第 n 个接收通道被使能

17. 发送通道使能寄存器

发送通道使能寄存器(XCERA~XCERH)各位的定义及功能描述如图 10.67 和表 10.43 所示。

15	14	13	12	11	10	9	8
XCERx15	XCERx14	XCERx13	XCERx12	XCERx11	XCERx10	XCERx9	XCERx8
R/W-0	R/W-0	R/W-0	R/W-0	R/W-0	R/W-0	R/W-0	R/W-0

7	6	5	4	3	2	1	0
XCERx7	XCERx6	XCERx5	XCERx4	XCERx3	XCERx2	XCERx1	XCERx0
R/W-0	R/W-0	R/W-0	R/W-0	R/W-0	R/W-0	R/W-0	R/W-0

图 10.67　发送通道使能寄存器

表 10.43　8 分区模式下,发送通道使能寄存器功能描述

位	名　称	功能描述
15～0	XCERxn x＝A/B/C/D/E/F/G/H 0≤n≤15	发送通道使能控制位 0:分区 x 的第 n 个发送通道被禁止 1:分区 x 的第 n 个发送通道被使能

对于接收多通道选择模式,依据 RMCME 设置不同,可选择 2 分区模式和 8 分区模式。在两种分区模式下,在任意时刻,可选择的通道数分别为 32 和 128。在两种模式下,接收通道使能寄存器的作用也不同,具体归纳如表 10.44 所示。

表 10.44　接收多通道选择模式下,接收通道使能寄存器的使用

分区模式		块分配		通道控制
2分区	A 区	通道 n～(n＋15)由 RPABLK 决定,且 n＝0、32、64、96	RCERA	RECRA[0]＝0/1:通道 n 禁止/使能 RECRA[1]＝0/1:通道 n+1 禁止/使能 ⋮ RECRA[15]＝0/1:通道 n+15 禁止/使能
	B 区	通道 m～(m＋15)由 RPBBLK 决定,且 m＝16、48、80、112	RCERB	RECRB[0]＝0/1:通道 m 禁止/使能 RECRB[1]＝0/1:通道 m+1 禁止/使能 ⋮ RECRB[15]＝0/1:通道 m+15 禁止/使能
		—		其余 RCERs 未使用
8分区	A 区	块 0:通道 0～15	RCERA	RECRA[0]＝0/1:通道 0 禁止/使能 RECRA[1]＝0/1:通道 1 禁止/使能 ⋮ RECRA[15]＝0/1:通道 15 禁止/使能
	B 区	块 1:通道 16～31	RCERB	RECRB[0]＝0/1:通道 16 禁止/使能 RECRB[1]＝0/1:通道 17 禁止/使能 ⋮ RECRB[15]＝0/1:通道 31 禁止/使能
	C 区	块 2:通道 32～47	RCERC	RECRC[0]＝0/1:通道 32 禁止/使能 RECRC[1]＝0/1:通道 33 禁止/使能 ⋮ RECRC[15]＝0/1:通道 47 禁止/使能

续表

分区模式	块分配		通道控制	
8 分区	D 区	块 3:通道 48~63	RCERD	RECRD[0]=0/1:通道 48 禁止/使能 RECRD[1]=0/1:通道 49 禁止/使能 ⋮ RECRD[15]=0/1:通道 63 禁止/使能
	E 区	块 4:通道 64~79	RCERE	RECRE[0]=0/1:通道 64 禁止/使能 RECRE[1]=0/1:通道 65 禁止/使能 ⋮ RECRE[15]=0/1:通道 79 禁止/使能
	F 区	块 5:通道 80~95	RCERF	RECRF[0]=0/1:通道 80 禁止/使能 RECRF[1]=0/1:通道 81 禁止/使能 ⋮ RECRF[15]=0/1:通道 95 禁止/使能
	G 区	块 6:通道 96~111	RCERG	RECRG[0]=0/1:通道 96 禁止/使能 RECRG[1]=0/1:通道 97 禁止/使能 ⋮ RECRG[15]=0/1:通道 111 禁止/使能
	H 区	块 7:通道 112~127	RCERH	RECRH[0]=0/1:通道 112 禁止/使能 RECRH[1]=0/1:通道 113 禁止/使能 ⋮ RECRH[15]=0/1:通道 127 禁止/使能

在 A-bis 模式下,只使用寄存器 RCERA 和 RCERB。在数据接收过程中,以 16 位为一组,每组中各位数据是否存储分别由 RCERA 和 RCERB 中各位设置相关。例如,第一组 16 位数据是否存储由 RCERA 决定,如果只有 RCERA[6]=1,其余位等于 0,那么 16 位数据中只有第 6 位被存储,其余位被丢掉;第二组 16 位数据是否存储则由 RCERB 决定,原理与 RCERB 相同。在 A-bis 模式下,RCERA/B 的作用如表 10.45 所示。

表 10.45　A-bis 模式下,RCERA/B 的作用

寄存器	作　用
RCERA	RCERA[15]=1/0:使能或屏蔽接收串行字的第 15 位 RCERA[14]=1/0:使能或屏蔽接收串行字的第 14 位 ⋮ RCERA[0]=1/0:使能或屏蔽接收串行字的第 0 位
RCERB	RCERB[15]=1/0:使能或屏蔽接收串行字的第 15 位 RCERB[14]=1/0:使能或屏蔽接收串行字的第 14 位 ⋮ RCERB[0]=1/0:使能或屏蔽接收串行字的第 0 位

在两种分区模式下,发送通道使能寄存器的作用如表 10.46 所示。

表 10.46　发送多通道选择模式下,发送通道使能寄存器的使用

分区模式	块分配		通道控制
2分区	A 区	通道 n～(n+15)由 XPABLK 决定,且 n=0、32、64、96　XCERA	XECRA[0]=0/1:通道 n 禁止/使能 XECRA[1]=0/1:通道 n+1 禁止/使能 ⋮ XECRA[15]=0/1:通道 n+15 禁止/使能
	B 区	通道 m～(m+15)由 XPBBLK 决定,且 m=16、48、80、112　XCERB	XECRB[0]=0/1:通道 m 禁止/使能 XECRB[1]=0/1:通道 m+1 禁止/使能 ⋮ XECRB[15]=0/1:通道 m+15 禁止/使能
	—		其余 XCERs 未使用
8分区	A 区	块 0:通道 0～15　XCERA	XECRA[0]=0/1:通道 0 禁止/使能 XECRA[1]=0/1:通道 1 禁止/使能 ⋮ XECRA[15]=0/1:通道 15 禁止/使能
	B 区	块 1:通道 16～31　XCERB	XECRB[0]=0/1:通道 16 禁止/使能 XECRB[1]=0/1:通道 17 禁止/使能 ⋮ XECRB[15]=0/1:通道 31 禁止/使能
	C 区	块 2:通道 32～47　XCERC	XECRC[0]=0/1:通道 32 禁止/使能 XECRC[1]=0/1:通道 33 禁止/使能 ⋮ XECRC[15]=0/1:通道 47 禁止/使能
	D 区	块 3:通道 48～63　XCERD	XECRD[0]=0/1:通道 48 禁止/使能 XECRD[1]=0/1:通道 49 禁止/使能 ⋮ XECRD[15]=0/1:通道 63 禁止/使能
	E 区	块 4:通道 64～79　XCERE	XECRE[0]=0/1:通道 64 禁止/使能 XECRE[1]=0/1:通道 65 禁止/使能 ⋮ XECRE[15]=0/1:通道 79 禁止/使能
	F 区	块 5:通道 80～95　XCERF	XECRF[0]=0/1:通道 80 禁止/使能 XECRF[1]=0/1:通道 81 禁止/使能 ⋮ XECRF[15]=0/1:通道 95 禁止/使能
	G 区	块 6:通道 96～111　XCERG	XECRG[0]=0/1:通道 96 禁止/使能 XECRG[1]=0/1:通道 97 禁止/使能 ⋮ XECRG[15]=0/1:通道 111 禁止/使能
	H 区	块 7:通道 112～127　XCERH	XECRH[0]=0/1:通道 112 禁止/使能 XECRH[1]=0/1:通道 113 禁止/使能 ⋮ XECRH[15]=0/1:通道 127 禁止/使能

在 A-bis 模式下,只使用寄存器 XCERA 和 XCERB。在数据发送过程中,以
16 位为一组,每组中各位数据是否通过 MDXA 引脚发送出去分别由 XCERA 和
XCERB 中各位设置相关。例如,第一组 16 位数据是否通过 MDXA 引脚发送出
去由 XCERA 决定,如果只有 XCERA[6]=1,其余位等于 0,那么 16 位数据中只
有第 6 位通过 MDXA 引脚发送出去,其余位被丢掉;第二组 16 位数据是否通过
MDXA 引脚发送出去则由 XCERB 决定,原理与 XCERB 相同。在 A-bis 模式下,
XCERA/B 的作用如表 10.47 所示。

表 10.47　A-bis 模式下,XCERA/B 的作用

寄存器	作　用
XCERA	XCERA[15]=1/0:使能或屏蔽发送串行字的第 15 位 XCERA[14]=1/0:使能或屏蔽发送串行字的第 14 位 ⋮ XCERA[0]=1/0:使能或屏蔽发送串行字的第 0 位
XCERB	XCERB[15]=1/0:使能或屏蔽发送串行字的第 15 位 XCERB[14]=1/0:使能或屏蔽发送串行字的第 14 位 ⋮ XCERB[0]=1/0:使能或屏蔽发送串行字的第 0 位

18. McBSP 发送 FIFO 寄存器

McBSP 发送 FIFO 寄存器(MFFTX)各位的定义及功能描述如图 10.68 和
表 10.48 所示。

15	14	13	12	11	10	9	8
保留	MFFENA	TXFIFO Reset	TXFFST4	TXFFST3	TXFFST2	TXFFST1	TXFFST0
R-0	R/W-0	R/W-1	R-0	R-0	R-0	R-0	R-0

7	6	5	4	3	2	1	0
TXFFINT	TXFFINT Clear	TXFFIENA	TXFFIL4	TXFFIL3	TXFFIL2	TXFFIL1	TXFFIL0
R-0	W-0	R/W-0	R/W-0	R/W-0	R/W-0	R/W-0	R/W-0

图 10.68　McBSP 发送 FIFO 寄存器

表 10.48　McBSP 发送 FIFO 寄存器功能描述

位	名　称	功能描述
15	保留	保留
14	MFFENA	0:禁止 McBSP FIFO 功能,FIFO 处于复位状态 1:使能 McBSP FIFO 功能
13	TXFIFO Reset	0:复位发送 FIFO 指针为 0,且保持在复位状态 1:重新使能发送 FIFO

续表

位	名　称	功能描述
12～8	TXFFST4～ TXFFST0	00000b:发送 FIFO 为空 00001b:发送 FIFO 中有 1 个串行字 00010b:发送 FIFO 中有 2 个串行字 00011b:发送 FIFO 中有 3 个串行字 0xxxxb:发送 FIFO 中有 xxxxb 个串行字 10000b:发送 FIFO 中有 16 个串行字
7	TXFFINT	0:没有产生发送 FIFO 中断(只读位) 1:产生了发送 FIFO 中断(只读位)
6	TXFFINT Clear	0:写 0 对 TXFFINT 标志位没有影响,读操作将返回 0 1:写 1 清除 TXFFINT 标志位
5	TXFFIENA	0:禁止发送 FIFO 中断 1:使能发送 FIFO 中断
4～0	TXFFIL4～ TXFFIL0	发送 FIFO 中断级位(默认值为 00000):当发送 FIFO 状态位 (TXFFST4～TXFFST0)小于或等于发送 FIFO 中断级位(TXFFIL4～ TXFFIL0)时将产生发送 FIFO 中断

19. McBSP 接收 FIFO 寄存器

McBSP 接收 FIFO 寄存器(MFFRX)各位的定义及功能描述如图 10.69 和表 10.49 所示。

15	14	13	12	11	10	9	8
RXFFOVF	RXFFOVF Clear	RXFIFO Reset	RXFFST4	RXFFST3	RXFFST2	RXFFST1	RXFFST0
R-0	W-0	R/W-1	R-0	R-0	R-0	R-0	R-0

7	6	5	4	3	2	1	0
RXFFINT	RXFFINT Clear	RXFFIENA	RXFFIL4	RXFFIL3	RXFFIL	RXFFIL 1	RXFFIL0
R-0	W-0	R/W-0	R/W-1	R/W-1	R/W-1	R/W-1	R/W-1

图 10.69　McBSP 接收 FIFO 寄存器

表 10.49　McBSP 接收 FIFO 寄存器功能描述

位	名　称	功能描述
15	RXFFOVF	0:接收 FIFO 未溢出(只读位) 1:接收 FIFO 溢出。传送到接收 FIFO 中的串行字数大于 16 个,第一个 接收到的串行字丢失
14	RXFFOVF Clear	0:写 0 对 RXFFOVF 标志位没影响,读操作将返回 0 1:写 1 清除 RXFFOVF 标志位
13	RXFIFO Reset	0:复位接收 FIFO 指针为 0,且保持在复位状态 1:重新使能接收 FIFO

续表

位	名　　称	功能描述
12～8	RXFFST4～ RXFFST0	00000b：接收 FIFO 为空 00001b：接收 FIFO 中有 1 个串行字 00010b：接收 FIFO 中有 2 个串行字 00011b：接收 FIFO 中有 3 个串行字 0xxxxb：接收 FIFO 中有 xxxxb 个串行字 10000b：接收 FIFO 中有 16 个串行字
7	RXFFINT	0：没有产生接收 FIFO 中断（只读位） 1：产生了接收 FIFO 中断（只读位）
6	RXFFINT Clear	0：写 0 对 RXFFINT 标志位没有影响，读操作将返回 0 1：写 1 清除 RXFFINT 标志位
5	RXFFIENA	0：禁止接收 FIFO 中断 1：使能接收 FIFO 中断
4～0	RXFFIL4～ RXFFIL0	接收 FIFO 中断级位（默认值为 11111）：当接收 FIFO 状态位 （RXFFST4～RXFFST0）大于或等于接收 FIFO 中断级位（RXFFIL4～ RXFFIL0）时将产生接收 FIFO 中断

20. McBSP FIFO 控制寄存器

McBSP FIFO 控制寄存器（MFFCT）各位的定义及功能描述如图 10.70 和表 10.50 所示。

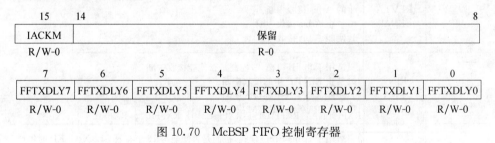

图 10.70　McBSP FIFO 控制寄存器

表 10.50　McBSP FIFO 控制寄存器功能描述

位	名　　称	功能描述
15	IACKM	0：写操作默认值 1：保留功能，不要向该位写 1
14～8	保留	保留
7～0	FFTXDLY7～ FFTXDLY0	FFTXDLY7～FFTXDLY0 只在 SPI 模式下有效，在 McBSP 模式下，这些位 被忽略。这些位用于定义每个串行字从发送 FIFO 向发送数据寄存器 （DXR1/DXR2）传输之间的延时。8 位控制位可以定义 0～256 个 CLKX 串 行时钟延时。在 FIFO 模式下，只有移位寄存器完成最后一位的移出后，数 据才能从发送 FIFO 向 DXR2/DXR1 传输。这样可以保证数据流中两个串 行字之间的延时。在使用 FIFO 的 McBSP/SPI 模式且使能延时的情况下， McBSP 的 DXR2/DXR1 寄存器不再视为附加的缓冲器

21. McBSP FIFO 中断寄存器

McBSP FIFO 中断寄存器(MFFINT)各位的定义及功能描述如图 10.71 和表 10.51 所示。

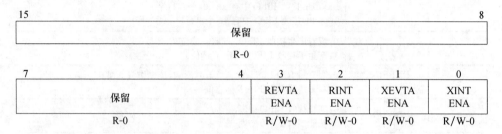

图 10.71　McBSP FIFO 中断寄存器

表 10.51　McBSP FIFO 中断寄存器功能描述

位	名　称	功能描述
15～4	保留	保留
3	REVTA ENA	只适用于 A-bis FIFO 模式,控制是否使能每 16 个有效 CLKX/CLKR 时钟产生的 A-bis 接收中断 0:禁止 A-bis 接收中断 1:使能 A-bis 接收中断
2	RINT ENA	只适用于非 FIFO 模式,控制是否使能接收中断 0:禁止 RINT 产生的接收中断 1:使能 RINT 产生的接收中断 RINT 中断源由 RINTM 决定
1	XEVTA ENA	只适用于 A-bis FIFO 模式,控制是否使能每 16 个有效 CLKX/CLKR 时钟产生的 A-bis 发送中断 0:禁止 A-bis 发送中断 1:使能 A-bis 发送中断
0	XINT ENA	只适用于非 FIFO 模式,控制是否使能发送中断 0:禁止 XINT 产生的发送中断 1:使能 XINT 产生的发送中断 XINT 中断源由 XINTM 决定

22. McBSP FIFO 状态寄存器

McBSP FIFO 状态寄存器(MFFST)各位的定义及功能描述如图 10.72 和表 10.52 所示。

图 10.72 McBSP FIFO 状态寄存器

表 10.52 McBSP FIFO 状态寄存器功能描述

位	名 称	功能描述
15~4	保留	保留
3	FSR FLAG	检测到新的接收帧同步脉冲 FSR 标志位。无论 RINTM 位是何值,该位都会被置位。在不利用中断的情况下,可以查询该位来确认是否有新的接收帧同步脉冲。复位时,该位会根据 MFSXA/MFSRA 的状态而刷新。如果 MFSXA/MFSRA 引脚悬空,由于内部有上拉电阻,这些位将被置 1 0:没有检测到新的接收帧同步脉冲 FSR,写 0 清除 FSR FLAG 1:检测到新的接收帧同步脉冲 FSR
2	EOBR FLAG	多通道模式中的接收块结束标志位。无论 RINTM 位是何值,该位都会被置位。在不利用中断的情况下,可以查询该位来确认接收块是否结束 0:接收块没有结束,写 0 清除 EOBR FLAG 1:接收块结束
1	FSX FLAG	检测到新的发送帧同步脉冲 FSX 标志位。无论 XINTM 位是何值,该位都会被置位。在不利用中断的情况下,可以查询该位来确认是否有新的发送帧同步脉冲 0:没有检测到的发送帧同步脉冲 FSX,写 0 清除 FSX FLAG 1:检测到新的帧同步脉冲 FSX
0	EOBX FLAG	多通道模式中的发送块结束标志位。无论 XINTM 位是何值,该位都会被置位。在不利用中断的情况下,可以查询该位来确认发送块是否结束 0:发送块没有结束,写 0 清除 EOBX FLAG 1:发送块结束

第 11 章　TMS320F281x 模数转换模块

模数转换器即 A/D 转换器,或简称 ADC,通常是指一个将模拟信号转变为数字信号的电子元件。通常的模数转换器是将一个输入电压信号转换为一个输出的数字信号。数字信号本身不具有实际意义,仅仅表示一个相对大小,因此任何一个模数转换器都需要一个参考模拟量作为转换的标准,比较常见的参考标准为最大的可转换信号大小。而输出的数字量则表示输入信号相对于参考信号的大小。模数转换器最重要的参数是转换的精度,通常用输出数字信号位数的多少表示。转换器能够准确输出的数字信号位数越多,表示转换器能够分辨输入信号的能力越强,转换器的性能也就越好。A/D 转换一般要经过采样、保持、量化及编码 4 个过程。在实际电路中,有些过程是合并进行的,如采样和保持、量化和编码在转换过程中是同时实现的。

模数转换过程包括量化和编码。量化是将模拟信号量程分成许多离散量级,并确定输入信号所属的量级。编码是对每一量级分配唯一的数字码,并确定与输入信号相对应的代码。最普通的码制是二进制,它有 $2n$ 个量级(n 为位数),可依次逐个编号。模数转换的方法很多,从转换原理上可分为直接法和间接法两大类。直接法是直接将电压转换成数字量。它用数模网络输出的一套基准电压,从高位起逐位与被测电压反复比较,直到二者达到或接近平衡(见图 11.1)。控制逻辑能实现对分搜索的控制,其比较方法如同天平称重:首先使二进位制数的最高位 $D_{n-1}=1$,经数模转换后得到一个整个量程一半的模拟电压 V_{S},与输入电压 V_{in} 相

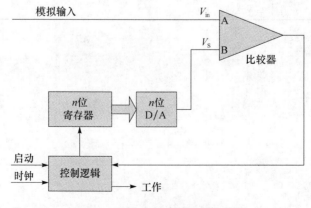

图 11.1　逐位比较型转换器方框图

比较,若 $V_{in} > V_S$,则保留这一位;若 $V_{in} < V_S$,则 $D_{n-1} = 0$。然后使下一位 $D_{n-2} = 1$,与上一次的结果一起经数模转换后与 V_{in} 相比较;重复这一过程,直到使 $D_0 = 1$,再与 V_{in} 相比较,由 $V_{in} > V_S$ 或 $V_{in} < V_S$ 来决定是否保留这一位。经过 n 次比较后,n 位寄存器的状态即为转换后的数据。这种直接逐位比较型(又称反馈比较型)转换器是一种高速的数模转换电路,转换精度很高,但对干扰的抑制能力较差,常用提高数据放大器性能的方法来弥补。它在计算机接口电路中用得最普遍。

间接法不将电压直接转换成数字,而是先转换成某一个中间量,再由中间量转换成数字。常用的有电压-时间间隔(V/T)型和电压-频率(V/F)型两种,其中电压-时间间隔型中的双斜率法(又称双积分法)用得较为普遍。模数转换器的选用具体取决于输入电平、输出形式、控制性质以及需要的速度、分辨率和精度。用半导体分立元件制成的模数转换器常常采用单元结构,随着大规模集成电路技术的发展,模数转换器体积逐渐缩小,许多 MPU 中也开始集成 ADC 电路,如TMS320F281x 系列芯片。

TMS320F281x 芯片的 ADC 模块是一个 12 位带流水线的模数转换器,可分为模拟电路和数字电路两部分。模拟电路包括前端模拟多路复用开关(MUXs)、采样-保持(S/H)电路、变换内核、电压参考以及其他模拟辅助电路。数字电路包括可编程转换序列器、结果寄存器、与模拟电路的接口、与芯片外围设备总线的接口以及与其他片上模块的接口。

11.1　概　　述

ADC 模块内置双采样保持器(S/H),可多路选择 16 通道输入,25MHz 的ADC 时钟频率,转换时间短,16 个转换结果寄存器可工作于连续自动排序模式或启动/停止模式。图 11.2 给出了典型的 ADC 模块结构图。

ADC 模块具有 16 个通道,可以配置为 2 个独立的 8 通道模块,也可以级联成一个 16 通道的模块。有两个序列发生器,可以配置为双序列和级联模式,即两个独立的 8 状态序列发生器和一个 16 状态的序列发生器。ADC 具有以下特点。

- 模拟输入:可以是单通道或多通道模拟输入。
- 参考输入电压:可以由外部提供,也可以在 ADC 内部产生。
- 时钟输入:通常由外部提供,用于确定 ADC 的转换速率。
- 电源输入:通常有模拟和数字电源引脚。
- 数字输出:可以提供并行或串行的数字输出。
- 12 位的 ADC 内核:内置 2 个采样保持器(S/H-A,S/H-B)。

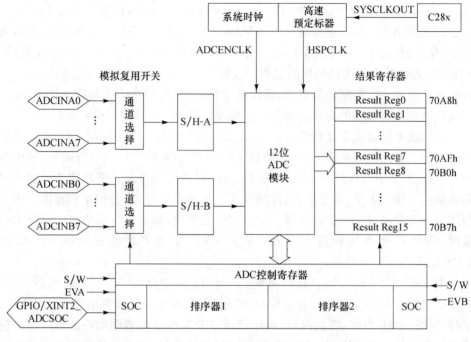

图 11.2　ADC 模块的结构图

· 采样模式：可以为顺序采样（sequential sampling）或同步采样（simultaneous sampling）。

· 模拟输入范围：0～3V（需要注意，输入不可超过 3V，否则会烧坏 F2812 芯片）。一般输入最大值在 3V 的 70% 左右，为防止万一，一般先对要采样的信号进行运放处理（基准电压源偏置）。

· 使输入电压范围在 AD 正常工作采样范围之内，在信号进入 DSP 的 AD 口时，最好加一个嵌位二极管。

· 25MHz 的 ADC 时钟频率，转换时间短。

· 总共 16 路输入通道，可编程多路选择输入。16 路采样输入通道被分成两组，每组 8 个，分别是 ADCINA0，…，ADCINA7 和 ADCINB0，…，ADCINB7。A 组对应于采样保持器 S/H-A，B 组对应于采样保持器 S/H-B。

· 自动序列化：在单一事件段最大能够提供 16 个自动 A/D 转换。

· 序列发生器可以按两个独立的 8 状态序列发生器（SEQ1 和 SEQ2）来运行，也可以按一个 16 状态序列发生器（SEQ）来运行。

· 共有 16 个转换结果寄存器来保存转换数值：

$$\text{ADC}_{\text{Result}} = 4095 \times \frac{\text{VoltInput} - \text{ADCLO}}{3}$$

式中,ADCLO 为 AD 转换的参考电平,在实际使用过程中,通常将其与 GND 连接,因此此时 ADCLO 的值为 0;4095$=2^{12}-1$,对应于满量程输入为 3V 时的转换结果。

· 有多种触发方式来启动 AD 转换(start of conversion,SOC),包括:软件直接启动 S/W、EVA 的事件源、EVB 的事件源和外部引脚启动。

· 序列发生器可以运行在启动/停止模式。

· 采样-保持的采集时间窗口可以预先设定(ADCTRL1 的位 ACQ_PS3~ACQ_PS0 决定了采集窗口的大小,这一位控制了 SOC 脉冲的宽度,即一个开始开关 S(t)的导通时间。SOC 脉冲的宽度是(ACQ_PS+1)×ADCLK)。

11.2　自动转换序列发生器的工作原理

ADC 序列发生器中,单词"状态"代表可用序列发生器执行的自动转换次数。单序列发生器模式(16 状态,级联模式)和双序列发生器模式(两个 8 状态,分离模式)的结构图分别如图 11.3 与图 11.4 所示。

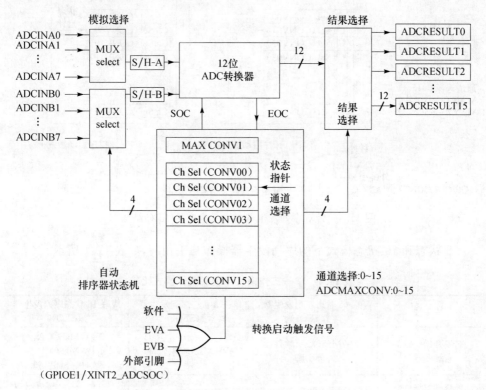

图 11.3　级联模式下自动定序的 ADC 结构图

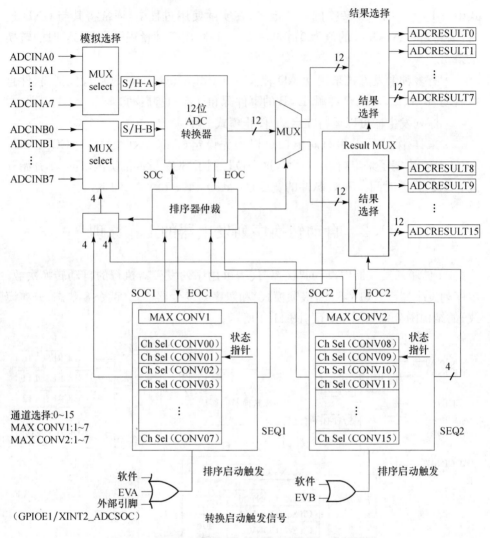

图 11.4　带双序列发生器的自动定序的 ADC 结构图

8 状态和 16 状态模式下的序列发生器操作几乎相同,如表 11.1 所示。

表 11.1　单一工作模式和级联工作模式比较

特　性	单一 8 状态序列发生器 ♯1(SEQ1)	单一 8 状态序列发生器 ♯2(SEQ2)	级联 16 状态序列发生器 (SEQ)
转换开始(SOC) 触发器	ePWMxSOCA、软件、 外部引脚	ePWMxSOCB、软件	ePWMxSOCA、 ePWMxSOCB、 软件、外部引脚
最大自动转换数 (即序列长度)	8	8	16

特　性	单一 8 状态序列发生器 ♯1(SEQ1)	单一 8 状态序列发生器 ♯2(SEQ2)	级联 16 状态序列发生器 (SEQ)
在序列结束(EOS) 时自动停止	支持	支持	支持
仲裁优先级	高	低	不适用
ADC 转换结果 寄存器位置	0~7	8~15	0~15
ADCCHSELSEQn 位字段指定	CONV00~CONV07	CONV08~CONV15	CONV00~CONV15

为方便起见,此后将序列发生器状态称为:

• 对 SEQ1:CONV00~CONV07。

• 对 SEQ2:CONV08~CONV15。

• 对级联 SEQ:CONV00~CONV15。

在 ADC 输入信道选择定序控制寄存器(ADCCHSELSEQn)中的 CONVxx 位字段定义了为每个定序的转换选择的模拟输入信道。CONVxx 是一个 4 位字段,它指定 16 个用于转换的信道中的任一个。在使用级联模式的序列发生器时,序列中最多可有 16 次转换,因此提供了 16 个此类 4 位字段(CONV00~CONV15),且分布在 4 个 16 位寄存器(ADCCHSELSEQ1~ADCCHSELSEQ4)中。CONVxx 位可以是 0~15 的任何值,可按任何所需的顺序选择模拟信道,并可多次选择同一信道。

在两种情况下,ADC 都能对一系列转换进行自动定序。这意味着,每当 ADC 接收到转换开始请求时,它可以自动执行多次转换。对于每次转换,可通过模拟 MUX 选择 16 个可用输入信道中的任何一个。转换之后,所选信道的数值将存储在适当的结果寄存器(ADCRESULTn)中(第一个结果存储在 ADCRE-SULT0 中,第二个结果存储在 ADCRESULT1 中,依次类推)。还可以对同一信道多次采样,以便用户执行"过采样",从而提供比传统的单采样转换结果更高的分辨率。

注:在顺序采样的双序列发生器模式中,一旦完成当前活动序列发生器启动的序列,则将执行暂挂的来自其他序列发生器的 SOC 请求。例如,假定出现来自 SEQ1 的 SOC 请求时,A/D 转换器正忙于处理 SEQ2 的请求。A/D 转换器将在完成正在处理的 SEQ2 请求之后,立即开始执行 SEQ1 的请求。如果 SEQ1 和 SEQ2 的 SOC 请求都为暂挂状态,则 SEQ1 的 SOC 具有优先权。又如,假定A/D 转换器正忙于处理 SEQ1 的请求。在此过程中,同时出现了来自 SEQ1 和 SEQ2 的 SOC 请求。当 SEQ1 完成其活动序列时,将立即执行 SEQ1 的 SOC 请求;SEQ2 的 SOC 请求将保持暂挂状态。

ADC 也可以运行于同步采样模式或顺序采样模式。对于每次转换(或同步采样模式中的每对转换),当前的 CONVxx 位字段定义了将要采样和转换的引脚(或引脚对)。在顺序采样模式中,CONVxx 的所有 4 位用于定义输入引脚。MSB 用于定义与输入引脚相关联的采样保持缓冲器,三个 LSB 用于定义偏移。例如,如果 CONVxx 包含值 0101b,则 ADCINA5 为选定的输入引脚。如果它包含值 1011b,则 ADCINB3 为选定的输入引脚。在同步采样模式中,弃用了 CONVxx 寄存器的 MSB。每个采样和保持缓冲器对由 CONVxx 寄存器的三个 LSB 所提供的偏移给出的关联引脚进行采样。例如,如果 CONVxx 寄存器包含值 0110b,则 S/H-A 对 ADCINA6 采样,S/H-B 对 ADCINB6 采样;如果值为 1001b,则 S/H-A 对 ADCINA1 采样,S/H-B 对 ADCINB1 采样。首先转换 S/H-A 的电压,然后转换 S/H-B 的电压。将 S/H-A 转换的结果存放在当前 ADCRESULTn 寄存器中(对 SEQ1 为 ADCRESULT0,假定序列发生器已复位);将 S/H-B 转换的结果存放在下一个 ADCRESULTn 寄存器中(对 SEQ1 为 ADCRESULT1,假定序列发生器已复位)。最后将结果寄存器指针加 2(指向 SEQ1 的 ADCRESULT2,假定序列发生器原先已复位)。

ADC 寄存器如表 11.2 所示。

表 11.2　ADC 寄存器

名称地址	地　址	大小(×16 位)	说　明
ADCTRL1	0x7100	1	ADC 控制寄存器 1
ADCTRL2	0x7101	1	ADC 控制寄存器 2
ADCMAXCONV	0x7102	1	ADC 最大转换信道数寄存器
ADCCHSELSEQ1	0x7103	1	ADC 信道选择定序控制寄存器 1
ADCCHSELSEQ2	0x7104	1	ADC 信道选择定序控制寄存器 2
ADCCHSELSEQ3	0x7105	1	ADC 信道选择定序控制寄存器 3
ADCCHSELSEQ4	0x7106	1	ADC 信道选择定序控制寄存器 4
ADCASEQSR	0x7107	1	ADC 自动定序状态寄存器
ADCRESULT0	0x7108	1	ADC 转换结果缓冲寄存器 0
ADCRESULT1	0x7109	1	ADC 转换结果缓冲寄存器 1
ADCRESULT2	0x710A	1	ADC 转换结果缓冲寄存器 2
ADCRESULT3	0x710B	1	ADC 转换结果缓冲寄存器 3
ADCRESULT4	0x710C	1	ADC 转换结果缓冲寄存器 4
ADCRESULT5	0x710D	1	ADC 转换结果缓冲寄存器 5
ADCRESULT6	0x710E	1	ADC 转换结果缓冲寄存器 6
ADCRESULT7	0x710F	1	ADC 转换结果缓冲寄存器 7
ADCRESULT8	0x7110	1	ADC 转换结果缓冲寄存器 8
ADCRESULT9	0x7111	1	ADC 转换结果缓冲寄存器 9
ADCRESULT10	0x7112	1	ADC 转换结果缓冲寄存器 10

续表

名称地址	地　址	大小(×16 位)	说　明
ADCRESULT11	0x7113	1	ADC 转换结果缓冲寄存器 11
ADCRESULT12	0x7114	1	ADC 转换结果缓冲寄存器 12
ADCRESULT13	0x7115	1	ADC 转换结果缓冲寄存器 13
ADCRESULT14	0x7116	1	ADC 转换结果缓冲寄存器 14
ADCRESULT15	0x7117	1	ADC 转换结果缓冲寄存器 15
ADCTRL3	0x7118	1	ADC 控制寄存器 3
ADCST	0x7119	1	ADC 状态寄存器
保留	0x711A 0x711B	2	保留
ADCREFSEL	0x711C	1	ADC 参考选择寄存器
ADCOFFTRIM	0x711D	1	ADC 偏移微调寄存器
保留	0x711E 0x711F	2	保留

11.2.1　顺序采样模式

图 11.5 显示了顺序采样模式的时序。在此示例中,ACQ_PS 位设置为 0001b。

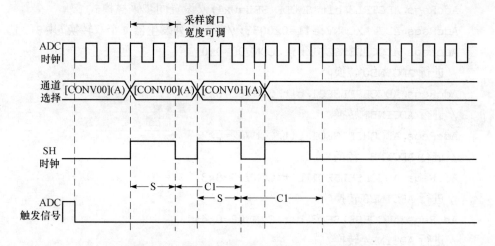

图 11.5　顺序采样模式(SMODE＝0)的时序图

(C1 表示结果寄存器更新持续时间;S 表示获取窗口;(A) 表示 ADC 信道地址包含在[CONV00]
4 位寄存器中,对 SEQ1 为 CONV00,而对 SEQ2 为 CONV08)

11.2.2　同步采样模式

图 11.6 描述了同步采样模式的时序。在此示例中,ACQ_PS 位设置为 0001b。

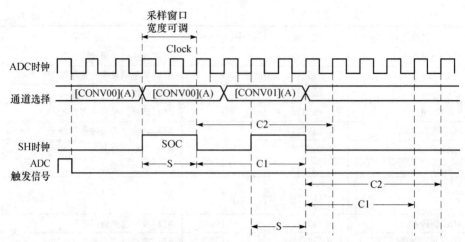

图 11.6 同步采样模式(SMODE=1)的时序图

(C1 表示结果寄存器中 Ax 通道结果保持时间;C2 表示结果寄存器中 Bx 通道结果保持时间;S 表示
获取窗口;(A) 表示 ADC 信道地址包含在[CONV00]4 位寄存器中;[CONV00]表示 A0/B0 信道;
[CONV01]表示 A1/B1 信道)

例 11.1 同步采样双序列发生器模式示例。

示例初始化:

AdcRegs.ADCTRL3.bit.SMODE_SEL=0x1;//设置同步采样模式

AdcRegs.ADCMAXCONV.all=0x0033;//每个序列发生器 4 个双转换(共 8 个)

AdcRegs.ADCCHSELSEQ1.bit.CONV00=0x0;

//进行 ADCINB0 转换

AdcRegs.ADCCHSELSEQ1.bit.CONV01=0x1;

//进行 ADCINB1 转换

AdcRegs.ADCCHSELSEQ1.bit.CONV02=0x2;

//进行 ADCINB2 转换

AdcRegs.ADCCHSELSEQ1.bit.CONV03=0x3;

//进行 ADCINB3 转换

AdcRegs.ADCCHSELSEQ3.bit.CONV08=0x4;

//进行 ADCINB4 转换

AdcRegs.ADCCHSELSEQ3.bit.CONV09=0x5;

//进行 ADCINB5 转换

AdcRegs.ADCCHSELSEQ3.bit.CONV10=0x6;

//进行 ADCINB6 转换

AdcRegs.ADCCHSELSEQ3.bit.CONV11=0x7;

//进行 ADCINB7 转换

如果已执行 SEQ1 和 SEQ2,则结果将存入以下 RESULT 寄存器中:

ADCINA0->ADCRESULT0

ADCINB0->ADCRESULT1

ADCINA1->ADCRESULT2

ADCINB1->ADCRESULT3

ADCINA2->ADCRESULT4

ADCINB2->ADCRESULT5

ADCINA3->ADCRESULT6

ADCINB3->ADCRESULT7

ADCINA4->ADCRESULT8

ADCINB4->ADCRESULT9

ADCINA5->ADCRESULT10

ADCINB5->ADCRESULT11

ADCINA6->ADCRESULT12

ADCINB6->ADCRESULT13

ADCINA7->ADCRESULT14

ADCINB7->ADCRESULT15

例 11.2 同步采样级联序列发生器模式示例。

```
AdcRegs.ADCTRL3.bit.SMODE_SEL=0x1;//设置同步采样模式
AdcRegs.ADCTRL1.bit.SEQ_CASC=0x1;//设置级联采样模式
AdcRegs.ADCMAXCONV.all=0x0007;//8 个双转换 (共 16 个)
AdcRegs.ADCCHSELSEQ1.bit.CONV00=0x0;
//进行 ADCINB0 转换
AdcRegs.ADCCHSELSEQ1.bit.CONV01=0x1;
//进行 ADCINB1 转换
AdcRegs.ADCCHSELSEQ1.bit.CONV02=0x2;
//进行 ADCINB2 转换
AdcRegs.ADCCHSELSEQ1.bit.CONV03=0x3;
//进行 ADCINB3 转换
AdcRegs.ADCCHSELSEQ2.bit.CONV04=0x4;
//进行 ADCINB4 转换
AdcRegs.ADCCHSELSEQ2.bit.CONV05=0x5;
//进行 ADCINB5 转换
AdcRegs.ADCCHSELSEQ2.bit.CONV06=0x6;
//进行 ADCINB6 转换
AdcRegs.ADCCHSELSEQ2.bit.CONV07=0x7;
```

// 进行 ADCINB7 转换

如果已执行级联 SEQ,则结果将已存入以下 ADCRESULT 寄存器中:

ADCINA0->ADCRESULT0

ADCINB0->ADCRESULT1

ADCINA1->ADCRESULT2

ADCINB1->ADCRESULT3

ADCINA2->ADCRESULT4

ADCINB2->ADCRESULT5

ADCINA3->ADCRESULT6

ADCINB3->ADCRESULT7

ADCINA4->ADCRESULT8

ADCINB4->ADCRESULT9

ADCINA5->ADCRESULT10

ADCINB5->ADCRESULT11

ADCINA6->ADCRESULT12

ADCINB6->ADCRESULT13

ADCINA7->ADCRESULT14

ADCINB7->ADCRESULT15

11.3　不间断自动定序模式

以下说明适用于 8 状态序列发生器(SEQ1 或 SEQ2)。在此模式中,SEQ1/SEQ2 可在单次定序会话中对任何信道自动定序多达 8 次转换(当序列发生器级联在一起时为 16 次),流程如图 11.7 所示。每次转换的结果存储在 8 个结果寄存器中的一个(对 SEQ1 为 ADCRESULT0~ADCRESULT7,对 SEQ2 为 ADCRE-SULT8~ADCRESULT15)。从最低地址向最高地址填充这些寄存器。

序列中的转换数由 MAX_CONVn(ADCMAXCONV 寄存器中的 3 位字段或 4 位字段)控制,并在自动定序转换会话开始时自动载入自动定序状态寄存器(ADCASEQSR)中的定序计数器状态位(SEQ_CNTR[3~0])中。MAX_CONVn 字段可为 0~7 内的值(将序列发生器级联在一起时,可以为 0~15)。当序列发生器从状态 CONV00 开始时,SEQ_CNTR 位从其载入的值开始进行倒计数,并按顺序持续(CONV01、CONV02……依次类推)到 SEQ_CNTR 变为 0 为止。在自动定序会话期间完成的转换数等于(MAX_CONVn+1)。

例 11.3　在双序列发生器模式下使用 SEQ1 进行转换。

假设需从 SEQ1 进行 7 次转换(即作为自动定序会话的一部分,必须转换输入

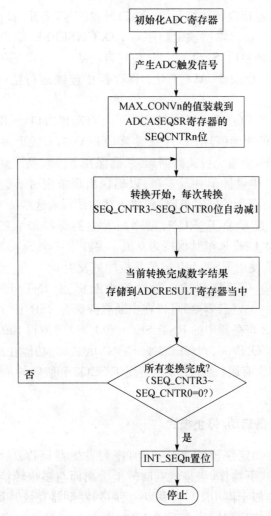

图 11.7　不间断自动定序模式的流程图

（该流程图对应 CONT_RUN 位＝0 且 INT_MOD_SEQn 位＝0）

ADCINA2 和 ADCINA3 各两次，接着转换 ADCINA6、ADCINA7 和 ADCINB4），
则应将 MAX_CONV1 设置为 6，ADCCHSELSEQn 寄存器设置为表 11.3。

表 11.3　ADCCHSELSEQn 寄存器的值（MAX_CONV1 设置为 6）

地　址	位 15~12	位 11~8	位 7~4	位 3~0	寄存器
70A3h	3	2	3	2	ADCCHSELSEQ1
70A4h	x	12	7	6	ADCCHSELSEQ2
70A5h	x	x	x	x	ADCCHSELSEQ3
70A6h	x	x	x	x	ADCCHSELSEQ4

注：表中数值都为十进制数；x 代表不需要考虑的值（下同，不再给出）。

一旦序列发生器接收到转换开始(SOC)触发信号,将开始转换。SOC 触发器也载入 SEQ_CNTR 位。将按预定顺序对 ADCCHSELSEQn 寄存器中指定的信道进行转换。每次转换后,SEQ_CNTR 位将自动减 1。一旦 SEQ_CNTR 到 0,可能发生两类事情,这取决于 ADCTRL1 寄存器中连续运行位(CONT_RUN)的状态。

(1) 如果设置了 CONT_RUN,转换序列将自动再次启动(即 SEQ_CNTR 重载 MAX_CONV1 的原始值且 SEQ1 设置为 CONV00,有关更多选项请参阅 11.7 节)。在这种情况下,为避免覆盖数据,必须确保在下一转换序列开始之前已读取结果寄存器。ADC 中设计了仲裁逻辑,以确保出现争用时不会破坏结果寄存器(在尝试读取结果寄存器的同时 ADC 模块正在尝试写入这些结果寄存器)。

(2) 如果未设置 CONT_RUN,则序列发生器保持最后的状态(本例中为 CONV06),且 SEQ_CNTR 继续保持为 0 值。要在下一个 SOC 时重复序列,必须在下一个 SOC 之前使用 RST_SEQn 位复位序列发生器。

如果每次 SEQ_CNTR 到达 0 时设置中断标志(INT_ENA_SEQn=1 且 INT_MOD_SEQn=0),(若需要)可以在中断服务例程(ISR)中手动复位序列发生器(使用 ADCTRL2 寄存器中的 RST_SEQn 位)。这将使得 SEQn 状态复位为初始值(对 SEQ1 为 CONV00,对 SEQ2 为 CONV08)。此功能在序列发生器的"启动/停止"操作中非常有用。例 11.3 也适用于 SEQ2 和级联的 16 状态序列发生器(SEQ),见表 11.3。

11.3.1　序列发生器启动/停止模式

除了不间断自动定序模式之外,任何序列发生器(SEQ1、SEQ2 或 SEQ)均可在停止/启动模式下操作,该模式在时间上分离而与多个转换开始(SOC)触发器同步。此模式类似于例 11.3,但是,一旦序列发生器完成其第一个序列,将允许重新触发而不复位为初始状态 CONV00(即在中断服务例程内不复位该序列发生器)。因此,当一个转换序列结束时,序列发生器保持在当前转换状态。必须为此模式将 ADCTRL1 寄存器中的连续运行位(CONT_RUN)设置为 0(即禁用)。

例 11.4　序列发生器启动/停止操作要求:要开始触发 1(下溢)的 3 次自动转换(如 I1、I2 和 I3)以及触发 2(周期)的 3 次自动转换(如 V1、V2 和 V3)。触发信号 1 与触发信号 2 在时间上相差 25μs,并由 ePWM 提供,如图 11.8 所示。在这一事例中,仅使用了 SEQ1。

注:触发信号 1 和触发信号 2 可以是来自 ePWM、外部引脚或软件的 SOC 信号。相同的触发源可以发生 2 次,以满足本例中的双触发要求。必须注意,不要因正在处理的序列而丢失多个 ePWM 触发信号。

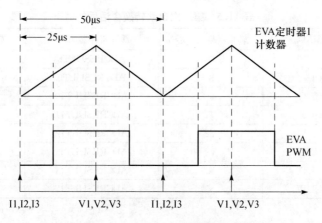

图 11.8　ePWM 触发器启动序列发生器的示例

此处将 MAX_CONV1 设置为 2,并将 ADC 输入信道选择定序控制寄存器
(ADCCHSELSEQn)设置为表 11.4。一旦完成复位和初始化,SEQ1 将等待触发
信号。出现第一个触发信号时,执行信道选择值为 CONV00(I1)、CONV01(I2)
和 CONV02(I3)的 3 次转换。然后,SEQ1 在当前状态等待下一个触发信号。25μs
之后,第二个触发信号到达,将执行信道选择值为 CONV03(V1)、CONV04(V2)
和 CONV05(V3)的另外 3 次转换。

表 11.4　**ADCCHSELSEQn 的值**(MAX_CONV1 设置为 2)

地　　址	位 15~12	位 15~12	位 15~12	位 15~12	寄存器
70A3h	V1	I3	I2	I1	ADCCHSELSEQ1
70A4h	x	x	V3	V2	ADCCHSELSEQ2
70A5h	x	x	x	x	ADCCHSELSEQ3
70A6h	x	x	x	x	ADCCHSELSEQ4

对于这两个触发情况,MAX_CONV1 的值都自动载入 SEQ_CNTR 中。如果
在第二个触发点需要不同的转换数,则必须通过软件(在第二次触发前的某个适当
时间)更改 MAX_CONV1 的值;否则,将重新使用当前(最初载入)的值。这可通
过在适当的时间由 ISR 更改 MAX_CONV1 值实现。

第二次自动转换会话结束时,ADC 结果寄存器将具有如表 11.5 所示的
值。这时,SEQ1 保持在当前状态等待另一触发信号。现在,用户可将 SEQ1
(通过软件)复位成状态 CONV00,并可以重复相同的触发信号 1 和触发信号
2 会话。

表 11.5　第二次自动转换会话后的值

缓冲寄存器 ADC	转换结果缓冲器	缓冲寄存器 ADC	转换结果缓冲器
ADCRESULT0	I1	ADCRESULT8	x
ADCRESULT1	I2	ADCRESULT9	x
ADCRESULT2	I3	ADCRESULT10	x
ADCRESULT3	V1	ADCRESULT11	x
ADCRESULT4	V2	ADCRESULT12	x
ADCRESULT5	V3	ADCRESULT13	x
ADCRESULT6	x	ADCRESULT14	x
ADCRESULT7	x	ADCRESULT15	x

11.3.2　同步采样模式说明

如果一个输入来自 ADCINA0～ADCINA7,且另一输入来自 ADCINB0～ADCINB7,则 ADC 能够同时采样 2 个 ADCINxx 输入。而且,2 个输入必须具有相同的采样保持偏移值(即 ADCINA4 和 ADCINB4,而不能是 ADCINA7 和 ADCINB6)。要使 ADC 进入同步采样模式,必须设置 ADCTRL3 寄存器中的 SMODE_SEL 位。

11.3.3　输入触发器说明

每个序列发生器具有一组可以启用/禁用的触发器输入。SEQ1、SEQ2 和级联 SEQ 的有效输入触发器如表 11.6 所示。

表 11.6　输入触发器

SEQ1(序列发生器 1)	SEQ2(序列发生器 2)	级联 SEQ
软件触发器(软件 SOC)	软件触发器(软件 SOC)	软件触发器(软件 SOC)
ePWMx	SOCA	ePWMx
XINT2_ADCSOC	—	ePWMxSOCB
		XINT2_ADCSOC

需要注意的是:

(1) SOC 触发器可在序列发生器处于空闲状态时启动自动转换序列。空闲状态是接收触发信号之前的 CONV00,或是转换序列完成时(即 SEQ_CNTR 到计数 0 时)序列发生器所处的任何状态。

(2) 如果在执行当前转换序列时出现 SOC 触发信号,则它将设置 ADCTRL2 寄存器中的 SOC_SEQn 位(此位在上一转换序列开始时已被清除)。如果还出现另一个 SOC 触发信号,则将丢失它(也就是当 SOC_SEQn 位已被置位(SOC 挂起),系列触发器可以忽略)。

（3）一旦触发成功，序列发生器就不能在序列中间停止/停机。程序必须等待序列结束（EOS）或启动序列发生器复位，这将使序列发生器立即返回空闲起始状态（对 SEQ1 和级联模式为 CONV00，对 SEQ2 为 CONV08）。

（4）当 SEQ1/2 用于级联模式时，将忽略进入 SEQ2 的触发信号，而 SEQ1 的触发信号为活动状态。可将级联模式看做 16 状态而非 8 状态的 SEQ1。

11.3.4 定序转换期间的中断操作

序列发生器可在 2 种操作模式下生成中断。这些模式由 ADCTRL2 中的中断模式启用控制位确定。

例 11.4 的变化可用于显示在不同操作条件下，中断模式 1 和模式 2 的用途，如图 11.9 所示。

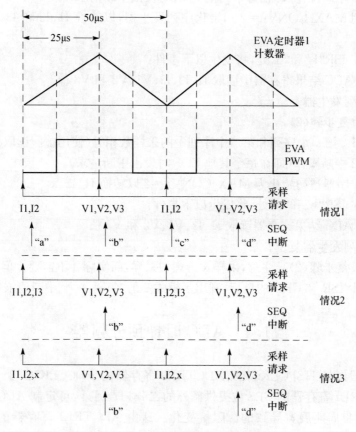

图 11.9 定序转换期间的中断操作

情况 1 第一个序列和第二个序列中的采样数不相等。

模式 1 中断操作(即在每次 EOS 时发出中断请求)。

(1) 用 MAX_CONVn=1 初始化序列发生器,以转换 I1 和 I2。

(2) 在 ISR"a"处,(通过软件)将 MAX_CONVn 更改为 2,以转换 V1、V2 和 V3。

(3) 在 ISR"b"处,将发生以下事件:

① 再次将 MAX_CONVn 更改为 1,以转换 I1 和 I2。

② 从 ADC 结果寄存器中读取 I1、I2、V1、V2 和 V3 值。

③ 序列发生器复位。

(4) 重复步骤(2)和(3)。注意每次 SEQ_CNTR 到 0 和识别到两个中断时,将设置中断标志。

情况 2　第一个序列和第二个序列中的采样数相等。

模式 2 中断操作(即在每个其他 EOS 时发出中断请求)。

(1) 用 MAX_CONVn=2 初始化序列发生器,以转换 I1、I2 和 I3(或 V1、V2 和 V3)。

(2) 在 ISR"b"和"d"处,将发生以下事件:

① 从 ADC 结果寄存器中读取 I1、I2、I3、V1、V2 和 V3 值。

② 序列发生器复位。

(3) 重复步骤(2)。

情况 3　第一个序列和第二个序列中的采样数相等(使用虚假读取)。

模式 2 中断操作(即在每个其他 EOS 时发出中断请求)。

(1) 排序器被初始化为 MAX_CONVn=2 以转换 I1、I2、x。

(2) 在 ISR"b"和"d"处,将发生以下事件:

① 从 ADC 结果寄存器读取 I1、I2、V1、V2 和 V3 值。

② 序列发生器复位。

(3) 重复步骤(2)。注意,采样 x 为虚假采样,而实际并不需要。但是,为最大程度地减少 ISR 和 CPU 的负担,利用了模式 2 的"每隔一个"中断请求功能。

11.4　ADC 时钟预分频器

将外设时钟 HSPCLK 除以 ADCTRL3 寄存器的 ADCCLKPS[3~0]位。通过 ADCTRL1 寄存器的 CPS 位提供额外的二分频。另外,可定制 ADC 来适应由于采样/采集周期展宽导致的源阻抗变化。这由 ADCTRL1 寄存器的 ACQ_PS[3~0]位控制。这些位不影响 S/H 和转换进程的转换部分,但通过扩展转换开始脉冲确实延长了采样部分所用的时间,ADC 内核时钟和采样保持(S/H)时钟如图 11.10 所示。

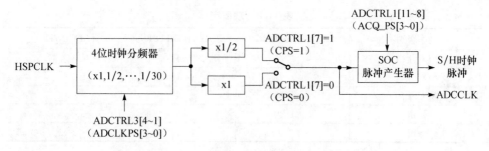

图 11.10　ADC 内核时钟和采样保持时钟

ADC 模块具有若干预分频器级，以产生任何所需的 ADC 操作时钟速度。图 11.11 定义了馈送给 ADC 模块的时钟选择级。到 ADC 的时钟链如表 11.7 所示。

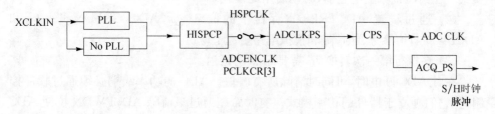

图 11.11　到 ADC 的时钟链图

表 11.7　到 ADC 的时钟链表

XCLKIN	PLLCR [3~0]	HSPCLK	ADCTRL3 [4~1]	ADCTRL1 [7]	ADCCLK	ADCTRL1 [11~8]	SH 宽度
20MHz	0000b	HSPCP=0	ADCLKPS=0	CPS=1	5MHz	ACQ_PS=0	1
	10MHz	10MHz	10MHz	5MHz	—	—	
20MHz	1010b	HSPCP=4	ADCLKPS=2	CPS=1	1.5625MHz	ACQ_PS=15	16
	100MHz	100MHz/(2× 4)=12.5MHz	12.5MHz/(2× 2)=3.125MHz	3.125MHz/(2× 1)=1.5625MHz		SH 脉冲/ 时钟=16	

11.5　低功率模式

ADC 支持 3 个不同的电源，每个电源由 ADCTRL3 寄存器中独立的位控制。这 3 位组合形成了 3 个功率级别：ADC 上电、ADC 断电和 ADC 关闭，如表 11.8 所示。

表 11.8　功率选项

功率级别	ADCBGRFDN1	ADCBGRFDN0	ADCPWDN
ADC 上电	1	1	1
ADC 断电	1	1	0
ADC 关闭	0	0	0
保留	1	0	x
保留	0	1	x

11.6　上电顺序

ADC 复位到 ADC 关闭状态。当给 ADC 上电时,采用以下顺序:

(1) 如果需要外部参考,需使用 ADCREFSEL 寄存器中的位 15～14 启用此模式。在给能带隙上电之前,必须启用此模式。

(2) 通过设置 ADCTRL3 寄存器中的位 7～5(ADCBGRFDN[1～0]和 ADCPWDN)给参考、能带隙和模拟电路一起上电。

(3) 在执行第一次转换前,需要 5ms 的延迟。

在对 ADC 断电时,可同时清除所有 3 位。ADC 的功率级别必须通过软件控制,且它们独立于器件的功率模式。有时希望通过只清除 ADCPWDN 位使 ADC 断电,而保持能带隙和参考通电。对 ADC 重新通电时,在设置此位之后执行任何转换之前,需要 20ms 的延迟。

注:在对所有电路上电后,F280x 的 ADC 需要 5ms 的延迟。此延迟不同于 F281x ADC 的延迟。

11.7　序列发生器覆盖功能

在正常操作中,序列发生器 SEQ1、SEQ2 或级联的 SEQ 可帮助转换选定的 ADC 信道,并按顺序将其存储到各自的 ADCRESULTn 寄存器中。序列在 MAX_CONVn 设置结束时自然回绕。通过序列发生器的覆盖功能,可以用软件控制序列发生器的自然回绕。序列发生器的覆盖功能由 ADC 控制寄存器 1 (ADCCTRL1)的位 5 控制。

例如,假定 SEQ_OVRD 位为 0,且 ADC 处于 MAX_CONV1 设置值为 7 的级联序列发生器的连续转换模式。正常情况下,序列发生器将按顺序递增并通过 ADC 转换更新至 ADCRESULT7 寄存器,然后回到 0。

ADCRESULT7 寄存器更新结束时,将设置相关的中断标志。

当 SEQ_OVRD 位设置为 1 时,序列发生器更新 7 个结果寄存器,而不回到 0。

而序列发生器将按顺序递增,并向前更新 ADCRESULT8 寄存器,直至到达 ADCRESULT15 寄存器。在更新 ADCRESULT15 寄存器之后,将自然回到 0。这种处理 ADCRESULT[0~15]结果寄存器的功能类似从 ADC 采集系列数据到一个 FIFO。当以最大数据速率进行 ADC 转换时,此功能非常有助于捕捉 ADC 数据。

有关序列发生器覆盖功能的建议和注意事项如下:

(1)在复位之后,SEQ_OVRD 位将为 0,因此序列发生器覆盖功能将继续禁用。

(2)当为 MAX_CONVn 的所有非 0 值设置了 SEQ_OVRD 位时,将为结果寄存器更新的每个 MAX_CONVn 计数设置相关的中断标志位。

(3)例如,如果 ADCMAXCONV 设置为 3,则将每隔 4 次结果寄存器更新设置所选序列发生器的中断标志。总是在序列发生器结束时发生回绕(即在级联序列发生器模式的 ADCRESULT15 寄存器更新后)。

(4)这种功能在使用 SEQ1 和 SEQ 进行转换以及使用 SEQ1 进行级联中起作用。

(5)建议不要在程序内动态启用/控制此功能。在 ADC 模块初始化期间需始终启用此功能。

(6)在具有序列发生器变化的连续转换模式中,ADC 信道地址使用 CONVxx 寄存器中的预置值。如果需要对同一信道进行连续转换,则所有 CONVxx 寄存器应具有相同的信道地址。

(7)在连续转换模式中,如果需要复位序列发生器,应将 CONT_RUN 设置为 0,等待 ADC 时钟域中的 2 个周期,然后将序列发生器复位,最后可将 CONT_RUN 设置回 1。

(8)例如,要用序列发生器覆盖功能为 ADCINA0 信道获得 16 个连续采样,应将 16 个 CONVxx 寄存器全部设置为 0x0000。

11.8 内部/外部参考电压选择

默认情况下,选择内部产生的能带隙参考电压向 ADC 逻辑电路供电。

可根据客户的应用要求,通过外部参考电压向 ADC 逻辑电路供电。F280x 的 ADC 将接受 ADCREFIN 引脚上的 2.048V 电压。ADCREFSEL 寄存器的值决定所选的参考源。

如果选择了内部参考选项,可将 ADCREFIN 引脚继续连接到 2.048V 电压、保持悬空或接地。无论选择哪个选项,ADCRESEXT、ADCREFP 和 ADCREFM 引脚的外部电路都相同。

选择 2.048V 的外部参考电压,以匹配行业标准参考组件,这些组件可用于各种温度额定值,推荐的 TI 部件为 REF3020AIDBZ。外部参考的外部偏置如图 11.12 所示。

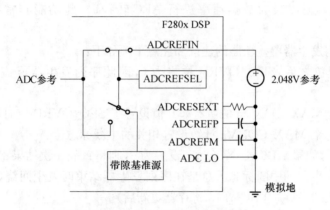

图 11.12　外部参考的外部偏置

11.9　ADC 模块电压基准校正

在现代电子系统中,作为模拟系统与数字系统接口的关键部件,ADC 已经成为一个相当重要的电路单元,用于控制回路中的数据采集。但在实际使用中,这种 ADC 的转换结果误差较大,如果直接将此转换结果用于控制回路,必然会降低控制精度。为了克服这个缺点,提高转换精度,作者在进行了大量实验后,提出一种用于提高 F2812 ADC 精度的方法,使得 ADC 精度得到有效提高。

11.9.1　误差定义

常用的 A/D 转换器主要存在:失调误差、增益误差和线性误差。这里主要讨论失调误差和增益误差,理想 ADC 转换与实际 ADC 转换比较如图 11.13 所示。理想情况下,ADC 模块转换方程为

$$y = x \cdot \text{mi}$$

式中,x=输入计数值=输入电压×4095/3;y=输出计数值。在实际中,A/D 转换模块的各种误差是不可避免的,这里定义具有增益误差和失调误差的 ADC 模块的转换方程为

$$y = x \cdot \text{ma} \pm b$$

式中,ma 为实际增益;b 为失调误差。通过对 F2812 的 ADC 信号采集并进行多次测量后发现,ADC 增益误差一般在 5% 以内,即 0.95。

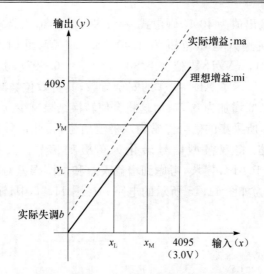

图 11.13　理想 ADC 转换与实际 ADC 转换比较

11.9.2　影响分析

在计算机测控系统中,对象数据的采集一般包含两种基本物理量:模拟量和数字量。对于数字量计算机可以直接读取,而对于模拟量只有通过转换成数字量才能被计算机所接受,因此要实现对模拟量准确的采集及处理,模数转换的精度和准确率必须满足一定的要求。由于 F2812 的 ADC 具有一定增益误差和偏移误差,很容易造成系统的误操作。下面分析两种误差对线性电压输入及 A/D 转换结果的影响。

F2812 用户手册提供的 ADC 模块输入模拟电压为 0~3V,而实际使用中由于存在增益误差和偏移误差,其线性输入被减小,分析如表 11.9 所示。

表 11.9　增益误差和偏移误差对测量的影响

x、y 关系	输入范围/V	输出范围	交流输入	有效位数	mV/计数位
$y=x\times1.00$	0.0000~3.0000	0~4095	1.5000±1.5000	12	0.7326
$y=x\times1.00+80$	0.0000~2.9414	80~4095	1.4707±1.4707	11.971	0.7326
$y=x\times1.00-80$	0.0586~3.0000	0~4015	1.5293±1.4707	11.971	0.7326
$y=x\times1.05+80$	0.0000~2.8013	80~4095	1.4007±1.4007	11.971	0.6977
$y=x\times1.05-80$	0.0558~2.9130	0~4095	1.4844±1.4286	12	0.6977
$y=x\times0.95+80$	0.0000~3.0000	80~3970	1.5000±1.5000	11.926	0.7710
$y=x\times0.95-80$	0.0617~3.0000	0~3810	1.5309±1.4691	11.896	0.7710
安全范围	0.0617~2.8013	80~3810	1.4315±1.3698	11.865	0.7345

下面以 $y=x\times1.05+80$ 为例介绍各项值的计算。当输入为 0 时,输出为 80,

由于 ADC 的最大输出值为 4095，则由式 $y=x\times1.05+80$ 求得输入最大电压值为 2.8013。因此，交流输入电压范围为 1.4007 ± 1.4007，此时有效位数为 $N=\ln4015/\ln2=11.971$，mV/计数位 $=2.8013/4015=0.6977$，其余项计算同上。表 11.9 的最后一行显示了 ADC 操作的安全参数，其有效位数减少为 11.865 位，mV/计数位从 0.7326 增加为 0.7345，这将会使转换结果减少 0.2%。

在实际应用中，所采集的信号经常为双极型信号，因此信号在送至 ADC 之前需要添加转换电路，将双极型信号转化为单极型信号。典型的转换电路如图 11.14 所示。对于 ADC 模块，考虑到增益误差和失调误差对输入范围的影响，转换电路需要调整为如图 11.15 所示的电路。在图 11.15 中，输入增益误差的参考范围已经改变。

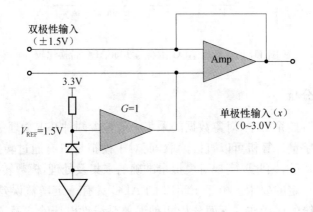

图 11.14　理想情况下的电压转换电路

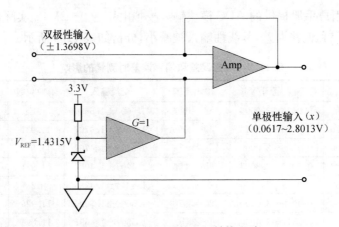

图 11.15　校正后的电压转换电路

对于双极性输入，其 0V 输入的增益误差对应于单极性输入的 1.4315V 的增益误差,因此原有 ADC 的增益误差和失调误差被增大了。例如,如果 ADC 的增益误差为 5%,失调误差为 2%,则其双极性的增益误差计算如下:双极性输入电压 $x'=0.0000$V,单极性的 ADC 输入电压 $x=1.4315$V,其理想的转换值为 $y_e=1.4315 \times 4095/3=1954$,而由 $y_a=1954 \times 1.05+80$ 计算得实际转换值,则双极性增益误差为 $y_a-y_e=2132-1954=178$(9.1%误差)。通过计算可以看出,ADC 的误差大大增加,因此要使用 ADC 进行数据采集,就必须对 ADC 进行校正,提高其转换精度。

11.9.3　ADC 校正

通过以上分析可以看出,F2812 的 ADC 转换精度较差的主要原因是存在增益误差和失调误差,因此要提高转换精度就必须对两种误差进行补偿。对于 ADC 模块,本节采用以下方法对其进行校正。

选用 ADC 的任意两个通道作为参考输入通道,并分别向它们提供已知的直流参考电压作为输入(两个电压不能相同),通过读取相应的结果寄存器获取转换值,利用两组输入输出值求得 ADC 模块的校正增益和校正失调,然后利用这两个值对其他通道的转换数据进行补偿,从而提高 ADC 模块转换的准确度。图 11.13 给出如何利用方程获取 ADC 的校正增益和校正失调,具体计算过程如下。

(1) 获取已知输入参考电压信号的转换值 y_L 和 y_M。

(2) 利用方程 $y=x \cdot ma+b$ 及已知的参考值(x_L,y_L)和(x_M,y_M),计算实际增益及失调误差。

实际增益:$ma=(y_M-y_L)/(x_M-x_L)$。

失调误差:$b=$"y_L"$-x_L \cdot ma$。

(3) 定义输入 $x=y \cdot$ CalGain$-$CalOffset,则由方程 $y=x \cdot ma+b$ 得校正增益 CalGain$=1/ma=(x_M-x_L)/(y_M-y_L)$,校正失调 CalOffset$=b/ma=y_L/ma-x_L$。

(4) 将所求的校正增益及校正失调应用于其他测量通道,对 ADC 转换结果进行校正。

上述即为实现 ADC 校正的全过程,通过使用这种方法,ADC 的转换精度有很大提高。这种方法是通过某个通道的误差去修正其他通道的误差,因此要采用这种方法,必须保证通道间具有较小的通道误差。对于 F2812 的 ADC 转换模块,由于其通道间的增益及失调误差均在 0.2%以内,可以采用这种方法对其进行校正。

11.10　偏移误差校正

F281x 的 ADC 模块支持通过 ADC 偏移微调寄存器(ADCOFFTRIM)中的 9

位字段进行偏移校正。对此寄存器中包含的值进行加/减后,结果才会出现在 ADC 结果寄存器中。本操作包含在 ADC 模块中,因此不会影响结果的时序。

要为此寄存器找到合适的值,需将 ADCLO 连接到其中一个 ADC 信道,并使用不同的寄存器值转换该信道,直至看到中央 0 代码为止。偏移误差校正进程的流程如图 11.16 所示。

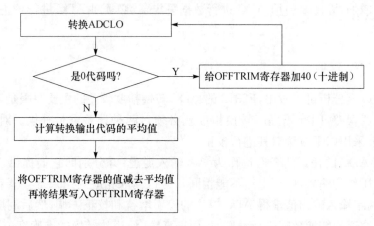

图 11.16 偏移误差校正进程的流程图

例 11.5 负偏移。

启动时,大多数参考转换产生 0 值结果。将值 0x28(十进制的 40)写入 OFFTRIM 寄存器后,所有参考转换得到正值结果,且平均输出为 0x19(十进制的 25)。写入 OFFTRIM 寄存器的最终值应为 0x0F(十进制的 15)。

例 11.6 正偏移。

启动时,所有参考转换产生平均值为 0x14(十进制的 20)的正值结果。写入 OFFTRIM 寄存器的最终值应为 0x1EC(十进制的 -20)。

偏移误差校正进程完成后,在转换多个 ADCLO 采样时,应能看到类似于图 11.17 的半钟型曲线分布。因为转换器在 0 代码处降至最低点,所以隐藏了另一半钟型曲线。

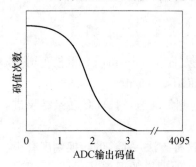

图 11.17 采样 0V 参考电压的理想代码分布

11.11 ADC 寄存器

本节主要介绍 ADC 模块的寄存器和位的定义,以及寄存器组的功能。

11.11.1 ADC 模块控制寄存器

ADC 模块总计有 3 个控制寄存器,要完成模块的功能设置。

1. ADC 模块控制寄存器 1

ADC 模块控制寄存器 1(ADCTRL1)各位的定义及功能描述如图 11.18 和表 11.10 所示。

15	14	13	12	11	10	9	8
保留	RESET	SUSMOD1	SUSMOD0	ACQ_PS3	ACQ_PS2	ACQ_PS1	ACQ_PS0
R-0	R/W-0	R/W-0	R/W-0	R/W-0	R/W-0	R/W-0	R/W-0

7	6	5	4	3			0
CPS	CONTRUN	SEQ1_OVRD	SEQCASC	保留			
R/W-0	R/W-0	R/W-0	R/W-0	R-0			

图 11.18 ADC 模块控制寄存器 1(地址偏移量 00h)

表 11.10 ADC 模块控制寄存器 1 功能描述

位	名 称	功能描述
15	保留	保留位,读返回 0,写没有影响
14	复位	ADC 模块软件复位,该位可以使整个 ADC 模块复位。当芯片的复位引脚被拉低(或一个上电复位)时,所有的寄存器和序列器状态机构复位到初始状态。这是一个一次性的影响位,也就是说它置 1 后会立即自动清 0。读取该位时返回 0,ADC 的复位信号需要锁存 3 个时钟周期(即 ADC 复位后,3 个时钟周期内不能改变 ADC 的控制寄存器) 0:没有影响 1:复位整个 ADC 模块(ADC 控制逻辑将该位清 0) 在系统复位期间,ADC 模块被复位。如果在任一时间需要对 ADC 模块复位,用户可通过向该位写 1 实现。在 12 个空操作后,用户将需要的配置值写到 ADCTRL1 寄存器: MOVADCTRL1,#01xxxxxxxxxxxxxxb;复位 ADC 模块(RESET=1) RPT12#NOP;在 ADCTRL1 寄存器改变配置前必要的延迟 NOP MOVADCTRL1,#00xxxxxxxxxxxxxxb;配置 ADCTRL1 寄存器 注:如果缺省配置满足系统要求,可以不使用第二个 MOV 改变控制寄存器的配置
13～12	SUSMOD1～SUSMOD0	仿真悬挂模式,这两位决定产生仿真挂起时执行的操作(如调试器遇到断点) 00:模式 0,仿真挂起被忽略 01:模式 1,当前排序完成后排序器和其他逻辑停止工作,锁存最终结果更新状态机 10:模式 2,当前转换完成后排序器和其他逻辑停止工作,锁存最终结果更新状态机 11:模式 3,仿真挂起时,排序器和其他逻辑立即停止
11～8	ACQ_PS3～ACQ_PS0	采集窗口长度,用于控制 SOC 脉冲的宽度,同时决定了采样开关闭合的时间。SOC 的脉冲宽度是 ADCTRL[11～8]+1 个 ADCLK 周期数

续表

位	名 称	功能描述
7	CPS	内核时钟预定标器,用来对外设时钟 HSPCLK 分频 0:Fclk=CLK/1 1:Fclk=CLK/2 注:CLK=定标后的 HSPCLK(ADCCLKPS3~ADCCLKPS0)
6	CONTRUN	连续运行该位决定排序器工作在连续运行模式还是开始-停止模式。在一个转换序列有效时,可以对该位进行些操作,当转换序列结束时该位将会生效。例如,为实现有效的操作,软件可以在 EOS 产生之前将该位置位或清零。在连续转换模式中不需要复位排序器。然而,在开始-停止模式,排序器必须被复位以使转换器处于 CONV00 状态 0:开始-停止模式。EOS 信号产生后排序器停止。在下一个 SOC 排序器从停止时的状态开始,除非对排序器复位 1:连续转换模式。EOS 信号产生后,排序器从 CONV00(对于 SEQ1 和级联排序器)或 CONV08(对于 SEQ2)状态开始
5	SEQ1_OVRD	排序器超越模式位 1:使能超越模式位
4	SEQCASC	级联排序器工作方式,该位决定了 SEQ1 和 SEQ2 作为两个独立的 8 状态排序器还是作为一个 16 状态排序器(SEQ)工作。 0:双排序模式,SEQ1 和 SEQ2 作为两个 8 状态排序器操作 1:级联模式,SEQ1 和 SEQ2 作为一个 16 状态排序器工作
3~0	保留	保留位,读返回 0,写没有影响

2. ADC 模块控制寄存器 2

ADC 模块控制寄存器 2(ADCTRL2)各位的定义及功能描述如图 11.19 和表 11.11 所示。

15	14	13	12	11	10	9	8
EVBSOC SEQ	RST SEQ1	SOC SEQ1	保留	INTENA SEQ1	INTMOD SEQ1	保留	EVASOC SEQ1
R/W-0	R/W-0	R/W-0	R-0	R/W-0	R/W-0	R-0	R/W-0

7	6	5	4	3	2	1	0
EXT SOC SEQ1	RST SEQ2	SOC SEQ2	保留	INTENA SEQ2	INTMOD SEQ2	保留	EVBSOC SEQ2
R/W-0	R/W-0	R/W-0	R-0	R/W-0	R/W-0	R-0	R/W-0

图 11.19 ADC 模块控制寄存器 2(地址偏移量 01h)

表 11.11 ADC 模块控制寄存器 2 功能描述

位	名 称	功能描述
15	EVBSOC SEQ	为级联排序器使能 EVBSOC,该位只有级联模式有效 0:不起作用 1:该位置位,允许事件管理器 B 的信号启动级联排序器,可以对事件管理器编程,使用各种事件启动转换

续表

位	名　称	功能描述
14	RST SEQ1	复位排序器 1,向该位写 1 立即将排序器复位为一个初始的"预触发"状态,如在 CONV00 等待一个触发,当前执行的转换序列将会失败 0:不起作用 1:将排序器立即复位到 CONV00 状态
13	SOC SEQ1	SEQ1 的启动转换触发 以下触发可引起该位的设置: • S/W——软件向该位写 1 • EVA——事件管理器 A • EVB——事件管理器 B(仅在级联模式中) • EXT——外部引脚(例如 ADCSOC 引脚) 当触发源到来时,有 3 种可能的情况: 情况 1　SEQ1 空闲且 SOC 位清 0。SEQ1 立即开始(仲裁控制)。允许任何"挂起"触发请求 情况 2　SEQ1 忙且 SOC 位清 0。该位的置位表示有一个触发请求正被挂起。当完成当前转换 SEQ1 重新开始时,该位被清 0 情况 3　SEQ1 忙且 SOC 位置位。在这种情况下任何触发都被忽略(丢失) 0:清除一个正在挂起的 SOC 触发 如果排序器已经启动,该位会自动地被清除,因此向该位写 0 不会起任何作用。例如,用清除该位的方法不能停止一个已启动的排序 1:软件触发,从当前停止的位置启动 SEQ1(如在空闲模式中) RST SEQ1(ADCTRL2[14])和 SOC SEQ1(ADCTRL2[13])位不应用同样的指令设置。这会复位排序器,但不会启动排序器。正确的排序操作是首先设置 RST SEQ1 位,然后在下一指令设置 SOC SEQ1 位。这会保证复位排序器和启动一个新的排序。这种排序也应用于 RST SEQ2(ADCTRL2[6])和 SOC SEQ2(ADCTRL2[5])位
12	保留	保留位,读返回 0,写没有影响
11	INTENA SEQ1	SEQ1 中断使能,该位使能 INT SEQ1 向 CPU 发出的中断申请 0:禁止 INT SEQ1 产生中断申请 1:使能 INT SEQ1 产生中断申请
10	INTMOD SEQ1	SEQ1 中断模式,该位选择 SEQ1 的中断模式,在 SEQ1 转换序列结束时,影响 INT SEQ1 的设置 0:每个 SEQ1 序列结束时,INT SEQ1 置位 1:每隔一个 SEQ1 序列结束时,INT SEQ1 置位
9	保留	保留位,读返回 0,写没有影响
8	EVASOC SEQ1	SEQ1 的 EVA 的 SOC 屏蔽位 0:EVA 的触发信号不能启动 SEQ1 1:允许 EVA 触发信号启动 SEQ1/SEQ,可以对事件管理器编程,采用各种事件启动转换
7	EXTSOC SEQ1	SEQ1 的外部信号启动转换位 0:无操作 1:外部 ADCSOC 引脚信号启动 ADC 自动转换序列
6	RST SEQ2	复位 SEQ2 0:无操作 1:立即复位 SEQ2 到初始的"预触发"状态,如在 CONV08 状态等待触发,将会退出正在执行的转换序列

续表

位	名　称	功能描述
5	SOC SEQ2	SEQ2 的转换触发启动,仅适用于双排序模式,在级联模式中不使用。下列触发可以使该位置位: • S/W——软件向该位写 1 • EVB——事件管理器 B 当一个触发源到来时,有三种可能的情况发生: **情况 1**　SEQ2 空闲且 SOC 位清 0。SEQ2 立即开始(仲裁控制)。允许任何"挂起"触发请求 **情况 2**　SEQ2 忙且 SOC 位清 0。该位的置位表示有一个触发请求正被挂起。当完成当前转换 SEQ1 重新开始时,该位被清 0 **情况 3**　SEQ2 忙且 SOC 位置位。在这种情况下任何触发都被忽略(丢失) 0:清除一个正在挂起的 SOC 触发 如果排序器已经启动,该位会自动地被清除,因此向该位写 0 不会起任何作用。例如,用清除该位的方法不能停止一个已启动的排序 1:软件触发,从当前停止的位置启动 SEQ2(如在空闲模式中)
4	保留	保留位,读返回 0,写没有影响
3	INTENA SEQ2	SEQ2 中断使能,该位使能 INT SEQ2 向 CPU 发出的中断申请 0:禁止 INT SEQ1 产生的中断申请 1:使能 INT SEQ1 产生的中断申请
2	INTMOD SEQ2	SEQ2 中断模式,该位选择 SEQ2 的中断模式,在 SEQ2 转换序列结束时,影响 INT SEQ2 的设置 0:每个 SEQ1 序列结束时,INT SEQ2 置位 1:每隔一个 SEQ1 序列结束时,INT SEQ2 置位
1	保留	保留位,读返回 0,写没有影响
0	EVBSOC SEQ2	SEQ2 的 EVB 的 SOC 屏蔽位 0:EVB 的触发信号不能启动 SEQ2 1:允许 EVB 触发信号启动 SEQ2,可以对事件管理器编程,采用各种事件启动转换

3. ADC 模块控制寄存器 3

ADC 模块控制寄存器 3(ADCTRL3)各位的定义及功能描述如图 11.20 和表 11.12 所示。

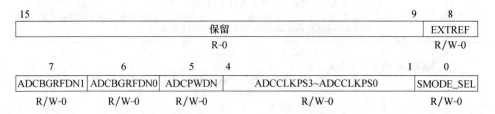

图 11.20　ADC 模块控制寄存器 3(地址偏移量 18h)

表 11.12　ADC 模块控制寄存器 3 功能描述

位	名　称	功能描述
15~9	保留	保留位,读返回 0,写没有影响
8	EXTREF	使能 ADCREFM 和 ADCREFP 作为输入参考 0:ADCREFP(2V)和 ADCREFM(1V)引脚是内部参考源的输出引脚 1:ADCREFP(2V)和 ADCREFM(1V)引脚是外部参考电压的输入引脚
7~6	ADCDGRFDN1 ~ ADCDGRFDN0	ADC 带隙(bandgap)和参考的电源控制,该位控制内部模拟的内部带隙和参考电路的电源 0 0:带隙和参考电路掉电 1 1:带隙和参考电路上电
5	ADCPWDN	ADC 电源控制,该位控制除带隙和参考电路外的 ADC 其他模拟电路的供电 0:除带隙和参考电路外的 ADC 其他模拟电路掉电 1:除带隙和参考电路外的 ADC 其他模拟电路上电
4~1	ADCCLKPS3~ ADCCLKPS0	ADC 的内核时钟分频器 除 ADCCLKPS3~ADCCLKPS0 等于 0000 外(在这种情况下,直接使用 HSP-CLK),对 F28x 外设时钟 HSPCLK 进行 $2\times$(ADCLKPS3~ADCCLKPS0)的分频,分频后的时钟再进行 ADCTRL1[7]+1 分频,从而产生 ADC 的内核时钟 ADCCLK ADCCLKPS[3:0]　ADC 内核时钟分频数　ADCCLK 0000　　0　　HSPCLK/(ADCTRL1[7]+1) 0001　　1　　HSPCLK/[$2\times$(ADCTRL1[7]+1)] 0010　　2　　HSPCLK/[$4\times$(ADCTRL1[7]+1)] 0011　　3　　HSPCLK/[$6\times$(ADCTRL1[7]+1)] 0100　　4　　HSPCLK/[$8\times$(ADCTRL1[7]+1)] 0101　　5　　HSPCLK/[$10\times$(ADCTRL1[7]+1)] 0110　　6　　HSPCLK/[$12\times$(ADCTRL1[7]+1)] 0111　　7　　HSPCLK/[$14\times$(ADCTRL1[7]+1)] 1000　　8　　HSPCLK/[$16\times$(ADCTRL1[7]+1)] 1001　　9　　HSPCLK/[$18\times$(ADCTRL1[7]+1)] 1010　　10　　HSPCLK/[$20\times$(ADCTRL1[7]+1)] 1011　　11　　HSPCLK/[$22\times$(ADCTRL1[7]+1)] 1100　　12　　HSPCLK/[$24\times$(ADCTRL1[7]+1)] 1101　　13　　HSPCLK/[$26\times$(ADCTRL1[7]+1)] 1110　　14　　HSPCLK/[$28\times$(ADCTRL1[7]+1)] 1111　　15　　HSPCLK/[$30\times$(ADCTRL1[7]+1)]
0	SMODE_SEL	采样模式选择,该位选择顺序或者同步采样模式 0:选择顺序采样模式 1:选择同步采样模式

11.11.2　最大转换通道寄存器

最大转换通道寄存器(MAXCONVn)定义了自动转换中最多转换的通道数,

该位根据排序器的工作模式变化而变化,如图 11.21 和表 11.13 所示。

15							8
保留							
R-0							

7	6	5	4	3	2	1	0
保留	MAX CONV2_2	MAX CONV2_1	MAX CONV2_0	MAX CONV1_3	MAX CONV1_2	MAX CONV1_1	MAX CONV1_0
R-0	R/W-0	R/W-0	R/W-0	R/W-0	R/W-0	R/W-0	R/W-0

图 11.21　最大转换通道寄存器(偏移地址 A2h)

表 11.13　最大转换通道寄存器功能描述

位	名　称	功能描述
15~8	保留	保留位,读返回 0,写没有影响
7~0	MAXCONVn_x	MAXCONVn_x 定义了自动转换中最多转换的通道数,该位根据排序器的工作模式变化而变化 对于 SEQ1,使用 MAXCONV1_2~MAXCONV1_0 对于 SEQ2,使用 MAXCONV2_2~MAXCONV2_0 对于 SEQ,使用 MAXCONV1_3~MAXCONV1_0 自动转换序列总是从初始状态开始,一次连续的转换直到结束状态,并将转换结果按顺序装载到结果寄存器。每个转换序列可以转换 1~(MAXCONVn_x+1)个通道,转换的通道数可以编程

11.11.3　自动排序状态寄存器

自动排序状态寄存器(AUTO_SEQ_SR)包含自动排序的计数值,SEQ1、SEQ2 和级联排序器使用 SEQ CNTRn 这 4 位计数状态位,在级联模式中和 SEQ2 无关。在转换开始时,排序器的计数位 SEQ CNTR3~SEQ CNTR0 初始化为在序列 MAXCONV 中的值,如图 11.22 和表 11.14 所示。

15			12	11	10	9	8
保留				SEQ CNTR3	SEQ CNTR2	SEQ CNTR1	SEQ CNTR0
R-0				R-0	R-0	R-0	R-0

7	6	5	4	3	2	1	0
保留	SEQ2 STATE2	SEQ2 STATE1	SEQ2 STATE0	SEQ1 STATE3	SEQ1 STATE2	SEQ1 STATE1	SEQ1 STATE0
R-0	R-0	R-0	R-0	R-0	R-0	R-0	R-0

图 11.22　自动排序状态寄存器(地址偏移量 07h)

表 11.14　自动排序状态寄存器功能描述

位	名　称	功能描述
15～12	保留	保留位
11～8	SEQ CNTR3～ SEQ CNTR0	排序器计数状态位 SEQ1、SEQ2 和级联排序器使用 SEQ CNTRn 这 4 位计数状态位,在级联模式中和 SEQ2 无关。在转换开始,排序器的计数位 SEQ CNTR3～SEQ CNTR0 初始化为在序列 MAXCONV 中的值。每次自动序列转换完成(或同步采样模式中的一对转换完成)后排序器计数减 1 在递减计数过程中随时可以读取 SEQ CNTRn 位,检查序列器的状态。读取的值与 SEQ1 和 SEQ2 的 busy 状态一起标示了正在执行的排序的状态 　　SEQ CNTRn　　　等待转换的通道数 　　0000　　　　　1 或 0 取决于 busy 状态 　　0001　　　　　2 　　0010　　　　　3 　　0011　　　　　4 　　0100　　　　　5 　　0101　　　　　6 　　0110　　　　　7 　　0111　　　　　8 　　1000　　　　　9 　　1001　　　　　10 　　1010　　　　　11 　　1011　　　　　12 　　1100　　　　　13 　　1101　　　　　14 　　1110　　　　　15 　　1111　　　　　16
7	保留	保留位
6～0	SEQ2 STATE2～ SEQ2 STATE0 SEQ1 STATE3～ SEQ1 STATE0	SEQ2 STATE2～SEQ2 STATE0 和 SEQ1 STATE3～SEQ1 STATE0 位分别是 SEQ2 和 SEQ1 的指针。这些位保留给 TI 芯片测试使用

11.11.4　ADC 状态和标志寄存器

　　ADC 状态和标志寄存器(ADC_ST_FLG)是一个专门的状态和标志寄存器。该寄存器中的各位是只读状态或只读位,或在清 0 时读返回 0,如图 11.23 和表 11.15 所示。

图 11.23　ADC 状态和标志寄存器(地址偏移量 19h)

表 11.15　ADC 状态和标志寄存器功能描述

位	名　称	功能描述
15～8	保留	保留位
7	EOS BUF2	SEQ2 的排序缓冲结束位 在中断模式 0 下,该位不用或保持 0,如在 ADCTRL2[2]＝0 时;在中断模式 1 下,如在 ADCTRL2[2]＝1 时,在每一个 SEQ2 排序的结束时触发。该位在芯片复位时被清除,不受排序器复位或清除相应中断标志的影响
6	EOS BUF1	SEQ1 的排序缓冲结束位 在中断模式 0 下,该位不用或保持 0,如在 ADCTRL2[10]＝0 时;在中断模式 1 下,如在 ADCTRL2[10]＝1 时,在每一个 SEQ1 排序的结束时触发。该位在芯片复位时被清除,不受排序器复位或清除相应中断标志的影响
5	INT SEQ2 CLR	中断清除位,读该位返回 0,向该位写 1 可以清除中断标志 0:向该位写 0 无影响 1:向该位写 1 清除 SEQ2 的中断标志位——INT SEQ2
4	INT SEQ1 CLR	中断清除位,读该位返回 0,向该位写 1 可以清除中断标志 0:向该位写 0 无影响 1:向该位写 1 清除 SEQ1 的中断标志位——INT SEQ1
3	SEQ2 BSY	SEQ2 的忙状态位,对该位写操作无影响 0:SEQ2 处于空闲状态,等待触发 1:SEQ2 正在运行
2	SEQ1 BSY	SEQ1 的忙状态位,对该位写操作无影响 0:SEQ1 处于空闲状态,等待触发 1:SEQ1 正在运行
1	INT SEQ2	SEQ2 中断标志位,对该位写操作无影响。在中断模式 0,如在 ADCTRL2[2]＝0 中,该位在每个 SEQ2 排序结束时被置位;在中断模式 1,如在 ADCTRL2[2]＝1 中,如果 EOS_BUF2 被置位,则该位在一个 SEQ2 排序结束时置位 0:没有 SEQ2 中断事件 1:已产生 SEQ2 中断事件
0	INT SEQ1	SEQ1 中断标志位,对该位写操作无影响。在中断模式 0,如在 ADCTRL2[10]＝0 中,该位在每个 SEQ1 排序结束时被置位;在中断模式 1,如在 ADCTRL2[10]＝1 中,如果 EOS_BUF1 被置位,则该位在一个 SEQ1 排序结束时置位 0:没有 SEQ1 中断事件 1:已产生 SEQ1 中断事件

11.11.5　ADC 输入通道选择排序控制寄存器

图 11.24～图 11.27 给出了 ADC 输入通道选择排序控制寄存器(CHSELSEQ1～CHSELSEQ4),表 11.16 给出了各 CONVnn 位的值和 ADC 输入通道之间的关系。

15	12	11	8	7	4	3	0
CONV03		CONV02		CONV01		CONV00	
R/W-0		R/W-0		R/W-0		R/W-0	

图 11.24 ADC 输入通道选择排序控制寄存器(CHSELSEQ1)(地址偏移量 03h)

15	12	11	8	7	4	3	0
CONV07		CONV06		CONV05		CONV04	
R/W-0		R/W-0		R/W-0		R/W-0	

图 11.25 ADC 输入通道选择排序控制寄存器(CHSELSEQ2)(地址偏移量 04h)

15	12	11	8	7	4	3	0
CONV11		CONV10		CONV09		CONV08	
R/W-0		R/W-0		R/W-0		R/W-0	

图 11.26 ADC 输入通道选择排序控制寄存器(CHSELSEQ3)(地址偏移量 05h)

15	12	11	8	7	4	3	0
CONV15		CONV14		CONV13		CONV12	
R/W-0		R/W-0		R/W-0		R/W-0	

图 11.27 ADC 输入通道选择排序控制寄存器(CHSELSEQ4)(地址偏移量 06h)

每一个 4 位 CONVnn 为一自动排序转换在 16 个模拟输入 ADC 通道中选择一个通道。

表 11.16 CONVnn 位的值和 ADC 输入通道选择

CONVnn	ADC 输入通道选择	CONVnn	ADC 输入通道选择
0000	ADCINA0	1000	ADCINB0
0001	ADCINA1	1001	ADCINB1
0010	ADCINA2	1010	ADCINB2
0011	ADCINA3	1011	ADCINB3
0100	ADCINA4	1100	ADCINB4
0101	ADCINA5	1101	ADCINB5
0110	ADCINA6	1110	ADCINB6
0111	ADCINA7	1111	ADCINB7

11.11.6 ADC 转换结果缓冲寄存器

在级联排序模式中,ADC 转换结果缓冲寄存器 RESULT8～RESULT15 保持第 9～16 位的结果,如图 11.28 所示。

15	14	13	12	11	10	9	8
D11	D10	D9	D8	D7	D6	D5	D4
R-0	R-0	R-0	R-0	R-0	R-0	R-0	R-0

7	6	5	4	3	2	1	0
D3	D2	D1	D0	保留	保留	保留	保留
R-0	R-0	R-0	R-0	R-0	R-0	R-0	R-0

图 11.28　ADC 转换结果缓冲寄存器(地址偏移量 08h～17h)

11.12　模数转换模块应用实例

```
//**************************************************
//TMS320F2812ADC 模块应用例程
//文件名称:Example_28xAdc.c
//本例设置 PLL 工作在 x10/2 模式,SYSCLKOUT 经过 6 分频得到 25MHz 的
  HSPCLK(输入时钟为 30MHz)
//ADC 内部不再对时钟分频,采用中断方式;
//EVA 为 SEQ1 产生 ADCSOC 信号,转换 ADCINA3 和 ADCINA2 两个通道
//**************************************************
#include"DSP28_Device.h"
//DSP281x 头文件
interruptvoidadc_isr(void);
//全局变量定义:
Uint16  LoopCount;
Uint16  ConversionCount;
Uint16  Voltage1[10];
Uint16  Voltage2[10];
main()
{//第一步:进行系统控制寄存器、PLL、看门狗和时钟初始化
InitSysCtrl();
//时钟初始化 HSPCLK=SYSCLKOUT/6=25MHz
EALLOW;
SysCtrlRegs.HISPCP.all=0x3;//HSPCLK=SYSCLKOUT/6
EDIS;
//第二步:进行 GPIO 配置
//InitGpio();
```

```
//第三步:进行 PIE 相量表初始化
//禁止和清除所有 CPU 中断:
DINT;
IER=0x0000;
IFR=0x0000;
InitPieCtrl();
InitPieVectTable();
//第四步:进行外设模块初始化
InitAdc();
//初始化 ADC 相关寄存器
//第五步:使能 ADC 中断向量
EALLOW;
PieVectTable.ADCINT=&adc_isr;
EDIS;
//使能 PIE 中的 ADCINT 中断
PieCtrlRegs.PIEIER1.bit.INTx6=1;
//使能 CPU 中断
IER|=M_INT1;//使能全局中断 INT1
EINT;//使能全局中断 INTM
ERTM;//使能全局适时调试中断 DBGM
LoopCount=0;
ConversionCount=0;
//ConfigureADC
AdcRegs.ADCMAXCONV.all=0x0001;//设置 SEQ1 的 2 转换
AdcRegs.ADCCHSELSEQ1.bit.CONV00=0x3;//设置 ADCINA3 作为 SEQ1 的
第一个转换
AdcRegs.ADCCHSELSEQ1.bit.CONV01=0x2;//设置 ADCINA2 作为 SEQ2 的
第一个转换
AdcRegs.ADCTRL2.bit.EVA_SOC_SEQ1=1;//使能 EVASOC 启动 SEQ1
AdcRegs.ADCTRL2.bit.INT_ENA_SEQ1=1;//使能 SEQ1 中断
//配置事件管理器 EVA
EvaRegs.T1CMPR=0x0080;//设置 T1 比较值
EvaRegs.T1PR=0xFFFF;//设置周期寄存器
EvaRegs.GPTCONA.bit.T1TOADC=1;//使能事件管理器 A 的 EVASOC
EvaRegs.T1CON.all=0x1042;//使能定时器 1 比较(递增计数模式)
```

```
//等待 ADC 中断
while(1)
{
LoopCount++;
}
}
interruptvoidadc_isr(void)
{
Voltage1[ConversionCount]=AdcRegs.ADCRESULT0;
Voltage2[ConversionCount]=AdcRegs.ADCRESULT1;
if(ConversionCount==9)
{
ConversionCount=0;
}
elseConversionCount++;
//重新初始化下一个 ADC 排序
AdcRegs.ADCTRL2.bit.RST_SEQ1=1;//复位 SEQ1
AdcRegs.ADCST.bit.INT_SEQ1_CLR=1;//清除 INT SEQ1 位
PieCtrlRegs.PIEACK.all=PIEACK_GROUP1;//响应中断
return;
}
//ADC 模块初始化
voidInitAdc(void)
{
externvoidDSP28x_usDelay(unsignedlongCount);
AdcRegs.ADCTRL3.bit.ADCBGRFDN=0x3;//参考等电路上电
DELAY_US(ADC_usDELAY);//其他 ADC 上电
AdcRegs.ADCTRL3.bit.ADCPWDN=1;
DELAY_US(ADC_usDELAY2);//延时
}
```

第 12 章　TMS320F281x Boot 引导模式

TMS320F281x 系列处理器有多种引导模式,以适应各种应用环境。程序的启动引导一般涉及引导模式设定、程序搬移、程序运行首地址设定等几个主要步骤。这一过程可以称为 BootLoad,在一些特定启动模式中,程序搬移可以利用 TI 集成在片上的 BootLoader 程序完成。

12.1　Boot ROM 简介

F281x 器件在 0x3FF000~0x3FFFFF 地址处的 4K×16 空间内集成了一块只读 ROM 存储器。其中前 3K 空间是数学表,使用 IQMath Library 时会用到该数学表,IQmath Library 是一个高度优化的高精度数学函数集合,方便编程人员利用该系列定点处理器实现高速、高精度的浮点运算。使用这些库函数所达到的执行速度远远快过使用标准 ANSI C 语言编写的等效代码的执行速度。另外,IQmath Library 通过提供即用型高精度函数,还可以显著缩短 DSP 应用的开发时间。该数学表包括:

(1) 正弦/余弦表。
- 表大小:1282 个字。
- Q 格式:Q30。
- 内容:5/4 个周期正弦波数据,错开 1/4 周期数据就是余弦表。

此表对精确正弦波形的生成和 32 位 FFT 很有用;同时可用于 16 位数学运算,只需隔值取值即可。

(2) 归一化反转表。
- 表大小:528 个字。
- Q 格式:Q29。
- 内容:32 位归一化反转数据以及饱和极限值。

此表可用作牛顿-拉普森(Newton-Raphson)反转算法中的初始值估计。

(3) 归一化平方根表。
- 表大小:274 个字。
- Q 格式:Q30。
- 内容:32 位归一化反平方根数据以及饱和值。

此表用作牛顿-拉普森平方根算法中的初始值估计。

(4) 归一化反正切表。

· 表大小：452 个字。

· Q 格式：Q30。

· 内容：最佳拟合的 32 位二阶系数以及归一化表。

此表用作牛顿-拉普森反正切迭代算法中的初始值估计。

(5) 舍入和饱和表。

· 表大小：360 个字。

· Q 格式：Q30。

· 内容：各 Q 值的 32 位舍入和饱和极限值。

后 1K 空间是 BootLoader 程序、复位向量和 CPU 向量表。

(1) BootLoader 程序。

BootLoader 是位于片上引导 ROM 中的在复位后执行的一段程序。Boot-Loader 用于在上电后将代码从外部非易失慢速存储器搬移到片内高速存储器中。BootLoader 提供了多种不同的搬移代码方式以适应不同的需求。为了实现程序的引导和搬移，TI 在出厂前就固化了一系列函数，如 InitBoot、SelectBootMode、Sci_load、Spi_load、Parallel_load 等，这些函数被称为 BootLoader 程序。

(2) 复位向量。

复位向量位于 0x3FFFC0 处，实际就是 InitBoot 程序的入口地址，在出厂时已设定好。CPU 上电复位或执行复位，程序首先从 0x3FFFC0 处开始执行，通过存在该处的 InitBoot 入口地址而进入 InitBoot 程序，然后通过判断 GPIOF2、GPIOF3、GPIOF4、GPIOF12 不同的状态，来指示 BootLoader 软件使用哪种引导模式。

(3) CPU 向量表。

CPU 向量表位于引导 ROM 中的 0x3FFFC0 ~ 0x3FFFFF 地址段。当 VMAP=1、ENPIE=0 时，该向量表在复位后使能（同时会禁用 PIE 向量表）。这样中断程序入口地址就从该 CPU 向量表提取，明显 ROM 不可更改，故该向量表内容固定，即中断程序入口地址固定，非常不利于程序的灵活行及移植性。因此，一般不使用该处的 CPU 向量表，而是通过设置 VMAP=1、ENPIE=1 禁用 CPU 向量，同时激活 PIE 向量表，PIE 向量表位于 M0 存储空间处，是片上 RAM 区，使用前内容需要先初始化，使用过程中内容也可以随时更改，方便灵活。这样所有向量（复位向量除外）将从 PIE 模块获取，而不是从 CPU 向量表处获取，这就实现了 CPU 向量表的重新定位。

(4) Boot ROM 版本号和校验和。

Boot ROM 上还存有版本号、发布日期和 64 位的校验和，如表 12.1 所示。

表 12.1 Boot ROM 版本号和校验和

地 址	内 容	地 址	内 容
0x3FFFBA	BootROM 版本号	0x3FFFBD	—
0x3FFFBB	发布年月（十进制）	0x3FFFBE	—
0x3FFFBC	校验和的最低有效字	0x3FFFBF	校验和的最高有效字

片上 ROM 的具体空间分配如图 12.1 所示。

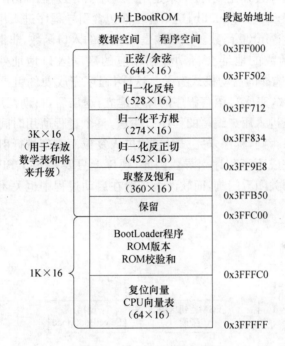

图 12.1 片上 ROM 空间分配

12.2 DSP 启动过程

F281x 芯片上电之后，首先是处于复位状态，请注意：与 TI 其他系列器件的一个不同之处在于，该系列芯片要求 I/O 先上电，然后是内核上电，至少应保证同时上电。RESET 引脚变高时，F281x 退出复位状态，器件首先从复位向量处开始运行，即 0x3FFFC0 地址处。该地址处存放着 InitBoot 程序的入口地址，即 0x3FFC00，InitBoot 程序出厂前已固化到 BootROM 上，此时，程序跳转到 0x3FFC00 执行 InitBoot 程序。该程序对 F281x 的运行进行初始化设置，初始设置值如图 12.2 所示，完成之后进行哑读保护密码。BootROM 区是非安全保护区,不管哑读密码是否成功应该都能访问;接着 InitBoot 就会调用 SelectBoot-Mode 函数,该函数依然在出厂前已固化到 BootROM 中。该函数读取 GPIOF2、GPIOF3、GPIOF4、GPIOF12 四个引脚的状态,以决定运行何种启动方式,启动项选择如表 12.2 所示。从表中可以看出,SCI、SPI、Parallel_Boot 几个启动模式还需要进一步调用 BootLoader 搬移程序,而其他启动模式是直接跳到相应指定的地址,这就要求相应的指定地址处存放有用户程序的入口地址,这样程序才能运行下去。至此,硬件引导过程完成,接下来是用户程序引导过程。在用户应用程序中会有 rts2800. lib 或 rts2800_ml. lib,这个库里面包含引导程序进入用户编写的 Main 函数的引导函数_c_int00 函数。该函数是 C 程序的入口函数,非常关键,正常程序编译完成后,该函数的地址会自动存在相应的启动入口地址处,如 0x3F8000、0x3F7FF6 等,与选择的启动模式有关。这样,程序完成硬件引导后,就会到库中运行_c_int00 函数,完成 C 语言程序的环境建立,退出后,自动调用 Main 主函数。至此,程序才真正进入用户编写的程序。注意,整个过程所用时间一定要少,以保证看门狗不复位;否则,程序未完成引导就进入复位而重新进行引导,这样就陷入死循环,永远也完成不了程序引导。因此,硬件上只要是 SCI、SPI、Parallel_Boot 启动模式,会自动关闭看门狗,而软件上一般在启动过程中也关闭看门狗,防止这种情况的发生。

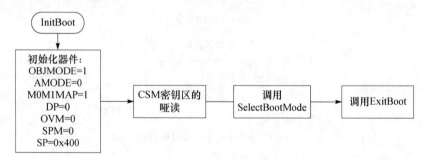

图 12-2　InitBoot 过程

表 12.2　启动项选择

GPIOF4 (SCITXDA) 有上拉	GPIOF12 (MDXA) 无上拉	GPIOF3 (SPISTEA) 无上拉	GPIOF2 (SPICLK) 无上拉	模式选择
1	x	x	x	跳到 Flash 地址 0x3F7FF6,用户在复位到新的执行代码前必须根据要求在程序中设置一个分支指令
0	1	x	x	调用 SPI Boot 从外部 EEPROM 引导
0	0	1	1	调用 SCI Boot 从 SCI-A 引导
0	0	1	0	跳到 H0 SARAM 地址 0x3F8000
0	0	0	1	跳到 OTP 地址 0x3D7800
0	0	0	0	调用 Parallel_Boot 从 GPIO 的 B 口引导

注:x 表示可为 0 或 1 中任意值。

需要注意的是,上述过程是使用片上 BootROM 的引导过程,实际也可以禁用片上引导,而用自己编写的引导过程。前提是需要在 XINTF Zone7 扩展一块片外 ROM,以存储引导程序。观察图 12.3 可知,只要设置 MP/$\overline{\text{MC}}$=1 就禁止了片上 ROM、使能了片外 ROM,它们的地址空间是一致的。这样,重新编写 BootLoader 程序就可以改变硬件引导过程了,引导流程如图 12.4 所示。

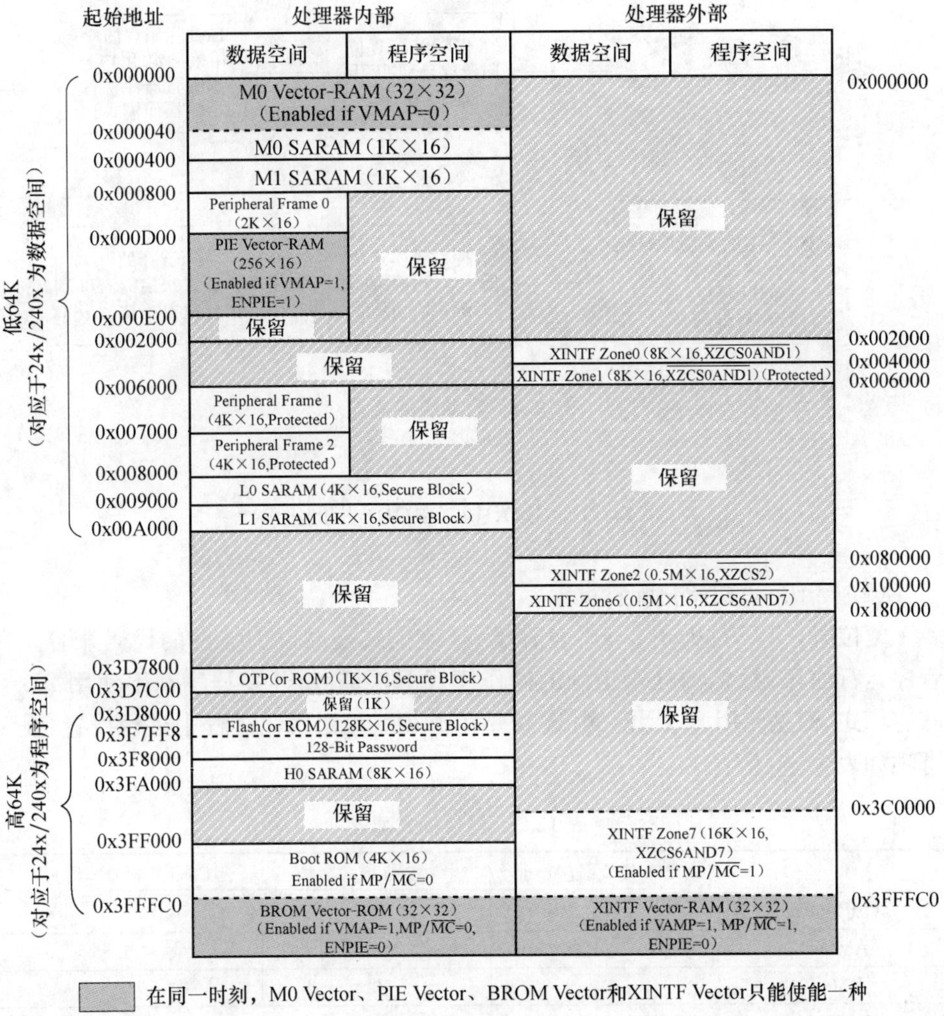

图 12.3　存储空间分配

再次提醒,常用的 JTAG 加载模式、Flash 引导模式是不需要调用片上 BootLoader 搬移代码的,而是通过仿真器或 Flash 烧写程序,将要运行的代码准备好。下面介绍片上 ROM 中 BootLoader 搬移代码的数据格式。

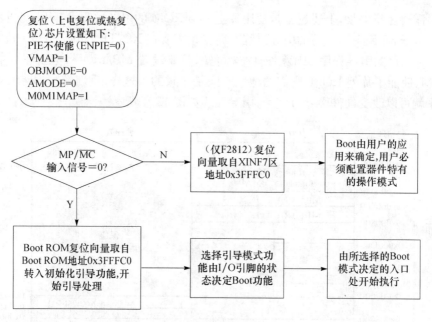

图 12.4　启动引导流程

12.3　BootLoader 特性

（1）InitBoot 初始化配置设置。

复位时,CPU 都处于 27x™ 兼容模式,该模式是对以前器件的代码兼容。在程序运行前,CPU 需要处于正确的操作模式下,一般新开发程序都不使用 27x™ 兼容模式,而是使用 28x™ 模式,这需要在 InitBoot 初始化过程中进行设置,设置选项如表 12.3 所示。

表 12.3　器件模式配置

	27x 模式（复位）	28x 模式	C2xLP 源兼容模式
OBJMODE	0	1	1
AMODE	0	0	1
PAGE0	0	0	0
M0M1MAP	1	1	1
其他设置	—	—	SXM=1,C=1,SPM=0

（2）PLL 硬件乘法器。

引导 ROM 不更改 PLL 的状态。PLL 硬件乘法器不受调试器的复位影响。因此,对于在 CCS 软件复位时初始化的引导,其速度可能不同于将外部复位时执行的引导速度。

(3) 看门狗模块。

当直接跳转到 Flash、M0 SARAM 或 OTP 存储器时，CPU 将不会自动禁用看门狗。如果采用其他引导模式，则在引导之前 CPU 自动禁用看门狗，引导完成后需要人工重新启用，并在程序指向最终目的地址之前将看门狗清零。

(4) 内部上拉电阻。

每个 GPIO 引脚都有一个可在软件中启用或禁用的内部上/下拉电阻。对于引导模式将读取的引脚，默认情况下是启用引脚上/下拉电阻的。在噪声较大情况下，仍然建议在外部设置上/下拉电阻。BootLoader 会在退出时保持这些引脚的上/下拉状态。如果需要禁用，需要人工手动设置。

(5) PIE 配置。

引导模式不启用 PIE。它将保持默认的禁用状态。

(6) 保留存储器。

M1 存储器块的前 80 个字（地址 0x400～0x44F）保留供引导加载进程中的堆栈和 .ebss 代码部分使用。如果代码被引导加载至此区域，则不执行错误检查，执行此检查是为了防止代码破坏引导 ROM 堆栈。

12.4　BootLoader 数据流

BootLoader 的数据流格式如表 12.4 所示。数据流结构中的所有值都是十六进制的。各数据流格式基本相同，故以 16 位数据流格式为例讲解。

表 12.4　BootLoader 数据流格式

字	内　容
1	10AA(存储器宽度为 16 位的键值)
2	寄存器初始化值，或留作将来使用
3	寄存器初始化值，或留作将来使用
4	寄存器初始化值，或留作将来使用
5	寄存器初始化值，或留作将来使用
6	寄存器初始化值，或留作将来使用
7	寄存器初始化值，或留作将来使用
8	寄存器初始化值，或留作将来使用
9	寄存器初始化值，或留作将来使用
10	应用起点 PC[22:16]
11	应用起点 PC[15:0]
12	要传输的第一个数据块的大小(字数)，如果块大小为 0，则表明源程序结束；否则后面将跟随另一部分

续表

字	内　容
13	第一个数据块的目的地址 Addr[31:16]
14	第一个数据块的目的地址 Addr[15:0]
15	源中要传输的第一个数据块的第一个字
…	…
•	源中要传输的第一个数据块的最后一个字
•	要传输的第二个数据块的块大小
•	第二个数据块的目的地址 Addr[31:16]
•	第二个数据块的目的地址 Addr[15:0]
•	源中要传输的第二个数据块的第一个字
…	…
•	源中要传输的第二个数据块的最后一个字
…	…
•	要传输的最后一个数据块的块大小
•	最后一个数据块的目的地址 Addr[31:16]
•	最后一个数据块的目的地址 Addr[15:0]
•	源中要传输的最后一个数据块的第一个字
…	…
…	…
n	源中要传输的最后一个数据块的最后一个字
n+1	数据块大小为 0000h 表示源程序结束

第 1 个 16 位字称为键值。该键值用于向 BootLoader 指示流入数据流的宽度:8 位或 16 位。注意,并非所有 BootLoader 都可以同时接受 8 位和 16 位数据流。对于 8 位数据流,键值为 0x08AA;对于 16 位数据流,键值为 0x10AA。如果 BootLoader 收到一个无效键值,加载则中止。将使用 Flash 的启动地址(0x3F7FF6)启动。

第 2～9 个字用于初始化寄存器值,或者为 BootLoader 传递值以增强 BootLoader。如果 BootLoader 不使用这些值,则将这些值留作将来使用,并且 BootLoader 将只读取这些值,然后丢弃。当前只有 SPI 使用这些字来初始化寄存器。

第 10～11 个字组成了 22 位程序的入口地址。此地址用于在完成引导加载后初始化 PC。

第 12 个字表示要传输的第一个数据块的大小。对于 8 位和 16 位数据流格式,该数据块的大小均定义为块中 16 位字数。如果等于 0,则传输结束。例如,要从 8 位数据流中传输一个包含 20 个 8 位数值的数据块,该块大小将为 0x000A,表示有 10 个 16 位字。

第 13～14 个字为第一个数据块的目的地址。接下来是第一个数据块的数据。

接下来是第二、第三数据块的大小、地址、数据,直到整个数据传输完毕。一旦传输完所有数据块,就会向加载程序发送一个 0x0000 块大小的信号,告知传输已完成。此时,加载程序将程序返回至调用程序,并根据输入数据流内容中确定的程序入口地址继续执行程序。

下面给出一个数据流结构的实例。

```
10AA          ；16 位数据宽度
0000
0000
0000
0000
0000
0000
0000
003F          ；程序入口地址位 0x003F8000
8000
0005          ；第 1 个数据块大小为 5 个字
003F          ；第 1 个数据块目的地址为 0x003F9010
9010
0001          ；加载的 5 个数据 0x0001、0x0002、0x0003、0x0004、0x0005
0002
0003
0004
0005
0002          ；第 2 个数据块大小位 2 个字
003F          ；第 2 个数据块目的地址为 0x003F8000
8000
7700          ；第 2 个数据块加载的数据 0x7700、0x7625
7625
0000          ；0 表示数据传输结束
```

加载完成后，数据存储结构为

```
Location Value
0x3F9010 0x0001
0x3F9011 0x0002
0x3F9012 0x0003
0x3F9013 0x0004
0x3F9014 0x0005
0x3F8000 0x7700
0x3F8001 0x7625
```

程序 PC 指向 0x3F8000，即程序从 0x3F8000 处开始执行。

12.5　各种引导模式

完整的引导过程如图 12.5 所示。并不是所有引导模式都需要 BootLoader 的，其中只有 SCI、SPI、I2C、eCAN 和并行模式需要 BootLoader，而常用的 Flash、H0 SRAM、JTAG 等模式都是不需要 BootLoader 的。下面分别讲述各引导模式。

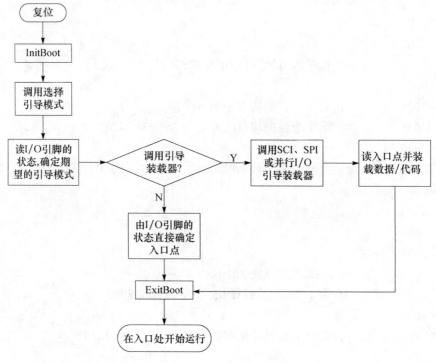

图 12.5　总引导流程

1. Flash 引导

在此模式下，引导 ROM 软件将针对 28x 操作配置器件，然后直接跳转到 0x3F7FF6 位置。此位置刚好在 128 位代码安全模块(CSM)密码位置之前。需要程序员预先在 0x3F7FF6 位置处编写分支指令，以将代码执行重定向。引导过程如图 12.6 所示。

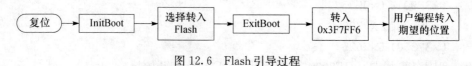

图 12.6　Flash 引导过程

在仅具有 RAM 的器件上，"选择转入 Flash"选项将跳转至保留的存储器，因此这种情况下不应当使用此选项。在仅具有 ROM 的器件上，"选择转入 Flash"选项将跳转至 ROM 中的 0x3F7FF6 位置。

2. H0 SRAM 引导

在此模式下，引导 ROM 软件将针对 28x 操作配置器件，然后直接跳转到 0x3F8000，即 H0 SRAM 存储器块中的第一个地址。引导过程如图 12.7 所示。

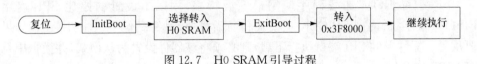

图 12.7　H0 SRAM 引导过程

3. OPT 引导

在此模式下，引导 ROM 软件将针对 28x 操作配置器件，然后直接跳转到 0x3D7800，即 OTP 存储器块中的第一个地址。引导过程如图 12.8 所示。

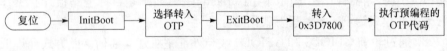

图 12.8　OTP 引导过程

在 ROM 器件上，"选择转入 OTP"选项将跳转至 ROM 中的 0x3D7800 地址。在 RAM 器件上，"选择转入 OTP"选项将跳转至保留的存储器，因此这种情况下不应当使用此选项。

4. SCI-A 引导

在此模式下，引导 ROM 通过 SCI-A 端口将要执行的代码加载至片上存储器。DSP 通过 SCI-A 外设与外部主机通信。SCI 端口的自动波特率特性用于锁定与主机通信的波特率。因此，SCI BootLoader 非常灵活，可以使用多个不同的波特率与 DSP 通信。在每个数据传输之后，DSP 会将收到的 8 位字符回馈给主机。通过这种方式，主机可以检查 DSP 是否收到了每个字符。如果波特率较高，传入数据位的转换率则受收发器和连接器的性能影响。虽然常规串行通信可以运行良好，但此转换率可能会限制在较高波特率（通常高于 100K 波特率）时执行可靠的自动波特率检测，并导致自动波特率锁定特性失效。为避免出现这种情况，建议执行以下操作：

（1）使用较低的波特率实现主机与 28x SCI BootLoader 之间的波特率锁定。

（2）在较低的波特率下加载传入的 28x 应用程序或定制的加载程序。

（3）主机与所加载的 28x 应用程序握手，以将 SCI 波特率寄存器设置为所需的高波特率。

5. SPI 引导模式

SPI 引导需要在 SPI-A 引脚上真实存在一个 8 位宽的与 SPI 兼容的串行 EE-PROM 器件。此 SPI BootLoader 不支持 16 位数据流。在此模式下，引导 ROM 通过 SPI-A 端口将代码和数据从外部 EEPROM 加载至片上存储器。

SPI 引导 ROM 加载程序使用最低波特率，用以下设置初始化 SPI：启用 FIFO、8 位字符、内部 SPICLK 主模式和通话模式、时钟相位＝0、极性＝0。如果要从另一器件上的 SPI 端口执行下载，则必须将该器件设置为从模式，并模拟串行 SPI EEPROM。

6. 并行引导模式

在此模式下，引导 ROM 使用 GPIO B 端口的引脚 GPIOB0～GPIOB15 从外部源加载代码和数据。此模式支持 8 位和 16 位数据流。由于此模式需要用到一些 GPIO 引脚，当器件连接至明确用于 Flash 编程（而不是目标电路板）的平台时，通常采用此模式为 Flash 编程下载代码。

28x 通过轮询 GPIOD5 和 GPIOD6 线与外部主机建立通信。此方式允许低速或高速的主机与 DSP 通信。如果选择了 8 位模式，则会读取 2 个连续的 8 位字以组成一个 16 位字。首先读取的是最高有效字节（MSB），然后是最低有效字节（LSB）。DSP 通过拉低 GPIOD6 引脚先向主机发出信号，表明自己已做好开始执行数据传输的准备；主机负载再通过拉低 GPIOD5 引脚来启动数据传输。

第 13 章　TMS320F281x 硬件设计参考

TMS320F28xx 和 TMS320F28xxx 数字信号控制器（DSCs）包括了多种复杂的外部设备，这些外部设备都是在相当高的频率下使用，通常要和模数转换设备、低电压模拟信号设备进行连接。本章是按照系统级的硬件设计来组织安排，包含了一些电路板布局设计的方案。因为在项目的系统调试阶段，发现硬件错误和进行调试是非常耗时，并且比较困难，所以利用这些通用的原型方案，可以避免一些电路硬件方面的设计错误，这样可以节省开发时间。在设计阶段有一些难点，主要和以下方面有关：时钟的产生、JTAG 接口、电源供电、外围设备的接口等，特别要注意模拟输入与模数转换设备的连接、一般的输入输出连接、测试和调试、电磁的兼容性和冲突性问题等。本章涉及上述问题，并且在每一部分中，都涉及一些信号电路设计技巧和布线技巧。

当前的 DSP 芯片具有高性能的 CPU（时钟性能超过 100MHz）和高速先进外围设备，通过 CMOS 处理技术，DSP 芯片的功耗越来越低。这些巨大的进步增加了 DSP 电路板设计的复杂性，并且同简单的数字电路设计相比较，面临更多相似的问题，如 PCB 板上的走线问题、悬空的一些引脚消耗不必要的电压、不同的处理内核和输入输出电压需要电源管理技术等。TMS320F28xx 和 F28xxx 是 C2000™DSP 系列的成员，主要用来嵌入式控制应用。目前芯片的 CPU 频率在 150MHz 以下，将来的芯片可能会超过这个极限，这些芯片 CPU 频率将要在射频频率范围之内，需要一个可扩展的调试设计。设计者如何访问 BGA 封装的芯片引脚；系统设计者为了帮助调试电路板上的单独块，需要做一些什么工作；甚至在电路板设计好之后，需要采用什么方法进行系统调试；要解决这些问题，需要对硬件系统有一定的了解。因此，本章从时钟电路、JTAG、标准外设接口、电源供电和相关需要、散热、调试、排线和电磁干扰等方面，精选一部分作为应用，进行讨论。

一个典型的基于 C2000 芯片控制系统或数据获取系统如图 13.1 所示，通常是直流电供电，也可以采用电池供电。具有代表性的是由数字信号控制器电源管理电路、时钟产生/复位、信号条件电路（对于利用选择型的模拟输入）、PWM 信号控制输出的驱动电路、用户界面、串口收发器、外部存储器、其他并行接口或是 I^2C 总线电路，以及其他的支持电路等一起构成硬件系统。

TMS320F28xx/F28xxx 芯片包括了许多便携的外围设备，虽然这些外设存储增加了部分外设接口，并且很容易满足不同应用系统级的需要，但是，对于以操作

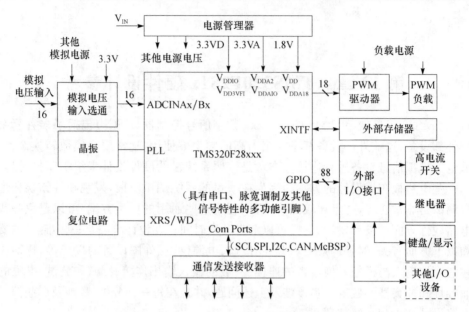

图 13.1　典型的 TMS320F28xx/F28xxx 系统

所有外设为目的的硬件设计者而言,却带来了挑战,同时给数字信号控制器想以最大可信度得到最好的性能带来了挑战。因此,要想设计一块满足要求的电路板是很不容易。随着 CPU 的频率上升到 150MHz,有许多内部功能时钟需要在不同频率下工作。如果在原理图和布线设计阶段不采取一些措施,任何超过 10MHz 的信号都可能产生信号干扰问题。同时,由于在电路板上存在低电压的模拟信号,电磁的干扰和兼容,以及电磁噪声,在开始设计电路板时都要考虑到。另外,整体设计必须有利于调试。

　　本章主要介绍 TMS320F28xx/F28xxx 电路整体设计中各个模块的设计,包括:时钟接口、通用输入输出接口、模数转换接口、串行通信端口、外部存储器接口及供电电源等,同时对 TMS320F28xx/F28xxx 电路整体设计过程中电路原理图和电路板布局以及电磁干扰/电磁兼容和静电释放等均进行了必要的设计参考说明。

13.1　基本模块设计

13.1.1　时钟电路

　　F28x 系列的芯片提供了两种不同的产生时钟方案:利用电路板上的内部晶体振荡器或者利用外部时钟。基本外部输入的时钟频率是在 20～35MHz 内。芯片上的时钟锁相环(PLL)可以来倍频输入的时钟频率,连接到 CLKIN 引脚上的外部时钟可以和 CPU 工作的最大频率是一样的。CPU 工作频率的范围很大,将来的所有外设的时钟信号都是从 CPU 时钟信号得来。一般来说,对于时钟信号而言,发生概率最大的频率被选择为获取最大的运行速度,然而,电源的消耗是和 CPU 的时钟频率呈线性关系。

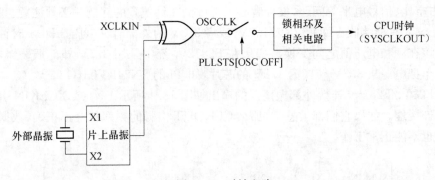

图 13.2　时钟电路

(F281x 部分芯片具有相同的 X1 和 XCLKIN 信号引脚)

1. 内部晶振和外部晶振

时钟产生电路首先要考虑的是利用内部晶振,还是外部时钟源或其他系统中的其他设备。一个基本的选择标准是成本,一个晶振和内部振荡需要的一些器件通常要比外部振荡器便宜,因此利用晶振和内部的振荡电路是最好的选择,除非需要系统的其他设备来提供同样的时钟。因为不推荐使用利用外加的器件和振荡电路连接在一起的方法,所以唯一的选择是利用 F28xx 时钟输出或利用宽脉冲调制时钟,连接到系统中其他设备的时钟发生器上。然而,DSP 芯片不是经常在晶体的频率下工作,因此如果系统中的其他设备需要同样的时钟,比较简单的方法是采用外部振荡器。

1) 内部晶振

F28xx 芯片的内部振荡电路能够把晶振和 X1、X2 引脚直接相连,X1 引脚通常是数字参考电源 VDD,X2 引脚是内部振荡的输出。晶振直接和 X1、X2 引脚相连,如果引脚 X2 不用,必须悬空,F281x 片有相同的 X1 和 XCLKIN 信号引脚。

F2812 芯片外部无源典型的晶振电路如图 13.3 所示,该电路与两个外部电容有关,并联谐振模式需要的负载电容约为 12pF,由

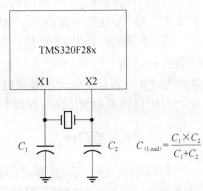

图 13.3　典型晶振电路

于 PCB 板布局和数字控制器焊锡的兼容性问题，有效的 C_1 和 C_2 值一般不大于 5pF。

2) 外部晶振

为了选择合适的外部振荡器，需要考虑频率、稳定性、时效性、上升和下降时间、占空比、信号电平等问题，设计者必须考虑到时钟偏差的问题。必须注意：只有 F28xxx 芯片能接收 VDD(1.8V/1.9V)或者 3.3V 的外部时钟电压，F281x 时钟信号应该在 0 和电压值之间变换。如果在 F2812 系统中采用 3.3V 外部振荡器，需要一个把电源从 3.3V 转换为 1.8V 的芯片，如 TI 的 SN74LVC1G14。

F280x/F28xxx 连接外部振荡器的输出如图 13.4 所示。X1 或 XCLKIN 引脚必须连接地。如果它们都被悬空，那么 CLKOUT 引脚的频率就会不正确，数据控制器也不能正常工作。

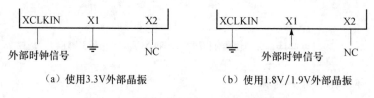

（a）使用3.3V外部晶振　　　　（b）使用1.8V/1.9V外部晶振

图 13.4　F280x/F28xxx 连接外部振荡器

2. 在保护模式下输入时钟的丢失

如果输入时钟，晶振时钟被去掉或没有，锁相环仍会发出紊乱时钟。紊乱时钟仍会为 CPU 或外设提供 1～5MHz 的时钟。紊乱时钟不是从上电一开始就工作，而是从有时钟输入开始工作。在锁相环旁路模式中，如果没有输入时钟，则紊乱模式自动建立锁相环路和 CPU 之间的通路。看门狗计数器随着输入时钟的减弱而停止计数，在保护模式下，看门狗计数器不发生变化。这些可以被用来检测输入时钟是否失败，并且在必要时关闭系统程序。

注意，正确的使用 CPU 操作频率是绝对关键的，这就需要数字信号控制器具有复位的功能。例如，一个 $R\text{-}C$ 电路用来触发数字信号控制器的 XRS 引脚，其中电容充电，一个 I/O 引脚来释放电容的电量，在基本的周期内不让电容充电，这样的电路可以用来检测 Flash 存储是否失败，以及 V_{DD3VFL} 是否过高。

13.1.2　复位和看门狗

XRS 引脚是便于芯片和看门狗复位的信号引脚，如图 13.5 所示。一个热脉冲宽度的复位是 8 倍的振荡时钟周期。然而，在复位建上，电源必须有足够长的时间让电源上升到 1.5V（为了确保 Flash 能顺利启动），并且振荡器的开始周期是

10ms。可以一直保持到 100ms，这样做是为了处理其他相关的延时。在电源的下降沿，XRS 引脚必须至少在电源到达 1.5V 之前的 8μs 时降低。不管在 8 位看门狗是否计数到它的最大值，看门狗都会产生 512 个振荡周期的输出脉冲。注意，WDRST 信号引脚输出的复位信号，将要覆盖 XRS 引脚的信号。这个引脚的输出缓冲是一个开放的缓冲池，需要一个 100μA 上拉电流，这个驱动设备的开放缓冲池是推荐采用的方式。

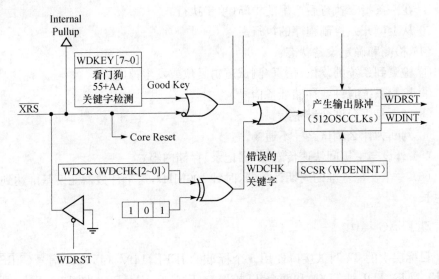

图 13.5　XRS 引脚和看门狗模块的连接

对于 XRS 引脚，简单的 *R-C* 滤波是经常采用的电路，然而，要采用静电释放的方式保护二极管，采用芯片 CM1215 是最好的方案。

13.1.3　调试接口

C28x CPU 含有高级仿真特性所需的硬件扩展，能够帮助用户设计实际的应用系统（软件和硬件）。

1. 仿真特性概述

CPU 含有高级仿真特性所需的硬件扩展，这为复杂的调试和系统设计提供了简单、便宜和快捷的途径，而不需要传统仿真系统所必需的昂贵的连接到处理器引脚的接插设备，且这种方式不占用系统资源。

芯片的设计接口提供：

（1）最低限度地占用内部和外部存储器。

（2）最低限度地占用 CPU 和外设寄存器。

（3）控制背景代码的执行并能继续处理时间临界中断（time-critical inter-rupts）。

① 在程序断点处产生中断（指令替换）。

② 特殊的程序或数据访问，在没有要求指令替换的情况下产生中断（用总线比较器完成）。

③ 参加调试的主机或其他硬件有外部请求时产生中断。

④ 在一条指令执行后产生的中断（单步执行）。

⑤ 从上电开始控制程序的执行。

（4）检测和确定设备状态：

① 检测到系统的复位、仿真/测试逻辑复位或发生掉电。

② 检测系统时钟或存储准备信号。

③ 判断是否允许全局中断。

④ 判断为什么调试路径不通畅。

（5）外设与主机间快速传送（数据记录）存储内容。

（6）一个实现基准的周期计数器，时钟 100MHz，这个计数器能使基准达到 3h 的时长。

2. JTAG 接口

目标层次的 TI 调试接口使用 5 个标准的 IEEE1149.1（JTAG）信号（$\overline{\text{TRST}}$、TCK、TMS、TDI 和 TDO）和两个 TI 扩展口（EMU0、EMU1）。图 13.6 为 14 引脚 JTAG 插头，它可以把目标连接到扫描控制器，表 13.1 给出了 JTAG 插头各引脚的说明。

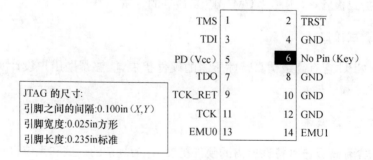

图 13.6　JTAG 插头定义

如图 13.6 所示，此插头要求 5 个以上的 JTAG 信号和 TI 扩展口，另外还需要一个测试时钟返回信号（TCK_RET）、目标电源（Vcc）和地（GND）。TCK_RET 是一个来自扫描控制器并进入目标系统的测试时钟。

TDO、EMU0、EMU1 引脚的驱动电流是 8mA。

表 13.1　JTAG 插头引脚说明

名　称	说　明	仿真器状态	目标状态
ENU0	仿真引脚 0	I	I/O
EMU1	仿真引脚 1	I	I/O
GND	地		O
PD(Vcc)	状态检测,表明仿真线已经连接且目标系统已上电 PD	I	O
TCK	测试时钟,取自仿真排线的时钟源,此信号可作为驱动系统的测试时钟	O	I
TCK_RET	测试时钟返回信号。输入仿真器的测试时钟,可以是缓冲的 TCK	I	O
TDI	测试数据输入	O	I
TDO	测试数据输出	I	O
TMS	测试方式选择	O	I
$\overline{\text{TRST}}$	测试复位	O	I

　　上电后,$\overline{\text{TRST}}$、EMU0、EMU1 信号的状态决定了器件的操作模式。只要器件有了足够的电源,操作方式就会马上被启动。在$\overline{\text{TRST}}$信号上升时,EMU0 和 EMU1 信号在上升沿被采样,并且锁存操作方式。为了进行测试还保留了一些操作方式,如表 13.2 所示。

表 13.2　利用$\overline{\text{TRST}}$、EMU0 和 EMU1 选择设备的操作模式

$\overline{\text{TRST}}$	EMU1	EMU0	设备操作方式	JTAG 线激活
低	低	低	从动方式。闲置 C28x 的 CPU 和部分存储器,另一个处理器把 C28x 作为外设	不用
低	低	高	保留	不用
低	高	低	复位等待方式。延长设备的复位直到被外部作用释放。允许 C28x 上电,当上电复位时,外部硬件一直使用 EMU0 保持为低	用
低	高	高	正常操作方式,不能进行仿真。这种方式用在未接扫描控制器的目标系统中。在 C28x 内部 $\overline{\text{TRST}}$ 被下拉,EMU1 和 EMU0 被上拉。这是一种默认的操作方式	用
高	低或高	低或高	正常操作方式,可以进行仿真。这种方式用在扫描控制器的目标系统中(扫描控制器将控制$\overline{\text{TRST}}$),$\overline{\text{TRST}}$在设备上电后不应为高	用

　　JTAG 与 DSP 连接的电路图如图 13.7 所示。

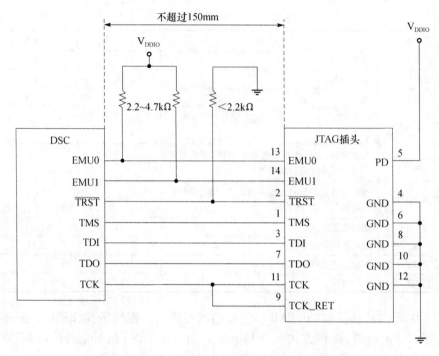

图 13.7　JTAG 引脚的连接

　　JTAG 可以连接 C28x 的单芯片系统,也可连接多芯片系统。如果用户的电路板上有许多芯片需要 JTAG 接口,它们可以共用一个 JTAG 接口。当连接的 JTAG 接口是同一端口时,用于仿真目的的级联扫描不同于边界扫描,通过端口扫描得到的许多信息是内部处理器。仿真器控制采用哪一种级联扫描和每一次级联扫描中得到的信息,通常参考扫描管理器。假设在每次级联扫描过程中,控制的所有任务信息都能被扫描出来,并且形成了多种调试窗口界面,须记住一条基本的规则:当 JTAG 接口和多个端口连接时,所有的数据必须可以连续地通过芯片被扫描到,图 13.8 和图 13.9 为 JTAG 与多个 DSP 连接。

　　3. JTAG 和 EMU 引脚注意事项

　　不论用户是否计划采用 JTAG 接口,都须确定这些信号引脚在运行时不相互干扰。首先要注意的是在 JTAG 接口中,测试复位引脚的 $\overline{\mathrm{TRST}}$ 引脚功能。当驱动是高电平时,$\overline{\mathrm{TRST}}$ 引脚控制着仿真器的扫描操作。$\overline{\mathrm{TRST}}$ 引脚有一个内部的下拉电阻并且从不会被拉高,这个下拉电阻不是很强,不会成为扫描系统的负载。在噪声环境下,该引脚能采集到很强的噪声信号,在测试模式下输入芯片中,因此强烈推荐在外部引脚上添加一个下拉电阻,其阻值应该根据调试器的驱动能力的大小而定,一般 $2.2\mathrm{k}\Omega$ 电阻可以起到适当的保护作用。

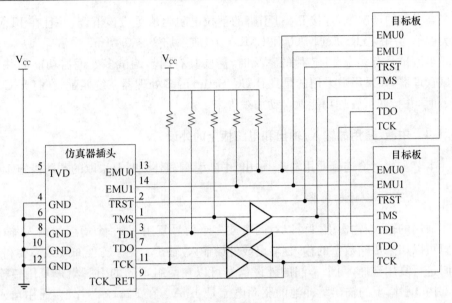

图 13.8　多处理器的仿真器连接图

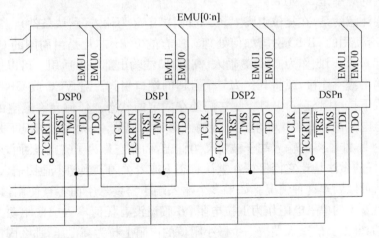

图 13.9　仿真器的级联连接图

　　许多看似简单的设计都有电噪声,如驱动小的大负载电路,可能产生电压上的跳变,会产生噪声波,I/O 和内核电源就会产生一个波纹电压噪声,否则电路板的布线就不会有噪声。任何通过 $\overline{\text{TRST}}$ 引脚采集得到的波峰都会让芯片处于测试模式,当数字信号控制器在运行代码时,数字信号控制器的突然中止就可能产生波峰。为了避免这种情况,$\overline{\text{TRST}}$ 端子引脚必须按照上面的提示方法来连接。EMU0 和 EMU1 端子引脚和 $\overline{\text{TRST}}$ 引脚同样重要,数据手册推荐利用一个阻值在 $2.2 \sim 4.7\text{k}\Omega$ 的电阻把这些引脚上拉到高位,选择的阻值不包含调试点的阻值。如果在高噪声的情况下,连接 $\overline{\text{TRST}}$ 引脚的下拉电阻阻值更应该下调,并且在 JTAG 的关键信号引脚 $\overline{\text{TRST}}$、EMU0 和 EMU1 上,应添加旁路 0.01mF 电容。

当调试具有多个 TI 芯片的系统时,需要具有同步调试多处理器功能的并行调试管理器,如果用户采用的是具有 CC_Setup 的多处理器系统匹配,在打开 CC_App 时,并行调试管理功能就自动加载进来了。

13.1.4　中断、通用的输入/输出和电路板上的外设

本节主要讨论连接通用输入/输出、中断引脚和外设时要采取的预防措施。

1. 通用输入/输出引脚

通用的输入/输出引脚可以对两个或多个信号复用,每一个通用的输入/输出引脚可以用来传输数字的输入/输出或外设输入/输出。为了方便布线或需要利用引脚进行复用选择,两个不同的外设信号可以在两组不同的引脚集来复用传输。在 GPIO 引脚上的输出缓冲池的驱动电流是 4mA。在 F281x 芯片上,通用输入/输出引脚的最大的频率是 20MHz;而对于 F280x/F28xxx 芯片,通用输入/输出引脚的最大的频率是 25MHz。

需要注意的是,在复位引脚上,GPIO 引脚定义为输入(默认条件)。常见的问题是,没有使用的 GPIO 引脚如何处理。所有的 F28x 芯片是由周围的 CMOS 技术建立起来的,因此作为 CMOS 输入(高阻抗)或输出都可以适用。可以选择将其配置为输出或不连接,或将其作为一个合适的端口引脚。对 VCC 或 GND 进行连接上拉或下拉电阻(1~10kΩ),使它们处在固定的状态。任何允许悬空的输入在过多供电电流被拉低的线性模式中使输入缓冲区偏置,在大多数情况下是不允许的。理论上,非临界的输入端子被定义为输出,而悬空是为了省电,然而,通常情况下,比较好的做法是让它们保持在默认状态下或者关闭。当想不适用输入端子,有许多方法可以处理这种情况。如果多个输入端子需要悬空而不被使用,则可以使用一个足够小的单一电阻作为上拉电阻,并假设没有任何输入或低驱动。需要注意的是,如果太多的输入端被一个微小阻值的电阻上拉为高电压,那么固定的逻辑电平就不存在了。如果是这种情况,那么芯片就被认为是一个或多个端子引脚处于逻辑低电平状态,这种情况在许多系统中都引起了严重的问题。由于系统测试或其他原因,有些通常被拉高而在某些时候又必须拉低的输入应该被自身电阻拉高(除非用户想驱动所有的这些输入端口为低电平)。对于不使用的输入/输出引脚,通常是把该引脚接地。

如果用户在输入/输出引脚上需要驱动超过 ±4mA 范围的负载,则需要采用适当的驱动器,如具有 ±24mA 输出驱动能力的 SN54AC241、具有高压大电流达林顿阵列的 ULN2003A 等。

2. 模数转换器

对于模数转换器,为了偏置内部带隙参考和过滤参考电压信号噪声,需要很少的外部器件。F28xxx 模数转换器的引脚连接如图 13.10 所示。

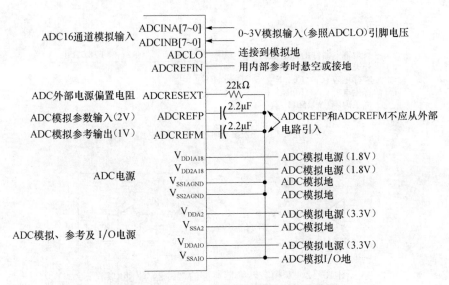

图 13.10　F28xxx 模数转换器的引脚连接图

确定这些器件的值是正确的,并且将其放在接近各自引脚附近的位置。

1) 驱动模数转换器输入引脚

模数转换器模块的前端电路是两个 8 通道的多路复用器,下面是它的一个例子及其电路。需要注意的是,每一个模拟输入信号端口,可以看做一个模数转换器输入引脚的负载,如图 13.11 所示,C_h 是电容,R_{on} 是多路复用转换电路的导通电阻,C_p 是和模数转换器输入引脚相连的寄生电容。

为了输入模拟信号,比较好的选择是采用一个运算放大器作为驱动电路和缓冲器。运算放大器独立于模数转换器,可以作为一个低阻抗源来调节采样电容,并且可以作为一个单一增益缓冲器或电平平移二级管,它可以提供低/稳定的输出阻抗,并且可以保护模数转换器的输入。图 13.12 显示了对直流、低频信号,通常采用的模数转换器的驱动电路。

虽然 R_{IN} 和 C_{IN} 引脚形成了一个低通滤波,但实际上,它们在由模数转换器输入电路产生的脉冲中运行速度非常快。R_{IN} 独立于模数转换器的放大器,然而在采样期间,C_{IN} 起储存池和保持信号稳定的作用。最好的电容值是 $20 \sim 30$pF($C_{IN} \geqslant 10C_{SH}$),并且阻值要适合带宽和速度的需要,通常不会超过 100Ω。

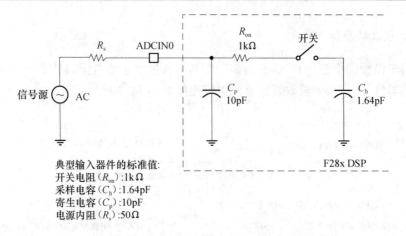

图 13.11　F28x 模拟输入阻抗模型

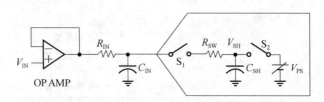

图 13.12　对模数转换器典型的缓冲器/驱动电路

　　V_{PS} 是上次采样的剩余值,理想的情况下应该为零,但实际上,它的值接近于上次采样的值。R_{SW} 多路调制器的导通电阻,在采样期间,S_1 闭合、S_2 断开。采样电容 C_{SH}(1.64pF)通过开关电阻 R_{SW}(1kΩ)和 R_{IN} 在 S_1 闭合时充电,这段期间由 ACQ_PS(从模数转换时钟得来)设定控制。充电电容开始充电的时电压是由下面公式决定的:

$$V_c(t) = V_{in}(1 - e^t)$$

　　对于由 R_{SW} 和 C_{SH} 构成的电阻和电容电路来说,置位的时间是 9ns,这个时间远远小于在 13.5MSPS 条件下的最小采样窗体时间 40ns。然而,这个时间远远大于外部的电阻和电容电路所消耗的时间,同时在计算电阻和电容电路的时间常数时,要考虑到外在附加的贴片电容和插针电容,对 ACQ_PS 是一个非常高的值,而系统需要低采样频率。

　　注意,并不是所有的输入模数转换器的输入引脚电压都要在 0～3.0V 内。模拟信号首先通过多路复用网络,任何超过 0～3.0V 内的输入电压,将以一种不可想象的方式偏置多路复用器,并且向其他通道发出错误值。因此,为了得到正确值,采样电容必须充电至最终值的 1/2 最低有效位的范围之内。

2) 内外的参考电压

所有 F28xx/F28xxx 芯片的模数转换器都具有内部带隙参考电压源,唯一采用外部电压源的理由是温度稳定性。内部电压源的温度系数是 $50 \times 10^{-6}/℃$,如果用户的最终产品是想得到一个准确的宽温度变化范围的模数转换器,那么就需要一个外部参考电压源,因为外部电压源需要低的温度系数。当要连接外部参考电压源时,用一个低输出阻抗的运算放大器是非常重要的,以便于在转换期间保持信号的稳定性。在设计阶段不要把这个连接节点和其他任何输入引脚或负载电路连接在一起。非常重要的一点是,参考输入引脚的噪声不要超过 100mV。

(1) 在 F280x、F280xx 及 F2833x 芯片上连接参考外部电压:这些器件的模数转换器模块需要一个单次访问的参考电压连接在 ADCREFIN 和 ADCLO 引脚之间。基于客户应用需求,模数转换器的逻辑供电是从外部参考电压来供给的。F280x 模数转换器在 ADCREFIN 引脚上接收 2.048V、1.5V 或 1.024V,同时需要通过设置模数转换器来选择寄存器位。为了使能和选择外部参考源,需要根据电压等级来设置 ADCREFSEL 寄存器的两位值。2.048V 电压和工厂标准的参考器件是匹配的,而 1.5V 和 1.024V 是可选的。

注:选择三个电压中的任何一个(对外部参考而言)都不改变模拟输入电压的范围,仍然是在 0~3.0V,而不受电压的影响。

(2) 在 F281x 芯片上连接外部参考电压:F281x 系列芯片模数转换器需要两个输入参考电压:ADCREFP 和 ADCREFM。ADCREFP 与 ADCREFM 之间的电压应该是 $(1.00 \pm 0.05)V$。

F281x 芯片典型外部参考电压的连接原理图如图 13.13 所示。

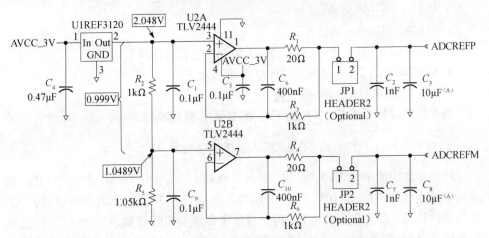

图 13.13　F281x 芯片模数转换器的外部参考原理图

(A) 在 ADCREFF 与 ADCREFM 引脚之间没有任何电路负载,需要为连接它们之间引脚的低等效串联电阻滤波电容设置一个合适的值

3）模数转换器的矫正

和所有其他的模数转换器一样，F28xx/F28xxx 芯片的模数转换器也具有本身的增益和偏差误差，在一些应用中为了得到更准确的结果需要降低误差，如提高有效位数。F281x 芯片的模数转换器最大偏差为 ±80LSB，增益的最大误差为±200LSB；对于 F280x，F280xx 芯片，增益误差和偏移误差是 ±60LSB。最新的F2833x 芯片器件提高了技术参数，偏移误差为 ±15LSB，而增益误差为 ±30LSB。此外，F280x/F280xx 和 F2833x 芯片包含模数转换器的偏差寄存器（ADCOFFT-RIM），这个寄存器是用来矫正偏移偏差。对于在 F2833x 芯片上的模数转换器，该寄存器经过矫正之后可以得到完整的输入电压，电压范围为 0～3V。这一系列的芯片还包括 ADC_cal() 常用的程序，这些程序被厂家放在可编程存储设备中，根目录的只读存储器自动调用 ADC_cal() 程序，利用特殊的矫正设备数据，初始化ADCREFSEL 和 ADCOFFTRIM 寄存器。

4）没有用的模数转换器引脚

确定没有使用的模数转换器的输入引脚都应连接模拟地，这些引脚通常被定义成输入引脚，如果没有连接模拟地，这些引脚就具有高阻抗且可能带来一些噪声信号，并通过多路复用影响其他输入引脚的功能。

甚至在模数转换器没有使用时，推荐模拟电源的引脚也要保持连接。实际应用中，在模数转换器没有使用的情况下引脚应连接如下：

- V_{DD1A18}/V_{DD2A18}——连接 V_{DD}。
- V_{DDA2}，V_{DDAIO}——连接 V_{DDIO}。
- $V_{SS1AGND}/V_{SS2AGND}$，V_{SSA2}，V_{SSAIO}——连接 V_{SS}。
- ADCLO——连接 V_{SS}。
- ADCREFIN——连接 V_{SS}。
- ADCREFP/ADCREFM——连接 100nF 电容再连接 V_{SS}。
- ADCRESEXT——连接 22kΩ 电阻再连接 V_{SS}。
- ADCINAn，ADCINBn——连接 V_{SS}。

当模数转换器没有使用时，为了省电，禁止模数转换器时钟。

3. 控制外设——PWM/CAP/QEP 和事件管理器

F281x 芯片的事件管理器和 F280xx/F28xxx 芯片的 ePWM、eCAP、eQEP 模块用于产生各种不同控制应用的 PWM 信号和脉冲信号。正如前文所述，为了满足需要的接口，需要通过 GPIO 复用寄存器来设置 GPIO 引脚，对 F28x 芯片，这些引脚输入/输出能力是 ±4mA。为了驱动负载，需要增加高功率的电路来增强驱动能力。需要注意的是，这些 GPIO 引脚在复位时，被定义成具有上拉使能的输入引脚，除了提供 PWM 输出的引脚外，其他都被禁止，这种情况保持很短的时间，直

到端口被初始化。通常对任何外部的 PU/PD 寄存器,没有必要初始化,除非用户
的设计原理图强制初始化。

4. 串行通信端口(McBSP、I²C、SPI、SCI 和 CAN)

I²C 和 SPI 是电路板一级上的接口,用来和电路板上的芯片或者系统的设备
连接。这些信号通常直接运行通信,一定要注意驱动能力和走线的长度,这主要依
靠信号的选择频率。I²C 总线上的 SCLA 和 SDAA 引脚需要用大约 $5k\Omega$ 的电阻
上拉,然而,串行通信接口(SCI)和控制器局域网络常用于连接不同的系统运行在
不同的处理器下。这些端口需要特殊的转换器,把信号转换成所需的电信号(单端
RS-232 或是针对 CAN 的不同设备,RS-422/RS-485),以便与其他协议的设备进
行连接。CAN 端口上的 CANRX 或 CANTX 引脚在信号传输期间不会显示有
效,除非它们各自连接不同的转换器。典型的 CAN 转换器及 RS-232 转换的原理
图如图 13.14 和图 13.15 所示。

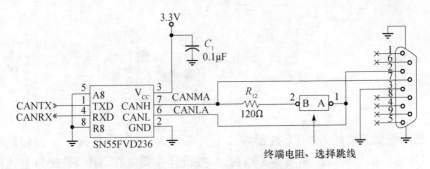

图 13.14　典型的 CAN 转换器原理图

在设计中选择这部分电路,可以访问 TI 的网站:http://www.ti.com。

5. 外部存储器接口

为了扩展一个外部同步芯片,F2812 和 F2833x 芯片支持非多路的异步总线接
口,这个接口主要是用于扩展系统存储,一般是 RAM。这些存储器件的运行速率
可以快于或接近于处理芯片的运行速率,也可以比处理芯片的运行速率慢。这些
接口可以连接如 SRAM、ROM 或 Flash 等异步存储器件。当接口连上存储器时,
为了了解直流和交流时序要求、负载情况(如是否需要缓冲器),以及按照何等速率
来访问等,需要查看特定器件的数据手册。可以直接用于并行总线的接口芯片有
FIFO 器件、数字逻辑器件、并行 A/D 和 D/A 转换器。如果并行芯片处理速率比
芯片处理速率慢,那么就需要软件设置等待。或者在有速度非常慢的存储器或并
行器件存在的情况下,必须用硬件是否准备好的信号来实现慢存储设备和快处理
芯片之间的无缝连接。

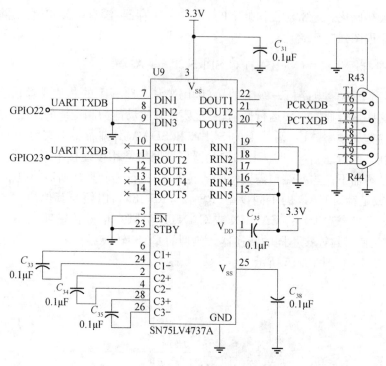

图 13.15　典型的 RS-232 转换原理图

把这些要连接到 XINTF 外部接口上的芯片,放在距离处理芯片比较近的位置,以使总线信号传输的距离不是很远,一些设计中需要在 XINTF 接口上连接多片存储芯片,对于 F2812 芯片来说,评价它们相连情况下的电容负载特性,比较好的方法是进行 I-bis 模型分析。

XINTF 外部接口是高性能缓冲,支持 35pF 的负载,关于各个引脚的驱动能力,可以看具体芯片的数据手册。确定地址、数据和控制信号的最小负载能力,考虑快速存储芯片或软件上的长时间等待来处理控制信号。

13.1.5　供电电源

F28xx/F28xxx 芯片有两种电源引脚,分为 3.3V 的 I/O 电源和 1.8V(或 1.9V)的内核电源,具体供电要求及其设计详见第 3 章。

1. 外部存储器接口

对于模数转换芯片,必须要没有噪声的模拟供电,任何具有噪声的模拟供电都会降低转换器的性能,导致不准确或者是不稳定的转换计数。数字电路特别是 CMOS 电路,在开关时会产生很多电流,当开关从一个逻辑端口转向另一个逻辑端口时,和端口连接的电容就会充电或放电,因此必须向它提供电流。另外,静态的线路支出明显小于电流的总和,因此对于复杂的数字电路,如数字信号控制器,电流浪涌非常不规则,这种类型的电流输出导致在供电上的许多噪声。

如果模拟电路采用前文所述方法从电源供电,那么其性能就会有明显的恶化。例如,从模数转换器得到的结果可能会上下浮动,即使在 ADC 输入保持恒定的情况下也会这样。为了避免噪声的影响,通常采用数字供电,因此有必要把模数转换器模拟供电分离,如图 13.16 所示。这种方案对其他的模拟电路,如运算放大器、比较器等,都是合适的。

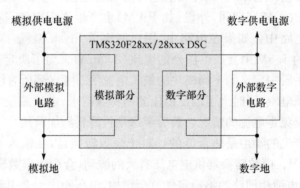

图 13.16 数字和模拟单独供电

2. 从数字供电上产生模拟供电

在许多应用中,由模拟电路引起的电流浪涌要比由数字电路引起的电流浪涌小,因此可以由单个电压稳压器给数字电路和模拟电路供电,但需要把模拟输入和噪声数字部分分开。从数字电路产生模拟供电电路比较简单,利用无源器件(如电感)来滤掉噪声。电感就像一个低通滤波,使直流成分通过,截止噪声和高频成分。利用铁氧体磁体的电感比标准的电感要好,这种电感具有可以忽略的寄生电容,电气特性和一般的电感相似。这个器件具有直流电阻($<0.1\Omega$),可以把电压调到最低,建议采用 Muxata 公司的 BLM21PG 芯片。

在噪声环境中,另一种可能的方案是利用分割调整器给模拟和数字电路供电。在这种情况下,要特别注意地线的连接,因为连接地可能对数字转换模拟带来噪声。在开始阶段,要注意调整器,因为调整器都有许多有效的补偿,确保有效的增益远离噪声频率。然而,确保采用的调整器有内部补偿也有外部补偿总是好的,这样才能确保调整器不产生振荡。

3. 内核稳压器

有关正确电压值和最大电流消耗的信息,可以参见具体芯片的数据手册。需要注意的是,芯片 F281x 在 1.9V 时 CPU 的频率是 150MHz,但是电压在 1.8V 时 CPU 的频率为 135MHz。芯片的复位最好是采用复位控制芯片或电压管理芯片来实现,低信号调整器对于上电顺序非常方便,在加上外部附加芯片器件,就能够更好满足地上电顺序。

4. 总电源和选择电压调整器

考虑稳压器输出电流时,允许在上电时有额外电流产生。在这期间许多电容在充电,同样在开关转变期间,外设(如 PWM)也产生许多电流,这些动态电流广泛存在于电压电路中。如果在电路中,用户使用了 Flash 编程,则在写和擦拭期间,Flash 电路的 1.8V 中会产生额外的电流(200mA)。为了决定总电流的问题,需要加上数据手册中定义的不同模块的最大电流值。考虑到所有输出 GPIO 引脚和计算总的电源电流,同时为了满足稳压器的特殊需求,电流总量应该乘以 2。以上电路一样要避免零电流的情况。最后考虑是否需要添加散热片。

电源供电产生的噪声是非常低的。对于模数转换器,在输入 0～3V 电压内,步长为 0.732mV。模数转换器供电电压有大的波动,会产生模数转换器计数的跳变,随着电压噪声锁相回路的不稳定性就会增加,电压噪声也会引起晶体管阈值发生变化,同样影响了 PWM 时间的准确性。线性电压稳压器和直流开关触发器相比,具有噪声低和供电电压衰减比高的性能,同时具有对负载变化反应快的特点(通常具有 1μs 反应时间)。然而,如果总的去耦电容的上极限被突破,则线性电压稳压器会不稳定并且效率非常低。

13.1.6 引导模式与 Flash 程序选择

所有 F28x 芯片都有一个工厂编程的 BootROM,并且其内部已经包含了引导程序软件和标准表式,如用于数学算法的正/余弦波形。启动时,首先考虑的是告诉引导程序软件选择哪种引导模式,其次要考虑的是 Flash 编程效率。在原理图设计时,一些应用需要设备为信息组更新应用代码并考虑所选的配置。

1. 引导 ROM 和引导模式选择

引导 ROM 中的重启向量会重新向 InitBoot 函数传入程序执行。在执行设备初始化以后,引导程序会检查 GPIO 引脚的状态以确定用户选用哪种引导模式,其选项包括:跳转至 Flash、跳转至 SARAM、跳转至 OTP、跳转至 XINTF 或从串口调用一个片上引导以下载常规性工作。设备重启时（加电复位或热启动），在执行设备初始化以后，引导程序会检查 GPIO 引脚的状态以确定用户选用哪种引导模式。

不同的 F28x 系列有其各自的引导模式标准，而且 GPIO 也各不相同。F281x 设备引导模式选择见表 13.3。

表 13.3 TMS320F281x 设备引导模式选择

GPIOF4	GPIOF12	GPIOF3	GPIOF2	描 述
(SCITXDA) PU[②]	(MDXA) No PU[③]	(SPISTEA) No PU	(SPICLK)[①] No PU	模式选择
1	x	x	x	跳转至 Flash 地址 0x3F7FF6[④]。这里用户必须使用分支指令去优先重启，重新传入想要的执行代码
0	1	x	x	从外部 SPIEEPROM 调用 SPI_Boot 加载相关程序
0	0	1	1	从 SCI-A 调用 SCI_Boot 加载相关程序
0	0	1	0	跳转至 H0 SRAM 地址 0x3F8000[④]
0	0	0	1	跳转至 OTP 地址 0x3D7800[④]
0	0	0	0	从 GPIO 端口 B 调用 Parallel_Boot 加载相关程序

① 用户必须关心以下问题：任何选择引导模式触发 SPICLK 的作用，都可能需要外部逻辑。
② PU 代表引脚有一个内部上拉电阻。
③ No PU 代表引脚没有内部上拉电阻。
④ 如果引导模式选择的是 Flash，H0 SRAM 或 OTP，那么引导程序不会加载任何外部编码。

如果该设计经常从一个模式启动，则各自的 GPIO 引脚必须按要求进行连接。当要求实现不同模块之间的切换时（如经由 SCI 编程至内部 Flash），需要使用跳线连接。

2. Flash 编程选项

所有为 F28x 设备准备的软件可以保留在板上的 Flash 存储器中，用户可以用 JTAG 或 SCI 端口对 Flash 存储器进行内部编程。软件的更新必须通过主机的 SCI 端口实现。

在开发阶段，编程是通过 JTAG 完成的，因为它要求一个软件开发工具 Code-ComposerStudio™ IDE 与 CPU 相连。一旦用户完成最后代码，并且装配的产品也处于最后阶段，通过连接 SCI 端口与计算机，Flash 可以经由 Flash 通用串行口进行编程。用户需要添加 RS-232 来转换这个端口，有些也会使用 RS-485 信号协议。

如果需要更多实用的 Flash 程序和相关软件，请查看包含各自应用报告、参考指南和软件工具的文件夹。

13.2　原理图和电路板布局设计

在 13.1 节中,关于每一个外设影响原理图设计的信息都已经讨论过了,但仍需要外部电路的支持,以保证其正确运行。前文已经覆盖了模拟信号部分和电源供电问题,而其他关于原理图的重要部分就是旁路电容和连接器件。器件的放置和布局设计是非常重要的一个内容,许多在线文档和教材都讨论了高频信号高速传输的理论问题。除了频率之外,其他的关键词还包括:电平的升降时间、传播延时、特性阻抗、反射、端子和串音等,需要参考更多的细节和文档。

这些问题的讨论都是针对 F28x 电路板进行,在其 PCB 板上有许多寄生器件,这些寄生电感、电容、电阻决定了电路的高频特性。

13.2.1　旁路电容

与大多数 TIDSP 芯片相同,C2000 系列芯片也是采用先进的 CMOS 技术制造的,具有低消耗、高性能的特性。电路在每次转换时,都会产生大的电流,同时在供电电路上产生一个电流尖峰。这些升降产生的假信号在被写入感应电路之前,必须都被过滤掉,而旁路或者去耦电容被放置在正引脚,地信号也被用来滤波,F28x DSCs 有几个正的输入引脚。对每一个正供应引脚连接一个电容,因此应该把电容放在离引脚尽可能近的位置,而不用经过任何过孔。典型是小电容(10~100nF),低功耗陶瓷电容经常这样使用。针对敏感性设计,用户可以考虑噪声的频率、浪涌电流和最大波动电压来计算准确的值,具体的公式如下:

$$C_{旁路} = I_{浪涌}/(2\pi \cdot f_{噪声} \cdot V_{波动})$$

在模拟输入电路中增加旁路电容,目的是减少电源供电的噪声进入。

13.2.2　电源供电的位置

理论上讲,电压稳压器应该放在供电线路不是太长的位置上。因为数字控制器要连接不同的接口芯片,所以要放置在中心位置。电源电路应放在数字控制器和电路板边缘之间,同样散热管理也是一个要思考的问题,如果用户设计低漏失的线性电压调节器,则电源散热主要是通过线性稳压调节器。

13.2.3　电源、地线的布线和电路板的层数

为了得到高水平、低干涉、低噪声的完整信号,地线是很重要的参数。对每一个数字信号而言,都是通过地线来返回值。当用户决定是否单独设置一层用铜线铺设的地线时,这个标准是非常重要的。基本的规则是:信号及其回线走线在一起

并且是等长的,在一个两层电路板上,趋势是地线很少。如果具有模拟信号,且用户要使用模数转换器,则必须把模拟地和数字地分开,在复杂系统中经常采用分开电源板。对于许多电压轨,不可能对每一个轨,都提供单一的层,所以必须把电源层分开。这样就可以使设计者在保持噪声和低反弹的情况下给电路供电,同时简化了给高电压电路供电的问题,把电压降保持在支持引脚上。

13.2.4　时钟脉冲电路

对于外部振荡器,参考 13.1.1 节内容来选择下拉电容,晶体/振荡器和相关联的下拉电容都应该放在离各自引脚比较近的位置。如果使用外部振荡器,需把外部振荡器放在 XCLKIN 引脚或 X1 引脚附近,以避免辐射。

图 13.17 为推荐的晶体振荡器的布置图,对于 F28x 器件,必须做适当调整。可从任何厂商买来晶振或振荡器,这是一个简单的双脚器件。如果想添加其他标准的器件,用户应该选择参考原理图中的附加部分(附加的电容和电阻),R_s/C_s 的值和布局可参见厂商的数据手册。

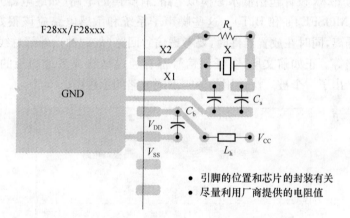

- 引脚的位置和芯片的封装有关
- 尽量利用厂商提供的电阻值

图 13.17　推荐的晶体振荡器的布置图

13.2.5　调试/测试

大多数设计者使用 JTAG 接口进行调试/仿真,因此 JTAG 接口的连接必须放在便于使用的位置,但是与数字信号控制器的引脚距离必须在 150mm 之内。图 13.7 显示了 JTAG 连接原理图。即使用户利用其他接口调试,也应在 JTAG 接口的引脚上添加上拉和下拉电阻,以避免在不进入调试模式下由这些引脚引起噪声。提供下面的测试点以便于在故障检测和调试中使用:

- XCLKOUT:测试点应紧靠芯片引脚。
- DGND:数字地和示波器相连。

- AGND:模拟地。
- 3.3V:3.3V 电压稳压器的输出。
- 1.8V/1.9V:内核供电电压。
- ADCREFP 和 ADCREFM。

增加调线或零阻值的电阻,目的是在调试系统时,用户可以选择连接或不连接信号。

13.2.6　一般电路板的布局指南

一个好的布局可以降低由不同器件的连接而产生的电气噪声。关于降低噪声措施,是从早期的原理图设计、器件的选择和设计参数的确定,以及直流与交流转换的频率等开始的。

1. 放置器件

典型的 F28x 设计包括低水平模拟电路、有噪声的电路(如继电器)、高电流开关电路(如 MOSFETs 和 BJT)。这些噪声子系统和敏感电路应该很好地与电磁耦合电路隔离,同时在放置器件时,要考虑信号回路(如时钟)、外部总线、串口接口和振荡电路等。正如前文所述,任何信号都有通过地线或者地面板的返回路径。图 13.18 给出了一个被广泛使用的分割不同电路的示意图。

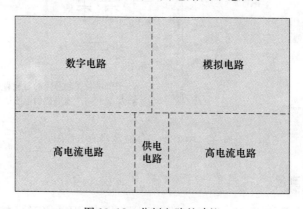

图 13.18　分割电路的建议

2. 地线层放置

系统地是关键的区域,并且和噪声息息相关,也和电路板上的电磁干扰有关,缓解这种问题最有效的实际方法是隔离地线层。

正如前文所述,每个信号都是起源于电路,并且通过地线返回电流。随着频率的增加,对于简单但高电流开关(如继电器),由于受到地线的干涉,产生线性阻抗从而有一个很大的电压降。返回的路径总是通过最小的电阻,对于直流信号,只是一个最低电阻通道,而对于高频信号,却是一个最小阻抗通道。这可以解释为什么接地层可以简化这个问题,并且是确保信号完整的关键。

3. 分割地线层

在 13.1.5 节中,已经讨论过应把数字电和模拟电分开,同时数字返回信号也不希望在模拟区域传输,因此有必要分割地线层,让数字信号在自己的地线区域中传输。许多设计人员利用电压稳压器供给数字线路和模拟线路同样大小的电压,如 3.3V。需要分开模拟供电轨迹和数字供电轨迹,以及各自的地线轨迹。在分割地线层时,要十分仔细,因为两个地线在有些地方是非常短的。图 13.19 提供了分割的方法。

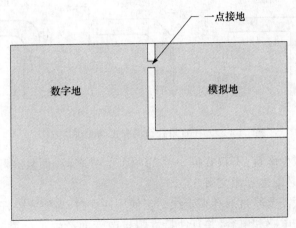

图 13.19　数字地线和模拟地线的分割方法

图 13.19 显示了数字信号如何可能的形成回路而不允许通过模拟地形成回路。这些路径都是不允许的,在每一次设计中,考虑到元件的布局,则需要设置其公共点。在地线层中,不能增加任何电感或者电阻,甚至电阻是零都不允许。在高频时,由于电感效应,阻抗也随之增加,从而将引起电压的不同。

在模拟地线上,不能传输参考数字地的信号,相反也是一样的。返回的电流不能直接沿着信号路径来传输,防止产生一个回路区域。此外,因为干扰到了模拟地线层,所以信号产生了噪声,这就会引起不稳定的模数转换器指示。如果用户的电路板数字地和模拟地在不同的层上,就不要将模拟地重叠在数字地上。

4. 双层板的处理

如果用户的项目不支持四层板,则用户的两层板需要利用星型地线。也就是说,对于一个敏感信号,至少有一个单点接地,通过这种方法,可以减少地线走线;尽可能采用手工布线的方法;尽最大努力减少耦合噪声,尽可能提供各种地线区域,而不是通过走线的方式连接地线;利用短而宽的走线轨迹,当电流返回电源时,要避免大的回路;要很快处理从电磁辐射产生的耦合噪声;把高速信号(时钟信号)和低速信号分开;把数字信号和模拟信号分开;恰当放置元器件。

　　5. 走线、通孔和其他 PCB 器件

　　走线线路上存在直角会引起更多的辐射,在拐角区域电容会增加并且特性阻抗也会发生变化,阻抗的改变引起反射。在走线的拐角上避免直角,尽量采用圆角,或至少是 45°的弯曲。为了最小化阻抗的变化,最好的走线是圆角弯曲,如图 13.20 所示。

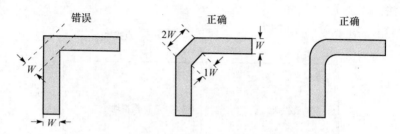

图 13.20　在直角处错误和正确的布线方法

　　为了尽量减少串扰,不仅在同一层的两个信号之间,而且在相邻层的信号之间,其走线方式必须是互相交叉 90°。

　　复杂电路板需要经过通孔来走线。当使用通孔时,需要格外仔细,因为这些通孔增加了附加的电感和电容,并且使特性阻抗改变而产生了反射。通孔增加了走线的长度,然而对于差分信号,可以在两条走线上走过孔或者在一条走线上补偿延时。

13.3　电磁干扰/电磁兼容和静电释放事项

　　电磁干扰/电磁兼容和静电释放事项对于整个系统和设计电路板都是非常重要的,虽然其理论比较容易理解,但是每一个电路板和系统中的问题都是不同的,有许多 PCB 板和器件是与这些事项相关的。

13.3.1　电磁干扰/电磁兼容

　　电磁干扰(EMI)是指无线电能量干扰电子设备,无线电能量可以是由设备自身产生,也可以是由附近其他电子设备产生。研究电磁兼容(EMC)就是在来自系统或者是附近设备的随机电磁扰动的环境下,检测用户系统成功运行的能力。电磁噪声或扰动主要是通过两种途径进行传播:传导和辐射。设计依据如下:

• 来自用户电路板上的辐射电磁干扰,应该比用户正在采用的标准低。
• 来自用户电路板上的传导电磁干扰,应该比用户正在采用的标准低。
• 在随机遇到附近的辐射电磁能量的情况下,用户电路板成功运行的能力。
• 在随机遇到附近的传导电磁能量的情况下,用户电路板成功运行的能力。

　　系统的电磁干扰源是由许多器件组成的:PCB 板、连接器、电缆等。在辐射的高频噪声中,PCB 板是一个主要的来源。在高频和快速开关电流和电压的情况下,PCB 板的铜线就会变成有效的天线,从而辐射出电磁能量,如信号与相应的地之间有一个大回路。5 个主要的辐射源是:在铜线上传输的数字信号、电流的回流区域、电压不足的过滤和解耦、传输线的效应,以及缺乏电源和地线的层面。快速开关时钟、外部总线和 PWM 信号用于控制输出或用在开关电源中。电源的供电是引起电磁干扰的又一个主要方面。射频信号可以从电路板的一个断面传向另一个断面,从而引起电磁干扰。电源开关引起的辐射能量足以让电磁干扰检测失败。

　　尽管每个电路板或系统都和电磁干扰/电磁兼容有关,但每个问题又各不相同,并且都有自己的解决方案。减少电磁干扰的指导方针如下:

• 利用具有不同值的去耦电容串联和适当的去耦供电技术,注意每一个电容具有自己的谐振频率。

• 在电源处连接适当的滤波电容,这些电容和去耦电容具有非常低的等效电感。Murata 公司声明它们的三端子电容在 20MHz 以上的频率下,可以提供比其他类型电容更低的阻抗。

• 在布线层,如果有空余的地方就产生一个地线层,把这块地线区域和电线层通过通孔连接在一起,通孔大小最好为 1/4in。

• 高频信号(低位地址线、时钟信号、串口等)通常与 CMOS 的输入端子连接,CMOS 提供大于 $100k\Omega$ 的电阻,同时提供 10pF 的电容负载,这样的负载进行充放电导致高的电流峰值。为了信号的完整性,可以串联一个 50Ω 的可调电阻。按照传输线的理论,如果总的输出电阻小于线上的阻抗(一般是 $70\sim120\Omega$),则电阻对传输速率没有影响。一般来说,通过增加一个串联电阻来减少信号的上升时间,实际的好处是得到了低消耗。

• 典型的 PWM 信号可以驱动 3 相 H 桥式开关,这样会产生电流的峰值。对称 PWM 可以减少电磁干扰,与非对称 PWM 的电磁干扰相比大约减少 66%。

• 空间矢量的 PWM 是对称的并且和 PWM 周期是独立的。因为在一个 PWM 周期内,只有两个晶体管是起作用的,所以空间矢量 PWM 开关损耗与对称性 PWM 相比,电子干扰辐射能量减少 30%。

• 使电流回路尽量小,尽可能增加去耦电容,时刻使用电流增益规则来减少回路面积。

• 把高速信号和其他信号分开,并且把输入和输出端口或连接口分开。

• 在把地线层和模拟端口隔离开时,利用电流回流原理把两个地线连接在一起。如果没有使用模数转换器,也就没有与地线隔离的模拟电路。

• 不要把铁氧磁体和地线连接在一起。在高频信号时,铁氧磁体产生高阻抗且在层之间产生一个大的地电势差。

• 对于层叠的印刷电路板,尽可能增加电源层和地层,并且把电源层和地层一个紧靠一个,这样是为了减少层之间的阻抗并增大层之间的自然兼容性。

• 在存在于盒子中或进入盒子中的所有信号上增加一个 EMI 的 π 型滤波器。

• 如果没有通过电磁干扰测试,就需要通过跟踪失败的频率来找到根源。例如,假设在频率为 300MHz 下检测失败,然而在电路板上没有运行在该频率下的任何信号,那么这个信号源可能就是一个 100MHz 的三次谐波。如果测试失败了,检测频率是一般模式或差分模式,则去掉所有与盒子连接的电缆,若辐射改变了,就是一般模式,否则是差分模式。然后,找到信号源,利用端口或去耦技术减少辐射。如果是一般模式,在输入和输出端口增加 π 型滤波器。在电缆上增加普通的扼流圈是一个有效解决电磁干扰的方法,但是成本比较贵。

13.3.2 静电释放

F28x 芯片是按照 TI 标准的静电释放说明书设计的,并且利用静电释放作了测试,包括外设和端口引脚。TI 利用标准的静电释放程序测试 F28x 芯片(人体模型是 2.0kV、电荷模型是 500V)。注意,F28x 和 C28x 芯片通过了相同的测试,但是它们的电气特性是不同的,因为 ROM 部分缺少 Flash 泵,它们具有不同的电磁干扰/静电释放剖面。在快速生产 C281x 器件之前,需要评价两个芯片的硬件设计性能。供电锂电池或静电释放将使芯片处于不明确的状态,因此具有低噪声的 PCB 布线和静电释放性能是很重要的。

类似的静电释放保护二极管也同样用在 JTAG 引脚上,从而使关键线路上的回路面积尽可能小(在这种情况下是 JTAG、$\overline{XRS}$、X1、X2)。如果用户的设计需要把 GPIO 引脚连接其他设备,需要增加静电释放保护部分。一些系统可能需要增加一些机械的保护,如金属屏蔽、重新走电缆等。对于降低电磁干扰/电磁兼容问题的 PCB 设计信息,可以参考降低电磁干扰 PCB 设计指南(SZZA009)和关于提高电磁兼容的印刷电路板(SDYA011)。

13.4 本 章 小 结

本章主要设计参考归纳如下:

· 在连接外部振荡器时,需要注意负载电容的阻抗。如果用户使用内部或者外部振荡器,应把器件放在靠近引脚的地方,以缩短线路的长度。

· JTAG:把 JTAG 接口放在主芯片引脚附近,以保证它们之间连接的铜线长度在 150mm 之内;并且在连接的引脚上附加一个 0.1mF 过滤电容,以去掉噪声。

· 模数转换器:利用合适的低的电源阻抗和模拟信号相连,在 ADCREF 引脚上增加合适的滤波电容和偏置电阻。不使用所有的 ADCIN 引脚。如果需要在一个宽的温度范围内工作,需要增加一个外部参考电源。

· 供给电源:选择具有 VDD(3.3V)和 VCORE 的电压调制器,并且要具有 2 倍的电流放大能力和低噪声性能。对于 F281x 的设计,一定要注意上电的顺序。对于其他的数字信号控制器,VDD 应该比 VCORE 引脚先上电;如果使用了模数转换芯片,应该利用 L-C 滤波电路把数字供电和模拟供电、模拟地和数字地隔离开。

· 在每一个电源引脚上连接旁路电容,直接放在引脚的下面。

· 当放置器件时,把电路分开,让模拟电路远离高频电流开关电路。

· 对所有的高频信号,提供最短的返回通路,推荐使用分割地线层的方法来进行。

· 在设计原理图和布线时,要考虑电磁干扰和电磁兼容的指导。

参 考 文 献

北京精仪达盛科技有限公司. 2008. Techv-TMS320F2812 评估板使用说明书. 北京:北京精仪达盛科技有限公司.

蔡昌金, 朱明. 2007. 基于 DSP 的自动调焦系统. 电子器件, 30(1):297-299.

陈鹏, 闫建国, 曾赞. 2009. DSP 和 TL16C752 在无人机 GPS 导航系统中的应用. 测控技术, 28(2):31-34.

陈伟, 陈远知. 2004. 用 TL16C752B 实现 DSP 和 PC 机的串行通信. 国外电子元器件, (4):50-54.

陈占军, 刘岩, 葛文奇. 2007. 基于 DSP 伺服系统位置环的设计. 机床与液压, 35(7):165-166.

高翠云, 江朝晖, 孙冰. 2009. 基于 TMS320F2812 的 DSP 最小系统设计. 电气电子教学学报, 31(1):83-85.

江思敏. 2003. TMS320LF240x DSP 硬件开发教程. 北京:机械工业出版社.

刘和平. 2002. TMS320LF240x DSP 结构、原理及应用. 北京:北京航空航天大学出版社.

刘胜, 彭侠夫, 等. 2008. 现代伺服系统设计. 哈尔滨:哈尔滨工程大学出版社.

孟凡强. 2008. 基于 DSP 的光电稳定平台伺服控制系统设计. 哈尔滨:哈尔滨工程大学工程硕士学位论文.

苏奎峰, 吕强, 等. 2005. TMS320F2812 原理与开发. 北京:电子工业出版社.

苏奎峰, 吕强, 等. 2008. TMS320xF281x DSP 原理及 C 程序开发. 北京:北京航空航天大学出版社.

孙丽明. 2008. TMS320F2812 原理及其 C 语言程序开发. 北京:清华大学出版社.

唐任远. 1997. 现代永磁电机理论与设计. 北京:机械工业出版社.

万山明. 2007. TMS320xF281x DSP 原理及应用实例. 北京:北京航空航天大学出版社.

杨兴光, 李绪友, 丛丽. 2004. 基于 DSP 的光纤陀螺捷联惯导系统的设计. 应用科技, 31(1):17-19.

张雄伟. 1997. DSP 芯片的原理与开发应用. 北京:电子工业出版社.

Analog Devices. 2006. AD7890 Data Sheet. Norwood:Analog Devices.

National Semiconductor. 1998. DS90C031 Data Sheet. Santa Clara:National Semiconductor.

National Semiconductor. 2003. DS90C032 Data Sheet. Santa Clara:National Semiconductor.

P&S 武汉力源电子股份有限公司. 1998. TMS320C24x DSP 控制器参考手册. 第一卷:CPU、系统和指令集. 武汉:P&S 武汉力源电子股份有限公司.

P&S 武汉力源电子股份有限公司. 1998. TMS320C24x DSP 控制器参考手册. 第二卷:外设模块. 武汉:P&S 武汉力源电子股份有限公司.

Siemens. 1996. BSS138 Data Sheet. Munich:Siemens.

Texas Instruments. 1995. AM26LS31C Data Sheet. Dallas:Texas Instruments.

Texas Instruments. 1995. AM26LS32AC Data Sheet. Dallas:Texas Instruments.

Texas Instruments. 1997. DSP Glossary. Dallas:Texas Instruments.

Texas Instruments. 1997. Field Orientated Control of Three phase AC-motors. Dallas:Texas Instruments.

Texas Instruments. 1998. TMS320F20x/F24x DSP Embedded Flash Memory Technical Reference. Dallas:Texas Instruments.

Texas Instruments. 1998. TPS3307-18 Data Sheet. Dallas:Texas Instruments.

Texas Instruments. 1999. F243/F241/C242 DSP Controllers System and Peripherals Reference. Dallas:Texas Instruments.

Texas Instruments. 1999. TMS320F/C24x DSP Controllers CPU and Instruction Set Reference Guide. Dallas:Texas Instruments.

Texas Instruments. 2000. CD74AC245M Data Sheet. Dallas:Texas Instruments.

Texas Instruments. 2000. TMS320C2xx/TMS320C24x Code Composer User's Guide. Dallas:Texas Instruments.

Texas Instruments. 2001. Software Development Systems Customer Support Guide. Dallas:Texas Instruments.

Texas Instruments. 2001. TMS320C28x Assembly Language Tools User's Guide. Dallas:Texas Instruments.

Texas Instruments. 2001. TMS320LF/LC240xA DSP Controllers System and Peripherals Reference Guide. Dallas:Texas Instruments.

Texas Instruments. 2002. DSP/BIOS Device Driver Developer's Guide. Dallas:Texas Instruments.

Texas Instruments. 2002. TMS320C28x Instruction Set Simulator Technical Overview. Dallas:Texas Instruments.

Texas Instruments. 2002. TMS320F/C240 DSP Controllers Peripheral Library and Specific Devices Reference Guide. Dallas:Texas Instruments.

Texas Instruments. 2002. TMS320F/C24x DSP Controllers CPU & Instr. Set RG-Manual Update Sheet. Dallas:Texas Instruments.

Texas Instruments. 2002. TPS768xx Data Sheet. Dallas:Texas Instruments.

Texas Instruments. 2003. TMS320C28x DSP/BIOS Application Programming Interface (API) Reference Guide. Dallas:Texas Instruments.

Texas Instruments. 2003. TMS320F28x DSP External Interface (XINTF) Reference Guide. Dallas:Texas Instruments.

Texas Instruments. 2003. TMS320F28x DSP Multichannel Buffered Serial Port (McBSP) Reference Guide. Dallas:Texas Instruments.

Texas Instruments. 2003. TMS320F28x DSP System Control and Interrupts Reference Guide. Dallas:Texas Instruments.

Texas Instruments. 2003. TMS320x281x DSP Event Manager (EV) Reference Guide. Dallas:

Texas Instruments.

Texas Instruments. 2004. Programming C2000 Flash DSPs using the SoftBaugh SUP2000 and GUP2000 in SCI Mode. Dallas：Texas Instruments.

Texas Instruments. 2004. TMS320C28x DSP CPU and Instruction Set Reference Guide. Dallas：Texas Instruments.

Texas Instruments. 2004. TMS320C28x 系列 DSP 的 CPU 与外设(上). 张卫宁,译. 北京：清华大学出版社.

Texas Instruments. 2004. TMS320C28x 系列 DSP 的 CPU 与外设(下). 张卫宁,译. 北京：清华大学出版社.

Texas Instruments. 2004. TMS320F2810，TMS320F2811，TMS320F2812 ADC Calibration. Dallas：Texas Instruments.

Texas Instruments. 2004. TMS320F28x DSP Analog-to-Digital Converter （ADC） Reference Guide. Dallas：Texas Instruments.

Texas Instruments. 2004. TMS320x280x Enhanced Capture （ECAP） Module Reference Guide. Dallas：Texas Instruments.

Texas Instruments. 2004. TMS320x280x Enhanced PWM Module. Dallas：Texas Instruments.

Texas Instruments. 2004. TMS320x280x Enhanced Quadrature Encoder Pulse （QEP） Module Reference Guide. Dallas：Texas Instruments.

Texas Instruments. 2004. TMS320x280x Inter-Integrated Circuit Reference Guide. Dallas：Texas Instruments.

Texas Instruments. 2004. TMS320x281x DSP Boot ROM Reference Guide. Dallas：Texas Instruments.

Texas Instruments. 2004. TMS320x281x，280x DSP Peripheral Reference Guide. Dallas：Texas Instruments.

Texas Instruments. 2004. TMS320x281x，280x DSP Serial Communication Interface (SCI) Reference Guide. Dallas：Texas Instruments.

Texas Instruments. 2004. TMS320x281x，280x DSP Serial Peripheral Interface （SPI） Reference Guide. Dallas：Texas Instruments.

Texas Instruments. 2004. TMS320x281x，280x Enhanced Controller Area Network （eCAN） Reference Guide. Dallas：Texas Instruments.

Texas Instruments. 2005. SN74ALVC164245 Data Sheet. Dallas：Texas Instruments.

Texas Instruments. 2005. SN74LVC4245A Data Sheet. Dallas：Texas Instruments.

Texas Instruments. 2005. TMS320C28X 系列 DSP 指令和编程指南. 刘和平,张卫宁,等译. 北京：清华大学出版社.

Texas Instruments. 2005. TMS320x280x DSP 系统控制与中断参考指南. Dallas：Texas Instruments.

Texas Instruments. 2007. TL16C752B Data Sheet. Dallas：Texas Instruments.

Texas Instruments. 2007. TMS320C28x Optimizing C/C++ Compiler v5. 0. 0 User's Guide.

Dallas:Texas Instruments.

Texas Instruments. 2008. TMS320F28xx/28xxx DSCs 模拟接口设计综述. Texas Instruments 应用报告.

Texas Instruments. 2008. TMS320F28xx 和 TMS320F28xxx DSCs 的硬件设计指南. Texas Instruments 应用报告.

Texas Instruments. 2008. TPS767D3xx Data Sheet. Dallas:Texas Instruments.

Texas Instruments. 2011. TMS320F2810，TMS320F2811，TMS320F2812，TMS320C2810，TMS320C2811,TMS320C2812 Digital Signal Processors Data Manual. Dallas:Texas Instruments.